U0190297

国家"十三五"重点图书

中宣部主题出版物

长江巨变70年丛书

绿水青山

1949—2019

长江生态保护70年

穆宏强——等编著

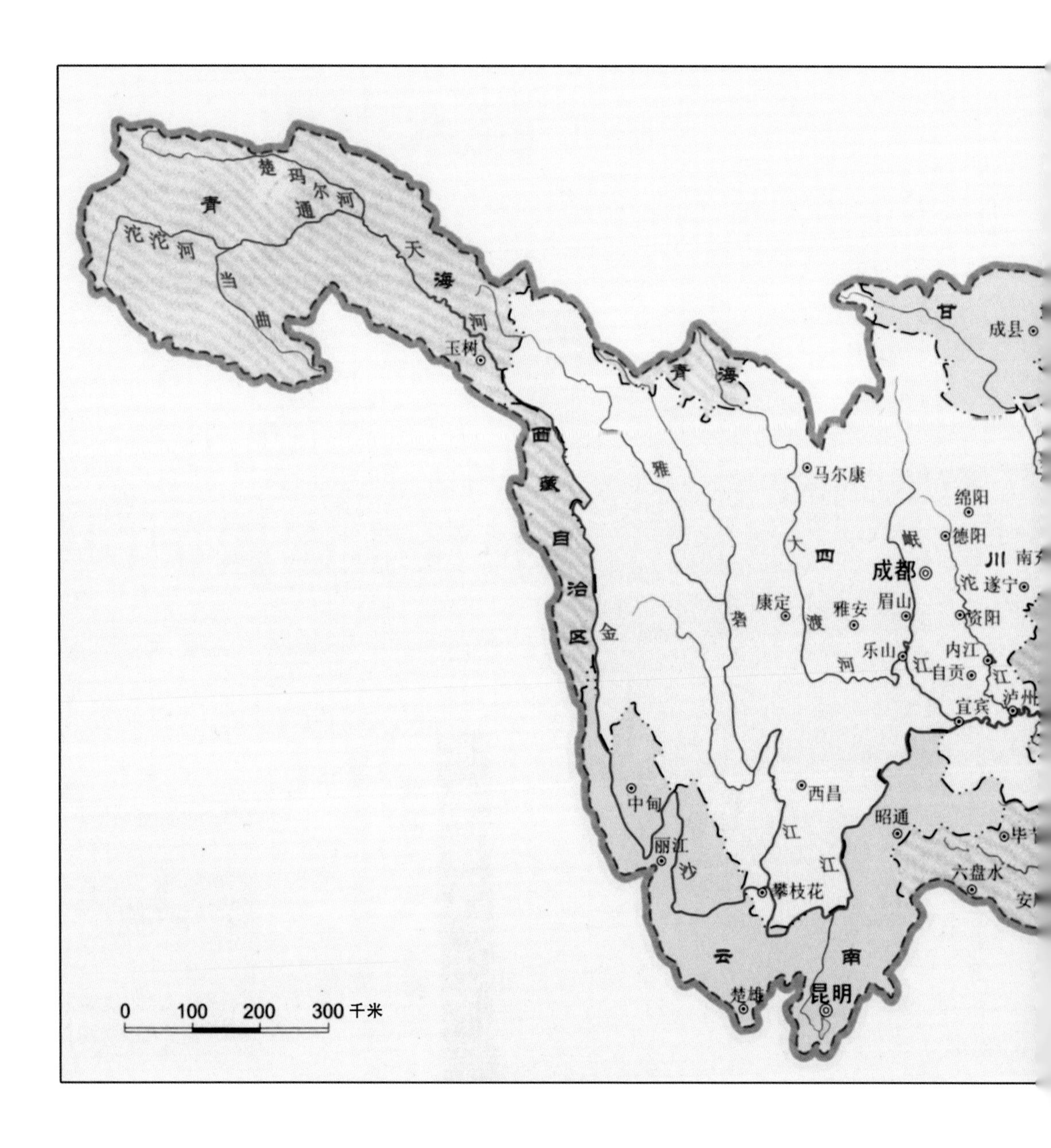
楚玛尔河
青
通
沱沱河
当曲
天
海
河
玉树
西藏自治区
金
雅
砻
江
青海
甘
成县
马尔康
大
四
绵阳
德阳
岷
川
南充
成都
沱
遂宁
康定
渡
雅安
眉山
资阳
乐山
河
江
内江
自贡
江
泸州
宜宾
中甸
西昌
江
昭通
毕节
丽江
沙
江
六盘水
攀枝花
安
云
南
楚雄
昆明
0 100 200 300 千米

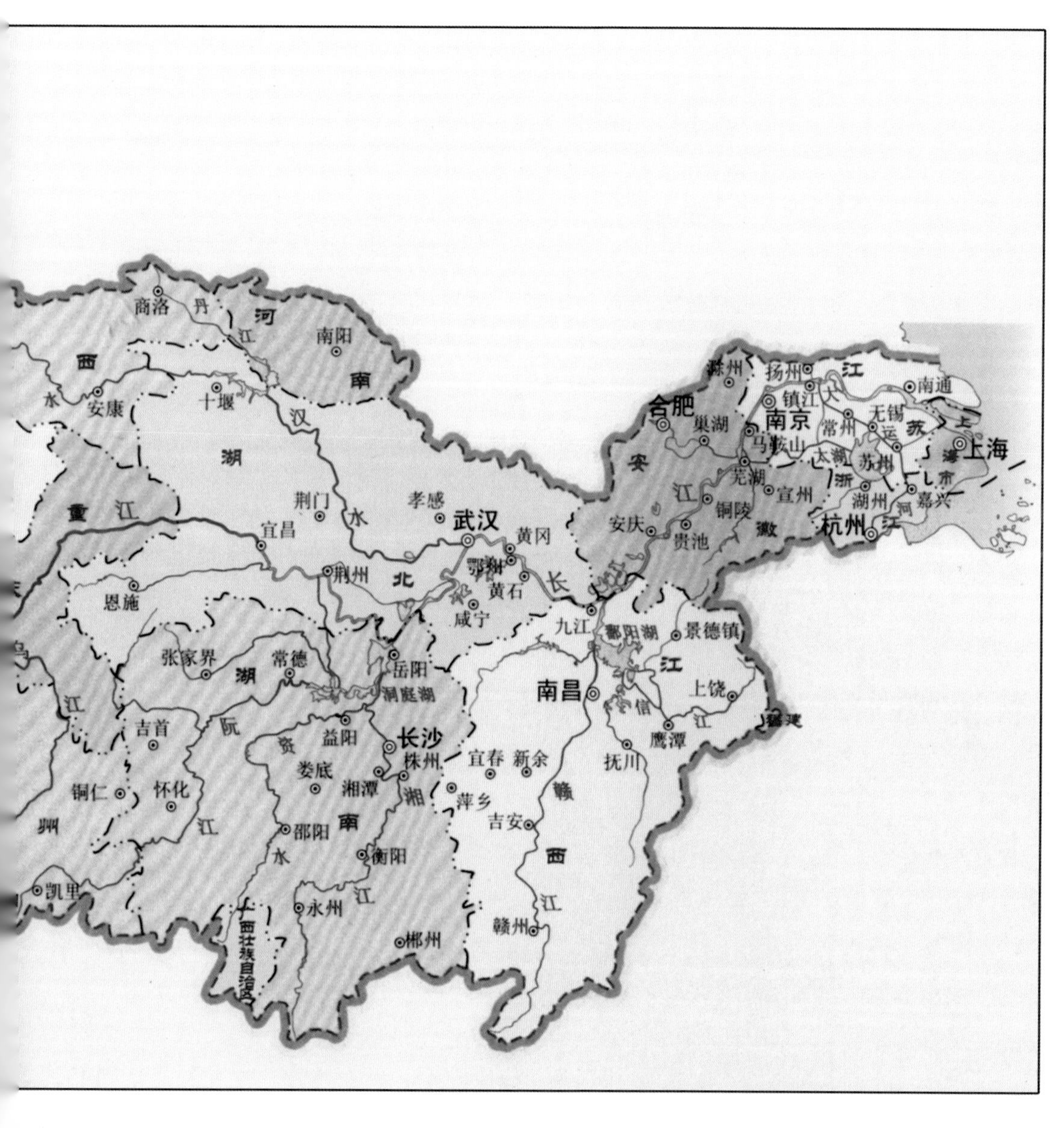

商洛
丹江
河南
南阳
西
水
安康
十堰
汉
湖
荆门
孝感
武汉
宜昌
黄冈
荆州
北
鄂州
黄石
长
咸宁
恩施
张家界
湖
常德
岳阳
洞庭湖
吉首
沅
益阳
长沙
资
株州
娄底
湘潭
湘
铜仁
怀化
江
邵阳
南
水
衡阳
江
永州
郴州
凯里
合肥
滁州
扬州
江
南通
镇江
南京
巢湖
常州
无锡
苏
上海
安
马鞍山
太湖
苏州
芜湖
浙
江
铜陵
宣州
湖州
嘉兴
安庆
贵池
徽
杭州
九江
鄱阳湖
景德镇
江
南昌
上饶
信
鹰潭
江
宜春
新余
抚川
萍乡
赣
吉安
西
江
赣州

长江流域图

总前言

岁月不居，天道酬勤。2019年，最难忘的是隆重庆祝新中国成立70周年。我们为共和国70年的辉煌成就喝彩，被爱国主义的硬核力量震撼。大江南北披上红色盛装，人们脸上洋溢着自豪的笑容，《我和我的祖国》在大街小巷传唱。这一切，汇聚成礼赞新中国、奋斗新时代的前进洪流，给我们增添了无穷力量。共和国栉风沐雨的70年，也是长江治理保护的70年。作为世界第三、中国第一大江河，长江不仅是中华文明的摇篮之一，也是中国经济社会可持续发展的重要命脉。治理好、利用好、保护好长江，不仅是长江流域4亿多人民的福祉所系，而且关系着全国经济社会发展的大局。1950年2月24日，新中国刚刚成立4个月，中央人民政府就批准成立水利部长江水利委员会。70年来，一代代长江委人坚守为党和人民守护好长江的初心，推动治江事业取得了举世瞩目的成就。

长江是中华民族的母亲河，也是中华民族发展的重要支撑。但是新中国成立前，长江洪涝灾害频繁，平均每10年发生一次较大洪水。治国先治水，新中国成立仅4个月就组建了长江委。70年来，在党中央、国务院的亲切关怀下，我们肩负起为党和人民守护长江的重任，开启了长江治理与保护的新纪元，推动长江流域发生了翻天覆地的变化：以防洪为重点的治江三阶段计划提出实施，开展了大规模水利建设；流域综合规划3次修编，描绘了治江事业发展的美好蓝图；治江基础资料日益积累，摸清了母亲河的家底；科技平台和综合站网建设持续加强，夯实了治江管水的基础；大国重器三峡工程建成运行，实现了中华民族百年梦想；“人间天河”南水北调工程顺利通水，创造了人工调水世界奇迹；3900千米中下游干流堤防全面加固，筑牢了防洪保安的“水上长城”；100座水工程实施联合统一调度，减轻了水旱灾害损失；长江大保护战略深入实施和河湖长制全面推行，改善了流域万水千山面貌；水利改革发展总基调贯彻落实，提升了流域治理水平和能力；西南诸河（澜沧江及以西）纳入统一管理，扩大了流域管理的职责和范围；60多个国家、地区和国际组织纳入“朋友圈”，助力“一带一路”走深走实……七十载励精图治、团结拼搏，令昔日桀骜不驯、灾害频发的长江已经成为一条洪行其道、惠泽人民的安澜巨川，更是成为实现中国梦的重要战略支点。

回首波澜壮阔的70年，这是一部兴利除害、造福人民的治理史，是一部依法管江、绿色发展的保护史，是一部人才辈出、成果丰硕的创新史，更是一部坚守初心、勇担使命的奋斗史。我们为70年来取得的辉煌成就感到无比骄傲与自豪!

70年在历史长河中如沧海一粟，昨天的辉煌已经载入史册，明天的奋斗更加恢宏壮阔。进入新时代，习近平总书记高度重视长江保护与治理，两次视察长江并亲自擘画了长江大保护的宏伟蓝图，人民群众对防洪保安全、充足水资源、优质水环境、健康水生态有了新期待，水利部提出了水利改革发展总基调，治江形势发生了深刻变化。“为长江经济带高质量发展提供全面的水利支撑和保障，使长江永远润泽华夏、造福人民”成为我们新的历史使命，我们已经站在一个新的历史起点上，开启了历史性跨越的新航程。

七十载大江东去，九万里风鹏正举。忆往昔，人水和谐蓝图绘；看今朝，治理保护正扬帆。让我们高举习近平新时代中国特色社会主义思想伟大旗帜，积极响应建设“幸福河”的伟大号召，不忘初心，牢记使命，奋楫激浪，砥砺前行，当好新时代长江的守护者和长江大保护的先行者，为流域经济社会高质量发展提供更加坚实有力的水利支撑与保障，以永不懈怠的奋斗精神开启时代新征程，以一往无前的奋斗姿态再创历史新荣光!

长江风光

鄱阳湖候鸟群

前　言

长江是我国第一大河，自古以来承载着中华民族的福祉和企盼。值此长江水利委员会（以下简称“长江委”）成立70周年之际，长江出版社的有识之士，邀约我们对长江70年来的生态建设以适当的方式展现给社会。思来想去，长江之大河，资源之丰富，工作之成效，靠我们几个来表现长江生态建设的70年变迁，实在勉为其难。由于平时积累有限，想用图文并茂的形式展现长江流域生态建设的70年巨变，实在力不从心，更担心用这种方式展现达不到社会期望，满足不了读者的需求。最终决定以文字的形式来表达长江生态建设的70年巨变，这方面我们掌握的资料相对多一些。尽管如此，在浩渺的资料海洋里，提炼出精华部分又谈何容易。为此，我们纠结了许久，无法下笔，担心辜负了读者，辜负了长江出版社的重托。尽管如此，当此重任，我们还是梳理了个思路。即按照生态建设的主线，展现长江委人70年来在长江流域生态建设与保护方面所做的工作。

在长江委成立之初，即在《长江流域综合规划要点报告》中安排了水土流失治理的内容。水土流失治理的基本措施是植树造林，以保持水土。植树造林是长江流域最重要的生态建设实践，良好的生态环境需要全社会来呵护，需要采取措施对其加以保护。因而，本书的主要脉络是围绕生态建设的规划、保护与管理，重点是从规划、管理、监测、环境影响评价、科学研究和新技术应用等方面，述说70年来长江流域的生态环境保护进程和取得的成就，其中有很多内容是首次进行分析总结，也算是给从事和关注长江流域生态建设与水资源保护工作的读者献上一份薄礼。由于编者水平有限，书中难免有很多方面反映不够，甚至有些谬误，还请读者批评指正。

全书共分六章，由穆宏强担任主编。第一章使命成就事业，由穆宏强主笔，邱凉参加；第二章规划绘就蓝图，由肖洋主笔，刘扬扬参加；第三章管理保驾护航，由涂建峰主笔，吴添天参加；第四章监测站岗放哨，由苏海主笔，吴云丽、陈洁参加；第五章环评把好防线，由李迎喜主笔，刘学文参加；第六章科研强力支撑，由卢路主笔，贾海燕参加。书中引用了很多作者的成果，不一一列出。如有疏漏之处，敬请谅解。在此向有关作者和关注长江水资源保护事业的人士表示诚挚的感谢。

编 者

2020年1月

目 录

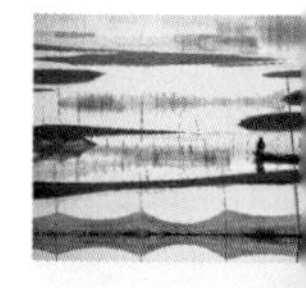

第一章

使命成就事业

第一节 综 述

长江是中国第一大河，自古以来就承载着中华民族的福祉和期盼。长江生态环境保护关乎着沿江两岸180万平方千米土地上4亿多人民群众的生存发展，关乎着全流域乃至华北以及相关区域经济社会发展的大局，是对“绿水青山就是金山银山”的最好诠释。

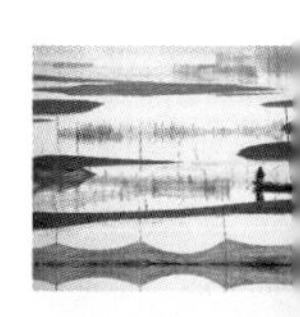

生态一词来源于古希腊，原意指“住所”或“栖息地”。通常生态是指一切生物的生存状态，以及它们之间、与环境之间环环相扣的关系。1865年勒特（Reiter）合并两个希腊字logos（研究）和oikos（房屋、住所）构成oikologie（生态学）一词。德国生物学家海克尔（H. Haeckel）首次把生态学定义为“研究动物与有机及无机环境相互关系的科学”。日本东京帝国大学三好学于1895年把ecology一词译为“生态学”，后经武汉大学张挺教授介绍到我国。此后，生态学在我国开展了大量研究。随着经济社会的发展，生态的意义越来越宽泛。新中国成立后，我国政府开始的植树造林运动，就是生态建设的重要体现。因此，本书姑且就用现在的提法，把长江70年来与生态有关的活动统一为生态建设或生态环境保护。因各阶段经济社会发展要求和人们的认识提高，由此也延伸出水资源保护、水环境保护、水生态环境、水生态环境保护与修复、生态环境保护、生态文明建设等，内容上会有所交叉，但本书在反映70年来长江生态环境保护成效方面，更多的是谈水资源保护和水环境保护，因为这是生态环境保护的最基本要素，敬请读者理解。

在水环境保护方面，长江的情况与全国基本同步。新中国成立之初，百业待兴，国家的工作重点在于理顺各种关系，注重发展经济和民生，加上当时的水体状况基本没有受到污染，没有较高的保护需求。但随着经济社会的发展，我国工业化进程的加快，特别是近40年来，水环境遭到破坏，江河湖泊水质恶化，生态系统退化，湿地萎缩，带来了一系列严重的环境问题。这些问题在世界范围内，特别是发达国家在工业化进程中也经历过。人们开始关注环境与人类发展问题。1972年6月，联合国人类环境会议在瑞典斯德哥尔摩召开，这是世界各国政府共同讨论当代环境问题、探讨保护全球环境战略的第一次国际会议。会议通过了《联合国人类环境会议宣言》（以下简称《人类环境宣言》），呼吁各国政府和人民为维护和改善人类环境，造福全体人民、造福后代而共同努力。为引导和鼓励全世界人民保护和改善人类环境，《人类环境宣言》提出和总结了7个共同观点、26项共同原则。会议的目的是要促使人们和各国政府意识到人类的活动正在破坏自然环境,并给人们的生存和发展造成了严重的威胁。会议还通过了全球性保护环境的《行动计划》，号召各国政府和人民为保护和改善环境而奋斗，它开创了人类社会环境保护事业的新纪元，是人类环境保护史上的第一座里程碑。同年的第27届联合国大会，还把每年的6月5日定为“世界环境日”。

此后，针对全球环境持续恶化的问题，1992年6月，联合国又在巴西里约热内卢召开联合国环境与发展会议，规模空前。这是继1972年6月瑞典斯德哥尔摩联合国人类环境会议之后，环境与发展领域中规模最大、级别最高的一次国际会议。共有183个国家、70个国际组织的代表参加了会议，102位国家元首或政府首脑发表讲话。会议围绕环境与发展这一主题，在维护发展中国家主权和发展权、发达国家提供资金和技术等根本问题上进行了艰苦的谈判。最后通过了《关于环境与发展的里约热内卢宣言》《21世纪议程》和《关于森林问题的原则声明》3个文件。会议期间，对《联合国气候变化框架公约》和《联合国生物多样性公约》进行了开放签字，有153个国家和当时的欧共体正式签署。这些会议文件和公约有利于保护全球环境和资源，要求发达国家承担更多的义务，同时也照顾到发展中国家的特殊情况和利益。这次会议的成果具有积极意义，在人类环境保护与持续发展进程上迈出了重要的一步。

自1972年联合国人类环境会议之后，我国政府迅速行动。1973年，新成立的国务院环境保护领导小组办公室以中华人民共和国政府的名义，加入了联合国环境规划署，成为联合国环境规划理事会58个理事国之一。该领导小组负责统一管理全国的环境保护工作。1982年，国务院环境保护领导小组撤销，其办公室并入新成立的中华人民共和国城乡建设环境保护部。1984年12月，城乡建设环境保护部环境保护局改为国家环境保护局。1998年6月，改为国家环境保护总局。2008年7月，国家环境保护总局升格为环境保护部，成为国务院组成部门。2018年，改组为生态环境部。

为了履行好1972年斯德哥尔摩联合国人类环境会议的承诺，保护好我国的生态环境，1973年8月，国务院委托国家计委在北京召开了第一次全国环境保护会议；12月，国务院批转国家计委《关于全国环境保护会议情况的报告》及此次会议拟定的《关于保护和改善环境的若干规定（试行）》（国发〔1973〕158号），明确要求“全国主要江河湖泊，都要设立以流域为单位的环境保护管理机构”。1974年12月，国务院环境保护领导小组办公室发文要求水利电力部“组织和会同有关省（自治区、直辖市）建立和健全长江、黄河、珠江、松花江等主要水系的管理机构；制定流域污染防治规划；制定地区性的污水排放标准和水系管理办法”。1975年11月，中共长江流域规划办公室临时委员按照国务院有关文件精神和有关负责同志指示，向水利电力部和国务院环境保护领导小组呈报了《关于建立长江水源保护局的报告》（长发〔1975〕字第83号），建议成立长江水源保护局，并由时任长江流域规划办公室主任林一山同志兼任局长。1976年1月，国务院环境保护领导小组和水利电力部联合印发了《关于设立长江水源保护局的批复》（〔1976〕国环字1号、〔1976〕水电环字第1号），同意设置长江水源保护局，并要求协同沿江各省（自治区、直辖市）迅速开展工作。这是我国第一个成建制的流域水源保护机构。此后几经变化，名称变更为“长江流域水资源保护局”，成为具有行政职能的事业单位，监督管理职能不断得到强化，这标志着长江水资源、水环境、水生态环境保护与管理工作步入有组织的、有计划的发展轨道。1978年，国务院环境保护领导小组办公室和水利电力部又批复同意设立长江水资源保护科学研究所和长江水质监测中心站（后更名为长江流域水环境监测中心，以下简称“流域监测中心”），这两个机构作为长江流域水资源保护的技术支撑单位，与长江水资源保护局合署办公，三块牌子一套人马。2018年3月，国家新一轮机构改革，长江流域水资源保护局（以下简称“长江水保局”）连同其他6个流域水资源保护局调整为生态环境部主管，名称变更为“长江流域生态环境监督管理局”。长江水保局从成立到2018年，一直承担着长江委水资源保护的职责，起着重要的管理与技术支撑作用。

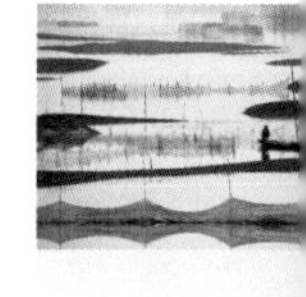

70年来，我国始终坚持生态惠民、生态利民、生态为民，将生态环境保护作为重大民心工程和民生工程，不断深化对生态环境保护的认识，持续推进生态文明建设，战略地位不断提升。1973年，第一次全国环境保护会议召开，环境保护被提上国家重要议事日程。20世纪80年代，保护环境被确立为基本国策；90年代，可持续发展战略被确定为国家战略。进入21世纪，我国大力推进资源节约型、环境友好型社会建设。2012年，生态文明建设被纳入中国特色社会主义的经济建设、政治建设、文化建设、社会建设、生态文明建设“五位一体”总体布局，建设美丽中国成为我国人民的奋斗目标。

随着生态文明建设的不断推进，环境污染治理力度持续加大。20世纪70年代，官厅水库污染治理拉开了我国水污染治理的序幕；80年代，结合技术改造对工业污染进行综合防治；90年代，实施“33211”工程，大规模开展重点城市、流域、区域、海域环境综合整治。进入新时代，我国发布实施大气、水、土壤污染防治三大行动计划，全面展开蓝天、碧水、净土保卫战，生态环境质量持续改善，人民群众满意度不断提升。

生态环境保护稳步推进成效显著。1956年，我国建立第一个国家级自然保护区；1978年，决定实施“三北”防护林体系建设工程；1981年，开启全民义务植树活动，之后逐步实施保护天然林、退耕还林还草等一系列生态环境保护重大工程，不断筑牢国家生态安全屏障。进入新时代，我国坚持保护优先、自然恢复为主，实施山水林田湖草生态环境保护和修复工程，开展国土绿化行动，划定生态环境保护红线，加强生物多样性保护。截至2018年底，全国已建立国家级自然保护区474个，各类陆域自然保护地面积已达170多万平方千米。

公众参与日益广泛。我国坚持发动全社会保护生态环境，人民群众的节约意识、环保意识、生态意识不断增强，参与生态文明建设日益广泛。1985年第一次在全国范围开展“6·5”环境日宣传活动，1990年首次公布《中国环境状况公报》，2007年第一次实时发布环境质量监测数据。2012年后，我国积极倡导简约适度、绿色低碳的生活方式，拒绝奢华和浪费，形成文明健康的生活风尚；构建全社会共同参与的环境治理体系，让生态环保思想成为社会生活中的主流文化；倡导尊重自然、爱护自然的绿色价值观念，推动形成深刻的人文情怀。

70年来，长江水资源和生态环境保护与长江治理、开发协同发展，取得了令人瞩目的成就，优质水源滋养着长江儿女，也支撑着流域经济社会的全面发展。长江流域以不到我国国土面积1/5的土地，支撑着超过我国1/3的人口，生产着我国1/3的粮食，创造着我国1/3的GDP，成为我国经济社会发展最具活力的地区之一。

长江生态环境保护历久弥新。历久，就是说我们对长江的生态环境保护起步很早；弥新，是在新的时期我们对长江的生态环境保护赋予了新的含义。“共抓大保护，不搞大开发”已成为新时期长江生态环境保护的主基调，“生态优先，绿色发展”是今后相当长时期长江流域发展的基本遵循。

长江生态环境保护与治理和开发同步，大致可分为1950—1975年的起步与稳定时期；1976—1989年的探索与实践时期；1990—2002年的形成与发展时期；2003年至今的巩固与强化时期，不同时期的工作重点有所不同。本书遵循时间、空间和内容三个维度，述说长江生态环境保护70年来的发展，以期让读者了解长江、护卫长江的过去和现在。

在1950—1975年的起步与稳定时期，以长江委成立为标志，工作重点在于开展流域规划和重要防洪工程建设。长江生态环境保护最初体现在规划与监测方面。1950年2月，中央政府批准成立长江水利委员会（以下简称“长江委”），承担以防洪为主的长江治理与开发任务。1952年，政务院提出水利建设的总方向是“由局部转向流域规划，由临时性的转向永久性的工程，由消极的除害转向积极的兴利”。为此，长江委在以往工作的基础上，于1953年提出并上报了《关于治理长江计划基本方案的报告》，提出以防洪为主的治江工作三阶段计划。

1956年10月，为了集中力量做好长江流域综合规划，中央批准在长江委的基础上成立长江流域规划办公室（以下简称“长办”，1988年恢复为长江水利委员会），负责长江流域规划工作，隶属国务院领导。长办十分关注长江的生态环境保护，在1958年上报中央的《长江流域综合规划要点报告》中提出了以三峡水利枢纽工程为主体的五大开发计划，安排了江河治理和水资源综合利用、水土资源保护的内容，注意协调了干支流和其他各方面的关系。在1990年之前，该报告一直是指导长江治理开发与保护的纲领性文件。

1976—1989年的探索与实践时期，长江委的主要工作是开展三峡工程研究与论证，进行新一轮的长江流域规划修编。1990年9月，《长江流域综合利用规划简要报告（1990年修订）》经国务院批准实施。该规划成为长江流域综合开发、利用、保护水资源和防治水害活动的基本依据。这一时期，生态环境保护的重点是研究大型水利工程建设对生态环境的影响，建立长江流域水环境监测体系，开展污染源调查及污染物迁移转化规律研究，重要江段和重点区域水资源保护规划，恢复并建立长江流域水土保持工作与机构，开展小流域综合治理等。

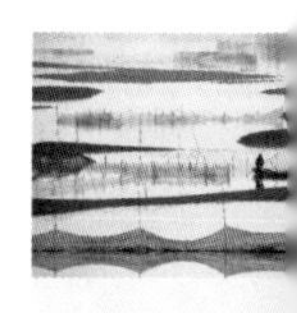

在1990—2002年的形成与发展时期，长江委在生态建设方面的工作主要是开展流域水资源保护规划，大型水利工程环境影响评价，组织实施长江上游水土保持重点防治工程，加强能力建设与监督管理等。

从2003年开始，结合国家机构改革，流域机构的管理职能进一步加强。2005年，长江委启动长江流域综合规划的修编工作。2012年，《长江流域综合利用规划》经国务院批准实施，该规划提出了防洪减灾、水资源综合利用、水资源及水生态与水环境保护和流域综合管理等四大体系，基本涵盖了长江流域治理开发与保护的重点领域。与此同时，长江委还组织开展了主要支流和重点区域的综合规划，以及长江流域防洪规划、长江干流中下游河道治理规划、长江干流河道采砂规划、长江流域水资源保护规划、长江流域水土保持规划等一系列专业规划和专项规划，基本形成了长江流域综合开发利用与保护规划体系。这一时期，生态环境保护的重点是全面开展流域水资源保护规划，及重点区域水污染防治和水土保持规划等专项规划，强化流域监督管理，完善监督管理机制，初步形成了流域水资源保护和生态环境建设的综合管理体系、规划体系、监测监控体系和工程体系。

经过70年的发展，长江委在流域水环境保护与监测、生态建设与保护、生态环境保护规划、法律法规体系建设、标准体系建设、监督管理和科学研究等方面取得了令人瞩目的成绩。

第二节 规划引领，为流域生态环境保护绘就蓝图

长江委十分注重水资源保护和生态建设规划，这在先后编制的流域综合规划、主要支流及区域规划中都有体现，并根据不同时期的要求，组织编制了专门的水资源保护规划和水土保持规划等，这些规划的实施为流域水资源和生态环境保护提供了重要依据和遵循。

一、流域层面的水资源与生态建设规划

长江流域生态环境保护规划的最早体现是在20世纪50年代长江委组织编制的《长江流域综合利用规划要点报告》中，曾提出专门的水土资源保护要求，可以认为是长江流域最早的有关生态环境保护的规划。此后，在1990年国务院批准实施的《长江流域综合利用规划简要报告（1990年修订）》中，有关生态环境保护的要求更加明确，列有水资源保护和水土保持规划专章。2012年，国务院批准的第三轮《长江流域综合规划（2012—2030年）》，把水资源与水生态环境保护放在突出位置。在规划的总体布局上，按照“在保护中促进开发，在开发中落实保护”的原则，开发与保护并重，以水资源承载能力、水环境承载能力和水生态系统承载能力为基础，把握开发利用的红线和水生态环境保护的底线，加强水资源保护，强化水生态环境保护与修复，加强水土保持和水利血防，维护优良的水生态环境。这些任务主要体现在：

一是强化水资源保护。以水功能区划为基础，严格控制入河污染物排放总量，加快点源和面源污染治理，加强干流主要河段和主要支流综合治理，强化湖泊和水库富营养化治理，逐步使水功能区入河污染物量控制在限制排污总量范围内，水环境呈良性发展；以河道生态需水为控制目标，合理控制水资源开发利用程度，加强水利水电工程调度运行管理，使干支流控制断面下泄水量和流量满足生态环境需水要求，水体多种功能正常发挥。

二是加强水生态环境的保护与修复。以生态环境优先保护区域和保护对象为基础，合理规划流域治理开发方案；强化生境、湿地保护与修复，加强自然保护区建设、水生生物资源养护；保护好河流水体生物群落，确保水生生物的多样性和完整性。

三是推进水土保持。强化预防保护区的预防保护，大力发展植树造林，提高林草

覆盖率；加强重点监督区的监督管理，有效遏制人为水土流失；实施长江上中游水土流失重点治理区的综合治理，有效防止水土流失，加快生态建设步伐。

四是做好水利血防。结合河流综合治理、饮水安全、灌区改造、小流域治理等水利工程进行水利血防设施建设，阻止钉螺扩散和孳生，充分发挥水利工程在血吸虫病防治中的作用。

规划针对以上四个方面分别进行了规划，这将是今后一个时期长江流域生态建设的重要依据。以此为遵循，在随后编制的主要支流综合规划、区域规划、专业规划以及专项规划中都列了水资源保护和水生态环境保护与修复专章或专篇。

二、国家层面的生态建设规划

除了流域层面的生态环境保护规划以外，在国家层面也先后编制并实施了范围更加广泛的生态环境保护规划。国务院在“九五”期间印发了《全国生态环境建设规划》（国发〔1998〕36号），此后又印发了《全国生态环境保护纲要》（国发〔2000〕38号）和《国务院关于落实科学发展观加强环境保护的决定》（国发〔2005〕39号），先后批准实施了《全国生态环境保护“十一五”规划》（环发〔2006〕158号）、《国家环境保护“十一五”规划》（国发〔2011〕42号）、《“十三五”生态环境保护规划》（国发〔2016〕65号）、《长江经济带生态环境保护规划》（环规财〔2017〕88号）等，使我国的生态环境保护建立在有章可依的基础上。通过20年的生态建设，我国生态环境状况得到了显著改善，得到国际社会的充分肯定。

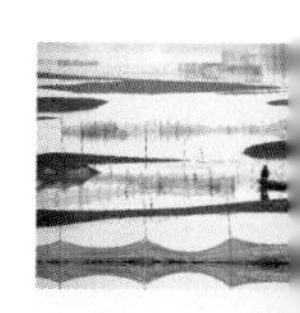

《全国生态环境保护纲要》（以下简称《纲要》）可以说是新中国成立以来关于生态环境保护最重要的纲领性文件。《纲要》的指导思想、基本原则以及确定的目标、主要任务至今仍然有重要的指导意义，是后续生态环境保护规划编制的基本遵循。《纲要》指出的问题及原因分析仍然具有现实意义。《纲要》的指导思想是：以实施可持续发展战略和促进经济增长方式转变为中心，以改善生态环境质量和维护国家生态环境安全为目标，紧紧围绕重点地区、重点生态环境问题，统一规划，分类指导，分区推进，加强法治，严格监管，坚决打击人为破坏生态环境的行为，动员和组织全社会力量，保护和改善自然恢复能力，巩固生态建设成果，努力遏制生态环境恶化的趋势，为实现祖国秀美山川的宏伟目标打下坚实基础。

《纲要》确定的近期目标是：到2010年，基本遏制生态环境破坏的趋势。建设一批生态功能保护区，力争使长江、黄河等大江大河的源头区，长江、松花江流域和西南、西北地区的重要湖泊、湿地，西北重要的绿洲，水土保持重点预防保护区及重点监督区等重要生态功能区的生态系统和生态功能得到保护与恢复；在切实抓好现有自然保护区建设与管理的同时，抓紧建设一批新的自然保护区，使各类良好自然生态系统及重要物种得到有效保护；建立、健全生态环境保护监管体系，使生态环境保护措施得到有效执行，重点资源开发区的各类开发活动严格按规划进行，生态环境破坏恢复率有较大幅度提高；加强生态示范区和生态农业县建设，全国部分县（市、区）基本实现秀美山川、自然生态系统良性循环。

远期目标是：到2030年，全面遏制生态环境恶化的趋势，使重要生态功能区、物种丰富区和重点资源开发区的生态环境得到有效保护，各大水系的一级支流源头区和国家重点保护湿地的生态环境得到改善；部分重要生态系统得到重建与恢复；全国50%的县（市、区）实现秀美山川、自然生态系统良性循环，30%以上的城市达到生态城市和园林城市标准。到2050年，力争全国生态环境得到全面改善，实现城乡环境清洁和自然生态系统的良性循环，全国大部分地区实现秀美山川的宏伟目标。

三、长江流域的生态环境保护与建设

生态环境保护与建设最早是指为治理水土流失而开展的水土保持工作，本书的生态建设主要是指与水土保持有关的相关工作。水土流失是指“在水力、重力、风力等外营力作用下水土资源和土地生产力的破坏和损失，包括土地表层侵蚀及水的损失”（《中国大百科全书》，1993年）。这是一种亘古以来就存在的自然现象，但人为干扰可以加速土壤熟化的过程，特别是开垦陡坡、滥伐林木、过度樵薪、超载放牧等不合理的生产经营活动，以及开发建设过程中造成的人为破坏，往往使自然条件下具有的各种水土流失潜在危险变为现实危害，导致水土资源与土地生产力的破坏和损失。根据联合国粮农组织专家估算，全世界约有2500万平方千米的土地遭受水土流失危害。中国是世界上水土流失严重的国家之一，根据20世纪80年代中期的遥感调查，全国水力和风力侵蚀造成的水土流失面积达367万平方千米，占国土面积的38.2%。据估计，新中国成立以来到21世纪初，全国有13.33万平方千米耕地因水土流失而退化贫瘠，2.67万平方千米耕地因水土流失而损毁。水土流失，环境恶化，灾害频繁，严重制约着国民经济的可持续发展。

长江流域大部分地区位于亚热带季风区，气候温和，雨量充沛，有利于植物生长繁衍。但流域内人口相对稠密，各种不合理的生产经营和开发建设活动造成大量水土流失。根据20世纪80年代的遥感调查，长江流域水力和风力侵蚀面积达62.22万平方千米，占流域总面积的34.6%，主要分布在流域中上游的山丘区。上游的重点流失区集中在金沙江下游，嘉陵江、沱江流域，乌江上游，三峡库区等地；中游的重点水土流失区包括汉江上游，清江、澧水中上游，湘江、资水中游，赣江中上游和大别山南麓诸水系的中上游一带。

我国有着悠久的水土流失治理历史，远在夏代就曾发布过保护山林的命令。据《逸周书·大聚》载："禹之禁，春三月山林不登斧，以成草木之长。"这是中国最早关于山林封禁的记载。在此后的岁月里，劳动人民在生产实践中创造了很多水土保持的方法，包括山林封禁、植树造林、修建梯田、保土耕作和小型蓄水拦沙工程等诸多措施。

新中国成立后，国家对水土保持工作十分重视。1952 年 12 月，政务院发出《关于发动群众继续开展防旱、抗旱运动并大力推行水土保持工作的指示》，这是新中国成立后由政府发布的第一部水土保持政令。1955 年、1957 年和 1958 年，国务院先后 3 次召开全国水土保持工作会议，并于 1957 年成立了全国水土保持工作委员会，颁布了《中华人民共和国水土保持暂行纲要》。

长江流域的水土保持工作从起步、探索到全面发展，可概括为三个阶段：

一是起步阶段（1950—1965 年）。新中国成立后，百废待兴，水土保持工作也开始起步。根据国务院关于"治理与预防兼顾；全面规划，因地制宜；全面开发，综合利用；依靠群众，小型为主"的方针，长江流域各省先后开展了不同形式的水土保持工作，水土保持机构相继成立。负责组织水土流失调查，制定治理规划，开展了一些实验研究和技术推广工作。1956 年 6 月，长江委在农业灌溉室设立了水土保持专业组，专事长江流域水土保持工作的调查研究和综合协调。根据 1957 年的调查，长江流域水土流失面积 36.38 万平方千米，其中初步治理面积 3.63 万平方千米。1958 年，长办与流域各省和有关科研单位密切配合，在广泛调查、收集资料的基础上，提出了第一个流域性的水土保持规划，其内容纳入了《长江流域综合利用规划要点报告》。1959 年，组织开展了长江流域土壤侵蚀区划研究，并于 1961 年完成了《长江流域土壤侵蚀区划报告》。

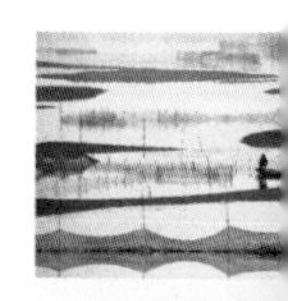

这一时期，流域内大多数省份选择不同类型地区建立水土保持试验站（区），开展试验研究，进行推广示范。这些成果的取得为后期发展流域水土保持事业奠定了基础。

二是恢复阶段（1966—1987 年）。1966 年以后的"文化大革命运动"期间，流域水土保持工作基本处于停滞阶段。直到 1978 年，党的十一届三中全会后，长江流域水土保持工作逐步恢复，并开始稳步发展。1980 年，根据水利部部署，长江委负责组织在江西兴国县开展了全国第一个县级水土保持综合区划工作，同时开展小流域综合治理试点工作。全流域先后有 15 个省（自治区、直辖市）开展了 43 个小流域试点，探索流域不同类型区水土流失治理途径，总结推广治理经验，为全面开展水土保持工作提供了科学依据和示范样板。1981 年 5 月，长办规划处设立水土保持科，承担流域水土保持调查、规划和科研项目，协助和推动各省水土保持部门开展工作。同年，在武汉召开了长江流域水土保持工作会议，并在会后组织开展了长江流域13个水土流失重点县调查，完成了《长江流域水土流失重点县调查综合报告》。1982年5月，国务院成立全国水土保持工作协调小组，并发布了《水土保持工作条例》，提出了“防治并重，治管结合，因地制宜，全面规划，综合治理，除害兴利”的方针。1983年，全国水土保持八片重点治理工程开始实施，江西兴国县和葛洲坝库区被列入其中，流域水土保持重点治理工程开始起步。

1986年，根据《长江流域综合规划要点报告》的修订补充工作要求，长办在各省规划的基础上，编制了新的流域水土保持规划。1987年12月，水电部决定在长办设立长江水土保持局，以组织和协调各省水土保持部门开展调查、规划、治理和科学研究，提出有关政策建议，推动流域水土保持工作的开展。

据不完全统计，新中国成立到1987年，长江流域累计治理水土流失面积11.48万平方千米，保存面积7.83万平方千米。其中改造坡耕地、兴修水平梯田1.76万平方千米，营造水土保持林3.94万平方千米，种草0.57万平方千米。80年代中期到90年代中期，先后开展了两次水土流失遥感调查，为水土保持的宏观决策提供了依据。

三是发展阶段（1988年至今）。1988年4月，国务院批复同意将长江上游列为全国水土保持重点防治区，将金沙江下游及毕节地区、陇南（后增加陕南）地区、嘉陵江中下游、川东鄂西的三峡库区四片列为第一批治理的重点，并同意成立长江上游水土保持委员会，委员会主任委员由时任四川省省长担任，委员会办公室设在长江委，时任主任任办公室主任，统筹和协调长江上游水土保持工作。长江水土保持局负责流域水土保持管理，承担长江上游水土保持委员会的日常工作。1989年，国务院对长江上游水土保持重点工程治理问题进行了批复。确定从当年起，国家每年安排专项治理经费，用于实施长江上游水土保持重点防治工程（以下简称“长治”工程），标志着长江流域水土流失重点防治工作进入了一个有计划、有步骤推进的新阶段。

1991年6月，《中华人民共和国水土保持法》颁布实施，此法确定了“预防为主，全面规划，综合防治，因地制宜，加强管理，注重效益”的总方针，标志着全国水土保持开始走上了法制轨道。

1998年12月，长江委水土保持局正式设立水土保持预防监督处，重点开展监督管理规范化建设和城市水土保持生态建设的示范工作。同年，长江流域水土保持监测中心站成立，组织开展三峡库区等地的水土流失动态监测。自此，长江流域生态建设步入了正常发展轨道。

第三节　监督管理，为流域生态环境保护保驾护航

70年来，长江委的水行政管理职能是随着经济社会的发展和国家对水资源管理的要求逐步明确的。1988年《中华人民共和国水法》（以下简称《水法》）发布实施，虽然明确了国务院水行政主管部门履行全国的水资源统一管理职能，国家对水资源实行统一管理与分级、分部门管理相结合的制度，但并没有对流域管理机构的职能作出明确规定。国务院其他有关部门按照国务院规定的职责分工，协同国务院水行政主管部门，负责有关的水资源管理工作。县级以上地方人民政府水行政主管部门和其他有关部门，按照同级人民政府规定的职责分工，负责有关的水资源管理工作。但在国务院批准的水利部"三定"方案中，明确了七大流域机构为水利部的派出机构，国家授权对其所在流域行使法律赋予的水行政主管部门的部分职责。1994年，水利部在批准长江委的"三定"方案中，明确"长江水利委员会是水利部在长江流域和西南诸河的派出机构，国家授权其在上述范围内行使其水行政管理职能"，将长江委负责的流域水行政管理范围扩展到了西南诸河。在其后的长江委"三定"方案中，又进一步明确长江委负责长江流域和澜沧江以西（含澜沧江）区域范围内的水行政管理职责，覆盖范围约245万平方千米。

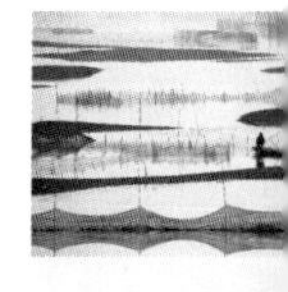

虽然1988年的《水法》没有涉及流域管理机构，但由于其规定了水资源管理的一系列基本制度，国务院、水利部在制定与《水法》配套的法规、规章和"三定"方案中，则明确了流域管理机构实施一系列水资源管理的职责和权限范围，为开展流域水行政管理提供了法律依据，这主要体现在20世纪90年代实施的取水许可制度上，按照水利部的授权，流域内限额以上的取水许可由流域管理机构负责审批。

2002年修订的《水法》明确了流域管理机构的法律地位和各项水行政管理职能，为流域管理机构履行职责、强化流域水行政管理提供了直接的、强有力的法律依据，以全面实施建设项目水资源论证制度、水政监察、河道采砂管理、水功能区划和入河排污口监督管理为代表的水政、水资源管理与保护工作从此进入了一个快速发展时期。20年来，长江委在国家授权范围内，认真履行职责，积极作为，开拓进取，从无到有，从弱到强，在水政、水资源管理与保护领域取得了重要进展，为维护健康长江、实现人水和谐作出了贡献。在水资源管理与保护方面，已在全流域建立并实施了取水许可、水资源论证、防洪影响评价、水功能区划、入河排污口设置论证与审批、水资源总量控制和定额管理、水资源有偿使用、河道采砂许可等10多项基本制度。向社会公开发布《长江流域及西南诸河水资源公报》《长江水资源质量公报》《长江流域水土保持

公报》《长江泥沙公报》等信息，提高了公众的关注度。在水政监察和水行政执法方面，建立起一个由总队、支队和大队构成的长江委水政监察和执法体系，规范了水事行为；对省际间的水事纠纷进行调处，有效地维护了省际边界地区的社会稳定和水事秩序。

随着最严格水资源管理制度的实施、河（湖）长制度的实施，依法用水、依法治水、依法管水、依法护水已成为全流域共识。特别是最严格水资源管理制度的实施，流域管理机构在“用水总量控制、用水效率控制、水功能区限制纳污”等三条红线管理方面的作用突显，流域管理机构的水资源监测信息作为国家考核流域各地的基本依据，提升了流域管理机构的管理地位，强化了流域管理机构的管理职能。

在流域水法规建设方面，颁布实施了多项行政法规、规章和规范性文件，填补了长江流域水资源管理与保护法规建设的空白，为治江事业提供了法律保障。在水政监察和水行政执法方面，对擅自取水、侵占长江河道、乱挖江砂、非法排污等违法行为进行了处理。为了保护长江流域水资源和生态环境，2006年还专门建立了长江流域水资源保护执法监察总队，业务上受总队指导。

一、水资源与生态环境保护法规建设

长江水资源与生态环境保护法规体系建设主要是在新《水法》实施以后。为了使新《水法》等国家法律法规落到实处，长江委根据长江流域面临的新形势和新任务，制定了《长江委水法规建设规划（2004—2010年）》（以下简称《规划》）。规划目标是：以制定《长江法》为重点，针对长江流域不同层次的水法规建设工作，初步提出长江流域水法规建设的宏观构架，为建立与完善长江流域水法规体系奠定基础。《规划》共对28个水法规建设项目作了总体安排。

长江流域水资源与生态环境保护一直受到全社会的关注，也是长江水资源合理开发、利用与保护的重要内容。长江委在以《长江法》为中心开展综合性立法前期研究的同时，还根据长江流域的实际开展单项重要法规、规章的立法前期研究。

1. 流域水资源与生态环境保护法规建设

（1）《长江河道采砂管理条例》及《〈长江河道采砂管理条例〉实施办法》

20世纪80年代后期，长江中下游河道非法采砂、乱采乱挖现象严重，给长江防洪和航运安全带来危害，成为流域管理中亟待解决的焦点问题之一。国务院领导先后作出一系列重要批示，要求采取根本性措施解决问题。为此，长江委在开展大量现场调查研究的基础上，1996年5月提出了“制定专门法规、编制科学规划、加强现场监督管理”的长江河道采砂管理思路。1998年，长江委向水利部报送了《关于制定长江采砂管理专门法规的立法建议》，水利部在批复该建议的同时委托长江委代为起草《长江河道采砂管理条例》。2001 年 4 月，长江委把该条例送审稿及立法说明上报水利部；10 月，国务院第 320 号令发布实施。该条例在河道采砂管理方面取得了许多重大突破，理顺了长江采砂管理体制，明确了长江委在长江采砂管理中的法律地位和职权，首次设立了采砂许可制度和采砂统一规划制度，加大了对非法采砂的处罚力度，不仅填补了长江流域乃至全国河道采砂管理的空白，而且对地方开展相应的水法规建设具有积极的引导和示范作用。随后，长江委根据水利部的安排，代部起草了《〈长江河道采砂管理条例〉实施办法》，2003 年 6 月由水利部发布实施。同年，为了规范全国河道采砂行为，长江委又代水利部起草了《中华人民共和国河道采砂管理条例（送审稿）》，通过水利部部长办公会议审定，上报国务院法制办征求意见。

（2）《三峡水库调度和库区水资源与河道管理办法》

为了切实开展和加强三峡水库正常运行期的管理，2004 年长江委向水利部报送了《三峡水库管理办法》立法建议，2008 年初提出办法的立法条文建议稿（送审稿）；当年 11 月，水利部第 35 号令发布实施，更名为《三峡水库调度和库区水资源与河道管理办法》。该办法的出台，对加强三峡水库管理，保证三峡水库正常运行和长江中下游防洪安全，保障长江流域水资源合理配置和可持续利用，具有重要意义。

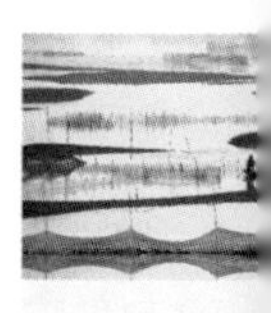

（3）流域管理规范性文件

1988 年《水法》发布实施以来，特别是 2002 年《水法》修订以来，长江委依据国家法律法规，结合流域实际，相继制定了近 30 项流域管理规范性文件，内容涉及取水许可、水土保持、河道管理、采砂管理、水资源保护、规划管理、水文管理、枢纽工程水费计收等诸多方面，如《长江水利委员会实施取水许可制度细则》《长江流域大型开发建设项目水土保持监督检查办法》《长江堤防工程验收管理办法》《长江上中游水土保持重点防治工程管理办法》《长江河道省际边界河段可采区现场监督办法》《长江河道省际边界重点河段采砂许可申请审批程序规定》《三峡水库 135 米蓄水及运行期间重大水污染事件应急调查处理规定》《三峡水库 135 米蓄水及运行期间重大水污染事件报告办法》《长江水利委员会入河排污口监督管理实施细则》《长江水利委员会入河排污口设置验收办法》等，为规范长江流域水事活动提供了基础保障。

2.《长江法》立法前期研究

长江委自 20 世纪 90 年代初即着手开展《长江法》的立法前期研究工作，开展了一些基础资料收集和初步调研。2003 年 7 月，长江委成立《长江法》起草工作领导小组及工作小组，全面启动该法的立法研究工作。此后的每个工作年度，水利部和长江委均将《长江法》纳入年度立法计划。长江委联合委内外力量，通过多年的研究，取得了一系列阶段性研究成果。这些成果主要涉及《长江法》立法的必要性和紧迫性、

立法依据及内容框架、流域管理与区域管理相结合的综合性管理体制、水行政管理事权划分、流域水法规体系建设、国家行政体制改革与流域立法关系等。2008年底，形成了《长江法》立法条文稿初步成果。

3.《长江水资源保护条例》立法前期研究

1978年，在长江委的领导下，长江水保局与有关专家合作，经过广泛调查研究，起草了《长江水资源保护管理条例》，并上报水利电力部和国务院环境保护领导小组。1984年，水利电力部和国家环境保护局联合在武汉召开长江水资源保护工作会议，通过了《长江水资源保护工作若干规定》（以下简称《若干规定》）和《长江干流水质监测网工作条例》。其中《若干规定》对统筹协调各方面工作，实行地方分级管理与流域统一管理相结合、水资源管理与水环境管理相结合的体制，对做好长江水资源与水环境保护工作、控制和改善长江水污染状况作出了规定，明确了长江水保局、长江水质监测中心站的职责、隶属关系，规定了长江水保局与环境保护部门、水利部门、长江航政等部门的分工与协作关系以及工作经费等。

1997年，在长江委的领导下，长江水保局联合有关高校开展了长江水资源保护立法可行性论证研究，完成了《长江水资源保护办法》立法可行性总报告及4个专题报告，对立法的理论基础、立法模式选择、制度设计、管理体制构建等重点、难点问题进行了研究，为长江水资源保护立法提供了理论支持。1999年开始，按照《水法》修订任务的要求，长江水保局组织开展了水资源保护专题研究，对水资源保护立法的目的、原则、制度等进行了全面、系统的研究，提出的水功能区划、纳污限排、入河排污口监督管理、饮用水水源地保护区划分等10多项制度建议全部纳入新修订的《水法》，在水资源保护制度建设方面取得了突破。此后，长江水资源保护立法研究一直没有间断，取得了一批成果。2008年，随着《长江法》立法进程的加快，长江委将长江水资源管理与保护作为该法的立法研究核心内容，重点开展了《长江流域水资源管理与保护条例》立法前期研究，立法内容侧重于长江流域水量调度、水资源保护、跨流域调水、节水、水能资源开发管理等，随后提出了拟设立的主要法律制度并草拟了法律条文稿。

4.《长江保护法》立法前期研究

长江流域立法研究取得了一系列成果，某些成果已经在实践中应用，但仍然满足不了流域综合管理和长江经济社会发展的需要，立法研究仍然停留在前期阶段，亟待从更高层次上推动。随着长江流域经济社会发展进程的加快，推动长江生态环境保护已成当务之急，长江委及社会各界对长江立法的呼声越来越高，很多有识之士通过每年的“两会”及多种渠道，反映长江立法的必要性和紧迫性。2013年国家启动长江经济带发展战略，通过广泛调研和总结，2014 年 9 月国务院印发《关于依托黄金水道推动长江经济带发展的指导意见》（国发〔2014〕39 号）。至此，长江经济带发展上升为国家战略。其战略定位是在未来一个时期，把长江经济带打造成具有全球影响力的内河经济带、东中西互动合作的协调发展带、沿海沿江沿边全面推进的对内对外开放带和生态文明建设的先行示范带。

为了推动长江经济带发展，2016 年 1 月，习近平总书记在重庆召开推动长江经济带发展座谈会，强调“推动长江经济带发展必须从中华民族长远利益考虑，走生态优先、绿色发展之路，使绿水青山产生巨大的生态效益、经济效益、社会效益，使母亲河永葆生机活力”“当前和今后相当长一个时期，要把修复长江生态环境摆在压倒性位置，共抓大保护，不搞大开发”；3 月，中央政治局审议通过《长江经济带发展规划纲要》（以下简称《规划纲要》）；9 月，中共中央、国务院印发实施。《规划纲要》从规划背景、总体要求、大力保护长江生态环境、加快构建综合立体交通走廊、创新驱动产业转型升级、积极推进新型城镇化、努力构建全方位开放新格局、创新区域协调发展体制机制、保障措施等方面描绘了长江经济带发展的宏伟蓝图。《规划纲要》是推动长江经济带发展的重大国家战略的纲领性文件，是当前和今后一个时期指导长江经济带发展工作的基本遵循，是凝聚各方面力量、推动形成长江经济带发展强大合力的行动指南。《规划纲要》明确要求要抓紧制定《长江保护法》。此后，各方积极推进，《长江保护法》的立法工作进入了实质性阶段。2018 年 4 月，习近平总书记在武汉再次召开推动长江经济带发展座谈会，在谈到面临的挑战和突出问题时指出“长江保护法制进程滞后”，表明了总书记对长江保护立法的期望和要求。

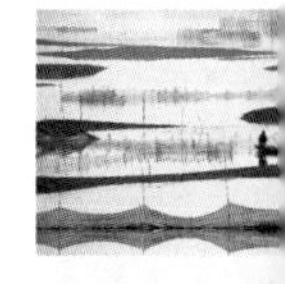

2019 年 3 月“两会”期间，全国人大环境与资源保护委员会对外透露，《长江保护法》已被列为十三届全国人大常委会立法规划的一类项目，纳入 2019 年全国人大常委会立法工作。6 月，全国人大常委会委员长栗战书在江苏苏州主持召开《长江保护法》立法座谈会，强调要全面贯彻习近平总书记关于长江保护的重要指示要求，加快长江保护立法进程。这标志着长江保护立法驶入了快车道。

二、地方法规建设

长江流域面积 180 万平方千米，干流流经青海、四川、西藏、云南、重庆、湖北、湖南、江西、安徽、江苏、上海等 11 省（自治区、直辖市），支流涉及贵州、甘肃、陕西、河南、浙江、广东、广西、福建等 8 省（自治区）。长江流域内各省级行政区的水资源和生态环境保护法规体系建设与国家法规体系建设基本同步，但流域涉及省份多，各地在长江流域所占面积比差异很大，东中西部经济社会发展差异也很大，水资源与生态环境保护法规体系建设的进程也有差异。流域内各地的水资源和生态环境保护法规体系建设均是在国家现行法律法规体系的框架下，结合本地实际情况，由省级人大常委会审议通过，并发布实施。特别是近40年来，流域内地方立法进程加快，关于水资源和生态建设方面的法规就有上百部，规范性文件更多。这些地方法规随经济社会发展和新要求不断进行修正，强化制度设计，以适应新的形势，为流域水资源和生态环境保护提供了法律保障。在本书第三章将就部分省（市）的主要法规作简要的介绍，以供参考。

三、监督管理

20世纪80年代初，在城乡建设环境保护部和水利电力部《关于对流域水资源保护机构实行双重领导的决定》中，明确了长江水保局的主要任务与职能，包括协助草拟长江水系水体环境保护法规、条例；牵头组织制定长江流域水体环境保护规划；协助审批长江水系大中型水利工程环境影响报告书；监督长江水系、水污染和生态破坏活动；组织协调长江干流水环境监测；开展长江水系水环境保护科研工作等。这是第一次具体规定流域水资源保护机构的职责的相关文件。

1984年11月，《中华人民共和国水污染防治法》颁布实施，明确了重要江河水源保护机构是协同环境保护部门对水污染防治实施监督管理的机关。1988年1月，《中华人民共和国水法》颁布实施；同年6月，国务院出台《中华人民共和国河道管理条例》，规定了水利部门有关入河排污口设置和水质监测的职责。为实施《中华人民共和国水法》规定的取水许可管理制度，1993年8月，国务院出台了《取水许可制度实施办法》，对取水许可水质管理要求作出了规定。1995年12月，水利部颁布了《取水许可水质管理规定》，明确了流域管理机构有关取水许可水质管理的职责。1996年，修订的《中华人民共和国水污染防治法》规定，流域水资源保护机构监测省界水体水质的职责。1998年，政府机构改革后，进一步明确了流域管理机构和流域水资源保护机构的水资源保护职责。2002年，新修订的《中华人民共和国水法》强化了流域管理机构的水资源保护管理职能。2008年，修订的《中华人民共和国水污染防治法》又进一步强化了流域水资源保护机构的职能。

依据现行法律法规，国家对水资源保护实行流域管理与行政区域管理相结合的管理体制。长江委除在长江流域内行使法律法规规定的及水利部授予的水资源保护管理和监督职责，如水功能区管理、入河排污口监督管理、省界水体水质监测、饮用水水源地保护、水生态环境保护与修复、河湖健康评估、水污染事件应急响应、取水许可水质管理、信息统计与发布等方面外，还对长江流域各地方水行政主管部门的水资源保护工作行使协调、指导和监督管理的职能。

在能力建设方面，初步形成了专业门类比较齐全、结构合理的管理和专业人才队伍，长江水资源保护机构形成行政、科研、监测等一体化的架构。在水环境监测方面，形成了较强的综合监测能力。监测项目包括水、固体、环境空气、噪声和水生生物等五大类，195 项检测参数在全国水利系统位于前列。

在生态环境建设与监督管理方面，随着《水土保持法》的实施，长江流域水土保持监督管理得到加强，初步进入了规范化、制度化和法制化的轨道。水土保持监督执法机构和法规体系逐步完善，流域内各省（自治区、直辖市）均设有水土保持预防监督执法机构，长江委在水土保持局设立了预防监督处，在水政监察总队成立了水土保持支队。长江委在督促建设项目落实水土保持“三同时”（水土保持设施与主体工程同时设计、同时施工、同时投产使用）制度方面，以法律为准绳，敢于执法，善于执法，有效遏制了人为水土流失案件的发生。

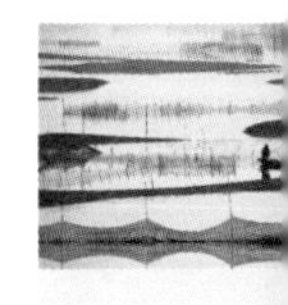

1997—2000 年，在水利部的统一部署下，开展流域内 28 个城市水土保持示范建设的监督管理。1999 年，长江委率先在全国开展长江流域水土保持监督执法示范建设，制定了《长江流域水土保持监督执法规范化建设工作实施要点》，先后在云南楚雄州等 16 个地（市、州）开展示范试点建设工作，积累了经验。2000 年，全国水土保持生态环境监督管理规范化建设正式开始。长江流域及西南诸河共有 14 个省（自治区、直辖市）的 18 个地（市、州）438 个县（市、区）列入示范建设行列。各地严格按照水利部的要求，在监督体系建设、配套规章制度的制定和完善、方案审批、恢复治理、案件查处等方面做了大量工作，取得了显著成效。此外，长江委还开展了广泛深入的水土保持宣传，加强国家重点防治工程区的监督执法工作，有效遏制了边治理、边破坏的现象。

1998 年，长江委根据《全国水土保持监测网络与信息系统规划》，经水利部批准，组建了长江流域水土保持监测中心站，配备了先进的监测设备和软件，成为长江流域水土保持监督、监测与管理的重要技术依托。加上 15 个省级监测总站、72 个地（市）及监测分站、199 个监测站点，初步形成了覆盖全流域的水土保持监测网络。这一时期，监测中心站组织开展了水土保持动态监测。2000 年以来，长江委组织编制了《长江流域及西南诸河水土流失动态监测规划》，开始分期分批对长江流域重点支流和重点区域开展水土流失动态监测，为全国水土保持监测公报提供了可靠的监测资料，为流域水土流失治理、水土保持监督管理提供了决策依据。除此以外，还组织开展重点区域开发建设项目人为水土流失调查，建立流域水土保持监测项目 GIS 数据库，滑坡、泥石流预警系统，以及水土保持规划与科研工作，取得了一批重要成果，为长江流域水土流失治理和生态建设提供了重要支撑。

四、水行政执法

长江委水行政执法队伍的发展与不同时期的工作重心和机构改革的推进同步发展变化。在时序上，大致分为三个阶段。

第一阶段是试点探索。1988年《水法》颁布实施后，为保证水法的贯彻实施，水利部发出《关于建立执法体系的通知》，对水利执法的性质、任务、组织和实施步骤提出了原则意见，并开展了两批试点。长江流域试点集中在四川、湖北、湖南、江西4省的8个单位，由长江委代水利部进行联系，履行监察、督促之责。1990年，水利部颁布了《水政监察组织及工作章程（试行）》，为全国水利执法体系建设和执法工作的制度化提供了具体操作依据。1992年，长江委首先在直管的陆水试验枢纽管理局开展水行政执法试点工作。

第二阶段是规范化建设。这一阶段长江委按照水利部《关于加强水政监察规范化建设的通知》和《关于流域机构开展水政监察规范和建设的通知》，制定了《长江流域水政监察规范化建设实施方案》，1999年7月，由水利部批准实施。与此同时，为了落实1997年发布实施的《中华人民共和国防洪法》确立的流域管理机构在防洪事务中的法律地位，水利部下发了《关于流域管理机构决定〈防洪法〉规定的行政处罚和行政措施的通知》，确立了长江委及水文局所属的7个水文水资源勘测局具有《防洪法》的执法主体资格。1999年11月，长江委根据水行政执法工作的需要，依托长江委水文局，组建了7支水政监察支队。

第三阶段是优化调整阶段。2001年，水利部发出《关于成立流域机构水政监察总队的通知》；9月，水利部在全国流域管理机构水政工作会议上，为各流域管理机构水政监察总队授牌。2003年5月，长江委结合新"三定"方案，先行成立了水政监察总队办公室和采砂管理支队。2006年，长江委又根据水资源保护的需求，成立了水资源保护水政监察总队和水文水政监察总队，直属长江委水政监察总队领导。至此，长江委形成了1个委级总队、2个直属总队、14支综合及专业执法支队和22支大队的水行政执法体系，为维护长江流域正常水事秩序、保护水资源和生态环境提供了行政保障。

第四节 监测监控，为流域生态环境保护站岗放哨

长江流域的生态环境保护最初并没有明确要求，对水体保护仅限于监测。20 世纪 70 年代以前，长江流域各地大多只进行天然水化学成分测验，目的是提供江河湖泊水体天然水质的基本情况，如水的物理性质、pH 值、主要离子含量、矿化度等。70 年代以后，随着工农业的发展，水质污染问题越来越突出，有关部门强调并规定水文部门不仅管水量，还要管水质，并布置开展水污染监测。监测的基本项目包括酚、氰化物、汞、砷、六价铬等，以掌握江河湖库水体的污染情况，为水资源保护提供水质资料。1974 年召开的全国水文和水资源保护工作会议进一步推动了长江流域水污染监测。80 年代，将天然水质化验和污染监测相结合，基本水质站的必测项目增至 36 项，选测项目 10 项，中心化验室也陆续建立，充实了设备，配置了气相色谱仪、原子吸收分光光度计等。

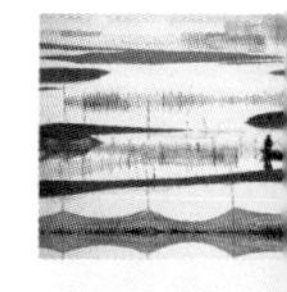

80 年代以来，长江流域水质监测快速发展，构建了较为完善的从点到面、流域与区域相结合、常规监测与普通调查相结合、固定监测与移动监测相结合的水质监测网络，监测能力大大提升，监测范围基本覆盖了长江流域的主要江河湖库，形成了包括省界水体、水功能区、入河排污口、集中式饮用水水源地、地下水、水生态系统等完整的监测体系，为长江流域生态环境保护积累了海量数据，为监督管理起到了重要的基础支撑作用。

一、20 世纪 80 年代之前的水环境监测

为了全面掌握长江流域主要河流水体水化学成分的分布情况和变化规律，1956 年长办水文处在所属的寸滩（长江）、北碚（嘉陵江）、宜昌（长江）、白渡滩（丹江）、黄家港（汉江）、新店铺（唐白河）、郭滩（白河）等水文站开展天然水化学成分的测验工作。到 1959 年，长江干支流已有 90 个水文控制站（其中长办有 53 个）开展了水化学测验，这就是早期的水环境监测。为了统一水化学分析方法和技术，1959 年，水利电力部指定长办编制《水化学分析规范（试行）》，印发流域内各省（自治区、直辖市）和流域水文机构执行。1960 年经修改后定名为《水化学成分测验》，长江流域水化学成分测验站发展到 179 个，其中长办所属 60 个。1964 年，长办根据《水化学成分测验》的规定，结合长江的具体情况，编制了《长江流域规划办公室水化学成分测验技术补充规定》。

1973 年 2 月，长办水文处发文要求水文站调查黄柏河、长江干流宜昌段大江和

右江、宜昌市山东水厂等处水体的浑浊度、细菌总数、大肠菌群指数、总硬度、铝、砷、氟化物、铁、pH 值等。5 月，又根据工业“三废”排放量越来越多的现状，按照水利电力部防止水源污染的指示，发文要求渡口市（现攀枝花市）、李家湾、寸滩、宜昌、陆水、汉口、南咀、丹江口、襄阳、大通等水文站从 6 月份起增加酚、氰、汞、砷、铬等分析项目。1974 年 5 月，长办水文处又补充通知，要求各站开展水污染监测工作，并对取样次数和取样位置作了调整。

1975 年，国务院环境保护领导小组发文要求“各省（市、区）环境保护部门统一组织有关部门研究本省（市、区）内水质监测站网的设置和监测工作规划，各水系水源保护领导小组在此基础上研究确定全流域水质站网和监测工作规划”。

1977 年 1 月，在长办的领导下，长江水保局在武汉召开第一次长江水系水质监测站网座谈会，参加会议的有上海、江苏、安徽等流域内 15 个省（自治区、直辖市）和渡口、重庆、武汉、南京等重点城市的环境保护、水文、卫生防疫部门、大专院校及国务院有关部委（局）等单位的代表。会议通过讨论和协商，统一了站网布设原则、设站目的、监测技术工作基本要求，资料整理刊布等问题，通过了《长江水系水质监测站网和监测工作规划意见》。根据规划要求，1979 年 5 月，在武汉召开了第二次长江水系水质监测工作与站网规划会议，流域内 15 个省（自治区、直辖市），重点城市的环境保护、水利部门，长江干流 22 个城市江段监测站，国务院有关部委（局）的代表参加会议。会议调整充实了监测站网，监测站扩充到 210 个，制定了《长江水系水质监测暂行办法》。据资料统计，截至 1980 年底，全流域有水质监测站点 221 个（不含上海市的 126 个监测站点），其中属各省水利部门的有 159 个，长办 20 个，环境保护部门 40 个，卫生部门 2 个。长江干流从渡口至上海沿江建有 18 个水质监测站，共布设 79 个断面；支流湖库建有 203 个监测站，布设近 500 个监测断面，初步形成了重点水域的水质监测站网。

二、80 年代后的水环境监测

随着经济社会的发展，长江流域水质监测站网也在不断完善。到 1992 年，长江干支流已有 551 个水质监测站，其中干流有 27 个，其他分布在支流和湖泊水库，监测断面达 680 个，基本覆盖了全流域地表水体。常规水质监测项目有 30 多项，建立了水质数据库，并逐年对水质监测资料进行分析，初步形成了以水利、环保、卫生、交通等部门组成的，较为完善的长江流域水质监测站网。

后由于体制方面的原因，其他部门逐渐退出了长江流域水质监测站网，形成了由流域机构和地方水环境监测中心构成的流域水环境监测站网。1994 年，按照水利部水文司的要求，长江委组织流域监测中心对长江流域水环境监测站网进行了优化调整，编制了站点分布图。优化调整后的长江流域监测站网有常规监测站 272 个，监测断面 377 个；省界水体监测站 38 个。

为了发挥水质监测站网监测资料的作用，统一站网管理和质量控制。1986 年，由长江水保局组织，首次在武汉召开长江流域水质监测资料整、汇编工作会议，之后每年召开一次。1994 年更名为长江流域水环境监测站网工作会议，一直持续到 2018 年。每次会议都有一个主题，对长江流域水环境监测起到了积极的推动和规范作用，为长江流域水资源保护和水环境管理发挥了重要作用。后由于国家机构改革，隶属关系变更，该会议未能继续下去，留下了永久的遗憾。

到 2000 年，长江流域水质监测站达到 600 多个，其中长江委属水质监测站有 54 个，有 29 个为国家重点站，主要布设在长江干流、主要支流及重点支流入江口，共计 74 个监测断面，监测 30 多个常规项目。此后不断扩展监测内容，2004 年，开展水功能区监测，后续又扩展到重要饮用水水源地监测、入河排污口监督性监测、突发水污染事件应急监测等，监测项目由单一的水质监测扩展到生态水量、水生态系统监测，监测方式也由人工为主的方式转变到固定监测和移动监测相结合、固定时段监测和自动监测相结合的现代监测模式。截至 2018 年底，长江流域监测站网设置的水质监测站点已超过 4600 个，覆盖了全流域地表水和部分地下水。已经开展监测的省界水体监测断面 170 个，国界水体监测断面 24 个；水功能区 2070 个，监测断面 2701 个；饮用水水源地 651 个，监测断面 701 个；入河排污口 859 个；地下水监测站 428 个；水生态监测站 66 个。长江流域水环境监测站网的建设与发展为全面掌握长江干支流水污染状况和科学制定水资源保护措施提供了重要的基础信息。形成了包括 1 个流域中心、8 个流域分中心、20 个省级中心及近百个地市级分中心的比较完善的流域水质监测站网。监测内容包括水质、水量、水生生物、底质等在内的水生态环境各相关要素，监测对象覆盖了省国界、水功能区、入河排污口、饮用水水源地、地下水、水生态以及长江干流及主要支流监督性监测、突发水污染事件应急监测等方面，为流域水资源保护提供了重要的技术支撑。

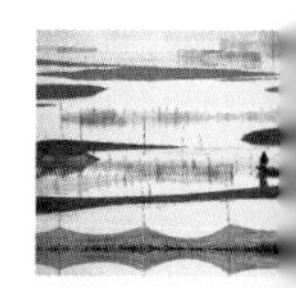

三、水质自动监测与巡测

水资源保护和生态监测是流域生态建设的重要基础工作。进入 21 世纪，特别是新《水法》实施，强化了水资源统一管理和流域管理，明确了水功能区管理、入河排污口管理、饮用水水源地保护等一系列水资源管理与保护制度。水资源保护监测工作也由常规水质监测为主转变为以省界水体和水功能区监督性监测、入河排污口监督监

测、生态监测等转变。到2009年，流域省界水体监测断面增至72个；重要水功能区监测从2006年开始，逐步覆盖了全部的省界水体和重要水功能区。水质监测内容也从常规项目监测向微量有毒有机物、地下水、底质和水生生物拓展，监测手段逐步从固定监测转变为固定监测、移动监测和自动监测相结合。已经形成了覆盖全流域的、较为完善的水环境监测网络。

值得一提的是，在水质自动监测方面，长江委于2006年建成了长江干流（三峡库区）上第一个水质远程自动监控站。该站以在线自动分析仪器为核心，结合现代自动监测技术、自动控制技术、计算机应用技术组成一个综合性的实时自动监测和视频系统，检测项目达10多项，这在当时属领先水平。截至2016年底，长江委共建成水质自动监测站14座，分布在长江干流及部分重要支流的省界断面或重点控制断面。其中，丹江口水库豫鄂省界的凉水河水环境自动监测站，可以监测近60项参数，是一个超级站，也代表了水利系统的顶级水平。这些水环境自动监测站实时把信息发送至长江流域水资源保护监控中心和数据中心，在水质评价、最严格水资源管理制度考核、水质预警预报、水污染事件快速反应等方面发挥了重要作用，为管理和决策部门提供了重要的基础依据。

在水质移动监测方面，为了有效补充固定监测和自动监测的不足，加强重点水域的水质巡查，更重要的是应对突发水污染事件，长江水保局逐步建成了移动监测船、移动监测车和无人机等多种组合的移动监测综合体，能够实施各类特殊复杂环境下的水质实时监测，并在1998年大洪水、2008年汶川大地震、2010年玉树大地震以及其他突发水污染事件应急监测中发挥了重要作用。特别是在地震灾害中，担负供水水源地水质巡测任务，为保障灾区饮用水安全和管理决策提供了有力支撑。

四、水土保持监测

进入21世纪，长江流域生态监测除了常规固定监测站（点）以外，主要是开展水土流失的动态监测。长江委在以往三次全流域水土流失遥感调查的基础上，编制了《长江流域及西南诸河水土流失动态监测规划》，开始分期分批对长江流域重点支流和重点区域开展水土流失动态监测。先后完成了三峡库区、丹江口水库水源区、嘉陵江流域、金沙江流域、洞庭湖水系、怒江流域的水土保持监测以及鄱阳湖水系、三峡水库和丹江口库区的水土流失动态监测工作，面积达100多万平方千米。2007年，长江委发布了第一份《长江流域水土保持公报》，此后每五年发布一期。该公报全面反映流域水土保持监督管理、监测、治理等方面的情况和重要事件，引起社会各界的关注，在国家宏观决策、经济社会发展和公众信息服务等方面发挥了积极作用。

五、水生态监测

水生态监测是从生态系统完整性的角度出发，利用物理、化学、水文、生态学等技术手段，对生态环境中的不同要素、生物与环境之间的相互关系、生态系统结构和功能进行监测，为评价水生态环境质量、保护与修复生态环境、合理利用自然资源提供依据。长江的水生态监测工作起步较早，早期除了主要开展的水化学水质监测工作外，在20世纪90年代还开始了藻类、底栖生物、沉积物、鱼体残毒及蚕豆根尖毒性等监测工作，进行了相关生态监测技术的探索。2008年起，水利部水文局委托流域监测中心承担全国的藻类监测培训和技术指导，促进水生态监测工作的规范化和科学化。历时3年，全国共有20余个省（自治区、直辖市）的近百名学员参加培训。编著出版的《中国内陆水域常见藻类图谱》，填补了国内空白。2016年，长江流域水环境监测中心主持编制的《内陆水域浮游植物监测技术规程》由水利部发布实施，标准编号为SL 733—2016，为藻类监测工作的规范化和科学化提供了重要技术支撑。

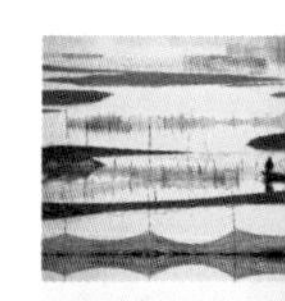

六、地下水监测

地下水作为水资源的重要组成部分，是城乡生活用水和工农业生产用水的重要供水水源。随着我国经济社会的快速发展，地下水问题日益凸显，特别是地下水污染不断加剧，严重影响了地下水资源的开发利用，危及生态安全和广大人民群众健康。为了贯彻落实水利部办公厅《关于开展流域地下水水质监测工作的通知》（办水文〔2013〕235号）要求，2014年流域监测中心开始组织河南、湖北、江苏3省水环境监测机构开展重点地区地下水水质监测工作。为此，长江水保局印发了《长江流域重点地区地下水水质监测方案》（水保函〔2014〕5号），对现场采送样技术要求、样品保存、实验室分析方法、报表填报格式、质量控制等技术要点进行了统一要求，同时考虑地下水水质监测工作首次在流域水利系统内开展，部分地方监测机构基础薄弱，于2014年2月举办了流域地下水水质监测技术专项培训，为开展流域地下水水质监测奠定了技术基础。地下水监测按照《地下水质标准》（GB/T 14848—93）规定，监测项目包括pH值、氨氮、硝酸盐氮、亚硝酸盐氮、挥发酚、氨化物、砷、汞、六价铬、总硬度、铅、氟化物、镉、铁、锰、溶解性总固体、高锰酸盐指数、硫酸盐、氯化物、总大肠菌群等20项必测项目；部分站点根据实际情况，增加色、嗅和味、浑浊度、肉眼可见物、铜、锌、钼、钴、离子表面活性剂、碘化物、硒、铍、钡、镍、滴滴涕、六六六、细菌总数、总α放射性、总β放射性等19项选测项目。监测结果为地下水资源管理与保护提供了重要技术支撑。

七、三峡工程生态与环境监测

三峡工程令世人瞩目，它对生态环境的影响同样也引人关注。三峡工程建设倾注了长江委几代人的心血。三峡工程尚在论证和后续准备阶段，长江水保局就开始了三峡工程生态与环境监测。随着三峡工程建设进程的加快，为了了解并掌握三峡工程不同时期的生态与环境状况，1993 年 11 月，国家环保局组建了“长江暨三峡生态环境监测网”，作为全国环境监测网的重要组成部分，由国家环保局直接领导，组长单位为重庆市环境监测中心站。该系统由环保、水利、农业、林业、气象、卫生、资源、地震、交通、中国科学院、中国三峡总公司、三建委移民开发局及湖北、重庆两省市人民政府等有关部门和单位共同组建。12 月，国务院三峡工程建设委员会（以下简称“国务院三建委”）办公室在北京召开三峡工程生态环境保护工作会议，明确由长江委负责编制《三峡工程生态与环境监测系统实施规划》。1994 年 4 月，该规划由国务院三建委生态与环境保护协调小组原则通过。据此建立了由不同行业、不同部门参与的具有强大功能的三峡工程生态与环境监测系统。该系统由移民、水质、污染源、水文、局地气候、山地灾害、鱼类及水生生物、陆生动植物、人群健康、农业生态、社会环境、施工区、生态环境实验站等 13 个子系统组成。水文、水质监测子系统和三峡工程施工区环境监测子系统为其中两个重要的子系统。根据规划的要求，三峡工程生态与环境监测水文水质子系统由长江委负责，该系统由 1 个重点站和 7 个基层站（重庆站、涪陵站、万县站、巴东站、宜昌站、汉口站、上海站）组成。重点站工作由长江流域水环境监测中心承担。水质子系统的监测范围包括三峡库区及长江中下游直至河口在内可能受三峡工程影响的区域。该规划从 1996 年开始实施，每年由中国环境监测总站向社会公开发布《长江三峡工程生态与环境监测公报》，让公众了解三峡工程的生态环境状况。该公报的编制单位包括长江委、国家气候中心、农业部环保能源司、重庆市环境监测中心站等 15 个单位。公报的主要内容包括三峡工程进展，监测网络工作概况，库区社会经济状况（包括人口、经济、移民安置、人群健康等），自然生态环境状况（包括库区水文、气候、陆生植物和植被、陆生动物、渔业资源与环境、珍稀濒危水生动物、农业生态、地质灾害等），污染源排放状况（包括重点工业污染源监测、城市污水调查与监测、库区农药化肥污染源监测、库区流动污染源监测等），环境质量状况（包括水环境质量状况、施工区环境质量状况等），至今已连续发布 22 期。

八、南水北调中线工程水质监测

南水北调中线工程是我国宏观水资源配置的重要工程之一，其水源工程为丹江口水库。为了保护一库清水，从丹江口水库蓄水以来，长江委一直承担着库区及上游的水质监测工作。2012 年，丹江口水库大坝工程加高开始蓄水，更加密了监测点位和频次，设立了凉水河水质自动监测站，对丹江口库区省界水体进行实时监控。2014 年 12 月，南水北调中线工程通水，为了掌握中线总干渠的水质变化情况，受南水北调工程中线局的委托，长江委组织开展了系统的水质监测和应急监测，为总干渠水质保护与管理提供了基础支撑。

九、入河排污口及污染源专项调查监测

20 世纪 70 年代，长江委水保局就开始了长江污染源和入河排污口的调查与监测工作。多次组织大范围的长江水资源质量状况和水污染调查，掌握了大量第一手资料。进入 21 世纪，为贯彻落实《水法》的要求，2004 年，即率先组织在全国开展全流域的入河排污口普查工作，统一培训人员，统一技术要求，统一填报登记表，统一汇总成果，取得了较为全面的入河排污口基础资料。这也是长江委第一次在全流域范围的入河排污口普查工作，也为此后的第一次全国水利普查工作积累了经验。

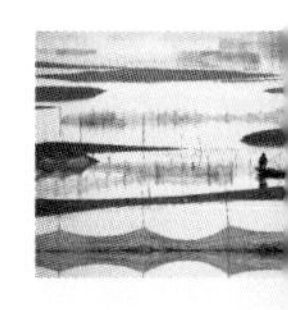

长江近岸水域水质状况调查也是一项意义重大的基础工作。20 世纪 80 年代以后，由于废污水排放量不断增加，长江岸边特别是城市江段出现了不同程度的污染带。为了全面掌握长江干流沿岸污染源分布及污染带状况，水利部水文司在 1991 年下达了“长江干流主要城市江段近岸水域水环境质量状况调查与评价”任务，要求长江水保局组织沿江各省（直辖市）水利部门，通过实地监测与调查，对长江干流近岸水域质量状况作出全面、客观的评价。这次调查是长江水资源保护史上第一次对长江干流主要城市江段近岸水域水环境质量状况进行的大规模、全面系统的调查。结果表明，长江干流城市江段岸边污染带长达 560 千米。此外，在这次调查中，还进行了长江干流近岸水域沉降物中金属元素含量水平及污染现状调查评价和微量有机物污染现状调查评价等。2002 年，长江水保局再次启动了新一轮的岸边污染带调查监测。这次调查在长江攀枝花至上海全长 3600 千米的干流上选择了 40 个主要城市江段，对长江干流近岸水域水质、底质、入江排污口和微量有机物进行了大规模、全面的监测与调查分析，形成了《长江干流主要城市江段近岸水域水环境质量状况报告》及《长江干流主要城市江段近岸污染带分布图集》。结果表明：长江干流 40 个主要城市江段岸边污染带总长已超过 600 千米，主要城市江段近岸水域污染严重，主要污染物氨氮、挥发

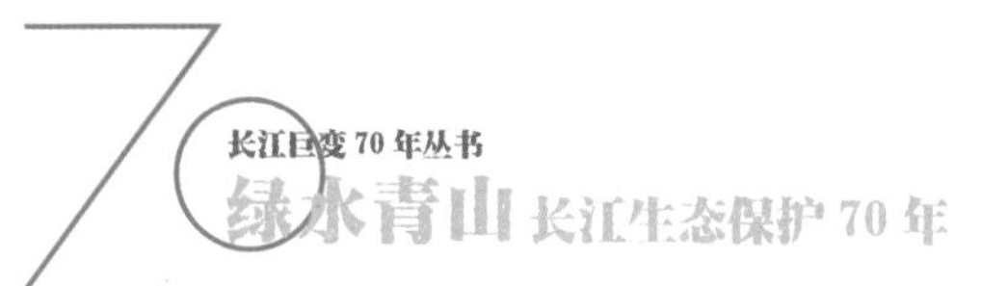

酚及综合性耗氧有机污染物的排放未得到有效控制，部分江段重金属铅污染有所加重；其中以南京、武汉、上海、重庆等大城市江段污染最为严重；近岸水体中有机物种类比较多，共检测出有机化合物11类343种，其中7种被列入我国环境优先控制的污染物“黑名单”，有机磷农药在各江段普遍检出，具有较强的致癌、致畸和致突变效应的多环芳烃与杂环类有机物也占有一定比重。

此后，2007年组织开展了长江干流沿岸潜在危险源的调查；2008年和2010年分别组织开展了省界缓冲区的确界和入河排污口调查；2016—2017年，按照《长江经济带发展规划纲要》的要求，举全委之力组织开展了长江经济带所涉及的11省（市）入河排污口调查与督查工作，初步掌握了长江流域入河排污口的分布、数量、类型、排放方式、废污水排放量、主要污染物排放量，为后续环保督察和管理提供了第一手资料，也为入河排污口整治提供了重要依据。

十、饮用水水源地监测与达标建设

根据水利部的要求，长江水保局从1999年开始，开展了重点城市供水水源地水资源质量监测与《旬报》发布工作。2000年，为了进一步推动和加强长江流域内重点城市供水水源地保护工作，长江水保局发出《关于加强城市主要供水水源地水资源质量状况旬报工作的通知》，进一步推动了此项工作的开展。此后，对流域内昆明、贵阳、成都、重庆、襄阳、宜昌、武汉、长沙、九江、南京、景德镇、宜春、合肥、芜湖、南京、上海共16个重点城市的43个供水水源地水资源质量按月进行评价与公布。根据水源地水质监测结果，各省、市水环境监测中心均编制了《供水水源地水质旬报》，部分城市的《旬报》在当地有关媒体上公布，产生了积极效果。

此外，从2006年开始，水利部实行全国重要饮用水水源地名录核准公布制度，先后发布了三批全国重要饮用水水源地名录，长江流域有221个城市供水水源地纳入名录，占全国的35.8%。与此同时，还要对这些水源地进行达标建设与年度评估，为此长江委成立了长江流域片重要饮用水水源地安全保障达标建设工作联络组，负责水源地的安全保障达标建设工作的技术指导、检查评估和协调工作。每年编制重要饮用水水源地安全达标建设评估报告上报水利部，为重点城市供水安全起到了重要的推动作用，更重要的是为水利部加强水源地保护对策的制定提供了重要依据。

第五节　环境评价，为流域生态环境保护把脉施治

我国早期的环境影响评价处于探索阶段，缺乏规程规范、技术标准，环境保护基本理论、技术方法和很多工作都是在摸索中逐渐完善成熟。从 20 世纪 50 年代开始的三峡工程规划设计到 90 年代三峡工程开工建设，以其环境影响为重点的大型水利工程环境影响评价，从探索研究到形成比较完整的环境影响评价体系，长江委组织力量开展了大量研究，形成了一批水利水电工程、流域或区域综合规划环境影响评价成果，为工程实施所带来的环境影响把脉施治。尤其是形成的水利水电工程环境影响评价技术体系，已成为国家和行业标准，为我国水利水电工程建设环境影响评价奠定了技术基础。

一、三峡工程环境影响评价

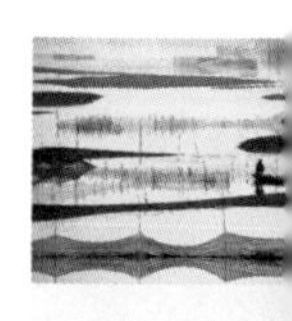

1979 年，长江水保局以三峡工程环境影响评价为重点，开始收集国内外有关水利工程开发建设项目环境影响研究与评价资料，进行多学科的综合研究。选择了同类型水库，水文条件和水利枢纽的功能、调节性能类似，工程地理位置接近和具有一定运行经验的工程进行类比分析。通过影响机制类比、数学模式类比、生境条件类比和生态性类比等方法进行了全面分析研究。这一阶段的主要工作包括翻译国外有关大型水利工程环境影响案例，编印了《国外大型水利工程环境影响译文集》（1981 年），提出了《丹江口水利枢纽对环境影响的初步调查报告》（1980 年）、《葛洲坝水利枢纽兴建对环境影响的初步探讨》（1981 年），进行回顾性评价，为三峡工程环境影响研究提供参考。

“长江三峡地区水利枢纽兴建后土壤环境的变化及其预测研究”为当时国家重点科研项目 117 项中第 2 分项的重要组成部分。在长江水保局领导组织下，由北京师范大学、华东师范大学等 12 所高等院校联合组成的“长江流域土壤生态研究协作组”进行了实地调查。1982 年 12 月，提出了《葛洲坝水库兴建后土壤环境的变化与影响》研究报告。

根据三峡水利枢纽设计工作安排和环境保护要求，长江水保局陆续组织开展了不同蓄水位方案（150 米、200 米）的环境影响评价及专题研究。在三峡工程水库淹没、水文情势、小气候、库岸稳定、地震、泥沙、水质、水生生物、人群健康影响及对策等诸多方面，取得一大批成果。1982 年，提出《三峡建坝环境影响（蓄水位 200 米方案）》。1983 年 3 月，长办编制完成《三峡水利枢纽 150 米方案可行性研究报告》，

其中的第八章为“三峡建坝对环境的影响”。在三峡水利枢纽（150米方案）初步设计阶段，长江委又组织有关科研院所和高等院校完成了水质、土壤环境、陆生植物、陆生动物、人群健康、局地气候等专题研究报告。在此基础上，1985年，编制完成《三峡水利枢纽工程环境影响报告书（150米方案）》。

1986年6月，中共中央、国务院印发了《关于长江三峡论证问题的通知》（中发〔1986〕15号）。根据通知要求，水利部成立了三峡工程论证领导小组，确定了14个专题进行研究，生态与环境为其中论证专题之一。1988年，论证领导小组审议通过了《长江三峡工程生态与环境影响及对策论证报告》。1991年12月，长江水保局与中国科学院环境影响评价部共同完成了《长江三峡水利枢纽环境影响报告书（175米方案）》；1992年9月，国家环境保护局批复了该报告书，为三峡工程决策和开工建设提供了重要支撑。

该报告书对三峡工程建设可能引起的生态与环境影响进行了系统全面的分析和评价。采取全流域、多层次的系统分析和综合评价方法，评价范围划分为三峡库区、中下游河段及附近地区和河口区；评价系统分为环境总体、环境子系统、环境组成、环境因子4个层次，全面评价了工程对局地气候、水质和水温、环境地质、水库冲淤和坝下冲刷、陆生动植物、水生生物、珍稀和特有物种、中游湖区生态环境、河口生态环境、水库淹没与移民、人群健康、自然景观和文物古迹、工程施工、防洪、航运等方面的影响以及溃坝风险等问题。其内容包括工程开发任务及方案选择、工程概况、环境背景、对自然环境的影响、对社会环境的影响、公众关心的一些环境问题、生态与环境监测和管理系统、环境保护经费、结论与对策建议等部分。《长江三峡水利枢纽环境影响报告书》在当年工程环境影响评价规范尚不完善的背景下，经过不断探索、广泛深入调查研究的基础上，对评价的环境要素、因子识别、评价方法等关键评价技术内容及方法进行了研究，对推进我国水利工程环境影响评价，进一步完善相关技术标准、导则发挥了重要作用，评价范围之广、环保影响的复杂程度、生态的敏感性都是罕见的；评价人员的专业性、环境调查研究深度、报告书的质量都达到一流水平。

二、南水北调中线工程环境影响评价

南水北调中线工程属大型水利工程，是我国宏观水资源配置的跨流域调水工程。工程实施对缓解京津及华北地区水资源短缺、改善生态环境、促进国民经济持续稳定发展发挥了巨大作用。南水北调中线工程建成后，水文情势会发生很大变化。加之工程施工、移民等多种因素的作用，会对水源区、输水干渠沿线和受水区生态环境产生影响。工程规模巨大，涉及面广，对生态环境影响深远。1992 年，长江水资源保护科学研究所开始编制《南水北调中线工程环境影响报告书》，历时两年多完成了对丹江口库区及汉江中下游水文情势的影响、丹江口水库水质影响预测及保护、对汉江中下游水质的影响、引水总干渠水质预测及保护、对环境地质的影响、对水生生物的影响、对陆生动植物的影响、对地下水与土壤环境的影响、与供水区环境的相互影响、淹占土地与移民对环境的影响、施工对环境的影响评价、对丹江口库区泥沙淤积及以汉江中下游河道冲淤影响、穿黄工程对环境的影响、对汉江中下游社会经济的影响、对供水区社会经济的影响、环境风险评价、环境经济损益分析、环保投资分析、环境方案比选、对河口生态环境的影响、对汉江中下游防洪的影响、对自然景观与文物古迹的影响、环境影响医学评价、对丹江口库区局地气候的影响、环境管理与监测、对汉江中下游航运的影响预测评价、环境影响综合评价等 27 个专题报告。1995 年，国家环境保护局批复《南水北调中线工程环境影响报告书》。2001 年 9 月，根据国民经济发展新规划、受水区缺水状况及未来用水需求，长江委对南水北调中线工程规划进行了修订。2002 年 3 月，长江委安排长江水资源保护科研所编制《南水北调中线工程环境影响复核报告书》；2005 年 1 月，编制完成了《南水北调中线一期工程环境影响复核报告书》；2006 年 7 月，国家环境保护总局批复了该报告书。该复核报告书在前期大量工作的基础上，结合水利、环保部门的新要求、新规定，再次对工程影响区环境现状进行了调查，全面评价了工程建设对自然环境、社会环境和生态环境的有利与不利影响，并进行了战略环境影响评价。预测评价内容涉及水文情势、水环境、生态、移民环境、施工环境、水土流失、环境地质、社会经济、土地资源、冰期输水、河口生态环境、人群健康、景观与文物等诸多环境要素及因子。既统筹考虑了工程区域的实际环境情况，又兼顾了受水区的水质和其他环境保护，融合了各级环境保护、水利主管部门的管理思想和具体要求，统筹水源区和受水区关系，为全面指导工程环境保护设计和措施实施工作提供了重要的科学依据。

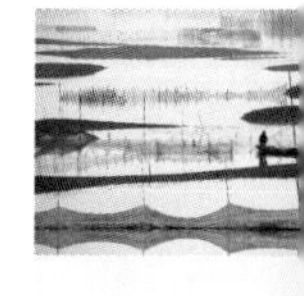

三、流域综合规划环境影响评价

20 世纪 50 年代以来，为指导和安排水利建设，长江委组织编制了长江流域综合利用规划及部分干、支流规划及专业规划。80 年代中期到 90 年代，长江委在部分规划报告中增加了环境影响评价篇章，可认为是规划环评工作的开始。当时我国的规划环评尚未起步，规划环评评什么、怎么评都是在摸索中。1992 年 11 月，水利部和能源部联合发布《江河流域规划环境影响评价规范》（SL 45—92）；2003 年 8 月，国家环境保护总局发布《规划环评价技术导则（试行）》（HJ/T 130—2003）；2006 年

10月，水利部发布修订版的《江河流域规划环境影响评价规范》（SL 45—2006）；2014年6月，环境保护部与水利部联合发布《关于进一步加强水利规划环境影响评价工作的通知》（环发〔2014〕43号），对水利规划的环境影响评价文件形式进行了明确规定；同期，环境保护部发布《规划环境影响评价技术导则——总纲》（HJ 130—2014）。根据相关法律法规和技术标准要求，长江水保局按照长江委统一安排，在开展流域内重要支流和区域综合规划编制的同时，同步开展规划环境影响评价，并始终坚持规划与环评互动，体现二者的相互协调与促进，探索了评价方法、评价深度与广度，积累了丰富的经验。

在长江委的领导和组织下，几十年来，长江水资源保护科研所先后开展了长江口综合整治规划、长江流域综合规划、岷江流域综合规划、赤水河流域综合规划、洞庭湖区综合规划、赣江流域综合规划以及其他重要支流综合规划的环境影响评价工作。其中，2004年，开始编制《长江口综合整治规划环境影响报告书》；2007年1月，经环境保护部和水利部联合审查通过。该报告书被水利部和环境保护部作为涉水规划环境影响评价的范本，被环境保护部环境评估中心作为典型案例收入环评工程师培训教材中。

除此以外，长江委还组织开展了一大批包括南水北调中线工程、乌江彭水和构皮滩、清江隔河岩和高坝洲、嘉陵江亭子口、金沙江乌东德、引汉济渭、鄂北调水、引江济淮等一批大水利水电工程环境影响评价工作；陆续开展了长江流域重要支流和重要区域综合规划以及各类专项规划的规划环评工作。这些工作均为涉水规划的批复与实施提供了重要的技术支撑。

第六节　科学研究，为流域生态环境保护强力支撑

长江流域生态环境保护工作主要体现在水资源保护和水土保持两个方面。长江水资源保护从水保局成立之初就十分注重科学研究，40多年来，在水利部的领导下，在长江委的统一组织和部署下，先后开展了国家“七五”“八五”“九五”科技攻关、国家自然科学基金、国家“863”科技攻关项目、国家基础科学研究计划（“973”项目）、国家重点研发计划、水利部科技创新项目、水利行业公益科研专项等一系列科研项目，长江流域的水资源保护科学研究从最初的水环境研究发展到水功能区管理研究，以及水生态环境保护与修复的多学科、多领域的系统保护研究。并在水化学特征、污染物迁移转化规律、水质监测方法、水质数学模型、水域纳污能力及污染物总量控制技术、区域生态补偿、水工程环境影响评价、河湖健康管理与评估、水安全保障、

饮用水水源地保护、水生态环境保护与修复、长江水资源保护生态带建设与技术等方面，取得了一系列成果，为长江流域水资源与生态环境保护以及管理职能的落实提供了重要的技术支撑。

一、水资源保护基础和理论研究

20世纪70年代，人们逐渐认识到经济社会发展造成的环境污染以及水污染问题的严重性。1972年，联合国召开人类环境会议，把环境保护与人类命运紧紧联系在一起。我国政府也十分重视经济社会发展与环境保护问题，1973年8月，受国务院委托，国家计委在北京组织召开我国第一次环境保护会议，审议通过了“全面规划、合理布局、综合利用、化害为利、依靠群众、大家动手、保护环境、造福人民”的环境保护工作32字方针和中国第一个环境保护文件——《关于保护和改善环境的若干规定》，这是我国第一部关于环境保护的专门行政法规，它确立的32字方针至今仍具有重要的现实指导意义。

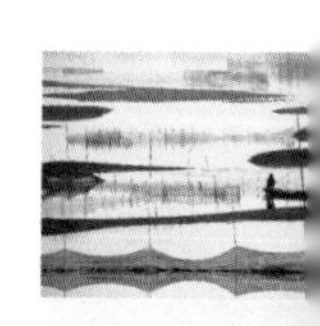

1978年，长江水保局组织编制了《长江水资源保护科研规划纲要》，这是我国第一个流域水资源保护科研发展纲要，确定了“长江水质监测系统研究”“长江水体中污染物迁移转化规律及水环境容量研究”“长江污染综合防治研究”和“大型水利水电工程环境影响研究”等4个重点研究课题，这些课题均被列入当时的国家重点科研项目。1976年，在周恩来总理的关怀下，我国首艘大型监测船“长清”号水质监测船纳入《全国科学技术发展计划》，由机械工业部等18个单位协同研制。从此，掀开了长江水资源和生态环境保护的历史篇章。然而，作为一项新生事业，需要在实践中不断探索，开展基础和理论研究，才能为开展水资源保护工作提供理论支撑。

1. 长江水体中污染物迁移转化规律研究

典型污染物迁移转化规律及污染毒性研究，是水污染机理研究中的基础研究，也是长江水保局成立之初最早开展的一项研究工作，并一直延续至今。

1980年10月，国务院环境保护领导小组办公室下达1980年环境保护重点科研项目，要求水保局开展大江大河河流稀释自净规律和水环境容量的研究。随后，长江水保局结合长江水文、水力学特点，多次在长江干流武汉、上海等江段进行现场模拟试验，应用水质数学模型探讨主要污染物质在水体中的稀释自净规律，进行水体中污染物时空分布特性研究。90年代，长江水保局等与美国地质调查局等共同开展的沉降物化学研究，比较系统地开展了江河沉积物背景值调查及沉降物对有毒有机物、重金属的污染化学行为及生物转移研究。这些研究工作的开展，从宏观上掌握了长江重点江段污染源与污染状况、主要污染物及水质污染的一般规律，为水质监测技术规程

和规范、水环境标准制定及水污染评价与控制提供了重要的技术支持。

2. 长江污染现状调查及综合防治研究

“摸家底”是一项非常重要的基础工作。1978 年，长江水保局对长江流域污染源（含入河排污口）进行了一次普查，以沿江主要城镇为对象，重点调查长江流域的污染量与污染物、重点污染源、重要江段的流量与污水量、污染事件与危害等，初步摸清了长江水资源污染现状、主要污染物及污染特征等重要基础信息，编写了《长江水源污染现状》报告，这是我国在较大范围内最早开展工业与生活污染源调查的研究成果，被称为反映长江干流水污染状况的红皮书，其研究思路和技术路线是当时国内各行各业进行环境保护工作的基本依据，有力地推动了国内环境保护事业的发展。

1983 年，开展了《长江武汉江段污染防治规划研究》。该研究从分析江段污染现状入手，建立水质模型，根据环境目标和污染负荷预测，确定控制污水排放量，提出治理对策意见，为武汉市总体规划提供依据。采用适应河床特性的累积流量法建立武汉江段二维稀释扩散水质模型，其成果具有探索意义，对推动我国水质模型研究起到积极作用。

1994 年，组织完成了长江干流攀枝花至上海等 21 个主要城市江段近岸水域的水质监测调查，编制完成了《长江干流主要城市江段近岸水域水环境质量状况的研究》报告，首次对长江干流近岸水域质量状况作出全面、客观的评价。这是长江水资源保护史上第一次通过大规模监测和全面调查，对长江干流主要城市江段近岸水域水环境质量状况进行全面系统的分析评价，该研究成果对于支撑三峡工程对长江中下游水环境影响分析起到重要作用，其结论一直是长江干流水资源质量状况变化分析的重要依据。

2003 年，在流域范围内开展入河排污口普查登记工作；2005 年基本完成，取得了 9000 多个入河排污口的设置单位、具体位置、排放方式、废污水排放量、主要污染物排放量等大量基础数据。

2017 年，根据推动长江经济带发展领导小组的工作安排，长江委组织全委力量开展长江经济带 11 个省（市）的入河排污口现场核查工作，初步确定了长江流域（不含太湖流域）6000 余个规模以上（指日排放废污水量 300 吨以上，年排放量 10 万吨以上）入河排污口的名录。

3. 编撰《水资源保护工作手册》

随着我国水资源保护队伍的不断壮大，水资源保护从业人员对于系统理论知识的需求越来越迫切。为了满足广大从业人员的需要，梳理水资源保护理论体系，长江水保局组织专家历时 3 年，编著了《水资源保护工作手册》。该手册全面反映和系统介绍了当时国内外有关水资源保护方面的先进理论、技术及最新成果，是我国第一部水资源保护方面的工具书，获得“全国优秀图书奖”和“金钥匙奖”。时任国际水资源协会主席的彼特·J.雷诺兹先生对此十分重视与关注，特为此书作序。该书内容系统全面，取材实用，反映了国内外在水资源保护方面的先进技术与最新成果，对推动我国水资源保护工作起到了积极作用，至今仍是我国水资源保护领域的重要理论参考书和工具书，具有深远影响。

4. 水利水电工程环境影响研究

在水利工程环境影响评价方面，长江水保局成立伊始，即把大型水利水电工程环境影响研究列入《长江水资源保护科研规划纲要》，并纳入国家科研规划。当时主要是针对三峡工程的环境影响开展深入研究，在环境影响评价的基本内容、工作程序、影响因素识别、评价技术及工作组织等方面进行了有益的探索，取得了一大批成果。20世纪80年代初，即开展三峡工程生态与环境影响初步论证，后又上升为专题论证，最后形成《长江三峡水利枢纽环境影响报告书》，对三峡工程建设可能引起的生态与环境影响进行了全面系统、深入的分析和评价，为三峡工程的决策、建设和运行提供了重要参考。这些成果对建立我国水利水电工程环境影响评价标准体系奠定了坚实基础，并主持编写了《环境影响评价技术导则　水利水电工程》，由国家环境保护主管部门发布实施。此外，在河流流域或区域综合规划环境影响评价方面，针对规划环境影响评价的复杂性、协调性、综合性、不确定性等特点，从战略性、前瞻性、早期介入性、累积性、延续性、潜在性等方面，依据国家现行法律法规、环境保护政策以及流域生态环境保护的要求，探索开展规划环境影响评价的评价方法、评价深度和广度，分析规划的环境合理性，评价规划实施对流域水资源、水环境、水生态和环境敏感区的影响，提出规划方案优化调整的建议。编制的《长江口综合整治开发规划环境影响报告书》是我国水利行业第一本规划环评报告书，初步形成了区域规划环境影响评价的工作思路、评价原则、环境保护目标识别、评价要素、评价内容、评价技术方法等体系，为后续系列综合规划环境影响评价积累了经验，是规划环评在环境保护方面指导规划的典型案例。

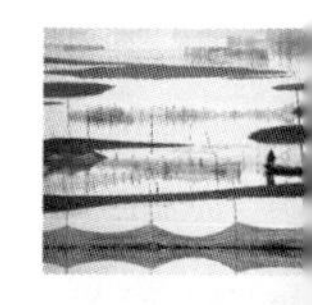

5. 水功能区划理论体系研究

随着我国经济社会的高速发展和城市化进程的加快，水资源短缺和水污染矛盾愈加尖锐，已经成为制约国民经济可持续发展的主要因素。然而，在水资源保护及管理中，江河湖库水域没有明确的管理要求，造成了用水、排污布局无序，开发利用与保护的关系不协调，水域保护目标不明确，地区间、行业间用水矛盾难以解决等问题。长江水保局在20世纪80年代初提出水体功能区的概念，经过10多年的探索与实践，到1998年基本形成了水功能区划分的理论与技术思路；2000年，提出了水功能区两级分区分类的原理及技术方法，水利部以此作为全国水功能区划的技术依据，也为新《水法》的修订、建立水功能区管理制度等提供了有力的技术支撑，具有里程碑的意义。

二、水资源保护综合管理研究

随着水资源保护基础、理论的不断完善，水资源保护综合管理的理念日益被人们所接受，迫切需要开展综合管理技术和手段的研究。为此，在长江委的组织和支持下，长江水保局重点开展了法律法规体系、水污染物排放总量控制、河湖健康评估、流域生态补偿机制、监测监管体系等方面的研究，取得了诸多成果。

1. 水资源保护制度体系研究

流域水资源保护需要相关法律和政策保障。长江水保局成立之初就十分关注流域的立法工作。长江水资源保护管理研究在1978年就列入了《长江水资源保护科学综合规划纲要》，并在1979年列入国家重要科研项目，主要包括研究并制定长江水源保护管理暂行条例、长江干流江段污染物排放标准及长江水质预断评价方法研究等。受水利部委托，长江水保局还先后负责了《水功能区管理办法》《入河排污口监督管理办法》《水资源保护条例》《水源地保护条例》等立法研究工作，并参与了《水法》的修订。1997年，与中南财经政法大学合作开展了长江水资源保护条例的立法研究，完成了长江流域水资源保护立法论证总报告及4个专题报告，对解决立法的理论基础、立法模式选择、制度设计、管理体制构建等重点、难点问题进行了研究，为长江水资源保护立法提供了理论支持，提出的水功能区制度、纳污总量管理限排制度、入河排污口监督管理制度及饮用水水源地保护区划分制度等10多项建议全部纳入《水法》，初步形成了水资源保护基本制度的框架。

2015年，受贵州省水利厅委托，开展《贵州省水资源保护条例》立法调研与论证研究。该研究在现有法律框架下，以贵州省水资源保护工作面临的问题为导向，在充分调研国内外水资源保护相关法律、法规的基础上，以制度设计为重点，对水资源保护规划、取用水管理、地表水保护、地下水保护、水生态环境保护与修复、监测与监控及法律责任的规范进行了研究，提出了《贵州省水资源保护条例（草案）》。2016年11月，贵州省第十届人大常委会第25次会议审议通过并发布实施。该条例是我国第一部省级水资源保护专门法规，突出保护优先、预防为主的原则，把水资源保护放在优先位置，从水资源保护规划的编制与执行、饮用水水源地保护、严格用水总量控制和用水定额管理等方面加强水资源保护等相关工作。该条例突出水资源保护改革创新，一是吸纳了多年来贵州省生态文明建设实践中探索出的成功经验和典型模式，率先在地方性法规中提出全面推行河长制；二是率先在地方性法规中要求提高中水回用率；三是率先要求水行政主管部门确定河流的合理流量、湖泊水库的合理水位。此外，该条例还突出水资源保护监测与监控，明确了对水功能区、地表水、地下水、饮用水水源地、入河排污口的水量和水质进行监测的责任主体，规定了监测异常情况下的报告、通报机制，同时就公开水资源监测信息提出了明确要求，为流域内其他省（自治区、直辖市）的水资源保护立法提供了重要参考。

2. 水域纳污能力核算及水环境容量计算研究

1996 年，国务院三峡工程建设委员会委托清华大学和长江水保局等单位开展三峡水库水污染控制研究，长江水保局承担“三峡水库水污染控制对策研究”专题。通过对三峡水库污染源、库区水质的调研分析，确定库区水域功能区划及水质保护目标，拟定水环境容量计算方案，在此基础上提出总量控制、负荷分配、水污染控制标准、水质管理措施等优化方案与对策。该研究根据一维、二维水质模型，首次对三峡水库的水环境容量进行了估算。三峡库区污染混合区的水环境容量计算思路和方法是后来水域纳污能力管理理论的一个雏形。该项工作的重要意义在于为后来不断完善的纳污能力计算方法和污染物总量控制管理提供重要借鉴。2003 年，根据水利部的安排，长江委组织长江水保局开展三峡水库水域纳污能力核算的研究工作。2004 年，编制完成了《三峡库区水域纳污能力及限制排污总量意见》报告。该成果以三峡库区水功能区为基础，依据不同水功能区水质目标，计算了三峡水库在蓄水前和蓄水后不同蓄水位下各水功能区的纳污能力，并提出了三峡水库 135 米、156 米、175 米蓄水位方案的限制排污总量意见，为后续起草《水域纳污能力计算规程》奠定了技术基础。该成果是水利部依照《水法》向国家环境保护行政主管部门提交的第一份区域水功能区限制排污总量意见。

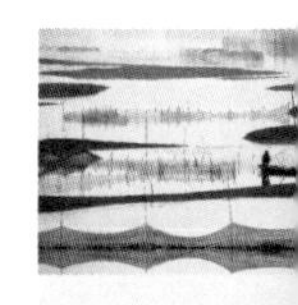

2009 年，开展国家水体污染与治理科技重大专项“三峡水库主要污染物总量控制方案与综合防治技术集成研究”专题之一的“三峡水库水质安全保障分区方案研究及主要污染物水环境容量计算”项目。该项目综合分析了水功能区划和水环境功能区划的程序与方法，提出了水库水质安全保障分区的依据、原则、程序与方法，并根据三峡水库水域特点，考虑水质、水量、资源的永续利用等要求，构建了水域分区指标体系和分区标准，建立了三峡库区水安全保障分区的定量化划分技术体系，对积极推进三峡库区水资源优化配置和水质安全保障提供了技术支撑。

2010 年，承担水利行业公益科研专项“长江中下游干流纳污总量控制研究”，以长江中下游干流水功能区为研究对象，综合运用多种研究方法，开展纳污总量控制综合研究。在构建水功能区监控、评价、考核指标体系的过程中，统筹考虑水质、水量、水生态要素，对实现水功能区科学管理尤为关键。

3. 河湖健康评估研究及试点

20世纪70年代以来，一些发达国家在河流健康方面进行了多方面的理论研究和实践探索，提出了很多有关河流健康评价的方法。我国是在21世纪初才引起关注的，长江委根据治江形势和任务的变化，在科学发展观的指导下，针对长江流域在河流管理方面存在的问题，提出了“维护健康长江，促进人水和谐”的治江理念，并对健康长江的内涵、评价指标体系等进行了系统研究。健康长江的定义是具有足够的、优质的水量供给；受到污染物质和泥沙输入以及外界干扰破坏，河流生态系统能够自行恢复并维持良好的生态与环境；水体的各种功能发挥正常，能够在生态与环境可承受的范围内，可持续地满足人类需求，不致对人类经济社会发展的安全构成威胁或损害。其内涵包括水土资源与水环境状况、河流完整性与稳定性、水生生物多样性、蓄泄能力和水资源开发利用等方面。健康长江的评价指标体系由总体层、系统层、状态层和要素层（或指标层）4级构成。总体层体现健康长江的总体水平；系统层包括生态环境保护、防洪安全保障、水资源开发利用3个方面；状态层包括水土资源与水环境状况、河流完整性与稳定性、水生生物多样性、蓄泄能力和水资源开发利用等5个方面；指标层包括河道生态需水量满足程度、水功能区水质达标率、水土流失比例、血吸虫病传播阻断率、水系连通性、湿地保留率、优良河势保持率、通航水深保证率、鱼类生物完整性指数、珍稀水生动物存活状况、防洪工程措施完善率、水资源开发利用率和水能资源利用率等14个方面，初步形成了适合长江特点的健康评价指标体系。

2010年，水利部启动全国重要河湖健康评估试点工作，长江委按照水利部的部署，成立了长江流域河湖健康评估领导小组和技术小组，并积极协商长江流域相关省（自治区、直辖市）先后开展了汉江中下游干流、丹江口水库以及鄱阳湖、洞庭湖健康评估工作，两期试点工作涵盖了河流、湖泊和水库三种不同的类型。该项目由长江水保局技术牵头，长江委水文局、长江科学院和水工程生态研究所共同承担。在长江流域河湖健康评估工作过程中，针对河流、水库和湖泊不同水域分别提出河湖健康评估的技术思路，主要从水文水资源、水质、物理结构、水生生物和社会服务功能等5个方面对试点评估对象开展了全面评价，从生态水文节律响应关系、水文过程、水质过程、水生态过程的相关关系，诊断评估对象的健康问题，探求影响其健康状况的因素，结合健康长江评估指标体系，构建了适合上述水域的健康评估指标体系，评估结果为重点水域管理提供了重要参考。

4. 典型区域生态补偿机制研究

生态补偿是以保护生态环境、促进人与自然和谐为目的，根据生态系统服务价值、生态环境保护成本、发展机会成本综合运用行政和市场手段调整生态环境保护和建设相关各方之间利益关系的环境经济政策。2014 年 10 月，党的十八届四中全会审议通过的《中共中央关于全面推进依法治国若干重大问题的决定》中，明确提出要实行生态补偿制度。2016 年 3 月，国务院发布的《国民经济和社会发展第十三个五年规划纲要》再次突出了生态补偿的重要地位。4 月，国务院办公厅发出《关于健全生态环境保护补偿机制的意见》（国办发〔2016〕31 号）对生态补偿机制建设做了具体部署、分工和实施，指出要建立由国家发展改革委、财政部会同有关部门组成的部际协调机制，加强跨行政区域生态环境保护补偿指导协调，组织开展政策实施效果评估，研究解决生态环境保护补偿机制建设中的重大问题，加强对各项任务的统筹推进和落实。地方各级人民政府要把健全生态环境保护补偿机制作为推进生态文明建设的重要抓手，列入重要议事日程，明确目标任务，制定科学合理的考核评价体系，实行补偿资金与考核结果挂钩的奖惩制度。及时总结试点情况，提炼可复制、可推广的试点经验。

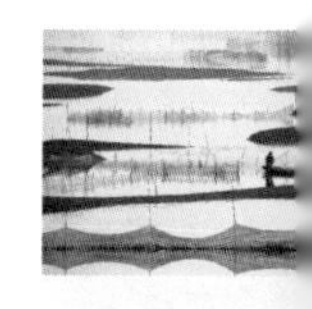

为了探索研究在长江流域建立跨区域生态补偿机制的原则、方式、途径、补偿要素、估算标准、计算方法等，根据水利部的要求，长江委安排了一些生态补偿试点项目开展研究，分别提出了丹江口水库和三峡库区生态补偿的初步框架。2009 年，以流域为单元，针对赤水河流域研究提出了以保障水质安全为核心的生态补偿模式方案；同时，参加欧盟流域水资源保护项目，以仁怀市白酒产业水源需求为核心，梳理了水源保护的补偿关系。在理论研究的同时，调查和梳理了流域内生态补偿试点的成功经验和问题，为后续研究打下了理论基础。

除此以外，长江水保局还以保障饮水安全为目标，组织开展了陆水水库和湖南株树桥水库水源地生态补偿机制研究，探讨了通过水价调控增强水源地生态补偿的市场参与机制，提出了从法律、运行管理、评估考核与多方协商等方面的保障措施。

5. 水质预测模型应用及预警预报研究

水质模拟、预测、预警、预报工作为现今长江流域水资源保护管理技术支撑中应用最频繁、成果最丰富的领域。几十年来，长江水保局与国内外相关单位合作，逐步建立了覆盖长江干流和主要支流的一维水质预测预报模型，构建了三峡水库、丹江口水库、巢湖及重要河段的平面二维水质模拟预测模型，在乌东德库区开展了三维水质模拟预测，积累了基础数据和基本参数近 30 万个，建成水质数学模型近百个。20 世纪 90 年代以来，围绕三峡工程、南水北调中线工程一期、引汉济渭、乌东德、引江济淮等重大水利工程的环境影响评价工作，开展了大范围、多指标、多工程条件下的水质模拟预测，为水利水电工程建设项目环境影响评价提供了科学依据。

在突发水污染事件应急模拟技术研究方面，探讨了基于ArcGIS Google Earth和奥维地图相结合的突发水污染事件应急模拟技术，先后承担了甘肃白龙江郎木寺丙烯酸槽车倾倒事件、西汉水陇星锑业公司崖湾锑矿尾矿库泄露事件、嘉陵江广元铊污染事件的应急模拟工作，成功预测了污染程度、污染范围和污染源推进速度，为上级主管部门和地方人民政府及相关部门的决策提供了重要支撑。

根据国家水资源监控能力建设整体规划，长江水保局先后与武汉大学、长江科学院、南京水利科学研究院合作开发完成了三峡库区突发水污染事件水质预警系统、长江口突发水污染事件模拟预警平台、汉江中下游水质预测预报模型，长江中下游干流一维水量水质预测预报模型、长江口平面二维水动力水质数学模型和长江口水环境管理系统，并陆续集成至长江流域水资源监控中心平台，服务于长江流域水资源保护监督管理和突发水污染事件应急管理。

三、水资源保护监测技术研究

70年来，特别是近40年来，长江委积极组织开展水环境监测技术、标准和评价方法研究，加强流域水环境监测技术推广、指导、培训与交流工作，广泛开展了常规监测技术研究、水生态监视技术研究、监测技术示范应用等工作，为我国水利行业水环境监测作出了重要贡献。

1. 常规监测技术和方法研究

为了统一长江水质监测的采样技术和分析方法，使监测资料具有代表性、可比性和科学性，长江水保局先后组织网内单位，在长江干流一些江段、重要支流、湖库及下游的河网地区进行了断面、测线、测点布设、测次分布、水样保存、样品预处理、水质分析方法、主要工业污染物排污系数等系统性的研究，取得了大量研究成果，为后续水质监测工作的开展奠定了理论和技术基础。随着监测技术水平和手段的不断提高，污染物标准分析方法的建立和完善，水质监测项目也在不断扩展，监测对象也由单纯的水质逐步扩展到水生生物和底质。

2. 水生态监测技术研究

水生态监测是从生态系统的完整性出发，通过对水文、水生生物、水质等水生态要素监测和数据收集，分析评价水生态的现状和变化，为水生态系统保护与修复提供依据。我国在水生态监测方面的研究起步较晚，2005年，水利部开展水生态系统保护与修复的城市试点，探索水生态监测方法；2008年，水利部水文局启动了太湖、巢湖等藻类监测试点工作。至此，水生态监测已由单一的理化指标向生物指标研究迈进。

为了反映受污染水体对生物的伤害程度，长江水保局在生物性监测及预警方面开展了大量的研究及应用工作。流域监测中心以国家科技支撑项目、水利行业性科研项目为依托，系统地筛选出适合于长江流域生物综合毒性测试的发光菌、藻类、溞类及鱼类，研究了不同指示生物在污染物胁迫下的生理或运动行为变化规律，找出了不同指示生物对典型污染物的响应规律及报警阈值。在对不同指示生物对不同毒物灵敏度、预警时间、测试范围等参数进行对比的基础上，首次提出了多源生物联合预警概念及技术框架，并研制出了生物综合毒性分级预警技术体系。此外，还开展了水利部公益研究项目"长江流域水生态环境监测技术初步研究"，提出了长江流域生态环境监测指标体系和优先监测指标，对我国优先控制的有毒有害有机污染物提出了适宜的监测介质，并提出了以物理、化学、生物指标为主，以水文和形态指标为辅的水质评价方法。

3. 监测技术示范及应用

近 10 年来，在水利部的支持下，长江委组织开展了大量的新技术示范与推广应用工作。在水环境、水生态监测方面，2010—2011 年，承担了水利部科技推广项目"移动式水质监测系统在丹江口水库的应用示范"，监测参数包括水温、pH 值、溶解氧、电导率、高锰酸盐指数、总磷、总氮、氨氮、总铁、总锰、氟化物、六价铬、总氰化物、硫化物、砷、镉、铅、铜、锌等 20 项参数。对部分参数进行了在线监测与实验室监测的比对工作，分析了移动在线监测系统的技术可行性与运行稳定性，在丹江口水库建立示范点，形成技术示范成果，在全国水利系统各级水环境监测机构开展了水环境质量关键技术示范及推广工作。

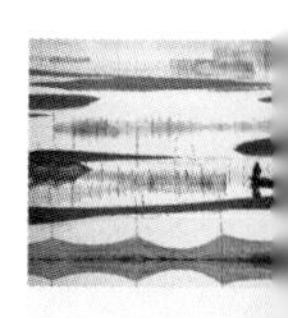

2011—2014 年，承担了国家科技支撑计划"南水北调中线工程水源区水质传感网的多载体检测与自适应组网技术研究与示范"。该课题面向南水北调中线工程丹江口水库及沿线水质保障重大需求，从多载体水质测试技术、动态组网及传输技术角度出发，构建了实时监测传输、及时预警与快速反应的地空立体式监控预警体系。在固定台站监测技术、浮标监测技术及机器人监测技术方面取得了突破，建立了适合于水源区的遥感监测模型；筛选出了适合于水源区的生物毒性预警指示生物，明晰了指示生物对典型污染物的响应规律，首次提出了多源生物联合预警技术体系框架；利用自适应组网技术有机融合固定监测台站、浮标、智能监测车（船）、水下仿生机器人、生物综合毒性、卫星遥感等多目标、多尺度的水质智能感知节点，建立了南水北调中线工程的多载体水质监测传感网络，对保障丹江口水库及沿线水质安全具有重要意义。

2012—2017 年，承担了国家重大科学仪器设备开发项目"水中有毒污染物多指标快速检测仪器在污染事件应急监测中的应用研究"，通过对比测试，验证便携式和船载式水中有毒污染物多指标快速检测仪的灵敏度、稳定性和可靠性，在三峡水库等水域开展了应急模拟监测，对典型有机污染物、重金属和生物毒素等进行现场检测、

试验、验证，说明其具有良好的适应性，弥补了应急监测仪器设备缺乏、监测时效性差、采样设备和条件不能满足要求等应急监测的短板，可有效提升各监测机构对突发水环境事件的快速反应能力。通过试验研究，初步建立了这些仪器在水污染事件应急监测领域的方法体系，编制完成了仪器的测试方法和操作规程，规范了使用免疫分析技术开展水污染事件应急监测的方法和操作过程，为保障应急监测的时效性和准确性提供了有力的技术支撑。

四、水安全保障技术研究

随着经济社会的发展和水污染加剧带来的影响，人们逐渐认识到水资源保护和水质安全的重要性。长江水保局作为长江委专事水资源保护与管理的机构，在水质安全保障、水生态环境保护与修复、水资源保护技术及推广等方面开展了诸多研究工作。

1. 河流水华综合控制技术研究

2004年，开展“河流水华综合控制技术研究”项目，通过引进吸收再创新，建立了河流富营养化模拟实验室，利用富营养化模拟反应器开展室内模拟实验，首次成功分离汉江硅藻水华，在其发生机理研究上取得了重要进展；确定了汉江水华发生影响因子的预警阈值，提出了以汉江中下游水力控藻方案和汉江水华预警预报系统方案，为汉江流域富营养化综合控制和管理提供了科学的决策依据。

2. 城市湖泊水质改善的水力调度优化技术研究

2003—2006年，长江水资源保护科学研究所开展“城市湖泊水质改善的水力调度优化技术研究”项目，摒弃了以引水释污为主的传统思路，提出了以改善水系连通、增强湖泊自净能力为主要目标的生态调水技术与方法，结合示范工程构建连通沟渠、重建水体生态系统，达到改善湖网水质、恢复生态系统功能与提升景观功能的目的，形成湖网水体修复的成套技术。该项目提出的生态引调水与生态修复有机结合的湖网水体修复联动体系，综合考虑水体生态环境、水流影响、底泥扰动与外源控制等因素，规避洪涝、血吸虫病、泥沙输入、污染迁移、湖泊底泥释放等生态风险，为河湖生态引调水与生态修复提供了技术依据。

3. 丹江口水库水质安全保障技术研究

2009年，开展水利部行业公益科研专项“丹江口水库水质安全保障技术研究”。该项目基于丹江口水库库湾及支流水体污染来源分析和水污染诊断，在现有湖库生态修复技术的基础上，针对重度、中度和轻度污染支流，从污染物的源、迁移、汇过程，提出了重污染河流污染治理的行业废水减毒减排，到污水处理厂稳定达标，并与水质标准衔接，再到前置库处理的关键技术；中污染河流的水塘、生态型水廊道、湿地污染控制关键技术以及陆源污染控制的河（库）岸带植被重建和恢复关键技术，建立了丹江口库区健康生态系统综合修复技术体系。

4. 长江流域水资源开发利用与生态环境保护关系研究

2004—2006年，长江委承担水利部现代水利科技创新项目“长江流域水资源开发利用与生态环境保护关系研究”。按照“在保护中促进开发，在开发中落实保护”的原则，按照重点水系、重点区域、重点工程及流域开发程度等，全面识别了长江流域的主要生态环境敏感区，首次研究提出了长江流域水资源开发利用的生态环境限制条件、汉江中下游实施生态调度方案、长江流域生态环境信息库的建立方案等；开展长江流域生态环境敏感区保护研究，提出了流域生态环境敏感区系统研究的专项成果，并应用于长江流域综合规划修编。

5. 水生态环境保护与修复研究

“十五”期间，长江水保局承担了国家“十五”重大科技专项“武汉市汉阳地区城市面源污染控制技术与工程示范”项目，通过技术研发和系统集成建成了桃花岛面源控制示范工程，重点研究城市面源从源到汇的污染控制关键技术，通过雨水处理、人工湿地设计等技术手段，为城市新建小区面源污染处理提供了示范作用。通过研究，明确了水生态系统保护的指导思想、工作原则、工作内容到技术标准、评估管理办法等，初步建立了新的水生态系统保护工作体系，形成了水生态系统保护工作的新格局。

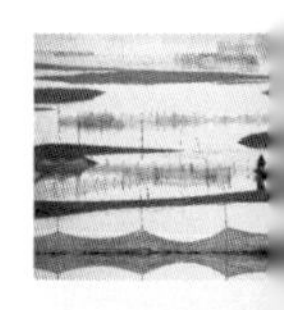

“十一五”期间，又承担了国家科技支撑计划课题“南水北调中线丹江口水库库区生态环境综合整治技术开发”项目。该研究基于对水源地生态环境状况的全面评价，构建了整体、系统的水质保护、水土保持与生态建设等多目标结合的技术体系，实现多尺度综合治理生态环境；基于流域生态功能分区，研究提出了以坡面水土调控为基础、以沟塘水系利用为纽带、以岸带生态系统为屏障的立体生态控制新模式；针对水库消落带生态修复这个世界性难题，基于丹江口库区现有库滨带植物种质资源的筛选与群落特征分析，构建了适于当地气候、土壤条件以及新库滨带不同立地条件的植物群落结构。

6. 水资源保护技术示范及推广

近10年来，随着生态文明建设、构建和谐社会以及最严格水资源管理制度的实施，长江委结合管理职能，组织长江水保局提出了长江流域水资源保护工程技术体系，初步建成武汉市桃花岛面源治理及生态修复试验基地、丹江口水源地生态环境整治试验基地、库滨带植被恢复示范工程、库湾水体富营养化控制生态循环示范工程、库滨带植物种质资源圃示范工程等，形成了可推广的经验。

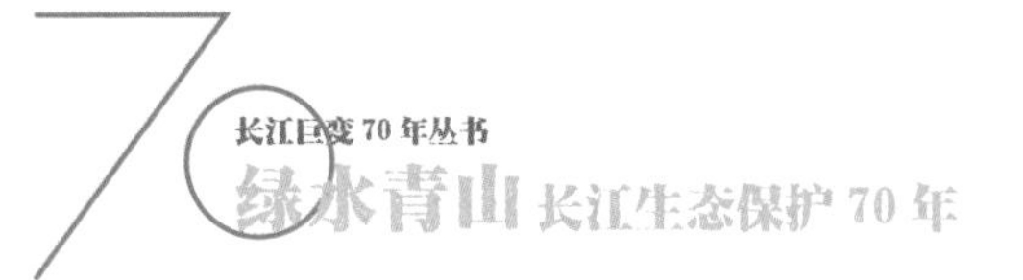

五、长江经济带大保护对策研究

推动长江经济带发展，是党中央、国务院主动适应把握引领经济发展新常态，科学谋划中国经济新棋局，作出的既利当前又惠长远的重大决策部署，对于实现“两个一百年”奋斗目标和中华民族伟大复兴的中国梦，具有重大现实意义和深远历史意义。

推动长江经济带发展，有利于走出一条生态优先、绿色发展之路，让中华民族母亲河永葆生机活力，真正使黄金水道产生黄金效益；有利于挖掘中上游广阔腹地蕴含的巨大内需潜力，促进经济增长空间从沿海向沿江内陆拓展，形成上中下游优势互补、协作互动格局，缩小东中西部发展差距；有利于打破行政分割和市场壁垒，推动经济要素有序自由流动、资源高效配置、市场统一融合，促进区域经济协同发展；有利于优化沿江产业结构和城镇化布局，建设陆海双向对外开放新走廊，培育国际经济合作竞争新优势，促进经济提质增效升级。

2014年9月，国务院印发《关于依托黄金水道推动长江经济带发展的指导意见》（国发〔2014〕39号），部署将长江经济带建设成为具有全球影响力的内河经济带、东中西互动合作的协调发展带、沿海沿江沿边全面推进的对内对外开放带和生态文明建设的先行示范带。该意见提出了七项重点任务：一是提升长江黄金水道功能。二是建设综合立体交通走廊。三是创新驱动促进产业转型升级。四是全面推进新型城镇化。五是培育全方位对外开放新优势。六是建设绿色生态廊道。七是创新区域协调发展体制机制。随该意见还一并印发了《长江经济带综合立体交通走廊规划（2014—2020年）》，提出到2020年，建成横贯东西、沟通南北、通江达海、便捷高效的长江经济带综合立体交通走廊。中央为此成立了推动长江经济带发展领导小组，其办公室设在国家发展改革委，负责组织、协调长江经济带发展的有关问题，并承担领导小组的日常工作。

2015年5月，国家发展改革委印发了《长江经济带综合立体交通走廊建设中央预算内投资安排工作方案》。明确指出，为发挥中央资金对地方和社会资金的引导和带动作用，国家发展改革委从中央预算内投资中设立专项，用于补助长江经济带综合立体交通走廊相关项目建设，着力提高长江干支线航道通过能力。

2016年1月，习近平总书记在重庆主持召开推动长江经济带发展座谈会，对长江经济带的发展作了明确定位，即要“共抓大保护，不搞大开发”，要走“生态优先、绿色发展”之路；3月，中共中央政治局审议通过《长江经济带发展规划纲要》，进一步明确了长江经济带发展的思路、目标和任务；9月，中共中央国务院印发该《纲要》；2018年4月，习近平总书记在武汉主持召开进一步推动长江经济带发展座谈会，对长江经济带发展作了部署。这些重要节点既对长江经济带发展作了明确定位，又明确了长江经济带发展的重要任务，极大地推动了长江经济带发展的进程。

1. 2016 年 1 月重庆座谈会

2016 年 1 月，习近平总书记在重庆主持召开推动长江经济带发展座谈会，指出长江是中华民族的母亲河，也是中华民族发展的重要支撑。推动长江经济带发展必须从中华民族长远利益考虑，走生态优先、绿色发展之路，使绿水青山产生巨大的生态效益、经济效益、社会效益，使母亲河永葆生机活力。强调推动长江经济带发展是一项国家级重大区域发展战略，更明确指出，推动长江经济带发展必须坚持生态优先、绿色发展的战略定位。

习近平指出，长江拥有独特的生态系统，是我国重要的生态宝库。当前和今后相当长一个时期，要把修复长江生态环境摆在压倒性位置，共抓大保护，不搞大开发。要把实施重大生态修复工程作为推动长江经济带发展项目的优先选项，实施好长江防护林体系建设、水土流失及岩溶地区石漠化治理、退耕还林还草、水土保持、河湖和湿地生态环境保护修复等工程，增强水源涵养、水土保持等生态功能。要用改革创新的办法抓长江生态环境保护。要在生态环境容量上过紧日子的前提下，依托长江水道，统筹岸上水上，正确处理防洪、通航、发电的矛盾，自觉推动绿色循环低碳发展，有条件的地区率先形成节约能源资源和保护生态环境的产业结构、增长方式、消费模式，真正使黄金水道产生黄金效益。

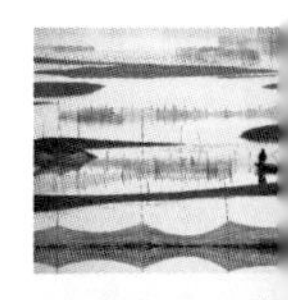

习近平强调，长江经济带作为流域经济，涉及水、路、港、岸、产、城和生物、湿地、环境等多个方面，是一个整体，必须全面把握、统筹谋划。要增强系统思维，统筹各地改革发展、各项区际政策、各个领域建设、各种资源要素，使沿江各省市协同作用更明显，促进长江经济带实现上中下游协同发展、东中西部互动合作，把长江经济带建设成为我国生态文明建设的先行示范带、创新驱动带、协调发展带。要优化已有岸线使用效率，把水安全、防洪、治污、港岸、交通、景观等融为一体，抓紧解决沿江工业、港口岸线无序发展的问题。要优化长江经济带城市群布局，坚持大中小结合、东中西联动，依托长三角、长江中游、成渝这三大城市群带动长江经济带发展。

习近平指出，推动长江经济带发展必须建立统筹协调、规划引领、市场运作的领导体制和工作机制。推动长江经济带发展领导小组要更好发挥统领作用。发展规划要着眼战略全局、切合实际，发挥引领约束功能。保护生态环境、建立统一市场、加快转方式调结构，这是已经明确的方向和重点，要用“快思维”，做加法。而科学利用水资源、优化产业布局、统筹港口岸线资源和安排一些重大投资项目，如果一时看不透，或者认识不统一，则要用“慢思维”，有时就要做减法。对一些二选一甚至多选一的“两难”“多难”问题，要科学论证，比较选优。对那些不能做的事情，要列出负面清单。市场、开放是推动长江经济带发展的重要动力。推动长江经济带发展，要使市场在资源配置中起决定性作用，更好发挥政府作用。沿江省市要加快政府职能转变，提高公共服务水平，创造良好市场环境。沿江省市和国家相关部门要在思想认识上形成一条心，在实际行动中形成一盘棋，共同努力把长江经济带建成生态更优美、交通更顺畅、经济更协调、市场更统一、机制更科学的黄金经济带。

2. 长江经济带发展规划纲要

2016年3月，中央政治局审议通过《长江经济带发展规划纲要》。9月，中共中央、国务院正式印发。该纲要从规划背景、总体要求、大力保护长江生态环境、加快构建综合立体交通走廊、创新驱动产业转型升级、积极推进新型城镇化、努力构建全方位开放新格局、创新区域协调发展体制机制、保障措施等方面描绘了长江经济带发展的宏伟蓝图，是推动长江经济带发展重大国家战略的纲领性文件。

推动长江经济带发展的指导思想是，按照“五位一体”总体布局和“四个全面”战略布局，牢固树立和贯彻落实创新、协调、绿色、开放、共享的发展理念，坚持生态优先、绿色发展，坚持一盘棋思想，理顺体制机制，加强统筹协调，处理好政府与市场、地区与地区、产业转移与生态环境保护的关系，加快推进供给侧结构性改革，更好发挥长江黄金水道综合效益，着力建设沿江绿色生态廊道，着力构建高质量综合立体交通走廊，着力优化沿江城镇和产业布局，着力推动长江上中下游协调发展，不断提高人民群众生活水平，共抓大保护，不搞大开发，为全国统筹发展提供新的支撑。

推动长江经济带发展遵循五条基本原则。一是江湖和谐、生态文明。建立健全最严格的生态环境保护和水资源管理制度，强化长江全流域生态修复，尊重自然规律及河流演变规律，协调处理好江河湖泊、上中下游、干流支流等关系，保护和改善流域生态服务功能。在保护生态的条件下推进发展，实现经济发展与资源环境相适应，走出一条绿色低碳循环发展的道路。二是改革引领、创新驱动。坚持制度创新、科技创新，推动重点领域和关键环节改革先行先试。健全技术创新市场导向机制，增强市场主体创新能力，促进创新资源综合集成。三是通道支撑、协同发展。充分发挥各地区比较优势，以沿江综合立体交通走廊为支撑，推动各类要素跨区域有序自由流动和优化配置。建立区域联动合作机制，促进产业分工协作和有序转移，防止低水平重复建设。四是陆海统筹、双向开放。深化向东开放，加快向西开放，统筹沿海内陆开放，扩大沿边开放。更好推动“引进来”和“走出去”相结合，更好利用国际国内两个市场、两种资源，构建开放型经济新体制，形成全方位开放新格局。五是统筹规划、整体联动。着眼长远发展，做好顶层设计，加强规划引导，既要有“快思维”，也要有

“慢思维”；既要做加法，也要做减法，统筹推进各地区各领域改革和发展。

战略定位是科学有序推动长江经济带发展的重要前提和基本遵循。长江经济带横跨我国地理三大阶梯，资源、环境、交通、产业基础等发展条件差异较大，地区间发展差距明显。围绕生态优先、绿色发展的理念，依托长江黄金水道的独特作用，发挥上中下游地区的比较优势，用好海陆东西双向开放的区位资源，统筹江河湖泊丰富多样的生态要素。把长江经济带建设成生态文明建设的先行示范带、引领全国转型发展的创新驱动带、具有全球影响力的内河经济带、东中西互动合作的协调发展带。

推动长江经济带发展的目标是：到2020年，生态环境明显改善，水资源得到有效保护和合理利用，河湖、湿地生态功能基本恢复，水质优良（达到或优于Ⅲ类）比例达到75%以上，森林覆盖率达到43%，生态环境保护体制机制进一步完善；长江黄金水道瓶颈制约有效疏畅、功能显著提升，基本建成衔接高效、安全便捷、绿色低碳的综合立体交通走廊；创新驱动取得重大进展，研究与试验发展经费投入强度达到2.5%以上，战略性新兴产业形成规模，培育形成一批世界级的企业和产业集群，参与国际竞争的能力显著增强；基本形成陆海统筹、双向开放，与“一带一路”建设深度融合的全方位对外开放新格局；发展的统筹度和整体性、协调性、可持续性进一步增强，基本建立以城市群为主体形态的城镇化战略格局，城镇化率达到60%以上，人民生活水平显著提升，现行标准下农村贫困人口实现脱贫；重点领域和关键环节改革取得重要进展，协调统一、运行高效的长江流域管理体制全面建立，统一开放的现代市场体系基本建立；经济发展质量和效益大幅提升，基本形成引领全国经济社会发展的战略支撑带。到2030年，水环境和水生态质量全面改善，生态系统功能显著增强，水脉畅通、功能完备的长江全流域黄金水道全面建成，创新型现代产业体系全面建立，上中下游一体化发展格局全面形成，生态环境更加美好、经济发展更具活力、人民生活更加殷实，在全国经济社会发展中发挥更加重要的示范引领和战略支撑作用。

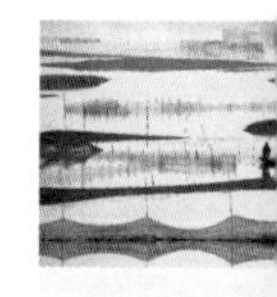

该纲要确立了长江经济带“一轴、两翼、三极、多点”的发展新格局。“一轴”是以长江黄金水道为依托，发挥上海、武汉、重庆的核心作用；“两翼”分别指沪瑞和沪蓉南北两大运输通道；“三极”指的是长江三角洲、长江中游和成渝三个城市群；“多点”是指发挥三大城市群以外地级城市的支撑作用。

该纲要明确提出，把保护和修复长江生态环境摆在首要位置，共抓大保护，不搞大开发，全面落实主体功能区规划，明确生态功能分区，划定生态环境保护红线、水资源开发利用红线和水功能区限制纳污红线，强化水质跨界断面考核，推动协同治理，严格保护一江清水，努力建成上中下游相协调、人与自然相和谐的绿色生态廊道。重点要做好四方面工作：一是保护和改善水环境，重点是严格治理工业污染、严格处置城镇污水垃圾、严格控制农业面源污染、严格防控船舶污染。二是保护和修复水生态，重点是妥善处理江河湖泊关系、强化水生生物多样性保护、加强沿江森林保护和生态修复。三是有效保护和合理利用水资源，重点是加强水源地特别是饮用水源地保护、优化水资源配置、建设节水型社会、建立健全防洪减灾体系。四是有序利用长江岸线资源，重点是合理划分岸线功能、有序利用岸线资源。

该纲要强调，长江生态环境保护是一项系统工程，涉及面广，必须打破行政区划界限和壁垒，有效利用市场机制，更好发挥政府作用，加强环境污染联防联控，推动建立地区间、上下游生态补偿机制，加快形成生态环境联防联治、流域管理统筹协调的区域协调发展新机制。一是建立负面清单管理制度。按照全国主体功能区规划要求，建立生态环境硬约束机制，明确各地区环境容量，制定负面清单，强化日常监测和监管，严格落实党政领导干部生态环境损害责任追究问责制度。对不符合要求占用的岸线、河段、土地和布局的产业，必须无条件退出。二是加强环境污染联防联控。完善长江环境污染联防联控机制和预警应急体系，推行环境信息共享，建立健全跨部门、跨区域、跨流域突发环境事件应急响应机制。建立环评会商、联合执法、信息共享、预警应急的区域联动机制，研究建立生态修复、环境保护、绿色发展的指标体系。三是建立长江生态环境保护补偿机制。通过生态补偿机制等方式，激发沿江省市保护生态环境的内在动力。依托重点生态功能区开展生态补偿示范区建设，实行分类分级的补偿政策。按照“谁受益谁补偿”的原则，探索上中下游开发地区、受益地区与生态环境保护地区进行横向生态补偿。四是开展生态文明先行示范区建设。全面贯彻大力推进生态文明建设要求，以制度建设为核心任务、以可复制可推广为基本要求，全面推动资源节约、环境保护和生态治理工作，探索人与自然和谐发展有效模式。

3. 2018 年 4 月武汉座谈会

为了深入推进长江经济带高质量发展，2018 年 4 月，习近平总书记再次来到长江进行调研，并在武汉主持召开座谈会。习近平指出，自 2016 年 1 月重庆座谈会以来，推动长江经济带发展领导小组办公室会同国务院有关部门、沿江省市做了大量工作，在强化顶层设计、改善生态环境、促进转型发展、探索体制机制改革等方面取得了积极进展。一是规划政策体系不断完善，《长江经济带发展规划纲要》及 10 个专项规划印发实施，超过 10 个各领域政策文件出台实施。二是共抓大保护格局基本确立，开展系列专项整治行动，非法码头中有 959 座已彻底拆除、402 座已基本整改规范，饮用水水源地、入河排污口、化工污染、固体废物等专项整治行动扎实开展，长江水质优良比例由 2015 年底的 74.3% 提高到 2017 年三季度的 77.3%。三是综合立体交通走廊建设加快推进，产业转型升级取得积极进展，新型城镇化持续推进，对外开放水平明显提升，经济保持稳定增长势头，长江沿线11省市的地区生产总值占全国比重超过了45%。四是聚焦民生改善重点问题，扎实推进基本公共服务均等化，人民生活水平明显提高。但还存在着一些突出问题：一是对长江经济带发展战略仍存在一些片面认识；二是生态环境形势依然严峻；三是生态环境协同保护体制机制亟待建立健全；四是流域发展不平衡、不协调问题突出；五是有关方面主观能动性有待提高。

因此，在我国经济由高速增长阶段转向高质量发展阶段的新形势下，推动长江经济带发展，关键是要正确把握整体推进和重点突破、生态环境保护和经济发展、总体谋划和久久为功、破除旧动能和培育新动能、自身发展和协同发展等关系，坚持新发展理念，坚持稳中求进工作总基调，加强改革创新、战略统筹、规划引导，使长江经济带成为引领我国经济高质量发展的生力军。

第一，正确把握整体推进和重点突破的关系，全面做好长江生态环境保护修复工作。推动长江经济带发展，前提是坚持生态优先，把修复长江生态环境摆在压倒性位置，逐步解决长江生态环境透支问题。这就要从生态系统整体性和长江流域系统性着眼，统筹山水林田湖草等生态要素，实施好生态修复和环境保护工程。要坚持整体推进，增强各项措施的关联性和耦合性，防止畸重畸轻、单兵突进、顾此失彼。

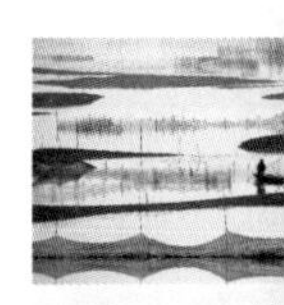

第二，正确把握生态环境保护和经济发展的关系，探索协同推进生态优先和绿色发展新路子。推动长江经济带探索生态优先、绿色发展的新路子，关键是要处理好绿水青山和金山银山的关系。生态环境保护和经济发展不是矛盾对立的关系，而是辩证统一的关系。生态环境保护的成败归根到底取决于与经济结构和经济发展方式是否协调。发展经济不能对资源和生态环境竭泽而渔，生态环境保护也不是舍弃经济发展而缘木求鱼，要坚持在发展中保护、在保护中发展，实现经济社会发展与人口、资源、环境相协调，使绿水青山产生巨大的生态效益、经济效益、社会效益。

第三，正确把握总体谋划和久久为功的关系，坚定不移将一张蓝图干到底。推动长江经济带发展涉及经济社会发展各领域，是一个系统工程，不可能毕其功于一役。要做好顶层设计，要有“功成不必在我”的境界和“功成必定有我”的担当，一张蓝图干到底，以钉钉子精神，脚踏实地抓成效，积小胜为大胜。

第四，正确把握破除旧动能和培育新动能的关系，推动长江经济带建设现代化经济体系。

第五，正确把握自身发展和协同发展的关系，努力将长江经济带打造成为有机融合的高效经济体。长江经济带作为流域经济，涉及水、路、港、岸、产、城等多个方面，要运用系统论的方法，来把握自身发展和协同发展的关系。

4. 长江经济带重点工作和对策研究

为了推动长江经济带发展，贯彻落实《长江经济带发展规划纲要》确定的任务，在推动长江经济带发展领导小组和水利部的统一部署下，长江委组织精兵强将，通过探索研究，先后组织编制了《长江经济带水利支撑方案》《长江经济带沿江取水口、排污口和应急水源布局规划》《长江经济带岸线保护与开发利用总体规划》，并获得水利部批复实施；环境保护部还组织编制并批复了《长江经济带生态环境保护规划》，这些规划的实施为长江经济带生态环境保护作了有效的顶层设计。此外，长江委根据水利部的工作要点，组织编制完成了《长江经济带水环境承载能力现状评价》《长江经济带重要江河湖泊水功能区限制排污总量方案》《长江经济带水环境承载能力现状评价》《长江经济带河段分区保护管理要求》《长江经济带水资源保护带、生态隔离带建设方案》《长江经济带水权交易试点方案》《跨省界考核断面监测网络建设与考核实施方案》《长江水环境救援基地建设方案》等7项工作方案。

六、流域生态建设技术研究

长江流域生态建设主要是水土保持和生态林建设，其技术研究也主要是科学试验研究。70年来，长江流域的水土保持科学实验基地（站、所）已经初具规模，由20世纪30年代的2处发展到90年代的46处，主要分布在流域的中上游地区。

特别是在1995年全国水土保持工作会议之后，长江流域的水土保持科学研究工作发展迅速，长办和流域各省相继成立了水土保持试验站，广泛开展水土流失规律和防治措施的研究、推广应用等工作，积累了第一手观测资料，取得了一些科研成果。此外，中国科学院、有关高等院校、国家有关部委及长江委内有关单位也开展了水土保持科学研究工作，在水土流失成因分析、土壤侵蚀规律、治理措施等方面取得了重要的理论成果，为水土流失治理、改善生态环境和农业生产条件作出了很大贡献。

1. 20世纪80年代以前的研究工作

在不同的经济社会发展阶段，长江流域水土保持科学研究的重点也有所不同，20世纪80年代以前主要是开展实验观测研究。江西省兴国县水土保持实验区，建立量水堰及径流冲蚀小区，探索水土流失规律、水土保持措施，开展封山育林、植树种草，改良农耕方法，兴建水土保持工程。各地的水土保持站也多从研究土壤流失规律开始，研究方法是在坡面布设径流小区，观测降雨、地形（主要是坡度和坡长）、植被、土壤等因素对土壤流失的影响。

1955—1959年，长办按照长江流域综合规划工作的要求，在苏联土壤专家的指导和帮助下，与华中农学院、中国科学院土壤队合作，进行了流域土壤调查和改良分区，编制了 1 ∶ 100 万长江流域土壤分布概图。1959 年，长办委托中国科学院西北水土保持研究所，对长江流域的土壤侵蚀进行调查和区划研究，将长江流域划分为 8 个“区域”、29 个“区”和 89 个“亚区”，阐述了每个区划单元的土壤侵蚀特征，提出了原则性防治措施。1964 年，大多数水土保持试验站承担了中央下达的“山地利用与水土保持”科研十年规划中的水土流失规律、水土保持造林、防治水土流失的工程措施和生物措施、水土保持效益等研究，取得了重大成效，一大批成果被应用于长江流域水土保持工程建设。

2. 80 年代以后的科学研究工作

1980 年以后，长江流域水土保持工作进一步深入推进，科研工作的重点在基础理论研究、工程技术研究和高新技术应用推广等方面，并开展大量的协作研究。在科技协作方面，1980 年，长办牵头与中国科学院南京土壤所、华中农学院、江西省水土保持试验站等单位共同开展了江西省兴国县水土保持综合区划研究，编制了我国第一个县级水土保持综合区划。1983 年，又组织流域各省水土保持部门和中科院南京土壤研究所，共同制定了《关于长江流域水土保持若干技术标准（暂行规定）》，以侵蚀模数为主要判别指标，以侵蚀类型、植被覆盖度、坡度等作为参考指标，使水土流失强度分级从定性描述走向定量划分，取得了实质性突破。为提高试验成果质量，长办制定了《长江流域水土保持试验站试验技术暂行规定》，对实验的主要测试项目、方法、手段等作出了统一规定，对推动长江流域水土保持工作起到了积极作用。此外，还制定了《长江流域水土保持科技协作方案、课题及分工》。

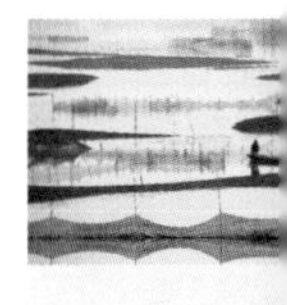

在小流域综合治理试点研究方面，1980 年，水利部委托长办首先在湖南、江西两省开展小流域水土保持综合治理试点，以探索长江流域不同类型区水土流失综合治理和经济开发模式。截至 2000 年底，已在流域不同类型区开展了 42 个小流域水土保持综合治理试点研究。

1988 年，为加快长江上游水土流失治理，确保三峡水库安全运行和促进区域经济社会快速发展，国务院批准将长江上游列为全国水土保持重点防治区，从 1989 年起在金沙江下游及毕节地区、嘉陵江中下游、陇南陕南地区和三峡库区“四大片”实施了长江上游水土保持重点防治工程（以下简称“长治”工程）。1994 年以后，重点防治区逐步扩展到中游的丹江口库区、洞庭湖水系、鄱阳湖水系和大别山南麓诸水系。截至 2008 年，“长治”工程已连续实施了一至七期，范围涉及长江上中游地区的云、贵、川、甘、陕、渝、鄂、豫、湘、赣 10 省（市）214 个县（市、区），累计开展综合治理的小流域达 5445 条。这一时期主要是在基础理论研究、政策与治理模式研究、工程技术研究、高新技术应用研究、效益指标体系研究等方面取得了丰硕

成果。

——在基础理论研究方面，主要开展了土壤侵蚀量测定的定量化研究，产沙与输沙关系研究，滑坡、泥石流发生规律与运动机理研究以及监测、预警设备研制等。

——在政策与治理模式研究方面，主要开展了有关水土保持政策、小流域综合治理模式、水土保持与环境人口容量等研究。在政策层面，按照“谁治理，谁管护，谁受益，长期不变，允许继承、承包、转让、租赁”的原则，推行股份制合作，拍卖“四荒”地使用权等，调动群众治理水土流失的积极性。在治理模式上，针对不同地区自然条件及人类活动特点，探讨适合当地的治理方向、目标、措施以及施工组织管理等。在环境人口容量方面，着重探讨了三峡库区水土保持与移民环境容量的关系，论证了水土保持在改善环境、扩大人口容量等方面的作用。

——在工程技术研究方面，主要开展了不同区域、不同土壤和气候条件下坡耕地改造研究，侵蚀劣地及气候恶劣区营造水土保持林研究，土坎梯田（土）的硬坎稳定性及利用研究，坡面水系工程设计及其效益研究，滑坡、泥石流监测预警方法及效益研究等。

——在高新技术应用研究方面，应用计算机技术进行小流域实施规划及水土保持管理，提高了工作效率，保证了成果质量。研制了金沙江下游泥石流预报信息系统，采用遥感与地理信息系统相结合的方法，使得区域调查快速、准确、可靠，并可对各种环境要素进行空间分析和数理统计，对环境地质与灾害地质进行预测和评价等。在水土保持动态监测和水土保持工程管理中，探索3S技术（遥感、地理信息系统和全球定位系统）的应用。

——在效益指标体系研究方面，以对比观测为主，着重对“长治”工程各项治理措施的生态、经济和社会效益进行定量研究，通过典型调查、定位试验、合理分析，研究提出了不同典型区域各种单项措施与综合措施培植下的效益指标体系，并应用于小流域综合治理效益评价。

3. 专题研究及成果应用

70年来，长江委在每一时期都有不同的研究重点，并注重科研成果的推广应用，取得了瞩目的成就。先后开展了以下课题研究。

——南方花岗岩剧烈侵蚀区综合治理研究。旨在探索亚热带湿润地区花岗岩剧烈侵蚀地区的水土流失治理开发技术，为同类型地区的治理提供经验和科学依据。

——长江上游水土流失与河流泥沙研究。重点是查明长江上游水土流失、河流泥沙来源与分布，分析水土流失、河流泥沙变化趋势及两者之间的关系，为长江上游水土流失治理提供科学依据。

——川中坡耕地“沟道垄杂”拦雨保土耕作方法研究。旨在探索川中农用坡地上充分利用水、土、光、热资源，防治水土流失，减轻旱涝灾害，提高旱作粮食产量，发展水稻生产的耕作方式。

——长江上游人类活动对流域产沙的影响研究。这是国家“七五”攻关项目“三峡水库来水来沙条件的分析研究”的子课题，主要研究三峡库区以上地区的主要支流及重点产沙区内，由于人类活动所造成的水土流失面积、地域分布、流失量、流失过程和发展趋势，以及对各主要支流控制站来沙的影响。

——三峡库区水土流失现状趋势对生态环境的影响及对策研究。旨在全面查明三峡库区及其沿岸滑坡、崩塌、泥石流、岸坡稳定、河流泥沙特性、水土流失现状的基础上，有重点地对水土流失现状趋势、重力侵蚀对港口城镇迁建和小流域综合发展的影响、植被破坏诱发水土流失及省区治理等进行深入调查研究，作出预测评价，提出对策，为三峡工程论证提供科学依据。

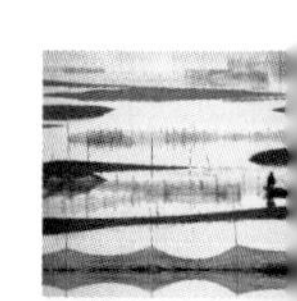

——长江上游泥石流、滑坡危险度区划研究。通过研究，提出了长江上游泥石流、滑坡危险度的区划原则、区划指标以及分区成果，为地质灾害治理提供科学依据。

——长江上游土石山区小流域水土资源保护与开发利用研究。主要目的是探索长江上游土石山区小流域综合治理开发途径，实现脱贫致富，为同类型区的水土流失治理提供经验、方法和科学依据。

——铯 -137 同位素示踪法测算小流域土壤侵蚀量研究。该研究将 137Cs 方法应用于长江流域的土壤侵蚀研究，探索建立紫色土丘陵区的 137Cs 模型，计算小流域土壤侵蚀量。

——江源区小流域水土保持综合治理试验研究。主要目的是探索江源区水土流失综合治理的途径，为同类型区域的水土流失治理提供借鉴。

——水土保持城郊型小流域开发治理模式研究。主要目的是探索长江流域城郊地区小流域综合开发治理的途径，为同类型区域的水土流失治理提供经验、方法和科学依据。

——长江上游水土流失重点防治区滑坡、泥石流预警系统、防灾减灾策略及减灾效益研究。主要是分析总结长江上游滑坡、泥石流预警系统多年来的监测预警资料，进一步研究滑坡、泥石流灾害的形成和成灾规律，探讨滑坡、泥石流的群防群治机制和防灾减灾策略，丰富监测预警理论，最大限度地减轻滑坡、泥石流灾害程度。

第二章

规划绘就蓝图

第一节　综　述

新中国成立后，为治理长江洪、旱等自然灾害，综合利用和保护水资源，加强水土流失治理，在国家的统一安排和指导下，长江委开展了一系列水利规划研究工作，提出了不同时期的流域综合规划、干支流规划、专业规划、区域规划，逐步形成了符合长江流域实际的流域规划体系，为流域治理开发与保护发挥了重要作用。

1949 年 11 月，国家水利部在北京召开各解放区水利联席会议，做出决议并部署组建流域管理机构，进行流域规划准备。1950 年 2 月，长江委正式成立，开始承担起以防洪为主的长江流域治理开发任务，并为开展流域规划进行各项准备工作。根据中央的治水方针政策，长江委一方面抓紧对战争毁坏的水利设施的修复和中下游堤防的加固培修；另一方面上报了荆江分洪工程计划，并于 1952 年建成了荆江分洪工程。同年，政务院提出水利建设的总方向是“由局部转向流域规划，由临时性的转向永久性的工程，由消极的除害转向积极的水利”。为此，长江委在以往工作的基础上，于 1953 年上报了《关于治理长江计划基本方案的报告》，并提出治江工作以防洪为主的三阶段计划：第一阶段培修加固堤防，适当扩大长江中下游安全泄量；第二阶段堤防结合运用蓄洪垦殖区，蓄纳超过河道安全泄量的超额洪水；第三阶段兴建山谷水库拦洪，达到最后降低长江水位为安全水位的目的。1954 年，长江发生了近百年来的特大洪水，虽然取得了抗洪的决定性胜利，但损失仍然巨大。中央决定加速长江的治理开发，尽快组织编制长江流域规划。

一、流域综合规划

1955 年，长江流域规划工作全面展开。由于流域规划工作涉及国务院有关部委和流域内各省（自治区、直辖市），组织难度大，协调工作量也大。1956 年 10 月，经国务院批准，在长江委的基础上成立长江流域规划办公室（以下简称“长办”），负责长江流域规划工作，交通部、铁道部、水产部、电力部、地质部以及中国科学院、文化部派员来长办参加规划工作。苏联专家受聘来长办进行技术指导。通过几次大规模的综合调查和专业查勘，以及对水文资料的全面整编、地形测量和地形测绘与勘探，1957年基本完成规划工作。1958年3月，在中央政治局成都会议上，周恩来总理作了《关于三峡水利枢纽和长江流域规划的报告》，并经会议讨论通过。该文件为长江流域规划工作制定了“统一规划，全面发展，适当分工，分期进行”的原则，同时指出“远景与近期，干流与支流，上中下游，大中小型，防洪、发电、航运与灌溉，水电与火电，发电与用电七种关系必须相互结合，并根据实际情况，分轻重缓急和先后次序，进行具体安排”。根据周恩来总理的报告和中央政治局指示精神，经认真规划研究后，长办于1959年提出了《长江流域综合利用规划要点报告》，并上报水利部和国务院。该报告以长江中下游防洪为首要任务，提出了以三峡水利枢纽为主体的五大开发计划，安排了江河治理和水资源综合利用、水土资源保护的内容，注重协调了干支流和其他各方面的关系，成为后来一段时期内长江治理开发建设的纲领性文件。

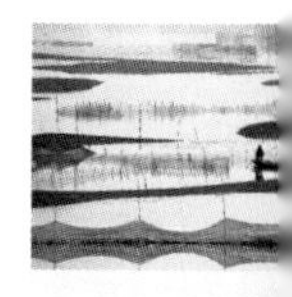

该规划的主要任务包括：防治洪水灾害，保障人民和工农业生产的安全；消除旱涝灾害，保证农业生产的迅速发展；防止水土流失，发展广大山区经济；充分开发水力，提供大量廉价动力，促进工业的迅速发展，促进整个国民经济建设的技术改造；改善水运条件，提高运输能力，降低运输成本，便利物资交流；注意水产的发展和水利卫生的改善。此外，还必须根据全国一盘棋的精神，对南水北调和沟通相邻流域的运河问题，进行全面考虑，作出适当安排。

20世纪80年代以后，为适应当时经济社会发展需要，针对面临的新情况、新任务，国家决定在原规划建设实践的基础上，对1959年的《长江流域综合利用规划要点报告》进行全面修订。1990年9月，《长江流域综合利用规划简要报告（1990年修订）》获国务院批准，成为长江流域综合开发、利用、保护水资源和防治水害活动的基本依据。

2005年，长江委根据水利部的统一部署，结合长江流域综合治理、开发、利用与保护的新要求，启动了新一轮的长江流域综合规划工作。该规划以“维护健康长江，促进人水和谐”为宗旨，按照“在保护中促进开发，在开发中落实保护”的原则，在现已形成的治理开发与保护格局的基础上，提出了防洪减灾、水资源综合利用、水资源及水生态与水环境保护和流域综合管理等四大体系。2012年，该规划经国务院批准实施（国函〔2012〕220号）。与此同时，长江委还组织开展了长江干流河段、主要支流及重要国际河流的流域综合规划工作。编制完成了《长江口综合开发整治规划报告》，金沙江干流、嘉陵江、汉江等一批干支流流域综合规划，以及诸如《长江流域防洪规划》《长江干流中下游河道治理规划》《长江流域水资源保护规划》《长江流域水土保持规划》等一系列专业规划和专项规划报告，基本形成了长江流域综合开发利用规划体系。

水资源保护是为了防治水污染和合理利用水资源，采取行政、法律、经济、技术及工程等综合措施，对水资源进行资源性保护、经济性保护和科学管理。水资源保护规划是水资源保护管理的基础和依据，在水资源保护管理工作中起引领和指导作用。新中国成立70年来，长江水资源保护规划经历了一个不断探索、实践、发展、提升的过程。在这个过程中，长江委根据不同阶段的经济社会发展特点与水资源保护要求，组织开展了一系列流域、区域、干支流、湖泊水库等水资源保护规划的编制工作，规划体系不断完善、规划思路不断创新、规划内容不断拓展，取得了诸多突破。长江水保局主要是承担相关规划的水资源和生态环境保护部分的技术牵头工作。

从1985年起，为了编制《长江干流水资源保护规划》，长江水保局围绕水环境现状、污染负荷预测、水质模型研究、水质规划方案、水资源保护对策措施等5个方面，开展了长江干流主要江段的污染源分布、排污口布设、污染物的种类、污水量以及水质污染状况等基本情况的调查。并结合规划工作，在沿江有关省市和地方环境保护部门的大力支持和积极配合下，进行了重点专题的研究，先后完成了《长江水源污染现状》《长江干流污染负荷调查报告》及《长江干流水质现状与评价》等专题报告，连同在此之前完成的《长江武汉江段污染防治规划研究报告》，逐步厘清了水资源保护规划的编制程序、规划、方法及内容等，在此基础上，于1987年9月完成《长江干流水资源保护规划》。

在干流规划的基础上，流域和地方各级水利、环境保护部门共同努力，先后完成了长江武汉江段污染防治规划；湘江污染综合防治规划和黄浦江污染综合防治规划等支流规划；国家重点治理的“三湖”——巢湖、太湖和滇池的水污染防治“九五”计划及2010年规划等；以及长江干流九江至南京段水资源保护规划、铜陵市水污染控制规划和南通市城市水资源保护规划等一系列区域规划。各省（自治区、直辖市）还根据当地的国民经济发展规划及流域水资源保护规划编制了相应的环境保护规划。这些规划对长江早期水资源保护工作起到了重要的指导和推动作用。

随着水资源保护内容的不断丰富，水功能区划体系和水生态环境保护理念的提出，水资源保护规划体系日趋完善。先后完成《长江流域综合规划（2012—2030年）》中的水资源保护相关内容、《长江流域（片）水资源保护规划（2016—2030年）》以及重点流域水污染防治规划等流域水资源保护规划；汉江、嘉陵江、赤水河、洞庭湖、鄱阳湖等20余条支流、湖库流域综合规划中的水资源保护部分；《鄱阳湖区综合治理规划》《三峡库区水资源保护规划》《丹江口库区及上游水污染防治和水土保持规划》

《洞庭湖水环境综合治理规划》等区域水资源保护规划。在生态建设方面，先后完成《全国生态保护与建设规划（2013—2020 年）》《国家“十三五”生态环境保护规划》《长江经济带生态环境保护规划》《汉江生态经济带发展规划》《长江经济带水资源保护带、生态隔离带建设规划》等生态建设规划。

纵观长江流域水资源保护规划历程，就规划范围而言，经历了由局部干流到干流、由干流到支流、由河流到湖库、由区域到流域的过程；就规划内容而言，经历了由单一的水质保护规划拓展到水质、水量、水生态协同规划，由单一水环境质量评价发展到水功能区划分、科学核定纳污能力、提出限制排污总量意见，并通过工程措施和非工程措施解决水生态环境问题；就规划思路而言，逐步由探索、发展、提升形成了“水资源保护要纳入流域综合规划目标、水质水量水生态要协同并重保护、规划环境影响评价要考虑战略问题”的水资源保护规划新思路。水资源保护规划各阶段特点鲜明，突破点不同，规划重点也不同。可以说，长江水资源保护规划经历了一个不断探索、实践、总结和发展的过程。

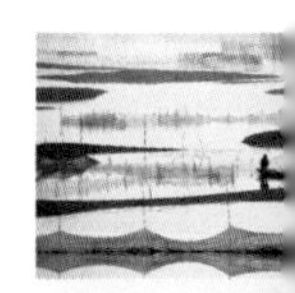

党的十八大报告强调，要大力推进生态文明建设，坚持保护环境的基本国策，加大自然生态系统和环境保护力度，要实施重大生态修复工程，增强生态产品生产能力，推进水土流失综合治理，扩大森林、湖泊、湿地面积，保护生物多样性。坚持预防为主、综合治理，以解决损害群众健康突出环境问题为重点，强化水污染防治。党的十八大以来，“既要金山银山，也要绿水青山，绿水青山就是金山银山”的理念逐步深入人心。党的十九大报告强调“必须树立和践行绿水青山就是金山银山的理念，坚持节约资源和保护环境的基本国策，像对待生命一样对待生态环境，统筹山水林田湖草系统治理，实行最严格的生态环境保护制度”；“实施重要生态系统保护和修复重大工程，优化生态安全屏障体系，构建生态廊道和生物多样性保护网络，提升生态系统质量和稳定性”。“长江大保护”，这一新的时代背景对水资源保护提出了更高要求。随着改革进程的日益深化，生态文明体制改革加快推进，为破解长江流域水资源保护破碎化难题，促进整体性、系统性保护提供了有利契机。为保障“美丽长江”目标的顺利实现，做好水资源保护的顶层设计，水资源保护规划方兴未艾。

二、生态建设规划

长江委从成立之初，在开展流域规划中就关注到水土流失的治理，并在《长江流域综合利用规划要点报告》中有所体现。与此同时，还组织开展了大量的调查和研究工作。这一时期，国家也十分重视水土保持工作，1952 年底，政务院发出《关于发动群众继续开展防汛、抗旱运动并大力推行水土保持工作的指示》。这是新中国成立后发布的第一个水土保持令。1955 年、1957 年和 1958 年，国务院先后 3 次召开全国水土保持工作会议，并于 1957 年成立了全国水土保持委员会，颁布了《中华人民共和国水土保持暂行纲要》。50 年代中期，长江流域各省的水土保持工作也相继起步，陆续成立了水土保持机构，组织水土流失调查，制定治理规划，开展试验研究和技术推广工作。为了加强长江流域水土保持工作的调查研究和综合协调，1956 年 6 月，长江委在农业灌溉室设立了水土保持专业组，这是长江委最早的水土保持组织机构。1958 年，长办提出了第一个流域性的水土保持规划，并纳入《长江流域综合利用规划要点报告》。1959 年，组织开展了长江流域土壤侵蚀区划研究，并于 1961 年完成了《长江流域土壤侵蚀区划报告》。但在 1958 年的“大跃进”“大炼钢铁”以及此后的三年困难时期和文化大革命运动期间，流域各地水土保持机构被撤销或工作停顿，水土流失不仅得不到治理，而且大规模砍伐林木，毁林现象十分严重，加之在农业生产中片面强调“以粮为纲”，导致已有的治理也多处被破坏，水土流失面积不断扩大。据调查，1957 年长江流域的水土流失面积约 38 万平方千米。到 1985 年，全流域水土流失面积达到 56.2 万平方千米。1978 年改革开放以后，长江流域水土保持工作逐步恢复生机，并得到稳步发展。

在长江委成立后的 20 多年里，长江流域的水土保持工作经历过几次发展较快的时期。第一次是农业合作化时期，国务院于 1957 年发布《中华人民共和国水土保持暂行纲要》，三次全国水土保持工作会议的召开，在流域各地掀起了治山、治水和水土保持建设高潮。第二次是号召“农业学大寨”时期，1970 年，全国北方地区农业会议提出，水利建设要发扬“农业学大寨”的精神，大力开展农田基本建设；山区大力提倡水土保持，改坡地为梯田梯地，将水土保持纳入了学大寨轨道。第三次是中共十一届三中全会以后，1982 年，国务院发布《水土保持工作条例》，长江流域水土保持进入一个重要发展时期，一度撤销的各级水土保持机构陆续恢复。流域各省也开展了大量的调查、区划和规划工作，开展以小流域为单元的综合治理，取得了显著成就。

1955 年 10 月，农业部、林业部和水利部联合召开第一次全国水土保持工作会议，提出的水土保持工作方针是：在统一规划、综合开发的原则下，紧密结合农业合作化运动，充分调动群众，因地制宜，蓄水保土，增加粮食，全面发展农林牧生产，合理利用水土资源，以实现建设山区，提高人民生活，根治河流水害，开发河流水利的社会主义建设的目的。会议还要求建立水土保持机构。1957 年 5 月，国务院成立水土保持委员会；12 月，国务院水土保持委员会主持召开第二次全国水土保持工作会议，提出的水土保持工作方针是：治理与预防兼顾；全面规划，因地制宜；全面开发，综合利用；集中治理，综合治理；依靠群众，小型为主。1958年，国务院召开第三次全国水土保持工作会议，再次提出“全面规划，综合治理，集中治理，连续治理，坡沟治理，治坡为主”的方针，发布了《关于在大量采伐森林、开矿、积肥情况下，如何加强水土保持、保护林木的意见》。这一时期，长江流域各省级机构落实国务院的方针政策，先后开展了不同形式的水土保持工作，组建了水土保持机构，对水土流失重点地区进行勘查，制定治理规划，结合农业生产进行治理，在不同类型区建立水土保持试验站，开展试验研究，进行技术示范推广。

在此后的10年里，由于“文化大革命”运动，水土保持机构被撤销或停顿，人员下放，水土保持工作基本处于停顿状态，水土流失又逐渐加剧。这一阶段，在农业学大寨的推动下，各地开展了以坡改梯为主要内容的农田基本建设，但不少地方大搞开山造平原和全垦造林，大量植被遭到破坏，造成新的水土流失。1977年9月，全国农田基本建设会议在北京召开，中共中央发出大搞农田基本建设的号召，长江流域各地掀起了坡改梯的高潮，兴建了一批高标准的梯田。许多地方结合农田基本建设，开展植树造林，改造坡耕地，实施水、土、林、肥、沼综合治理，兴修水利，水土保持工作取得了新的进展。

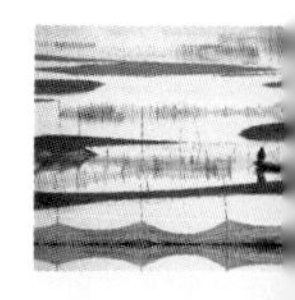

1983年，江西省兴国县和长江葛洲坝库区列为全国水土保持八大重点治理片区。1988年，国务院批准将长江上游列为全国水土保持重点防治区；并在金沙江下游及毕节地区、陇南及陕南地区、嘉陵江中下游、三峡库区等开展首批重点防治工作，由长江上游水土保持委员会组织实施。据1987年统计，新中国成立以来，长江流域累计治理水土流失面积11.48万平方千米，占1985年水土流失面积的20%，成效十分显著。

1990年，《长江流域综合利用规划简要报告》批准实施后，流域水土保持工作进入了依法防治、重点防治阶段，同时国家出台了退耕还林、封山育林等一系列政策措施等，全流域已累计治理水土流失面积30万平方千米，初步实现了流域水土流失面积由增到减的历史性转变。1999年，水利部组织开展的全国第二次水土流失遥感调查显示，长江流域水土流失面积（包括水蚀和风蚀）为53.08万平方千米，占流域面积的29.5%。

第二节　基础研究与实践

20世纪70年代以来，国家相关部委、流域机构和各省（自治区、直辖市）人民政府高度重视长江流域水资源保护相关规划编制工作，根据不同历史时期的经济社会发展特点与要求，组织编制了流域干支流、区域等的水资源保护规划。规划工作经历了起步、建立体系、发展和不断创新完善的阶段，在规划的指导下，长江流域水资源保护工作思路不断得到调整、丰富与完善，为长江流域水资源保护事业健康发展奠定了坚实基础。

一、流域水质监测规划与探索

20世纪70年代以前，我国的水生态环境污染问题并不突出，水资源保护的需求尚不迫切。进入80年代，随着工农业与城镇建设的快速发展和人口数量的不断增加，水环境质量和生态环境开始恶化，水资源保护的压力加大，水资源保护逐渐受到重视，水资源保护规划工作开始起步。

长江水资源保护规划在此阶段以水质监测站网规划及污染源调查为主。长江流域水质监测站网的建立，是在1975年后发展起来的。在此之前，各地水文部门对水质监测只是限于天然水的常规水化学测验。1974年12月下旬，水电部召开全国水文工作和水源保护工作会议，明确指出各省（自治区、直辖市）水利部门和流域机构应根据〔1974〕国环办字1号文件精神和当地的统一规划建立必要的水质分析室，重点检测水系水质变化情况，完成规定的监测任务。1976年，水电部颁发的《水文测验试行规范》中规定，水文工作是防洪抗旱、防止水源污染的耳目。并指出，监测水质污染状况，保护水源防止水源污染是水文工作一项新的繁重任务。根据这些规定和要求，流域机构和各省（自治区、直辖市）水文部门大力加强水质监测站的建设，监测站点、监测河段大幅增长，监测分析项目逐步扩充。长办水文局还在长江干流城市渡口（今攀枝花市）以下22个重点河段布设了一系列水质监测断面，密切监视沿江各主要城镇工矿企业排污情况。另在丹江口、葛洲坝等大型水库布设水质监测站点，开展常规水质监测；各省（自治区、直辖市）水文总站则根据所辖境内水系分布及污染监测要求建立水质监测站点。1985年，全流域已建水质站（点）380个，长江流域水质监测站网已有雏形。

1977年，长江水保局在武汉组织召开了第一次长江水系水质监测站网座谈会，通过了《长江水系水质监测站网和监测工作规划意见》，初步拟定在已设置的156个监测站（点）开展监测工作，这是我国第一个流域水质监测规划。该规划对监测站网的设置原则、站网规划与监测技术、资料整编等进行了统一规定，为长江流域水质监测站网规划奠定了基础。80年代后期，长江流域水环境监测网初步形成，水文局水环境监测中心的隶属关系不变，水环境监测在业务上受流域监测中心指导。至此，长江委所属水质监测机构由流域监测中心、上海分中心以及水文局所属7个水环境监测中心组成，水质监测机构按照流域管理权限开展重要河湖及省界水体的水质监测，同时还对流域内各省（市、区）水环境监测中心开展业务指导、资料汇总、质量控制、技术服务等工作，形成了比较完整的长江流域水环境监测体系。

1979年，长江委又组织编制完成了《长江流域水质监测站网规划》，对监测站网的设置原则、站网规划与监测技术、资料整编等进行了统一规定。按照规划要求，对江、河、湖、库等不同水体进行了水质监测，初步了解了地表水水质状况。1984年，编制完成《长江武汉江段污染防治规划研究》，这是长江乃至我国较早的水污染防治规划之一，其规划思路、程序与方法、内容等为我国区域水资源保护规划编制提供了重要参考，也为其后的九江至南京段、长江上游重庆江段等水资源保护规划奠定了基础。从1985年起，为了编制长江干流水资源保护规划，长江水保局围绕水环境现状、污染负荷预测、水质模型研究、水质规划方案、水资源保护对策措施等5个方面，开展了长江干流攀枝花以下3600千米、沿江21个城市江段的污染源分布、排污口布设、污染物的种类、污水量以及水质污染状况等基本情况的调查。并结合规划工作，在沿江有关省市和地方环境保护部门的大力支持和积极配合下，进行了重点专题的研究。《长江水质污染现状》《长江干流污染负荷调查报告》《长江干流水质污染状况报告》及《长江干流水质现状及评价》等专题报告，从宏观上反映了长江重点江段污染源与污染状况、主要污染物及水质污染的一般规律。

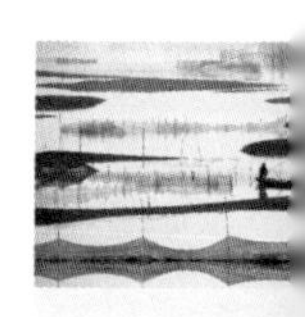

20世纪80年代中期，水利电力部会同城乡建设环境保护部首次组织编制全国七大江河流域水资源保护规划。在《长江干流污染负荷调查报告》《长江干流水质现状及评价》等专题报告的基础上，长江水保局于1987年编制完成了《长江干流水资源保护规划报告》，这是长江流域第一个较全面的水资源保护规划，首次从流域水资源保护尺度上探索研究了规划的指导思想、原则、方法、重点与规划方案等问题，该规划成果也成为长江干流水资源保护工作的重要依据。

2000年，水利部印发的《关于做好全国水质监测规划编制工作的通知》（水文质〔2000〕42号）指出，要结合长江片（指长江流域和西南诸河，下同）水质监测现状特点和远期发展要求编制该规划。规划近期水平年为2005年和2010年，远期水平年为2020年。其总体目标是近期应能满足水资源管理、水资源保护等最基本要求，包括满足水功能区管理的要求；远期能实时、快速传递长江片重要水质站点的水质、水量监测信息，并能满足水资源保护与专家决策支持的要求。该规划在基础设施、监测站网、监测能力、信息系统等方面提出明确要求。其主要任务包括地表水水质监测站网规划、地下水水质监测规划、大气降水水质监测规划、能力建设规划、信息系统建设规划等。其规划范围包括：

（1）地表水水质监测规划范围。金沙江水系、岷沱江水系、嘉陵江水系、乌江水系、长江上游干流区间、洞庭湖水系、汉江水系、长江中游干流区间、鄱阳湖水系、长江下游干流区间、长江三角洲平原水系等11个地表水水资源分区（不含太湖水系）和西南诸河的主要水系。

（2）地下水水质监测规划范围。以省、自治区、直辖市行政区为单元进行规划。主要考虑不同地下水类型、不同水化学特征、不同污染程度等因素。以地下水开发利用程度高、漏斗区、集中式饮用水水源地为重点。

（3）大气降水水质监测规划范围。在地表水水质监测站网规划范围内，考虑区域代表性，进行规划。

（4）能力建设规划。长江流域水环境监测中心及其分中心、长江委水文局所属水环境监测中心及承担长江片国家级水质监测站监测任务的15个省（自治区、直辖市）水环境监测中心和分中心，包括规划新建水环境监测中心的监测能力建设。

该规划共安排设置地表水水质监测站点1084个，其中国家级251个，省级833个；供水水源地及入河排污口水质监测站点1025个，其中国家级227个，省级798个；水功能区水质监测站点1218个，其中保护区164个，保留区377个，省界缓冲区50个，开发利用区627个；地下水水质监测站点768个，其中国家级206个，省级374个，地市级188个；大气降水水质监测站点650个，其中国家级185个，省级244个，地市级221个。该规划还提出了分阶段、分区域实施的具体意见。

通过本轮规划，长江流域水质监测站网有了总体轮廓。此后，长江委又于2012年对规划进行了扩充和完善，形成了目前的水环境监测站网格局。

二、水功能区划与研究

自20世纪90年代以后，我国水资源短缺和水污染状况日益严重，已成为制约一些地区经济社会发展的主要因素。针对流域或区域，认真研究存在的主要问题，制定水资源保护规划方案，提出水资源保护对策等已十分必要和迫切。根据国务院的“三定”方案，水利部及时组织开展水功能区划，重新编制新时期流域水资源保护规划，成为这个时期水资源保护事业的鲜明特征。

此阶段主要是建立以水功能区为核心、入河污染物总量控制为基础、水质保护为主的水资源保护规划体系。在规划原则上，确立了“干支流、上下游统一规划，相互协调，执行污染物总量控制，合理利用水环境容量以及按水体功能，综合治理”等原则；完善了规划工作内容，逐步建立了以水源地、水产水域和景观水域为重点，在水质现状评价、污染源现状调查与预测、水质模型研究基础上，制定水质保护规划方案，提出水资源保护对策措施的规划体系。

1999年，按照水利部安排，长江水保局负责起草《全国水功能区划分技术大纲》；同年3月，提交七大流域水资源保护局局长会议进行讨论，后经多次修改定稿，成为指导全国开展水功能区划工作的技术文件。同时，在长江委的统一部署下，长江水保局负责组织流域内各省（自治区、直辖市）全面开展了长江流域片水功能区划分工作。2000年3月，编制完成了《长江片水功能区划技术细则》；同年7月，在武汉举办了长江片水功能区划技术研讨班。2001年，编制完成了《长江片水功能区划报告》，该报告是国内率先完成的水功能区划成果之一，是全国水功能区划的重要支撑，报告提出的水功能区二级分类区划理论与技术方法，为后期水功能区划工作的全面开展提供了技术指南，更为水法规定以水功能区管理作为水资源保护管理的核心工作奠定了坚实的基础。

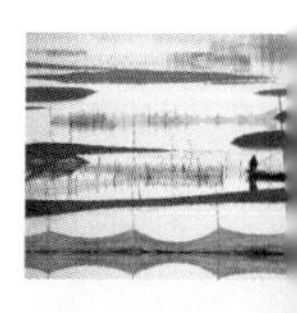

该规划成果首次以水功能区作为规划的基本单元，在核算水功能区水域纳污能力的基础上，对入河污染物控制总量和排污削减量提出了操作性较强的对策措施。这次规划是继20世纪80年代长江干流水资源保护规划之后，第一次涉及全流域的水资源保护规划，在规划思路与方法上有了很大进步。其中，水功能区划理论是水资源保护的一个重大突破，其成果在2002年新水法的修订中被采纳，也成为新时期水资源保护规划的基础和水资源保护管理的依据。

水功能区划遵循可持续发展原则，统筹兼顾、突出重点的原则，前瞻性原则，便于管理、实用可行的原则及水质水量并重的原则。水功能区划采用两级体系，即一级区划和二级区划。一级区划是宏观上解决水资源开发利用与保护的问题，主要协调地区间用水关系，从长远上考虑可持续发展的需求；二级区划主要协调用水部门之间的关系。一级水功能区的划分对二级水功能区划分具有宏观指导作用。一级水功能区分为4类，包括保护区、保留区、开发利用区、缓冲区；二级水功能区划分重点在一级区划的开发利用区内进行，分为7类，包括饮用水源区、工业用水区、农业用水区、渔业用水区、景观娱乐用水区、过渡区和排污控制区。水功能区划分级分类体系情况见图2–1。

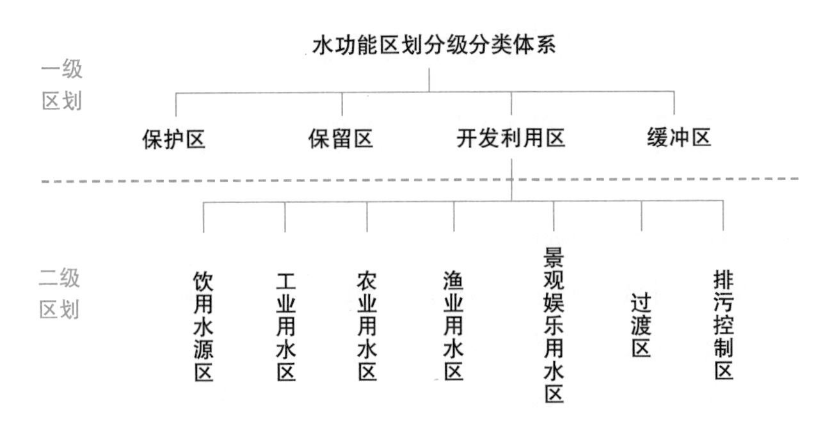

图 2-1　水功能区划分级分类体系示意图

三、全面开展流域水资源保护规划

进入 21 世纪，水资源开发利用活动对生态环境带来的不利影响逐步显现，引起了党和政府的重视及社会各界的关注，如何正确处理开发与保护、生态与发展的关系，成为必须面对的重大课题。与此同时，人们对水资源保护的认识水平和要求不断提高，水资源保护规划更加得到重视，规划内容也更加丰富。在规划的指导思想上，坚持贯彻以水资源可持续利用保障社会经济可持续发展的战略思想，积极倡导人与自然和谐相处的治水理念；在规划原则上，确立了“在开发中落实保护，在保护中促进开发”的基本原则；规划内容上也从单一的水质保护拓展至水质、水量、水生态并重的新时期规划体系。

2004 年，在编制相关规划过程中，长江水保局提出涉水综合规划应把生态环境保护作为规划目标纳入其中。2005 年，按照水利部的安排，长江委组织开始了新一轮的《长江流域综合规划》编制工作。在《长江流域综合规划》编制过程中，明确提出了加强“防洪减灾、水资源综合利用、水资源与水生态环境保护、流域综合管理”四大体系建设的规划任务，凸显了水资源保护在流域综合规划中的地位，从而把保护措施从以往的事后补救变为事先预防。同时，针对规划中提出的开发任务，就其可能产生的累积叠加影响开展了环境评价，提出了有针对性的环境保护对策措施。至此，“水资源保护要纳入综合规划目标、水质水量水生态要协同并重保护、规划环境影响评价要考虑战略问题”的水资源保护规划新思路在本轮流域综合规划中得到了充分体现。按照这一思路，在长江委陆续组织开展的汉江、嘉陵江、赤水河、洞庭湖、鄱阳湖等 20 余条河流、湖库综合规划中，水资源保护规划均作为极其重要的规划任务及规划内容贯彻其中。

2010年以后，作为世界上最大的发展中国家，中国正经历以高耗、高排为特征的工业化和城镇化的快速发展阶段，经济社会发展与水资源保护的矛盾日益突出，水资源短缺、水污染严重、水生态恶化等问题已成为制约我国经济社会可持续发展的一个主要瓶颈。面对新形势下水资源保护的严峻挑战和紧迫需求，党中央、国务院对水资源保护工作给予了高度的重视。2011年，中央一号文件和中央水利工作会议对加强我国水资源保护工作提出了明确的要求；2012年1月，国务院发布了《关于实行最严格水资源管理制度的意见》；党的“十八大”把生态文明建设纳入中国特色社会主义事业总体布局，提出了“节约优先、保护优先、自然恢复为主”的方针；2014年，习近平总书记对国家水安全保障工作发表了重要讲话，提出了“节水优先、空间均衡、系统治理、两手发力”的新时期治水思路。

为加强新形势下的水资源保护、落实最严格水资源管理制度、推进水生态文明建设，进而构建水资源保护和河湖健康保障体系，长江水保局按照水利部和长江委的统一部署，组织开展了新一轮《长江流域片水资源保护规划》工作，并按照“以人为本”“人水和谐”“水量、水质、水生态并重”“统筹协调、突出重点”及“强化监控、严格管理、工程措施与非工程措施并重”的原则，开展水资源保护的顶层设计，着力构建水资源保护与河湖健康保障体系。自此，水资源保护的规划体系日渐完善，为后续一定时期内开展长江流域片水资源保护和管理工作提供了重要的理论依据。

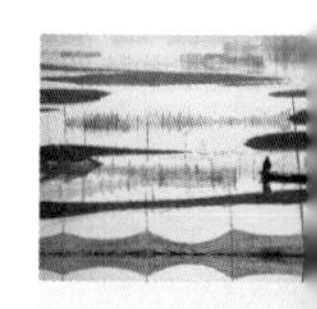

第三节　水污染调查与防治规划

1990年前后，长江水资源保护工作逐渐起步，水资源保护意识逐渐加强。长江委结合实际，在工作安排中，由长江水保局负责组织，陆续开展了一些早期的基础规划与调查工作，主要包括长江流域水质监测站网规划、水质与污染源现状调查评价，以及局部区域和干流水污染防治规划等。这些规划主要侧重于规划原则与方法的探索，此期间提出的分期治理、分区规划、整体协调等规划思路，为后来长江水资源保护事业的兴起与发展奠定了基础，其部分基本理念至今仍指导着水资源保护规划工作的开展。

一、水质与污染源现状调查评价

为初步摸清长江水质与污染现状，在长江委的统一部署下，长江水保局组织流域内主要城市的有关部门，开展了长江水源的污染现状调查。1978年，编写完成的《长江水源污染现状》，在我国首次提出了污径比、近岸污染带和污染负荷的概念，并提出了长江水资源保护有关对策建议。1985年起，又组织开展了长江干流水环境基本情况调查，并在沿江有关省市和地方环境保护部门的大力支持和积极配合下，进行了重点专题的研究，完成了《长江干流污染负荷调查报告》《长江干流水质现状与评价》等专题报告，系统地梳理了当时长江干流水质与污染现状，为编制长江干流水资源保护规划积累了宝贵的基础资料。

1. 长江水源污染现状调查

1977年，根据国务院转发的国家计划委员会关于第一次全国环境保护会议的情况报告和《关于保护和改善环境的若干规定（试行草案）》中“全国主要江河、湖泊，要设立以流域为单位的环境保护机构……负责按照上述标准（饮用水和风景旅游区、农业灌溉、水生生物用水、工业用水等水质标准）统一制定并推行全流域防治污染的具体方案，监督沿岸工业企业和生活污水排放”的有关规定，国务院环境保护领导小组办公室和水利电力部环境保护办公室指示长江水保局，对长江流域污染源进行一次普遍调查。同年6月，长江水保局提出《关于进行长江流域污染情况调查的报告》，主要内容包括：污水量、污染物；重点污染源；重点江段的流量与污水量；污染事故与危害。并提出了确定重大污染源的3个原则：日排废水量1000吨以上；毒性大、浓度高；群众反映强烈。7—9月，组织完成了长江上、中、下游的普查工作。1979年1月，向国务院环境保护领导小组和水利电力部报送了《长江水源污染现状》。该报告以沿江主要城镇为调查对象，在广泛收集有关资料和调查的基础上，经过资料整理、核实和统计分析后编写而成。工作期间曾得到了沿江各环境保护、水文和卫生防疫部门的大力支持。

据不完全资料统计，1977年长江全流域有大小污染源41106个，其中重大污染源490个，占总数的1.1%。污染源主要集中在四川、湖北、湖南、江西、安徽、江苏、上海等干流流经的7个省（市），渡口（现攀枝花）以上基本上没有工业布置。

对干流渡口、宜宾、泸州、重庆、涪陵、万县、宜昌、沙市（现荆州）、岳阳、武汉、鄂城、黄石、九江、安庆、贵池、铜陵、芜湖、马鞍山、南京、镇江、南通、上海等22个江段及支流水系重大污染源的调查表明，22个江段有重大污染源260个，占全流域总数的53.2%，主要集中在重庆、武汉、南京、上海4个江段，其中又以上海为最多。支流水系中，污染源则主要集中在洞庭湖和太湖运河水系。

全流域每日排放的工业和城市生活污水量约2605万吨，年排放量超过95亿吨。其中重大污染源污水排放量1352万吨，污水量与污染源的分布相一致。

干流江段每日接纳污水量1436.5万吨，占流域污水总量的55%，主要集中在重庆、武汉、南京、上海等4个江段，占干流污染总量的75%。支流水系中，接纳污水最多的是洞庭湖水系，其次是鄱阳湖、岷江、沱江、太湖运河水系等。随废污水排放的重金属污染物质有汞、镉、铬、锌、铜、钒等，非金属污染物质有砷、氟、磷等，有机污染物质有挥发酚、氰化物、石油、有机氯、有机磷、木质素等，此外还有酸和碱。

据不完全统计，流域内污水处理率还不到15%。

在调查的基础上，用污水稀释比（即天然水量与污水量的比例）进行了分析，提出了“径污比”概念。总体而言，长江干流年平均污水稀释比都比较大，说明水质较好。污水稀释比从上游到下游逐渐减小，枯水期比洪水期减小。

2. 长江干流污染负荷调查

遵照中共中央1978年有关文件精神：江河水源保护机构要“会同有关部门制定防治污染的规划”，为编制长江水源保护防治规划、制定保护长江水源的有关规定、标准和条例收集基本资料，长江水保局于1979年6—12月，在沿江各省环境保护、卫生、水文等部门的大力支持下，组织有关单位展开了长江干流污染负荷调查工作。

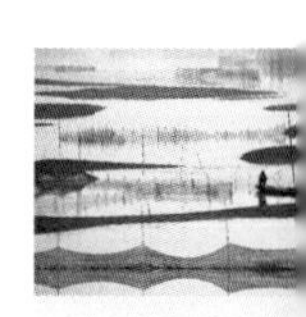

1979年8月，长江水保局在重庆召开长江上游干流污染负荷调查工作会议，长江上游各江段的环境保护部门及有关单位参加。9月，又在武汉召开长江中、下游干流污染负荷调查工作会议，沿江各地的环境保护部门及有关单位参加。这两次会议就长江干流污染负荷调查工作的配合协作问题进行了协商，有关单位承担了任务。

这次调查工作是在以往有关调查监测工作的基础上进行的，主要查清当时直接进入长江干流污染物质的种类、数量、主要污染源，以及长江水质状况。总共调查了长江22个江段，990余千米，223个排污口，47条大小支流，取得2万多个监测调查数据。

调查结果表明，沿江223个直接入江排污口中，有一项以上排放污染物超标的94个，占排污口总数的42%，两项超标的51个。超标污染物共有14种，最大超标倍数达7500倍。这些排污口每日排放污水量约1136万吨，其中重庆、武汉、黄石、南京和上海等5座城市江段入江污水量占总量的74%。

直接入江的主要支流口47个，污染物平均浓度一项以上超标的15个，占总数的32%；两项以上超标的7个。在支流口监测出污染物约25种，其中每日排放量以铜、氰化物、砷为最多，挥发酚、铬次之；另外，汞、镉和石油类也有一定数量。

长江干流重大污染源约180个，其中重庆20个，武汉15个，南京11个，上海53个。重大污染源个数约占干流江段城市污染源总数的1%，但污染负荷却在70%以上。

3. 长江干流水质现状与评价

1982年，长江水保局根据国务院“要求把各地区的环境状况逐步调查清楚，并在一部分地区和城市试行环境监测报告制度，定期提出环境质量报告书”的指示，组织了对长江干流21个城市（渡口、宜宾、泸州、重庆、涪陵、万县、宜昌、沙市、岳阳、武汉、鄂城、黄石、九江、安庆、铜陵、芜湖、马鞍山、南京、镇江、南通、上海）江段污染源的调查，在调查过程中，得到了沿江地方省市环境、水利、卫生等部门的大力支持。据1982年统计，长江干流的主要点源即沿岸21个城市的工业废水和生活污水。这些城市有工矿企业2万多个，城市人口3000多万。1982年，沿江城市污水排放量约53亿吨，其中工业废水41亿吨。排放的污染物中，以挥发酚和氰化物量较大，石油类次之，另有汞、镉、铬、铅和砷等金属污染物及有机物。

干流沿江城市重大污染源约206个，约占污染源总数的1%，年排放废水24亿吨，占工业废水总量的58%。渡口、重庆、武汉、南京和上海等5座城市是干流污染物的主要来源，污水排放量占沿岸21个城市污水排放总量的82%，在排放的污染物中，化学耗氧量占74%，挥发酚占86%，砷占66%，铬占90%，油类占82%。

关于非点污染源情况，长江流域农业发达，调查显示，农药使用量约占全国使用量的45%，平均每亩使用量为1.35千克；化肥平均每亩使用量为84千克；水体“六六六”检出率为100%。

据统计，干流沿岸城市年排放的废渣和垃圾4500万吨，其中工业废渣3850万吨，生活垃圾660万吨。利用量不到总量的1/3。这些固体废弃物或直接入江，或经雨水淋溶入江，污染水体，阻塞河道。

另一方面，水土流失将土壤中的营养元素和泥沙带入长江，造成水体污染。据统计，1985年，长江流域水土流失面积达56.2万平方千米，水土流失量22.4亿吨。另外，船舶也是一个重要污染源，排出大量含油污水、油类以及粪便和垃圾等污染物。

干流排污口是当时影响干流水质的主要污染源，根据等标排放量的评价，干流排污口排放的污染物主要是COD、悬浮物、硫化物、BOD和挥发酚，五项污染物的负荷比约占70%。干流排污口排污量大的江段依次为上海、南京、渡口、武汉和重庆等江段，污染物的负荷比分别为21.4%、17.2%、15.0%、11.5%、10.9%。

在1982年对长江干流21个城市江段污染源进行调查的基础上，长江水保局于1983年进行了长江干流水质现状的评价工作，并于1984年编制完成《长江干流水质现状与评价》报告书。

评价采用断面平均值、检出率、超标率等统计参数，对长江干流总体水质和支流口水质状况进行了分析比较。用1980—1982年3年的监测资料，对长江干流各江段监测断面污染物平均浓度进行分析。结果表明，污染物超标率较低。

由此得出结论：长江干流水质总体来说是比较好的，但部分江段的个别断面上某些污染物出现超标。如氨氮在南京、上海江段有超标；挥发酚在南京、武汉江段每年都有超标；氰化物在南京超标最突出；汞污染在渡口江段最明显。

支流水质污染最严重的是沱江，其次是洞庭湖、鄱阳湖、岷江等，这些支流口都有污染物超标。从几年变化看，除沱江超标率呈明显上升趋势外，其他支流变化不明显，年际变幅不大。

长江干流岸边水域评价结果表明：参加评价的 18 个城市江段，评价总河长 1020 千米中，劣于Ⅱ类水的长度为 716.5 千米，占评价河长的 70%，反映出城市江段岸边水域都已受到不同程度污染。污染带最长的是武汉，其次为上海、重庆、南京和渡口，这 5 个城市江段污染带总长 422 千米，占全江评价总长度的 41%，反映出这几个城市江段是长江干流局部污染最严重的江段。

二、区域水污染防治规划

20 世纪 80 年代初，随着长江流域现代化建设蓬勃发展和人民物质生活的不断改善，对水资源质量提出了更高要求。但由于城市污水未能得到有效控制，致使水体受到不同程度污染，影响了经济社会的发展。武汉江段是长江水资源保护的重点江段之一，其水质好坏对武汉市的经济社会发展有着直接、重要的影响。1983 年 9 月，长江水保局着手开展武汉江段水资源保护研究工作，进行长江武汉江段污染防治规划。1984 年 7 月，编制完成《长江武汉江段污染防治规划研究报告》。该规划报告针对武汉江段实际情况，从分析江段水质现状入手，建立水质模型，根据环境目标和水体功能区划，对主要污染物进行控制排放量计算，并按近期（1990 年）、后期（2000 年）规划水平年预测入江负荷，估算削减量，提出了不同削减方案，同时进行了方案比选，并对直接影响各江段水质的主要污染源提出了有针对性的治理意见，为武汉市城市建设规划、环境保护规划提供了科学依据。该规划报告是全国最早的水污染防治规划之一，为当时全国水资源保护规划的内容、方法、思路、程序的确定提供了有益的借鉴。在此期间，沿江地市也有针对性地开展了区域水污染防治规划相关工作。

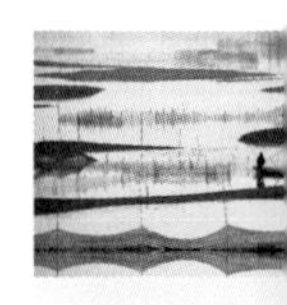

1. 长江武汉江段污染防治规划

长江武汉江段的水资源保护对武汉市的经济繁荣有着直接、重要的影响。随着现代化建设蓬勃发展和人民物质生活的不断改善，对江段的水量和水质也提出了更高要求。但是，由于城市污水未能得到有效控制，致使与工业生产、人民生活密切相关的岸边水体遭到不同程度的污染，影响各方面的用水要求。20 世纪 80 年代初，每天排入长江的污水量已达 196 万吨，占全市污水总量的 75%，如不及早防治，势必造成水质进一步恶化。因此，研究江段污染物稀释自净规律和水环境容量，制定污染防治规划，保护长江水资源，是一项紧迫的任务。

长江水保局于 1983 年 9 月接受了水利电力部下达的“长江干流污染物稀释自净

规律及武汉江段污染防治规划的研究”课题任务。主要研究如何保护武汉江段水资源，使其保持和达到各功能段水质标准。规划从分析江段污染现状入手，建立水质模型，根据环境目标和污染负荷预测，确定控制污水排放量，提出治理对策意见，为武汉市总体规划提供依据。在规划过程中得到了武汉市有关部门，特别是武汉市环境保护局、规划局、统计局和市计划委员会等单位的大力协助。长江水保局于1984年7月在武汉召开了《长江武汉江段污染防治规划研究报告》的评审会议。应邀参加会议的有武汉市计划委员会、科学技术委员会、环境保护局、水利局、市政环境卫生管理局、规划局科研所、环境保护科研所、建设局、防汛总指挥部、湖北省环境保护局、中国给水排水中南设计院、长江武汉江段整治工程技术委员会办公室、长江武汉河段河道整治办公室、长江航政管理局武汉分局、武汉市人民政府办公室调研处等单位的领导和专家。评审代表一致认为，该规划符合国家的环境保护方针、政策，方法步骤合理，规划方案基本符合实际。会议对该规划报告的主要内容评价如下。

（1）该规划报告依据武汉江段实际情况，从水质现状分析、水体功能区划、环境目标拟定、水质模型建立、环境容量计算、污染负荷预测、水污染控制方案和治理意见等方面认真地作了研究。内容较完整，论证较充分，为武汉城市建设规划、环境保护规划提供了有价值的成果。在资料的分析整理、规划的方法步骤方面，为地区水资源保护规划提供了有益的经验。

（2）该规划报告采用适应河床特性的累积流量法建立武汉江段二维稀释扩散水质模型是项有意义的探索。模型反映的岸边污染带纵向和横向水质分布规律基本符合实际，对水质模型的研究和应用具有一定的促进作用。

（3）在今后工作中，可将面源和港口船舶对水体的污染防治、分散淹没式排污口的功效以及在满足环境目标和江段功能条件下，利用系统工程获得最佳经济效益优化实施方案等问题，作进一步的研究，使规划更趋全面。

2. 湘江污染源综合防治规划

中共湖南省委和省人民政府非常重视湘江保护工作，在湖南省环境保护办公室的领导下，1979年6月至1982年2月由湖南省环境保护监测站负责，流域内各地（市）环保监测站参加，对湘江流域内2个省、13个地（市）、59个区县以上的厂矿污染源进行了调查与评价，内容包括湘江流域工业污染源、排污口与支流的调查与评价，重点工业污染源解剖、回顾与预测，工业污染源的系统综合分析等。给1522个有废水排放的厂矿建立了污染技术档案，对820个厂矿进行了污染源监测；详查了183个重点污染源，对34个排放重金属、有机氯较严重的厂矿还做了历史调查，研究剖析了60个污染严重的厂矿。为了探寻湘江实际纳污量，又对湘江的105个排污口与15

条河长超过 80 千米的一级支流做了调查监测。

湖南省环境保护监测站在污染源调查与评价的基础上，提出了工业废水污染源控制规划目标。即各工矿企业近期（“六五”计划期间）控制目标是使排放的工业废水水质达到国家工业三废排放标准或国家行业废水排放标准；中期（“七五”计划期间）控制目标由国家行业废水排放标准过渡到地方（湘江流域）废水排放标准；远景目标（“八五”“九五”计划期间）是实现地方总量控制动态排放标准。

湘江流域工业废水污染源控制规划要点主要包括“分期控制”“分批控制”“分区控制”三项内容。该项规划通过工业废水污染源控制方案与技术经济论证，提出了流域控制污染源的对策意见：一是要协调好经济结构的调整与环境保护之间的关系。二是进行合理的工业布局和优化的城市规划。三是搞好能源的结构关系与有效利用。四是高度重视资源的综合利用以及重金属污染物的治理技术。五是抓好企业的管理工作。六是提高水资源的利用率，降低用水损耗。七是继续抓好重金属污染防治工作，特别是注意镉、铅、砷、汞等的污染。八是重点解决几个工业区的污染问题。九是合理利用环境同化容量，减少有机物的污染影响。着手制定湘江流域地区排放标准和工业污染源管理条例。该项规划还编制了湘江流域工业污染源环境图。

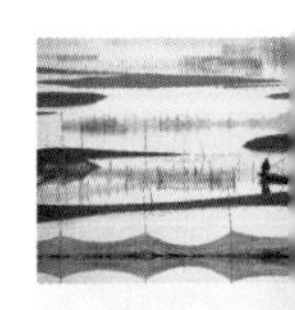

3. 黄浦江污染综合治理规划

中共上海市委和市人民政府十分重视黄浦江的污染整治问题。自 1979 年起即酝酿治理黄浦江，1980 年，专门聘请了联邦德国河流治理专家金博士来沪讲学；并由科技情报部门收集美国特拉华河、惠拉密特河，英国泰晤士河，苏联莫斯科河等世界各国的治理经验。1981 年 8 月召开大型研讨会，邀请了全国 30 多位著名专家共议治理黄浦江的大计。以后又通过清华大学与美国密执安大学进行了交流，共同就黄浦江的整治问题进行了为期两年的科技合作。

1982 年，经国家科学技术委员会、国家经济委员会、国家计划委员会以及城乡建设环境保护部环境保护局批准同意，将“黄浦江污染综合治理规划方案研究”列为国家“六五”重点科技攻关项目。上海市环境保护局为承担单位，上海市科学技术委员会为保证单位。

当时上海市环境保护局向国家呈报了“自来水上游引水工程可行性研究”“黄浦江水质模型及水质规划研究”等 11 个子课题，并会同上海市高等教育局组织上海 15 所高等院校（上海高校环境科学研究协作组）以及上海市环境保护研究所、上海市水利局水文总站、上海市公用局、上海自来水公司、原六机部第九设计院、上海市卫生防疫站、上海市测试技术研究所、上海市地质处、上海市市政工程局、排水处等单位进行研究工作。

随着整治黄浦江研究工作的深入，上海市环境保护局根据科学的原则重新组合了研究子课题，把整个黄浦江划分为3个区段，即黄浦江的源水地区，以及以支流龙华港为分界线划分的黄浦江上游区段与黄浦江下游区段。并于1983年向国家经委以及国家环境保护局和上海市科委作了调整汇报。

该课题研究在上海市科学技术委员会的领导下，经过市内外8个主要承担单位和数十个协助单位的共同努力，从1982年至1985年，历时4年，如期完成了计划任务和合同规定的任务，达到了预期的目的。

黄浦江污染综合防治规划方案研究主要内容有：根据污染源评价，黄浦江污染主要为有机污染，因此防治水质指标为溶解氧、生化需氧量和氨氮。该项研究建立了黄浦江水力、水质数学模型来模拟和预测黄浦江水体污染。通过对黄浦江水环境容量、污染负荷预测、污染治理规划模型、工程费用函数和决策分析等问题的研究，以及综合治理方案和规划的论证及可行性评价，提出了黄浦江污染综合治理总方案及方案的分期实施计划。黄浦江污染综合治理总方案分为工程治理方案和非工程治理方案两大部分。工程治理方案包括上游引水工程、苏州河截流工程、工业区污水截流和处理工程、新建污水处理厂等。非工程治理方案主要包括与工程方案相匹配的防治工业污染的政策、环境法规、排放标准等。

4. 滇池流域水污染防治“九五”计划及2010年规划

滇池流域是云南省昆明市经济发展最快、城市化程度最高的地区。在“三湖”（滇池、巢湖、太湖）中滇池污染最重，加之水资源贫乏，已成为制约云南省和昆明市可持续发展的突出因素，如果不在较短时间内解决滇池的水污染问题，任其恶化，最终就很可能失去滇池，严重影响昆明市国民经济和社会发展“九五”计划和2010年远景目标的实现。

根据1996年10月国家环境保护局《关于编制巢湖、滇池水污染防治规划》的要求，云南省人民政府办公厅转昆明市人民政府办公厅承办，昆明市政府办公厅11月批示，由昆明市滇池环境保护办公室和昆明市环境保护局牵头组织编制，经协商，决定由昆明市环境科学研究所为主组成《滇池流域水污染防治“九五”计划及2010年规划》编制组，开展此项工作。为保证该项工作的质量和进度要求，昆明市政府成立了领导小组，并由中国科学院、云南省、昆明市各有关部门专家组成专家组。规划编制组按国家环境保护局规划编制要求，参考了《淮河流域水污染防治规划及“九五”计划》《太湖水污染防治“九五”计划及2010年规划》，制定了规划编制大纲及工作大纲，并开展相应编制工作。1997年10月，国家环境保护局、国家计划委员会、水利部等主管部门联合进行审查，规划编制组根据会议提出的修改意见，编制了审批稿。1998

年9月，国务院批复了《滇池流域水污染防治“九五”计划及2010年规划》（以下简称《计划及规划》）。

滇池及滇池汇水区（即滇池流域和滇池的下游区域），含昆明市五华和盘龙两城区，官渡、西山、晋宁、呈贡、嵩明5个郊区、县的41个乡镇，面积2920平方千米为规划范围。

（1）规划原则。主要包括：以滇池水质达标，生态环境恢复良性循环为目标。促进经济、社会和环境协调持续发展，所编《计划及规划》不仅要满足目前滇池污染控制需要，同时要满足未来15年经济社会发展需要。突出饮用水源保护这个重点，统一规划，综合整治，从严保护。管理与治理并重，加大环保执法力度。近期以管理措施及点源治理工程措施（含工业源及城市污水）为主，远期以面源控制、流域生态恢复工程为主。

（2）规划目标。近期目标：1999年5月1日前，滇池外海水质达到地面水环境质量Ⅳ类标准（GB 3838—88），草海水体旅游景观有明显改善。2000年底前，滇池外海水质达到或接近地面水环境质量Ⅲ类标准，草海水质达到地面水Ⅴ类标准。远期目标：到2010年，滇池外海水质达到地面水环境质量Ⅲ类标准，草海水质达到地面水环境质量Ⅳ类标准，恢复滇池生态环境的良性循环。

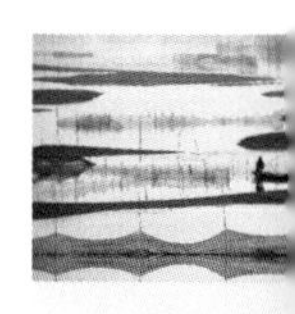

（3）控制指标。滇池水质指标：COD_{Mn}、TP、TN；污染物总量控制指标；废水污染物控制指标：COD、TP、TN。

（4）规划总量控制目标。分别对到1999年5月1日前、2000年底前、2010年底前外海的污染物排放量提出了控制目标：到2010年底前，外海的高锰酸盐指数最大允许排放量为5007吨、总磷248吨、总氮3644吨；草海的高锰酸盐指数最大允许排放量为1747吨、总磷108吨、总氮1368吨。

（5）重点区域治理工程。滇池流域重点区域治理工程包括：

①松华坝水源保护区：谷昌坝疏浚工程；水土保持工程，含工程造林、退耕还林、水土流失重点区域治理等。

②外海水源污染控制区：污水不进外海工程（盘龙江沿岸及滇池北岸等的清污分流与截污工程，外排污水简易处理）；滇池北岸入湖河道清淤、整治及河堤绿化工程；北郊、东郊污水处理厂及配套管网工程；昆阳磷肥厂、昆明化肥厂治理工程。

③柴河—大河水土流失控制区：前置沉沙池工程；柴河—大河防护林工程；滇池南岸磷矿区防护林工程。

④城市点源污染控制区：下水道系统改造、清污分流与建设工程；下水道疏浚与河道整治工程；集中式污水处理厂体系建设。湖滨面源控制区：湖滨带生物多样性恢

复（包括环湖路堤、环湖下水道、环湖绿化带、生物多样性恢复）工程；西山防护林体系建设工程；生态农业工程。草海景观恢复整治区：草海底泥疏浚工程；蓝藻清除及草海水体景观改善工程；大型水生植物恢复工程。

5. 三峡库区及上游水污染防治规划

三峡库区及上游区域是国家生态保护的重点区域，其生态环境保护历来是国家的重点，特别是三峡工程的建设。保护三峡库区及上游生态环境不仅是国家战略性目标，同时也是保障三峡水库水环境质量和正常运行的长远大计。为此，国家从“十五”开始发布实施《三峡库区及上游水污染防治规划》，至今已经历 3 个五年规划。

（1）《三峡库区及其上游水污染防治规划（2001—2010 年）》

该规划由国务院 2001 年批复（国函〔2001〕147 号），由当时的国家环境保护总局印发实施（环发〔2001〕183 号）。该规划确定的总体目标是确保到 2003 年（三峡水库蓄水）前，完成 135 米水位以下库底垃圾清理任务，完成库区污水处理厂和垃圾处理厂建设，并保证投入运行；到 2005 年，库区及其上游主要控制断面水质基本达到国家地表水环境质量Ⅲ类标准，人为破坏生态环境的行为基本得到遏制；到 2009 年前，完成对污染严重的次级河流整治，保证库区滞水区水质达到水环境功能区的要求；到 2010 年，库区及上游主要控制断面水质整体上基本达到国家地表水环境质量Ⅱ类标准，库区生态环境得到明显改善。

该规划的范围为三峡库区和重庆主城区（简称库区）、三峡库区影响区（简称影响区）、三峡库区上游地区（简称上游区）。库区共 20 个区县，影响区共 42 个县区市，上游区共涉及 38 个地级市的 214 个区县。

其主要任务包括城镇污水处理设施建设、垃圾和危险废物处理设施建设、工业污染防治、生态环境保护和船舶污染控制等 5 个方面。规划总投资 392.2 亿元。

（2）《三峡库区及其上游水污染防治规划（修订本）》

《三峡库区及其上游水污染防治规划（2001—2010 年）》经过一个阶段的实施，库区及上游水污染防治取得显著成效，同时也出现了一些问题，当时的规划在某些方面不适应库区经济社会发展的要求，需要对该规划的实施效果和问题进行评估，并针对出现的新情况和新问题，对原规划项目进行必要的调整。经国务院同意，2008 年 1 月，当时的国家环境保护总局印发了《三峡库区及其上游水污染防治规划（修编本）》（环发〔2008〕18 号）。

该规划突出分区分类、远近结合、政府主导的原则，主要内容是严格污水和垃圾处理设施的建设运营要求，严格控制工业污染，强化分区保护战略，加快船舶污染治理。修订后的规划项目调整为 460 个，总投资 228.24 亿元。其中包括列入原规划的项目 52 个，投资 76.6 亿元。

6. 长江中下游流域水污染防治规划

长江中下游流域水污染防治规划从“十二五”开始。此前在长江流域已经开展的有三峡库区及其上游水污染防治规划、丹江口库区及上游水污染防治和水土保持规划、滇池流域水污染防治规划、太湖流域水污染防治规划、巢湖流域水污染防治规划等。为了维护长江流域良好水环境和生态环境，环境保护部组织有关部门和地方政府开展了长江中下游流域的水污染防治规划，从而把长江流域整体纳入国家水污染防治的重点流域，这在全国尚属首次。这些规划的实施，为维护健康长江、维持良好的生态环境奠定了重要基础。

《长江中下游流域水污染防治规划（2011—2015 年）》是 2011 年经国务院批准，环境保护部、国家发展改革委、财政部、住建部和水利部联合印发实施的（环发〔2011〕100 号）。规划范围为三峡大坝以下至长江口的长江流域中下游区域，面积近 77.2 万平方千米，涉及广西、湖南、湖北、河南、江西、安徽、江苏、浙江、陕西、上海 10 省（市、区），不包含广东、浙江的少部分区域，共 66 个市（州）505 个县（市、区）。

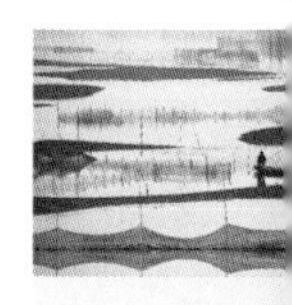

该规划的总体目标是：产业结构和布局进一步优化，污染治理不断深入，水污染物排放总量持续削减，水环境管理水平进一步提高，重金属污染治理取得明显成效，饮用水水源地水质稳定达到环境功能要求，水环境质量保持稳定并有所好转，重点湖泊水库富营养化趋势得到遏制，长江口及毗邻海域富营养化程度降低，近岸海域环境质量不断改善，流域和河口海岸带生态安全水平逐渐提高。

确定的水质目标是：48 个考核断面中优于Ⅲ类水的断面达到不低于 73%，海洋功能区及近岸海域环境功能区水质达标率达到 40% 以上。

主要污染物排放总量控制指标是：流域及流域内各省（区、市）的主要污染物总量控制目标根据国家“十二五”主要污染物总量控制计划，结合各地水环境质量改善总体需求以及限制排污总量意见等另行确定。

该规划的主要任务包括：饮用水水源地保护、工业污染防控、污水治理设施稳定运营、船舶流动污染源治理、水生生物资源保护、洞庭湖和鄱阳湖生态安全体系建设、长江口及近岸海域污染防治及生态建设等 7 大项 29 个方面。确定骨干项目 837 个，规划投资 459.81 亿元。

三、区域水资源保护规划

长江水保局在以往规划工作的基础上，从 1991 年开始，根据长江下游水污染状况，启动重点江段的水资源保护规划研究。同时，有关地方环境保护部门也开展了相关研究和规划，取得了一批成果，积累了一些经验，为后续规划的开展奠定了坚实的基础。

1. 长江干流九江至南京段水资源保护规划研究

1991年，长江水保局组织开展了长江干流九江至南京段水资源保护规划研究工作。1993年1月，编制完成《长江干流九江至南京段水资源保护规划研究报告》。该规划是在各城市江段水环境保护及水污染防治规划的基础上，将九江至南京长江下游干流区的6个城市江段（九江、安庆、铜陵、芜湖、马鞍山及南京）视为一个整体，采用系统分析方法，确定了控制因子、控制范围、标准和控制水期，提出了污染治理措施和目标管理规划，力求规划具有统一性、科学性和可操作性，对城市江段以及区域的水资源保护和管理具有积极的指导意义和协调作用，报告提出的建议和意见至今仍具有重要的现实意义。同时，沿江地市也有针对性地开展了区域水资源保护规划相关工作。

该规划以2000年为规划中期，2015年为规划远期，通过对九江至南京江段水资源利用现状的调查、水质污染现状调查与评价以及社会经济发展的污染负荷预测，结合江段的水文特征，建立了江段水质模型，并对江段水体进行了水体功能区划和水质目标确定。在对水文条件、背景浓度和水深、水力条件分析的基础上，采用二维模型进行控制排放量计算，在此基础上提出了管理目标。长江干流九江至南京段水资源保护规划管理目标见表2–1。

表2–1　长江干流九江至南京段水资源保护规划管理目标一览表

项　目	2000年	2015年
城市江段岸边水质	地面水环境质量Ⅲ类标准	地面水环境质量Ⅱ～Ⅲ类标准
饮用水源及渔业水域	地面水环境质量Ⅱ类标准	地面水环境质量Ⅱ类标准
污水排放达标率（%）	80	100
工业用水循环利用率（%）	50	80
工业废水年增长率（%）	＜4.0	＜3.0
工程“三同时”执行率（%）	100	100
万元工业产值废水排放量(立方米)	＜300	＜240
工业废渣综合利用率（%）	＞35	＞50
城市人口自然增长率（‰）	＜12.0	＜12.0

为实现管理目标，该规划制定了工程治理措施和非工程措施。工作治理措施主要对污染治理工程方案、城市综合治理工程方案和污水出路工程方案3个方面的内容进

行了研究。工程治理方案总的设想是根据当时国家污染治理水平，经济财力的实际情况，对中期 2000 年，污染物削减量的一半拟采用一级污水处理厂处理，包括各种类型氧化塘和土地处理系统，其余建二级污水处理厂处理，主要对城市生活污水集中处理；远期 2015 年，需要削减污染物量较大，在科学技术和经济实力有较大增强的情况下，考虑新增污水按分片集中二级污水处理厂治理，也有可能对部分污水采用深水排江，利用长江天然环境容量来解决。

非工程治理措施：坚持“预防为主，防治结合，综合治理的方针”；认真实行科学用水、计划用水和节约用水，建立用水考核制度；发展不用水或少用水的生产工艺，推广一水多用，重复利用，减少污水排放；提倡“三废”资源化，对废水、废气、废渣的综合利用给予优惠和奖励的经济政策；建立和完善水资源保护的法规体系，逐步走向法治的轨道；健全水资源保护机构，强化管理职能，充分发挥其组织、监督、协调和指导作用；加强技术政策和科学技术研究，积极开展水资源保护重大课题攻关；开展环境保护宣传教育工作，提高全民族环境保护意识；尽快划定各类水资源保护区范围，设立固定标志，制定相应的保护法规和管理条例。

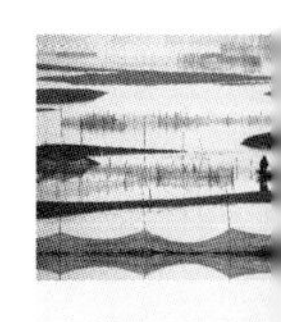

2. 铜陵市水污染控制规划

铜陵市系以有色金属采选、冶炼、化工原料生产为主的工矿城市，废水排放强度大，重金属污染较突出。依矿靠厂建镇，使铜陵市城市建设、工业布局、给排水工程设置缺乏全面规划。随着工农业生产的发展、人口增长、污染日趋严重，特别是市区十几万人口饮用水水源地遭受其上游狼尾湖工业废水排污口排出砷、铜污染物的严重污染，成为影响铜陵市人民生活和生产的大问题。

为了解决这一问题，尽快使国家《地面水环境质量标准》（GB 3838—88）及 5 项新制度（即环境保护目标责任制、城市环境质量考核、发放排污许可证、污染集中控制、限期治理污染）得以实施，铜陵市环境保护局和安徽省环境保护科学研究所联合进行了铜陵市水污染控制规划的研究，并列入国家“七五”科技攻关课题“全国典型水域水环境容量开发利用研究”的子课题。1990 年，铜陵市环境保护局和安徽省环境保护科学研究所联合完成了《铜陵市水污染控制规划》的编制工作。

该报告通过污染物在排污口和受纳水体中污染规律及输入响应模型的研究、长江铜陵段水文水力学特征分析、水域功能区的合理划分、治理工程方案的多目标和多层次优化选取，制定了《铜陵市水污染控制规划》，分三期实施。近期（1990—1991 年）：重点解决狼尾湖排污口污染物砷对其下游饮用水水源取水口水体水质的威胁，解除十几万人民担心的吃水问题。实施控制方案以对陆上污染源加强治理为根本，污水截流工程为手段的原则选择。中期（1992—1994 年）：随着人口增长、生产的发展，这个时期黑沙河排污口COD增长速率较快。为便于总量控制目标空间位置的统一，仍定黑沙河江心深水排污口作COD总量控制点，总量控制目标值是363.35克每秒。远期（1995年）：狼尾湖排污口要进一步削减砷排放量；黑沙河排污口1995年COD削减总量达281.24克每秒，削减率为54.52%。

该规划还根据长江铜陵段不同功能区提出了水质目标管理规划。在研究中应用模糊数学方法进行长江水质评价、灰色系统理论进行水质预测、概率密度函数寻找水体保护目标，使用概率浓度替代复杂排污口的污染物算术平均浓度、16种二因素相关回归方程进行待分析数据的计算机拟合运算优选，利用大量实测数据建立了狼尾湖工业废水总排放口和各企业分排放口间重金属总铜、溶解铜、砷的总量平衡模型，采用多目标、多层次的整数规划方法对废水治理工程方案进行最优化分析，应用数值解方法建立了长江铜陵段重金属二维水质模型。

该成果既考虑了技术水平的先进性，又注重了研究成果的实用性；既考虑了近期重点污染防治和远期目标保护相对应，又注重了对污染源加强治理和水环境容量开发利用的协调，给城市规划饮用水源地保护、水环境污染的控制和给排水工程规划提供了科学依据。

3. 南通市城市水资源保护规划

南通市系江苏省直辖市，临近长江口北岸。濠河是环绕南通城区的一条古老运河，全长7.9千米，对城区的工业发展、居民生活、发展旅游事业均有巨大的作用。

根据水利部水资源司《关于部分城市开展水资源保护规划试点通知》的精神，南通市被列为全国18个水资源保护规划试点市之一。1993—1994年，南通市水利局在南通市人民政府的领导下，在长江水保局上海分局和江苏省水利厅的指导下，编写了《南通市城市水资源保护规划》。

该规划以2010年为规划水平年，制定了规划目标：到2010年城市水环境污染得到控制，水环境质量有所改善，争取成为全国环境质量达标城市之一，使南通城市水环境质量与国民经济和社会发展及人民生活健康水平相适应。2010年南通市水环境质量规划目标见表2–2。

为实现规划目标，规划制定了水污染综合整治方案，主要包括利用水利工程防治水污染的措施以及城市基础设施建设的整治措施。通过开展综合整治，改革生产工艺，提高生产技术水平，节约用水和提高水的重复利用率，并经过一系列的水利工程调度与保护管理措施，使城市水环境污染得到控制，水环境质量有所好转，到2010年实现水环境质量规划目标。2010年南通市水污染综合整治方案主要规划指标见表2–3。

表 2-2　　　　　　　2010 年南通市水环境质量规划目标一览表

指标类型	指标	单位	规划目标
水环境质量指标	饮用水源水质达标率	%	> 98
	城市地表水 COD_{Mn} 均值	毫克每升	< 6.0
水污染控制指标	万元产值工业废水排放量	吨	< 40
	工业废水处理率	%	≥ 95
	重点企业工业废水排放达标率	%	≥ 90
城市环境建设指标	城市燃气普及率	%	≥ 100
	城市污水处理率	%	≥ 50
	生活垃圾无害化处理率	%	≥ 95

表 2-3　　　　　2010 年南通市水污染综合整治方案主要规划指标一览表

河流或区域	长江					其他主要河流			
	崇川区	港闸区	开发区	江海港区	小计	通吕	通扬	濠河	小计
废污水排放量（万吨每年）	15827	10930	8282	4330	39369	443	98	11	552
其中：经处理量（万吨每年）	9125	5475	7300	1825	23725				
废污水处理率（%）	57.65	50.09	88.14	42.15	60.26				
COD 总量（吨每年）	79818	37973	30140	39032	186963	884	196	22	1102
COD 削减量（吨每年）	23155	13893	18452	4569	60069				
COD 排放净量（吨每年）	56663	24080	11688	34463	126894	884	196	22	1102

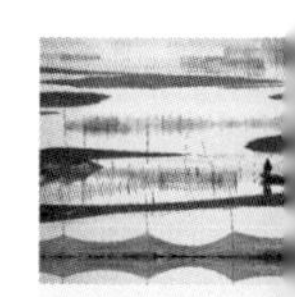

1995 年 12 月，南通市政府及南通市计划委员会、城乡建设委员会、科学技术委员会，长江水保局上海分局，南通市环境保护局、国土规划局、地矿局、水利局，南通市崇川区农业委员会、港闸区农水局、南通水文水资源勘测处、南通市水利勘测设计院等单位代表和专家审查通过《南通市城市水资源保护规划》，并形成了评审意见：

（1）《南通市城市水资源保护规划》编制目标明确，基础资料翔实，技术路线正确，内容全面，重点突出，方法合理，符合水利部下达的《城市水资源保护规划试点工作技术大纲》的要求。

（2）《南通市城市水资源保护规划》以南通市国民经济与社会发展规划为指导，利用了城市规划、国土规划及环保规划等有关专业规划资料和成果，并注意了与之协调和衔接，所提对策和措施基本可行，符合南通市的实际。

（3）《南通市城市水资源保护规划》综合研究了地表水与地下水、水量与水质，水资源保护与城市发展，水利工程建设与水污染控制的协调配合问题，为南通市水资源保护工作提供了科学依据。

（4）建议对节约用水、控制污染源以及水利工程的实施和管理等措施进行补充完善。对《南通市城市水资源保护规划》中国民经济指标有关数据予以核实，上报市政府批准并纳入国民经济和社会发展总体规划，加强领导和协调，逐步组织实施。

四、长江干流水资源保护规划

1985年，根据国家环境保护局、水利电力部联合发布的《关于编制长江流域水资源保护规划的通知》精神，长江水保局在国家环保局和水电部的领导下，在干流沿岸省（市）有关部门和单位的大力协助下，按照统筹全局、突出重点的规划原则与要求，从流域整体出发，开展了长江干流水资源保护规划编制工作。1986年6月，完成《长江干流水资源保护初步规划（讨论稿）》。在广泛征集意见的基础上，经过修改补充，于1987年9月完成《长江干流水资源保护规划报告（送审稿）》，并通过了水利部、国家环境保护局组织的审查。

该规划的主要内容包括水环境现状、污染负荷预测、水质模型研究、水质规划方案、水源保护对策措施及结论等六大部分。规划遵循“干支流、上下游统一规划，相互协调；规划重点是保护岸边水域；执行污染物总量控制及削减分配方案；合理利用水环境容量以及按水体功能，综合治理”等原则，在对干流及沿岸21个城市1982年的水质现状评价和对1990年、2000年污染负荷预测的基础上，根据长江水体功能要求，结合河流特点与污染特性，在协调流域与江段、干支流、上下游、点面源等一系列相互关联的多因素中，研究制定了技术经济合理、现实可行的水质控制要求和控制排放量分配方案，作为各江段污染治理的基础。同时，还针对干流沿岸城市饮用水源，跨流域饮用水水源地，水产水域和游览水域等需要重点保护的水源区，以及长江口地区防止咸潮入侵和污染物入海量等重点问题进行了规划，提出了水源保护对策要点、城市江段水源保护及工业污染防治等3个方面的保护对策措施。

该规划对长江干流主要城市江段的污染治理与水质保护进行了系统规划，并根据水质现状和经济社会发展状况、污染治理水平等，预测污染负荷，通过水质模型计算，制定水质规划方案，进行方案投资估算和方案可行性分析，提出水源保护的重点问题和对策措施，是万里长江第一部全面系统的水资源保护规划，规划理念、原则等仍对干流水资源保护具有指导意义。

《长江干流水资源保护规划报告》对干流水质预测采用一维水质模型，首次使用计算机求数字解，较以往的规划前进了一大步，其成果作为长江干流水资源保护工作的重要依据之一，纳入国务院批准的《长江流域综合利用规划简要报告（1990年）》，对于指导干流水资源的合理开发利用和有效保护、开创长江水资源保护和水污染防治工作的新局面发挥了重要作用，也为其后的乌江、嘉陵江等部分支流水系水资源保护规划和全流域水资源保护规划的编制提供了技术基础。

第四节　流域水资源保护规划

以往编制的水资源保护规划大多为局部河段或区域范围的，通过这些规划编制，积累了许多经验，逐渐形成了水资源保护的规划体系。此后，按照水利部的部署，在长江委的领导和组织下，长江水保局负责技术总牵头，着手编制流域水资源保护规划。1998年，开始从技术上准备水功能区的划分工作；2000年开始组织编制《长江流域（片）水资源保护规划》，其突出特点是在规划中纳入水功能区划，并开展水功能区水域纳污能力核算，根据水功能区的现状污染物入河量和水质管理目标，拟定限制排污总量意见。在此基础上，对现状水质未达水功能区水质管理目标的，提出污染物削减量，充实了水资源保护规划的内容。此后，长江水保局又根据三峡工程的建设进度，配合三峡库区及上游水污染防治规划的实施，2006年开始编制《三峡库区水资源保护规划》，逐步形成了水资源保护规划体系，即构建监测监控体系、综合管理体系、科研支撑体系和水资源保护工程体系。随着经济社会发展和不同时期的要求，2012年，水利部又布置开展新一轮水资源保护规划的编制工作。2017年5月，经国务院批准，水利部印发了《全国水资源保护规划（2016—2030年）》。前后几轮流域或者区域水资源保护规划都没有得到有关部门的批准实施，无果而终，留下了永远的遗憾。

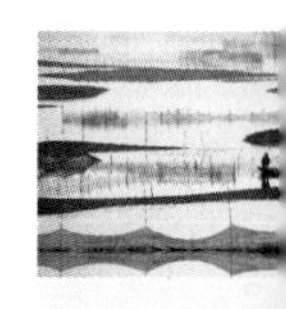

一、长江流域水资源保护规划进程

20世纪70—80年代，随着工农业与城镇建设的快速发展和人口数量的不断增加，水环境质量和生态环境开始恶化，水资源保护的压力逐渐加大，水资源保护逐渐受到重视，水资源保护规划工作开始起步。在此阶段，主要是开展了水污染状况调查和编制水质监测站网规划。1985年起，为编制《长江干流水资源保护规划》，长江委组织开展了长江干流基本情况调查，并在沿江有关省市和地方环境保护部门的大力支持和积极配合下，进行了重点专题的研究，完成了《长江干流污染负荷调查报告》《长江干流水质现状及评价》等专题报告。1986年，完成了《长江干流水资源保护规划》。

20世纪90年代和21世纪初，随着经济社会的进一步发展，我国水资源短缺和水污染状况日益加重，已成为制约一些地区经济社会发展的重要因素，针对流域或区

域，认真研究存在的主要问题，制定水资源保护规划方案，提出水资源保护对策等已十分必要和迫切。此阶段主要是建立了以水功能区为核心、总量控制为基础、水质保护为主的水资源保护规划体系。在规划原则上，确立了“干支流、上下游统一规划，相互协调，执行污染物总量控制，合理利用水环境容量以及按水体功能，综合治理”等原则；完善了规划工作内容，逐步建立了以水源地、水产水域和景观水域为重点，在水质现状评价、污染源现状调查与预测、水质模型研究基础上，制定水质保护规划方案，提出水资源保护对策措施的规划体系。2001年后，长江委组织编制了《长江片水质监测规划》，配合国家发展改革委编制了《长江水资源与水环境保护总体规划》，同时又编制完成了《长江河口综合整治规划》，与中国环境规划院合作编制了《丹江口水库及上游水污染防治与水土保持规划》。

近十几年来，我国经济高速发展，水资源开发利用活动对生态与环境带来的不利影响引起了社会各界的高度关注和政府的重视，人们对水资源保护的认识水平和要求不断提高，水资源保护规划更加得到重视，对规划内容提出了新的要求，使规划进入了发展与完善阶段。在规划的指导思想上，坚持贯彻以水资源可持续利用保障社会经济可持续发展的战略思想，积极倡导人与自然和谐相处的治水理念；在规划原则上，确立了“在保护中开发，在开发中保护”的基本原则；规划内容也从单一的水质保护拓展至水质、水量、水生态并重的新时期规划体系。长江委先后组织完成了《长江片水资源保护规划报告》《长江流域（片）水质监测工作“十一五”规划》等近20项与水资源保护有关的规划工作。《长江流域水资源综合规划》《长江流域综合规划（2012—2030年）》等，且水资源保护规划从以往的单纯水质保护发展至水质、水量、水生态并重的规划体系与思路。各大、中、小流域综合规划中，水资源保护规划均作为其重要的规划任务及规划内容贯彻其中。

长江流域水资源保护规划工作的快速开展得益于水资源保护科学技术的提高和发展。长江水资源保护科学研究所根据长江的特点，进行了水中污染物时空分布特性研究；水、底栖水生生物与底质污染关系的研究；污染物吸附与解吸规律研究以及大江大河中水质采样技术的研究等；结合水利水电工程环境影响评价开展了库区移民、水库下泄水温预测、水库水质预测以及人群健康研究等，完成了环境水利学、环境用水、水污染预测与对策、生态环境影响、水环境容量、水体中污染物迁移转化规律、监测技术、计算机应用技术等方面的研究成果100多项。科研工作为长江水资源保护规划提供了重要支撑，同时也在长江水资源保护事业发展中得到了发展。

在水利部开展全国水资源保护规划的大背景下，长江流域（片）水资源保护规划工作也在长江委的组织领导下有计划地进行。为适应水资源保护的新形势和新要求，长江水保局与水利部水利水电规划设计总院共同编制了《水资源保护规划编制规程》，水利部于2013年8月发布实施，标准编号为SL 613—2013。该规程的发布对全国流域水资源保护规划工作具有重要的指导意义。

二、流域水资源保护规划核心内容

早在20世纪80年代初期，长江水保局在武汉江段的水资源保护规划中首先提出水体功能区划的概念，并运用于干流规划中，此后不断完善，形成了水功能区划的两级分类体系，为全国水功能区划奠定了理论和技术基础。目前，水功能区划作为一项重要的水资源保护制度纳入《水法》；水功能区管理作为最严格水资源管理制度的重要内容之一，其水质达标率成为国家考核各级政府的三项指标之一；水功能区划和水域纳污能力计算等技术标准已成为国家标准体系的重要组成部分；以水功能区为单元的流域水资源保护管理体系已经形成。

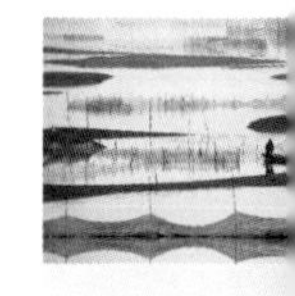

1999年，国务院"三定"方案实施后，长江水保局就提出了建立配套的水功能区限制纳污制度，从水体纳污能力计算、水功能区污染物入河控制量制定等方面开展水资源保护规划的基本思路。经过多年的实践与总结，纳污能力与限制排污总量技术体系基本形成，计算水域纳污能力、拟定限制排污总量意见已成为水资源保护规划的核心内容。特别是限制排污总量意见，已成为改善水环境、控制主要污染物排放总量的重要依据，并逐渐与国家节能减排方案相衔接，将其纳入各级政府考核指标中。

1. 以水功能区划为基础，开展流域水资源保护规划

1999年，按照水利部安排，长江水保局负责起草《全国水功能区划分技术大纲》。同时，组织流域内各省（自治区、直辖市）全面开展长江流域片水功能区划分工作。

2000年3月，编制完成了《长江片水功能区划技术细则》；同年7月，在武汉举办了长江片水功能区划技术研讨班。2001年，编制完成了《长江片水功能区划报告》。该报告是国内率先完成的水功能区划成果之一，是全国水功能区划的重要支撑，报告提出的水功能区二级分区分类的理论与技术方法，为后期水功能区划工作的全面开展提供了技术指南，更为《水法》确立水功能区管理制度提供了重要的技术支撑，水功能区已经成为水资源保护管理的核心工作。

为适应21世纪长江流域经济社会可持续发展的要求，2002年，长江水保局在长江委的统一组织协调下，以水功能区划理论为基础，编制完成《长江流域片水资源保护规划》。该规划编制以水功能区为基本单元，根据水功能区的布局和不同功能类别，具体安排规划的内容、要求和技术路线；确定规划目标值，分析纳污能力，进行排污削减量计算，设置监测断面等，思路新颖，科学合理。该规划成为当时长江流域片近

期和远期开展水资源保护工作、进行统一管理和宏观决策的重要依据。

2. 制定分阶段限制排污总量方案，落实最严格水资源管理制度

实施最严格水资源管理制度是我国的一项基本国策，确立水功能区限制纳污红线，从严核定水域纳污能力，严格控制入河湖排污总量，是其重要内容之一。为贯彻落实《国务院关于实行最严格水资源管理制度的意见》（国发〔2012〕3号），实现到2030年主要污染物入河湖总量控制在水功能区限制排污总量范围之内，水功能区水质达标率提高到95%以上的目标，按照水利部统一部署，在长江委的领导下，长江水保局于2011年底组织流域内相关省（自治区、直辖市）开展了长江流域及西南诸河（简称“长江流域片”）重要江河湖泊水功能区水域纳污能力核定和分阶段限制排污总量控制方案工作，制定并印发了《长江流域片重要江河湖泊水功能区纳污能力核定及分阶段限制排污总量控制工作方案》及《长江流域片重要江河湖泊水功能区纳污能力核定及分阶段限制排污总量控制方案技术细则》。2012年，编制完成了《长江流域片重要江河湖泊水功能区纳污能力核定和分阶段限制排污总量控制方案报告》。其主要内容包括水功能区基本情况、水功能区水质达标评价、现状污染物入河量确定、水功能区水质达标控制指标分解、纳污能力核定、分阶段限制排污重点控制方案制定等6个方面，这是全国水功能区限制排污总量方案的重要组成部分。

三、长江流域（片）水资源保护规划

长江流域水资源保护规划在最初的长江委规划工作安排中没有提出专门的要求，但水资源保护与水土保持的内容在1958年的《长江流域综合利用规划要点报告》中已有体现，在1990年的修订版中进一步明确，到2012年国务院批复的《长江流域综合利用规划》中则列专章对水资源和水生态环境保护作了专门规划。但根据相关法律的规定，还应组织编制专项规划或专门规划。在此背景下，长江委组织编制流域性的水资源保护规划，以协调解决长江上下游、左右岸、干支流之间的矛盾，以及各地区之间、局部与整体之间的矛盾。在长江水保局成立之初，就开始酝酿编制这类规划，为了顺利开展此项工作，从1985年起，围绕长江流域水环境现状、污染负荷预测、水质模型研究、水资源保护对策措施等5个方面，开展了攀枝花以下3600千米、沿江21个城市江段的污染源分布、排污口布设、污染物种类、废污水排放量以及水体污染状况等基本情况的调查。并结合规划工作，进行了重点专题研究，取得了一批有价值的成果，从宏观上掌握了长江重点江段污染源与污染状况、主要污染物及水体污染的一般规律。1986年，编制完成《长江干流水资源保护初步规划报告》，其内容纳入《长江流域综合利用规划简要报告（1990年修订）》。

在干流规划的基础上，流域和地方各级水利、环保部门努力协作，先后完成了长江、汉江武汉段污染防治规划初步研究、长江干流九江至南京段水资源保护规划研究、长江上游（重庆段）水污染整治规划等干流江段规划；湘江污染综合防治规划、黄浦江污染综合防治规划、沱江水质管理规划及汉江流域水污染防治规划研究等支流规划；国家重点治理的“三湖”（巢湖、太湖、滇池）的水污染防治“九五”计划及2010年规划等湖泊规划；以及铜陵市水污染控制规划、上海市水污染防治规划、昆明市滇池流域水资源保护规划和南通市城市水资源保护规划等一系列区域规划。2000年，按照水利部的统一部署，在全国范围内开展重要江河湖库水功能区划和水资源保护规划的编制工作。长江委成立了规划编制工作机构，组织开展了工作协调、技术培训、调查监测、成果汇总及报告编制。2001年，完成《长江片水资源保护规划报告》，2002年2月，通过水利部水利水电勘测规划设计总院的审查。该规划在系统分析长江流域水环境状况的基础上，根据社会经济发展的需要，对重要河流湖库合理划分了水功能区，拟定了可行的水资源保护目标；分析计算了水域利用功能在不受破坏下的纳污能力，并据此提出近期和远期不同水功能区的污染物控制总量和污染物削减量，为水资源保护监督管理提供依据。虽然该规划没有被相关部门批复实施，但提出的水功能区划成果首先由各省（自治区、直辖市）政府批复实施，后于2011年国务院批复实施《全国重要江河湖泊水功能区划（2011—2030年）》（国函〔2011〕167号）。至此，水功能区划作为我国水资源保护的基本管理单元，成为我国实施最严格水资源管理制度中“三条红线”的重要依据之一，纳入国家和各级政府的年度考核体系中。

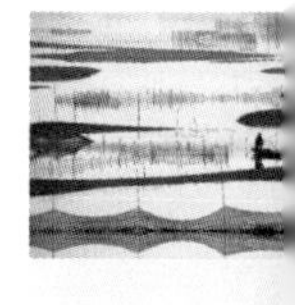

为了贯彻《水法》确定的水资源保护规划制度，按照水利部的统一部署，2010年，在全国开展了新一轮的水资源保护规划编制工作。在流域水资源保护规划的基础上，汇总形成了《全国水资源保护规划（2016—2030年）》，水利部于2017年5月印发实施（水资源〔2017〕191号）。规划的重点任务是水功能区水质保护、城市集中式饮用水水源地保护、入河排污口布局与整治、地下水保护、河湖水系系统保护、完善水资源质量监测体系等。与此同时，《长江流域（片）水资源保护规划》几经修改，形成了上报成果。在此之前，长江委组织编制了《三峡库区水资源保护规划》，2012年底报水利部待批。这是长江流域正式上报水利部的第一个区域性水资源保护规划，该规划形成了较为完整的区域水资源保护规划体系，规划内容由以往单一的水质保护向水质、水量、水生态拓展；初步构建了水资源保护措施体系；基本形成了水资源保护的工程体系、监测监控体系、科研支撑体系和综合管理体系。

《长江流域（片）水资源保护规划（2016—2030年）》于2018年1月经水利部水规总院审查，经修改后形成报批稿。鉴于规划编制历时较长，在规划修改完善过程中，为使规划成果能更好地反映实际状况、更加契合新形势下的水资源保护要求，力求采用最新资料。对资料不足地区，在合理性分析基础上，现状水平年采用近三年相关数据和资料。

长江流域（片）水资源保护规划工作总体可分为两个阶段：第一个阶段从2012年9月至2013年11月，属现状调查评价阶段，主要是摸清流域水资源保护现状及存在的问题，为措施规划的拟定提供基础依据；第二个阶段从2013年11月至2014年7月，属措施规划阶段，在总结现状调查评价阶段成果及问题的基础上，拟定流域规划目标，制定流域规划措施体系，结合区域特点，提出相应的水资源保护措施。

工作开展过程中，长江委分别于2013年4月和2014年3月组织对流域内主要省区开展了工作调研。就规划范围确定、措施体系及项目申报、流域规划单元划分、地下水保护、水生态规划等重点、难点问题，陆续下发现状调查评价阶段填表指南、地下水保护部分技术指南、水生态规划单元划分、措施体系及项目申报指南、措施汇总补充技术要求等流域技术指导意见及要求，指导各省开展工作。

2013年5月，长江委在武汉召开长江流域（片）水资源保护规划领导小组暨第一次汇总协调工作会议，对长江流域现状调查与评价阶段的成果进行了初步汇总。为满足全国技术大纲的要求，在不断与省区工作人员交流的基础上，于2013年7月和9月两次集中各省（自治区、直辖市）现状调查与评价阶段成果进行汇总协调，找出存在的问题。

2013年11月，召开了长江流域（片）水资源保护规划措施阶段技术研讨会，标志着规划从现状调查评价阶段进入措施规划阶段。经过2014年1月、4月、5月三次集中汇总后，基本形成长江流域（片）水资源保护规划成果。在长江流域各省（自治区、直辖市）技术承担单位提交的成果基础上，进行了多次平衡、协调和汇总。

2014年7月，召开长江流域（片）水资源保护规划措施规划阶段成果复核与协调会，在技术层面与流域片内主要省区复核了措施规划阶段的主要成果，并讨论了流域规划报告初稿。根据会议复核协调后流域内各省（自治区、直辖市）提交的成果，重新汇总后，形成《长江流域（片）水资源保护规划》。经过几轮修改，形成了最终成果，2017年正式报水利部。2018年1月水利部水规总院审查，经修改后形成报批稿。

该规划近期规划水平年为2020年，远期规划水平年为2030年。规划范围包含长江流域与西南诸河两大部分。主要涉及青海、西藏、云南、四川、重庆、贵州、甘肃、湖北、湖南、江西、陕西、河南、广西、广东、安徽、江苏、上海、浙江、福建、新疆等20个省（自治区、直辖市），其中福建、浙江、广东、新疆由于涉及长江流域（片）面积较小，规划主要针对其余16省（自治区、直辖市）。

该规划在总结以往规划成果和长江流域（片）水资源保护工作的基础上，遵循“节约优先、保护优先、自然恢复为主”的方针，树立和践行“绿水青山就是金山银山”的理念，紧紧围绕统筹推进“五位一体”总体布局和协调推进“四个全面”战略布局，按照“节水优先、空间均衡、系统治理、两手发力”的新时代治水路线，贯彻“坚持生态优先、绿色发展，共抓大保护，不搞大开发”的长江经济带发展战略，针对新时代实行最严格生态环境保护制度、水污染防治行动计划与全面贯彻河（湖）长制等要求，着力推进生态文明建设，把保护与修复长江生态环境摆在压倒性位置，以保护水资源、改善水环境、修复水生态为主要任务，重点进行了如下内容的调查研究与规划。

一是收集基本资料，分析了长江流域（片）经济社会发展对水资源保护的需求。2012 年，编制工作会议后，各省（自治区、直辖市）根据工作大纲及附表要求，填写了长江流域（片）水资源保护现状基本情况调查表。长江委有重点地开展了实地调研，在此基础上对各省（自治区、直辖市）提交的调查数据进行了分类整理和统计。并结合 2017 年长江委开展的“长江入河排污口专项检查行动”，对现状数据进行了复核，形成了该规划的基本数据。依据党中央国务院关于加快水利改革发展、保障国家水安全的决策部署，结合最严格水资源管理制度与水生态文明的要求，分析了长江流域（片）经济社会发展对水资源保护的需求。

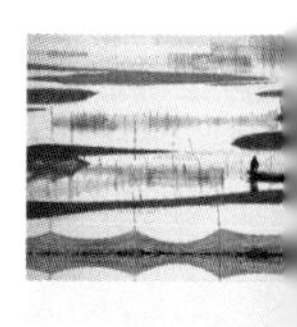

二是以存在的问题为导向，统筹水质水量水生态，提出了规划总体布局与规划重点任务。规划以当前长江流域（片）水资源保护存在的问题为导向，在研究水资源保护总体布局的基础上，以水功能区管理为主线，水资源保护工程建设和强化管理为手段，统筹考虑地表水与地下水、水生态保护与修复、点源与非点源污染防治等方面的要求，对水功能区水质保护、饮用水水源地保护、入河排污口布局与整治、地下水保护、河湖水系系统保护、水资源质量监测、水资源保护综合管理等方面进行了较全面的规划。

三是综合考虑规划的实施重点与时序，提出了重点流域与典型示范区域。规划综合考虑项目实施的轻重缓急、突出重点的原则，提出了项目安排与实施时序建议，识别筛选出规划范围水资源保护的重点地区，即包括干流主要城市江段，岷江、汉江、湘江、嘉陵江、沱江等 5 条主要支流，丹江口、三峡库区、长江口等重点区域及巢湖、滇池、洞庭湖、鄱阳湖等重点湖泊，提出了各重点区域水资源保护主线。按照基础资料翔实、现状调查完善、能够支撑规划措施布局的针对性原则，推荐了汉江丹江口以下、湘江衡阳以下、岷江都江堰至乐山等 3 个典型示范区域试点，为今后一个时期水资源保护工作提供了基础依据。

在规划布局上，长江流域（片）水资源保护规划以水功能区划为基础，严格控制入河污染物排放总量，加强干流主要河段和主要支流综合治理，强化湖泊和水库富营养化治理，逐步使水功能区主要污染物入河量控制在限制排污总量范围内；以保障饮用水安全为目标，开展水源地污染综合整治，营造水源地良性生态系统，改善水源地水质；以保护河湖水系系统健康为导向，合理控制水资源开发利用程度，加强水利水电工程生态调度运行管理，使干支流主要控制断面满足生态环境需水要求，强化源头水源涵养、生境、湿地保护与修复。

为处理好治理开发与保护的关系，正确把握开发利用的红线和水生态环境保护的底线，结合长江经济带建设等国家发展战略对水资源保护提出的新要求，针对长江上、中、下游及西南诸河等各自的特点，提出不同区域水资源保护的总体布局。

——长江上游地区。把维护良好的生态环境放在突出位置，以水源涵养和生物多样性保护为重点，加强干流及雅砻江、岷江、嘉陵江、乌江等生态保护与恢复；加强干流及主要支流与湖泊的水污染综合治理，重点控制总磷污染；强化水土保持，注重水生态系统保护及修复；重点关注攀枝花市、宜宾市、重庆市等主要城市的入河排污口及饮用水水源地保护，保障主要控制断面生态需水，保护特有水生生物物种及生境；积极推进三峡库区水资源保护工作。

——长江中游地区。加强武汉等重点城市江段的水质保护，实施江湖连通生态修复工程，构建以长江、汉江为主体的水生态系统；继续推进洞庭湖总磷污染控制和湘江重金属污染治理，构建以洞庭湖、湘江为主体的水生态系统；以鄱阳湖水体和湿地为核心保护区，以沿湖岸线邻水区域为控制开发带，以赣江、抚河、信江、饶河、修河五大河流沿线为生态廊道，构建以水域、湿地、林地等为主体的生态格局。

——长江下游地区。以污染治理和生态修复为重点，加强干流沿江地区和长三角地区主要城市水环境综合治理，严格控制主要污染物入河总量，加强巢湖、长江口等地区的水生态系统恢复，强化饮用水水源地保护，改善水环境，保障供水水质安全。

该规划的重点任务包括水功能区水质保护、饮用水水源地保护、入河排污口布局与整治、地下水保护、河湖水系系统保护、水资源质量监测和水资源保护综合管理等7个方面。这是未来一个时期长江水资源保护的纲领性文件，将全面指导长江流域的水资源保护和生态环境保护工作。

该规划在总结以往规划成果和近20年来长江流域水资源保护工作的基础上，深入贯彻落实科学发展观，按照2011年中央一号文件和中央水利工作会议精神的总体要求，针对新时期最严格水资源管理对水资源保护的要求，以“维护健康长江，促进人水和谐”为基本宗旨，实现水资源可持续利用与水生态系统良性循环为目标，拟定长江流域片水资源保护总体布局，对水功能区限排总量、入河排污口布局与整治、生态需水与保障、水生态保护与修复、地下水超采区治理、饮用水源地保护、监测与管理等方面进行了较全面的规划。该成果具有以下特点。

（1）坚持水量、水质和水生态统一规划，完善了水资源保护规划体系

水资源保护规划属于长江流域水资源保护顶层设计的重要内容之一，是今后一定时期长江流域范围内水资源保护和管理工作的基本依据。该规划以生态文明战略决策为主导，结合全国主体功能区规划、流域各地经济社会发展规划、流域水资源综合规划、长江流域综合规划等相关成果，从水质、水量、水生态诸多方面对流域水资源质量状况进行了评价，分析总结了存在的主要问题和保护需求，系统地拟定了流域水资源保护战略与区域布局。坚持水量、水质、水生态统一规划，形成了一套以水功能区为基础，以入河排污总量控制为核心，以饮用水源地保护为重点，以干、支流主要断面生态水量和水质目标为控制指标，结合生态修复、内面源治理，以流域水资源、水环境、水生态的可持续发展为目的的规划体系，极大地促进了经济社会的可持续发展。

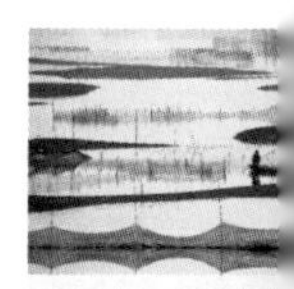

（2）总结了水资源保护现状与管理方面存在的问题，提出了水资源保护总体布局

长江流域贯穿我国东、中、西部三大经济带，长江经济带的建设和发展，在我国宏观经济战略格局中占有重要地位。为促进人与自然的协调发展，必须维持良好的长江生态功能，处理好治理开发与保护的关系。在保护现有水环境质量、水生生境和生物多样性的基础上，逐步修复受损的水生态系统，改善受污染水体水质，建立良性循环的水生态环境保护体系。

在综合考虑区域自然条件、生态环境特点和经济社会发展布局等诸多要素，统筹空间差异性和生态功能关联性的基础上，对长江流域水资源保护规划总体格局进行了划分，形成了金沙江石鼓以上、金沙江石鼓以下、干流宜宾至宜昌、干流宜昌至湖口、干流湖口以下、岷沱江、乌江、嘉陵江、汉江、洞庭湖、鄱阳湖等共 11 个规划单元，并针对各单元不同现状问题与保护需求，拟定了主要保护措施与布局，为各项措施规划指明了方向。

（3）统筹考虑地表与地下、保护与修复、点源与面源治理等方面的关系，科学制定了长江流域水资源保护规划方案

该规划坚持工程措施与非工程措施并举，统筹地表与地下、保护与修复，提出了以入河排污口整治、内源与面源治理、生态需水保障、水生态保护与修复、地下水超采区治理、饮用水水源地保护等六大类工程措施，入河排污总量控制、水资源保护监测与管理两大类非工程措施组成的规划方案。

从水资源、水环境、水生态三方面提出了系统解决长江流域水资源保护存在的问题。拟定了近期项目安排与实施时序建议，推荐了部分典型示范区域，为今后一个时期水资源保护工程建设提供了基础依据。同时，在已有监测体系的基础上，进行水资源保护监测顶层设计，提出水资源保护监测站网规划方案和监测能力建设方案。以需求导向、支撑管理，统筹兼顾、突出重点，充分利用现有资源，避免重复监测为原则，对流域内监测现状进行了调查，总结监测中存在的问题，对流域的监测站网与监测能力等进行了顶层设计与规划。

至此，长江流域的水资源保护形成了一套较完善的规划体系。

四、《长江流域综合规划（2012—2030年）》中的水资源保护

1990年，国务院批准了《长江流域综合利用规划简要报告》。鉴于当时的形势和对生态环境保护认识的局限性，该规划主要依据当时国民经济的发展需求，重点是通过兴建工程控制长江洪涝等灾害和开发利用水资源，如灌溉、航运、供水等。在水能开发规划方面，主要采用传统的首尾相接的电站开发方式，力求充分利用水头。由于人们普遍存在长江水量大、纳污能力强的错误认识，导致长江流域水污染治理进度一直滞后于经济社会发展的速度，水质一直呈恶化趋势。该规划实施后，在指导长江的开发治理、控制水旱灾害、为人类造福等方面发挥了重要作用，但由于未充分考虑河流生态、水资源与水环境保护的要求，对水资源和水能资源的特性与合理开发程度认识不够，开发利用中也未能注重采取生态与环境友好的方式，实施后出现了一系列生态与环境问题，对长江的水环境和水生态安全产生了威胁，影响到长江的健康。

《长江流域综合规划（2012—2030年）》是在总结1990年规划的经验，充分考虑目前长江流域和全国经济社会的发展实际以及长江水资源开发利用与保护新的要求的基础上，对原流域综合规划修订后提出的新规划。该规划明确了今后一个时期长江流域治理开发与保护的总体部署。该规划始终贯彻落实科学发展观，按照可持续发展治水思路和新时期治江思路和要求，以“在开发中落实保护，在保护中促进开发”为基本原则，处理经济社会发展与水资源开发利用、水利建设与生态环境保护的关系。

该规划的水资源保护部分，从规划思路、规划内容、规划成果方面均较以往有长足的进步，具有以下几个特点。

1. 规划指导思想与原则更具时代特色

该规划全面贯彻以人为本，坚持全面、协调、可持续的科学发展观，以中央治水方针和新时期治水思路为指导，切实将生态与环境保护纳入规划目标，把“维护健康长江、促进人水和谐”作为规划工作的主线，统筹保护与开发、协调生态与发展的关

系，根据水资源现状和经济社会发展对水资源的需求，按照不同水域、不同水功能区的水环境承载能力确定各地区水污染物排放总量，实行水污染物排放总量控制。规划坚持“在开发中落实保护，在保护中促进开发”的基本原则，坚持全面规划、分期实施原则，坚持统筹兼顾、突出重点原则，坚持预防为主、综合防治原则，坚持人与自然和谐共处原则等。

2. 规划内容进一步拓展

在规划内容上，从过去单纯的水质保护向水质、水量及水生态并重转变。规划在对流域现状水质、污染源调查分析研究和对水功能区划进行复核、调整基础上，以水功能区为单元，制定入河排污总量控制方案，以入河控制量和河流生态需水量为水资源保护的控制目标，重点区域重点保护，采用多种措施保护流域水资源的水质水量。该规划以促进水环境良性循环为目标，统筹考虑水质和水量保护，提出了河湖生态需水量，提出了水资源保护的重点措施，特别是加强饮用水水源地保护，加强入河排污总量控制，加大城市污水和工业废水处理力度，加强污染源控制，保持生态基流，实施河湖生态补水等实现水资源可持续利用的具体措施。规划根据水生态、湿地、涉水自然保护区和风景名胜区的重要性及对水资源开发利用的限制因素，拟定了水生态与环境优先保护区域和对象，包括流域内省级以上自然保护区和风景名胜区涉及河段、水生生物自然保护区、重要渔业水域和生态通道、重要鱼类产卵场、重要湿地及湿地自然保护区等，提出了重点地区重点保护措施。规划提出了水资源保护的重点区段，包括“五大城市江段”——上海、南京、武汉、重庆、攀枝花；“五条支流”——岷江、汉江、湘江、嘉陵江、沱江；“四个湖泊”巢湖、滇池、洞庭湖、鄱阳湖；“三个重点区域”——三峡库区、丹江口库区和长江口地区等有针对性的措施。规划中还开展了规划环境影响评价，系统考虑工程群对生态环境的叠加影响、累积效应等战略问题。

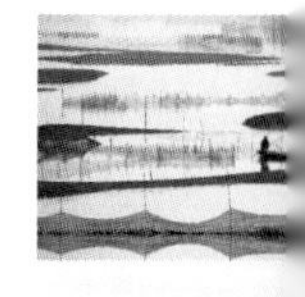

3. 规划实施更具可操作性

在《长江流域综合规划（2012—2030 年）》水资源保护规划中，摒弃了以往规划难以实施的问题，提出了具有可操作性的对策措施。

（1）健全水功能区管理制度、建立入河排污口管理制度

完善水功能区划，实施纳污总量控制，科学计算和核定水域纳污能力，提出了水域限制排污总量意见。开展水功能区管理，向社会公众标明水功能区的主要功能、水质保护目标、管理范围和禁止的开发活动。完善流域入河排污口监督管理制度，明确分级管理权限，加强入河排污口设置论证审查审批及竣工验收，加强监督性检查及现场执法检查。

（2）构建水资源保护工程体系

规划提出了入河排污口布局与整治、水源地保护、水生态保护与修复、面源控制与内源治理等具体的工程措施。结合河段区位功能、生态功能以及水功能区要求，按行政区域提出入河排污口布局的总体安排，提出新建、扩建入河排污口的原则与限制条件，并根据总体布局提出现有入河排污口的优化整治方案。根据水源地现状水质水量调查评价，制定饮用水水源保护区划分方案，明确饮用水水源地保护区和准保护区范围，提出水源地保护应采取的工程措施，如隔离防护、污染综合整治和生态修复等。水生态保护与修复主要包括生态需水保障、重要生境保护与修复等，主要措施包括天然生境保留、河湖连通性维护、生境形态维护与再造、生境条件调控等，采用生态沟渠、缓冲带工程、坡耕地径流污染拦截与再利用等工程措施，并与生物措施相结合，有效控制土壤氮磷的流失率，治理面源污染，采用环保疏浚方式进行内源治理。

（3）加强非工程体系建设

非工程措施包括法律法规、体制机制、监控能力和科研能力建设等。在构建水资源保护工程体系和非工程体系的基础上，按照流域与区域、部门与行业职能分工，各负其责，形成协调、高效的水资源保护规划实施、综合管理系统，真正使水资源保护规划落在实处、便于操作。

五、《重点流域水污染防治规划（2016—2020年）》中的水资源保护

为了统筹全国重要江河湖泊水污染防治工作，从“十三五”开始，国家一般不再批复单独的江河湖泊和区域水污染防治规划，而是把这些重要江河湖泊和区域规划整合为《重点流域水污染防治规划》，规划年限与国家五年计划相衔接。“十三五”的重点流域水污染防治规划就是在此背景下由国务院批准，相关部门联合发布实施的。

《重点流域水污染防治规划（2016—2020年）》2017年10月由环境保护部、发展改革委和水利部联合印发（环水体〔2017〕142号）。规划范围包括长江、黄河、珠江、松花江、淮河、海河、辽河等七大流域，以及浙闽片河流、西南诸河、西北诸河。其中，七大流域共涉及30个省（区、市），287个市（州、盟），2426个县（市、区、旗）。总面积约509.8万平方千米，占全国国土面积的53.1%。

规划坚持质量导向、系统治理，分区控制、突出重点，水陆统筹、防治并举，落实责任、多元共治的原则。确定的总体目标是：到2020年，全国地表水环境质量得到阶段性改善，水质优良水体有所增加，污染严重水体较大幅度减少，饮用水安全保障水平持续提升。长江流域总体水质由轻度污染改善到良好，其他流域总体水质在现状基础上进一步改善。

具体目标是：到2020年，长江、黄河、珠江、松花江、淮河、海河、辽河等七大重点流域水质优良（达到或优于Ⅲ类）比例总体达到70%以上，劣Ⅴ类比例控制在5%以下。

规划实行分区管理，分别提出管理要求如下。

（1）研究建立流域水生态环境功能分区管理体系。针对长江流域，共划分628个控制单元，筛选200个优先控制单元，其中水质改善型98个，防止退化型102个。水质改善型单元主要分布在长三角水网区、太湖、巢湖、滇池、洞庭湖、涢水、竹皮河、府河、岷江、沱江、乌江、清水江、螳螂川等水系，涉及上海、苏州、无锡、常州、武汉、荆门、长沙、成都、重庆、贵阳、昆明等城市；防止退化型单元主要涉及长江、汉江、沅江、资江、赣江、三峡库区、丹江口水库、太平湖、柘林湖、斧头湖、洪湖等现状水质较好的水体，以及太湖、滇池、沮漳河等需要巩固已有治污成果、保持现状水质的区域。

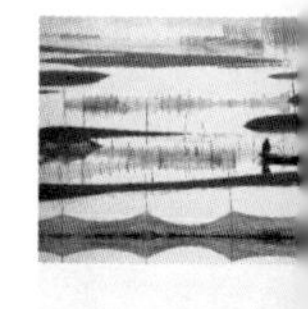

长江流域需重点控制贵州乌江、清水江，四川岷江、沱江，湖南洞庭湖等水体的总磷污染，加强涉磷企业综合治理；继续推进湘江、沅江等重金属污染治理；深化太湖、巢湖、滇池入湖河流污染防治，实施氮磷总量控制，减少蓝藻水华发生频次及面积；加强长江干流城市群城市水体治理，强化江西、湖北、湖南、四川、重庆等地污水管网建设，推进重庆、湖北、江西、上海等地城镇污水处理厂提标改造；严厉打击超标污水直排入江。

到2020年，长三角区域力争消除劣Ⅴ类水体。提高用水效率，鼓励钢铁、纺织印染、造纸、石油石化、化工、制革等高耗水企业废水深度处理回用，推进上海、湖南、湖北等地区再生水处理利用设施建设；大力推广农田退水循环利用和净化处理措施，严格落实畜禽规模养殖污染防治条例，推进畜禽粪污资源化利用和污染治理；推进饮用水水源规范化建设；实施三江源、三峡库区、南水北调中线水源区、鄱阳湖等生态保护，修复生态功能；增强船舶和港口污染防治能力，加强污染物接收、转运及处置设施间的衔接，控制船舶和港口码头污染，有效防范船舶流动源和沿江工业企业环境风险。

（2）强化重点战略区水环境保护。长江经济带11省（市）涉及长江、珠江、淮河、浙闽片河流、西南诸河等流域，要坚持生态优先、绿色发展，以改善生态环境质量为核心，严守资源利用上线、生态保护红线、环境质量底线，建立健全长江生态环境协同保护机制，共抓大保护，不搞大开发，按照流域统筹的理念，在上游重点加强水源涵养、水土保持和高原湖泊湿地、生物多样性保护，强化自然保护区建设和管护，合理开发利用水资源，严控水电开发带来的生态影响，禁止煤炭、有色金属、磷矿等资源的无序开发，加大湖泊、湿地等敏感区的保护力度，加强云贵川喀斯特地区、四川盆地周边水土流失治理与生态恢复，推进成渝城市群环境质量持续改善；在中游重点协调江湖关系，保护水生生态系统和生物多样性，恢复沿江沿岸湿地，确保丹江口水库水质安全，优化和规范沿江产业发展，管控土壤环境风险，引导湖北磷矿、湖南有色金属、江西稀土等资源合理开发；在下游重点修复太湖等退化水生态系统，强化饮用水水源保护，严格控制城镇周边生态空间占用，深化河网地区水污染治理。

全面推进水生态保护和修复。统筹陆域和水域生态保护，划定并严守生态保护红线，构建区域生态安全格局。加强鄱阳湖、洞庭湖、洪泽湖、若尔盖湿地、皖江湿地、新安江、浦阳江、永安溪以及长江口滨海滩涂等河湖湿地保护与修复。加强自然保护区保护与监管，推进白鳍豚等15种国家重点保护水生生物和圆口铜鱼等9种特有鱼类就地保护以及中华鲟和江豚等濒危物种迁地保护。

加强三峡库区水土保持、水污染防治和生态修复，强化消落区分类管理和综合治理，推进库区生态屏障区建设，有效遏制支流回水区富营养化和水华发生，确保三峡水库水质和水生态安全。

加强重点湖库和支流治理。以城市黑臭水体整治和现状水质劣于Ⅴ类的优先控制单元为重点，推进漕桥河、南淝河、船房河等支流污染治理，减轻太湖、巢湖、滇池等湖库水质污染和富营养化程度。

强化总磷污染重点地区城乡污水处理设施脱氮除磷要求，加强涉磷企业监督管理，严格控制新建涉磷项目，到2020年，重点地区总磷排放量降低10%。加强长江经济带69个重金属污染重点防控区域治理，继续推进湘江流域重金属污染治理，制定实施锰三角重金属污染综合整治方案。

加强农业面源污染防治。到2020年，国控断面（点位）达到或优于Ⅲ类水质比例达到75.0%以上，劣Ⅴ类断面（点位）比例控制在2.5%以下，重要江河湖泊水功能区水质达标率达到84%。

有效防范沿江环境风险。2018年底前，完成沿江石化、化工、医药、纺织印染、危化品和石油类仓储、涉重金属和危险废物等重点企业环境风险评估，对环境隐患实施综合整治。优化沿江企业和码头布局，加快布局分散的企业向工业园区集中并完善园区风险防护设施。

加强环境应急预案编制与备案管理，推进跨部门、跨区域、跨流域监管与应急协调联动机制建设，建立流域突发环境事件监控预警与应急平台，强化环境应急队伍建设和物资储备，提升环境应急协调联动能力。

建立健全船舶环保标准，提升港口和船舶污染物的接收、转运及处置能力，并加强设施间的衔接；加强危化品道路运输风险管控及运输过程安全监管，严防交通运输次生突发环境事件风险。

规划确定的长江流域重点任务包括：工业污染防治，主要是促进产业转型发展、提升工业清洁生产水平、实施工业污染源全面达标排放行动；城镇生活污染防治，主要是推进城镇化绿色发展、完善污水处理厂配套管网建设、继续推进污水处理设施建设、强化污泥安全处理处置、综合整治城市黑臭水体；农业农村污染防治，主要是加强养殖污染防治、推进农业面源污染治理、开展农村环境综合整治；流域水生态保护，主要是严格水资源保护、防治地下水污染、保护河湖湿地、防治富营养化；饮用水水源环境安全保障，主要是加快推进饮用水水源规范化建设、加强监测能力建设和信息公开、加大饮用水水源保护与治理力度。上述五大类项目匡算投资 7000 亿元，其中长江流域匡算投资 1818 亿元，占 26%。

六、其他流域综合规划中的水资源保护部分

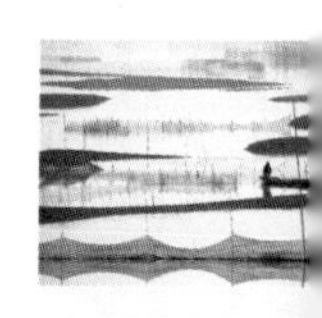

以《长江流域综合规划（2012—2030 年）》为基础，将水资源保护规划作为流域综合规划的重要内容，几十年来，长江委会先后组织开展了汉江、嘉陵江、赤水河、洞庭湖、鄱阳湖等 20 余条河流、湖库流域综合规划。下面以《嘉陵江流域综合规划》中水资源保护规划为代表，介绍长江支流水资源保护规划中取得的主要工作成果。

1990 年编制的《长江流域综合利用规划报告》确定嘉陵江流域治理开发总任务是灌溉、防洪、航运、发电及水土保持等。在《长江流域综合利用规划报告》的指导下，嘉陵江干支流已开发了一些综合利用水利枢纽工程，对解决当地灌溉与供水、防洪、航运、发电等起到了一定作用，干流上一些航电结合工程的开发，也在一定程度上改善了航运条件，并开发利用了水能资源。然而，随着经济社会的发展，流域内人畜饮水问题日益突出，水环境和水生态保护形势严峻。

为深入贯彻落实党的十八大和十八届三中、四中、五中全会精神，按照习近平总书记“四个全面”战略布局，以“节水优先、空间均衡、系统治理、两手发力”新时期治水思路为主导，以改善民生为核心，以保护生态为前提，统筹协调流域内各种水事关系，保障和支撑流域经济社会可持续协调发展，合理开发利用嘉陵江的水资源，迫切需要针对制约流域内经济社会可持续发展的重大因素，编制满足经济社会发展需要、适应新时期治水思路的流域综合规划，以指导嘉陵江流域的治理开发。此外，随着流域相关资料的不断积累，人类认识水平的不断提高，科学技术的不断进步和发展，以及重庆市直辖后经济社会状况的变化等，亦需要编制嘉陵江流域综合规划，补充提出水资源保护相关的流域治理任务。

新中国成立以来，长江委、成都勘测设计研究院、西北勘测设计研究院、四川省

水利水电勘测设计研究院等有关单位先后开展了嘉陵江流域的规划工作。20世纪50年代前期侧重于勘测与基本资料的收集和整理；60年代侧重对主要支流的某些河段进行了部分专业规划；70年代着重规划选点，对主要支流进行综合规划，并开展了部分枢纽的初步设计工作；80年代以后，为适应嘉陵江干流梯级开发的需要，主要对嘉陵江干流中下游分河段进行了综合规划或水电、航运等专业规划，并完成了部分梯级枢纽的设计和建设工作。1988年，成都勘测设计研究院编制了《嘉陵江苍溪至合川段水电开发规划报告》；1992年，长江委编制完成《嘉陵江干流广元至苍溪河段规划报告》，该报告通过水利部水利水电规划设计总院组织的审查，且已由四川省人民政府批准；1995年，长江委又提出了《嘉陵江干流合川至河口河段规划报告》，并于2001年对此报告进行了修订，编制完成《嘉陵江干流合川至河口河段规划报告（2001年修订）》；四川省院分别于1987年和2001年提出《渠河流域水资源开发利用规划报告》和《四川省涪江流域水资源开发总体规划报告》。

在前期干流的规划研究基础上，长江委于2005年6月编制完成《嘉陵江干流综合规划报告（征求意见稿）》，同年8月送陕西、甘肃、四川、重庆四省（直辖市）征求意见。随后，长江委根据各省（直辖市）水利主管部门的书面意见，以及各支流现有的规划成果对报告进行了补充和修改，完成《嘉陵江流域综合规划报告》以及《嘉陵江流域综合规划报告（简本）》，于2007年9月报送水规总院审查，2008年9月报送水规总院复审。水利部于2008年12月致函国家有关部委及相关省市人民政府办公厅征求意见；2009年8月，长江委完成《嘉陵江流域综合规划报告》并上报水利部。2016年，因流域经济社会、大中型水利工程、梯级电站等建设情况已较大改变，规划基准年由2006年调整为2013年，长江委据此修改后于2016年5月报水规总院复审，修改完善后形成《嘉陵江流域综合规划（征求意见稿）》送上述四省（直辖市）征求意见；再次修改完善形成《嘉陵江流域综合规划（终稿）》。

该规划以水功能区划为基础，通过对流域现状水质、污染源调查和分析，制定入河排污总量控制方案，以点源入河控制量和河流生态需水为水资源保护的控制目标，重点区域重点保护，采用多种措施保护流域水资源质量。其主要内容包括：

1. 入河限制排污总量方案

（1）纳污能力分析

结合嘉陵江干支流实际情况，对嘉陵江水功能区纳污能力进行了核算。结果表明，现状水平年嘉陵江干支流水功能区纳污能力COD为26.1万吨每年，氨氮2.46万吨每年。规划水平年嘉陵江干支流水功能区纳污能力COD为27.1万吨每年，氨氮2.60万吨每年。嘉陵江流域水功能区纳污能力成果见表2-4。

表 2-4　　嘉陵江流域水功能区纳污能力计算成果一览表

省级行政区	规划水平年纳污能力	
	COD（吨每年）	氨氮（吨每年）
甘肃省	8419.6	342.2
陕西省	1852.8	103.6
四川省	206437.9	20199.8
重庆市	54124.7	5341.9
合计	270835.0	25987.5

（2）限制排污总量意见

制定污染物入河控制量是保证水功能区达标的关键。根据各水功能区现状水质状况、纳污能力以及经济社会发展的要求，考虑河湖纳污能力分布不均以及水源保护区严格限制排污等因素，综合确定水功能区的限制排污总量意见。

结合污染源现状制定总量控制方案，嘉陵江干支流重要水功能区 2030 年点源限制排污总量指标为：COD 为 17.7 万吨每年，氨氮为 1.84 万吨每年。嘉陵江流域重要水功能区 2030 年点源限制排污总量见表 2-5。

表 2-5　　嘉陵江流域重要水功能区 2030 年点源限制排污总量一览表

省级行政区	点源限制排污总量	
	COD（吨每年）	氨氮（吨每年）
甘肃省	5786.8	362.9
陕西省	1852.8	103.6
四川省	147914.9	15967.5
重庆市	21354.4	1983.6
合计	176908.9	18417.6

对于嘉陵江流域现状不达标的 11 个水功能区，考虑其超标项目，结合对应的污染物入河量削减方案，制定规划年限排总量控制方案。嘉陵江干支流不达标水功能区（双指标）限制排污总量意见见表 2-6。

2. 河流生态需水

保障河流生态环境需水是保护河流生态环境的关键。河流生态基流不但与河流生态系统中生物群体结构有关，而且还与区域气候、土壤、地质和其他环境条件有关。保证河道生态基流是遏制河道断流等造成的生态环境恶化、逐步恢复流域生态系统健康和服务功能的基础，是维护流域河流生态系统的可持续性必须保留在河道中的基本流量。河流控制节点的生态环境需水，基本上反映了河流水系生态环境需水的总体情况，应按照“三生用水兼顾”的原则合理配置，生态环境需水的控制要素主要包括生态基流和河流生态环境下泄水量。

表 2-6　　嘉陵江干支流不达标水功能区（双指标）限制排污总量意见一览表

序号	一级水功能区名称	二级水功能区名称	现状超标项目	达标水平年	COD（吨每年）			氨氮（吨每年）		
					现状入河量	2020限制排污总量	2030限制排污总量	现状入河量	2020限制排污总量	2030限制排污总量
1	嘉陵江陕甘缓冲区		氨氮	2020	17.2	17.2	17.2	3.8	3	3
2	青泥河略阳保留区		氨氮	2020	1.6	3	3	0.2	0.1	0.1
3	西汉水礼县、成县保留区		氨氮	2030	874.4	874.4	874.4	82.7	82.7	77
4	西汉水略阳保留区		高锰酸盐指数	2030	20.7	20.2	19.8	0.2	0.2	0.2
5	涪江绵阳开发利用区	涪江绵阳过渡区	氨氮	2020	3500	3500	3500	302.1	281	261.3
6	涪江遂宁开发利用区	涪江遂宁过渡区	高锰酸盐指数	2020	1500	1200	1200	181.9	169.2	157.3
7	琼江川渝缓冲区		高锰酸盐指数、氨氮	2030	12.8	12.2	12.2	0.7	0.6	0.6
8	琼江潼南光辉镇保留区		高锰酸盐指数、氨氮	2020	67.2	60.2	60.2	3.2	3.1	3.1
9	渠江巴中开发利用区	渠江巴中过渡区	氨氮	2030	159.6	148.4	138	1.1	1.1	1.1
10	小通江开发利用区	小通江饮用水源区	氨氮、高锰酸盐指数	2020	153.5	35.5	35.5	13.5	3.5	3.5
11	州河达州开发利用区	州河达州过渡区	氨氮	2020	1150	1150	1150	313.7	250.7	250.7

嘉陵江流域河道内生态基流采用控制断面对应水文站点的45年（1956—2000年）水文系列资料分析计算，径流量采用经过还原后的天然径流量，以扣除人为因素对河流径流量的影响。参照相关技术细则，直接用实测径流量计算河道内生态环境需水量。

根据监测资料状况及嘉陵江流域实际经济社会发展现状，计算新店子、亭子口、武胜及北碚等控制断面的生态环境需水量，见表2–7。

表2–7　　嘉陵江干流主要控制断面生态环境需水量一览表

站点名称	生态基流（立方米每秒）	生态环境下泄水量（亿立方米）		
		全年	汛期	非汛期
新店子	25.3	21	14	7
亭子口	123.6	50	36	14
武 胜	156.6	89	54	35
北 碚	257.2	229	163	66

3. 对策与措施

（1）加强饮用水水源地保护

按照《全国城市饮用水安全保障规划（2006—2020年）》要求，流域内要采取清拆和关闭水源地周边的非法建筑和排污口、推行清洁生产、推广工业废水和生活污水的生态治理和污水回用技术、治理水土流失、推行农田最佳养分管理、加大农村生活垃圾处理等污染源控制措施，以及物理隔离（如护栏、围网等）、生物隔离（如防护林）、生态滚水堰、前置库、水库周边及内部生态修复工程等保护和综合整治措施。对四川省亭子口、武都、罐子坝、白头滩、干河沟、云台，重庆市玉滩、观音洞、血河寨、鹭鸶溪、灶鸡洞、胜天湖，甘肃省干江头、磨坝峡、严家庵，陕西省双庙岩等供水水库水源地进行保护，防治水库可能存在的富营养化问题。制定水源地保护的监管政策与标准，强化饮用水源保护监督管理，完善水源地水质监测和信息通报制度，进一步建立和完善水污染事件快速反应机制。

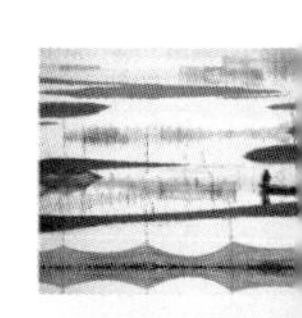

（2）保障河流生态环境需水，加强生态修复

注重嘉陵江干流控制性水利水电工程的联合调度及生态调度，满足河段内敏感区域的生态需水要求。中下游马回、青居、东西关等混合式梯级开发应泄放适当的生态流量，统筹好兴利与生态的关系，协调好上下游生态环境需水的关系，针对嘉陵江流域珍稀特有水生生物生存繁殖对水量的要求，适时、适量地下泄敏感生态需水，满足濒危和土著等重要保护性鱼类产卵、越冬、洄游等习性要求的水量、水位和水温、流速及变化需求。

加强流域的生态与环境保护工作，采取综合措施，加强对现有林草植被的保护，启动实施嘉陵江流域水土保持生态修复工程并逐步推进，使上游重要产沙区水土流失状况尽快得到治理，生态环境得到明显改善，实现人与自然和谐共处。

（3）加快产业结构调整，积极推进清洁生产

加大区域产业结构调整力度，优化资源配置，发展排污量少、不污染或轻污染的工程项目，加快对采矿、造纸、医药、化工等重污染行业的调整，对污染严重、治理不力的企业或落后设备限期淘汰。推行清洁生产的经济政策，建立有利于清洁生产的投融资机制，并积极落实节水减污、清洁生产措施。在经济发展指导思想上将传统生产模式转变为协调发展模式，变粗放型生产为集约型生产。发挥流域尤其是广元、南充和合川等市在科技、劳动力及区位上的优势，大力发展技术密集型、资金密集型以及劳力密集型产业，重点发展电子、电信和高新技术产业，依靠科技进步对工业生产进行改造、优化和提高。发展适合流域内资源特点的特色经济。鼓励发展旅游业和第三产业，合理开发利用当地的水能资源、矿产资源等。

淘汰不符合产业政策的污染企业。按照国家规定禁止新建并坚决关闭“十五小”和“新五小”（小水泥、小火电、小玻璃、小炼油、小钢铁）企业；加大执法力度，防止关闭的“十五小”企业（特别是小造纸）死灰复燃。按照原国家经贸委《淘汰落后生产能力、工艺和产品目录》（第一批）、（第二批）和《工商投资领域制止重复建设目录》（第一批），有计划地分批淘汰落后生产能力。

（4）加强污染源综合整治

强化工业污染治理。规划区内的工业污染源控制主要依靠结构调整解决。应因地制宜减少污染排放量，辅以必要的治理工程，分阶段对流域内重庆、广元、南充、遂宁、广安等主要城市的钢铁、机械、汽车、化工、纺织和食品行业重点污染源进行治理；工业废水预处理后，需进入区域污水处理厂进一步处理，发挥区域集中控制工程的作用，达到污水综合排放标准（GB 8978—1996）一级标准后方可排放。

加快城镇污水处理设施建设。加紧干流的凤县、略阳、广元、阆中、南部、蓬安、南充、武胜、合川、北碚、沙坪坝、渝北、江北等城镇污水处理工程建设，提高城镇污水收集与处理率。按照《国务院关于印发水污染防治行动计划的通知》（国发〔2015〕17号）的要求，嘉陵江下游三峡库区段属于敏感水域，沿岸城镇污水处理设施要因地制宜进行改造升级，新建污水处理厂应严格控制污水排放标准，城镇污水处理设施应于2020年底前全面达到一级A排放标准。

加强农业面源污染综合防治。嘉陵江中下游支流沿岸灌区密布，都江堰引水灌区等5个大型灌区涉及的水功能区现状水质不达标。应采取措施，逐步调整农业产业结构，积极发展节水灌溉农业，指导农民科学施用化肥农药，加强面污染源的治理。区域面源控制主要为：调整农业结构，加强农业基础设施建设，改善农业生产条件，因地制宜大力发展生态农业、高效农业和特色农业；发展高效、无污染的绿色肥料和有机肥料，推广高效、低毒和低残留化学农药及生物农药；大力推广科学施用化肥和农药，合理施用农药和化肥，限制过量地不合理地施用化肥，鼓励施用低毒无毒农药；鼓励畜禽粪便的无害化处理和资源化利用；发展无公害粮食、蔬菜等农产品生产；对农林病虫害提倡采用生物防治技术；减少农业环境污染；区域内限制使用含磷合成洗涤剂等。

（5）实施入河排污口整治工程

重点针对青泥河段黄龙金矿排污口等现状不达标的水功能区内的入河排污口进行整治。对建设不规范的现有排污口及规划进行调整和改造的排污口，完善公告牌、警示牌、标志牌、缓冲堰板等排污口规范化建设；采取调整、改造和深度处理等措施，降低入河污染负荷，改善水域水质；有条件的采取改造当地排污管网，集中收集污水至污水处理厂深度处理。

（6）积极落实水生态保护措施

加强生境和物种保护。建立救护快速反应体系，对误捕、受伤、搁浅、罚没的水生野生动物及时进行救治、暂养和放生；嘉陵江干流中下游梯级已基本开发完毕，应结合水电开发状况，选点建设多处鱼类人工增殖放流站，保护嘉陵江特有的鱼类资源。建立统一的渔政管理机构，按照“统一管理，分区负责”的原则，对渔业生产实行管理，实行严格的捕捞管理；建立水生野生动物人工放流制度，制定相关规划、技术规范和标准，对放流效果进行跟踪和评价。加强流域内水生生物资源监测和科研工作，掌握水生生物生态环境变化的时空规律，预测不良趋势并及时发布警报，为嘉陵江水生生物多样性保护、水资源与生物资源协调发展，提供科学依据。

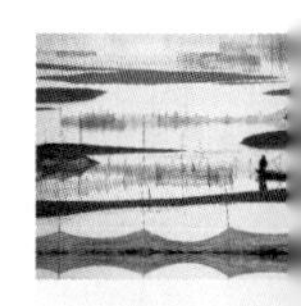

生境保护与修复。维持河流连通性，有洄游鱼类存在的干流和重要支流的水利工程建设应在开发过程中采取适合的过鱼设施，保障河段水生生境的连通性，为鱼类下行和上溯产卵提供通道，对已建工程严重影响河流连通性的主要支流，应积极采取恢复或补救措施。针对大型水利工程建设引起的下泄水温度较低、气体过饱和以及水流减缓导致河流自净能力下降等问题采取设置分层取水口、优化泄水建筑物运用及生态调度等相关措施。加强区划体系管理，严格控制重要水生生物栖息地的治理和开发活动。

（7）管理与监测

完善地方水资源保护的政策法规体系。根据水质保护的要求，制定嘉陵江干流综合利用的水质保护条例，流域内的相关县市区应制定相应的地方性法规。地方各级水行政主管部门均应建立专门的水资源保护管理机构，应加强有关法规的学习和人员培训，提高依法行政的水平。加强对嘉陵江干流取水、排污及水功能区的监督管理，严格行政审批，控制新的污染发生。同时建立水污染事故应急处理程序，增强水资源保护执法快速反应能力。要进一步重视舆论监督和宣传工作，发挥社会和舆论的监督作用。

根据嘉陵江干流水功能区和断面布设原则，结合各水系的自然环境及经济社会状况，嘉陵江干流25个一级功能区共设有监测断面48个。其中，1个保护区设有1个断面，3个缓冲区设有3个断面，11个保留区设有11个断面，9个开发利用区设有33个断面。

第五节　其他区域性相关规划

在流域水资源保护规划体系不断完善的前提下，长江流域相继开展了重点区域的水资源保护规划，以下着重介绍《三峡库区水资源保护规划》《长江经济带沿江取水口、排污口和应急水源布局规划》《丹江口市水资源保护规划》《丹江口库区及上游水污染防治和水土保持规划》《洞庭湖水环境综合治理规划》《鄱阳湖区综合治理规划》等。

一、《三峡库区水资源保护规划》

三峡水库是国家战略淡水资源库，被国家列为环境保护重点区域。保护好库区水资源，对保障库区居民用水安全、促进库区生态环境保护与区域经济社会和谐发展、减缓对长江中下游的不利影响等具有十分重要的意义。尽管国家在三峡库区及上游已经实施了数轮水污染防治规划及后续工作规划，环境保护取得了很大成效，但随着三峡工程建成运行，库区经济社会得到快速发展，一些新情况和新问题逐步显露，尤其是蓄水前后水文情势、产业结构和布局、排污口分布和排放方式发生了较大变化，库区水资源保护和管理面临着前所未有的压力和挑战，亟待通过编制水资源保护规划，作为其他规划的有效补充，提出解决问题的对策措施。

为此，水利部部署长江委组织开展《三峡库区水资源保护规划》的编制工作，长江水资源保护科学研究所为技术牵头单位，会同重庆市水利局、湖北省水利厅编制。历时数年，于2012年底形成了《三峡库区水资源保护规划（报批稿）》，报水利部批准。

该规划的特点是初步构建了水资源保护的措施体系，特别是在工程措施上取得了重要突破，并与长江流域综合规划和三峡库区及上游水污染防治规划等进行充分协调和衔接，对水资源保护规划目标的实现及规划的落实提供了有力的技术支持。

该规划通过对三峡库区已有排污口设置及排污特性调查，结合入库排污口设置与管理存在的问题，依据水质保护目标、水域纳污能力及限制排污总量控制要求，对库区排污口进行布局优化。首次提出限排区、控制排放区、允许排放区等入河排污口总体布局原则与要求，排污口规范化建设、排污口改造工程、排污口深度处理工程等排污口整治措施体系，将排污口设置纳入有序管理的轨道，以提高入库新设排污口布设的科学性，保障库区水质安全。规划明确了管理重点、管理目标、开展分区防治的规划思路，为加强三峡库区的入河排污口管理提供了有效支撑，也为落实最严格水资源管理制度纳污红线的管理提供了思路与途径。

通过综合分析三峡库区饮用水水源地存在的问题，考虑三峡水库蓄水运行后，库区集中式饮用水水源地周边环境发生的变化情况，提出实施饮用水水源地规范化建设、饮用水水源地污染防护工程、饮用水水源涵养保护工程及措施等，拟定了城镇饮用水水源地和农村集中饮用水水源地保护和综合整治方案，进一步完善了集中式饮用水水源地保护工程建设，确保三峡库区主要集中供水水源地的水质安全。

以进一步提高库区干支流水体自身净化能力，降低水体营养水平，有效控制水华发生，维护干支流生物及生境的多样性，提高水生态系统自修复能力为切入点，从生态需水保障、重要生境保护与修复、支流水华控制、水体净化等方面提出工程与管理措施，解决了库区干支流珍稀特有生物生境破坏、支流库湾富营养化和水华频发问题，以维护水生态系统稳定。

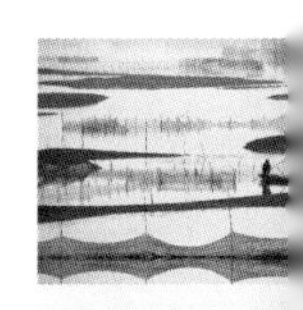

该规划重点针对农业生产、农村生活污染、畜禽养殖污染等，研究提出面源污染控制的综合治理建议和要求，遵循了清洁型小流域建设的指导思想和理念，为落实面源污染的防治提供了治理途径与管理手段。结合三峡库区水环境监测现状，制定相应的监测规划与实施方案，为保障水资源保护规划的有效实施及后期考核提供了基础。从政策法规体系建设、监督管理实施方案、监督管理能力建设，以及应急管理方案和应急管理能力建设等方面提出三峡库区水资源保护管理规划，满足落实最严格水资源管理制度的需要，以实现水行政主管部门对水量、水质和水生态的统一规划和管理。

该规划根据三峡库区水资源保护的需求和规划目标，以区（县）行政区域为基础，关注重点区域，兼顾三峡库区和上游汇流区域，工程与非工程措施并重，提出三峡库区水资源保护规划的总体布局。对于排污口布局与整治、水源地保护、水生态保护与修复、面源控制、水资源保护监控等进行战略措施布局，形成水资源保护规划方案。为后续编制长江流域及全国水资源保护规划积累了经验，奠定了坚实基础。

二、《长江经济带沿江取水口、排污口和应急水源布局规划》

2014年9月，国务院印发《关于依托黄金水道推动长江经济带发展的指导意见》（国发〔2014〕39号），将长江经济带发展提升为国家战略，对长江经济带发展建设提出了新的要求。为了适应新形势下长江经济带发展战略需要，实现水资源的可持续利用，保障长江经济带的供水安全和生态安全，针对长江经济带沿江存在的部分取水口、排污口布局不合理、应急供水保障能力不足、水资源管理制度不完善等问题，长江委组织编制了《长江经济带沿江取水口、排污口和应急水源布局规划》。2016年9月，水利部以水资源〔2016〕179号文印发了该规划，并要求长江经济带各省（直辖市）人民政府加强组织领导，做好该规划的落实工作，并将开展该规划实施考核。

该规划主要是针对长江经济带沿江取水口、排污口布局不合理，应急供水安全保障能力不足等问题，提出取水口、排污口优化调整和布局意见，提出突发水污染事件时保障重要城市供水安全的应急水源布局规划意见，以及加强管理能力建设的规划意见，以提高长江经济带城市供水安全保障率，增强应急供水保障能力，实现长江经济带沿江地区供水安全和生态安全，为建设长江绿色生态廊道提供支撑。

该规划以长江干流为依托，覆盖长江经济带涉及长江流域145万平方千米范围内的11个省（直辖市）的92个地级以上城市，长江干流沿江的45个县级城市，以及太湖全流域。规划主要开展了五个方面的工作：一是补充、复核了近年来的取水口、排污口及应急水源资料，并对其现状情况进行了评价；二是提出了沿江取水口、排污口设置水域分区方案，将取水口设置水域划分为适宜取水区和不宜取水区，将排污口设置水域划分为禁止排污区、严格限制排污区和一般限制排污区；三是根据分区成果，提出了沿江取水口、排污口整治及布局规划意见；四是以提高城市供水安全保障和应急供水能力为目标，提出了沿江地级以上城市应急水源布局规划意见；五是提出了建立健全取水口、排污口和应急水源的管理制度和执法监管体系的管理规划意见。

该规划的实施将提高长江经济带城市供水安全保障程度，增强应急供水保障能力，通过优化布局取水口和入河排污口，将使集中式饮用水水源地水质全面达标，水功能区主要污染物入河量控制在限制排污总量范围之内，区域水污染物排放总量控制在有关环保部门下达的总量控制指标以内，江河、湖泊水质有明显改善，规划区内城市供水安全保障程度将得到显著提高。对实现长江经济带沿江地区供水安全和生态安全、建设长江绿色生态廊道具有重要作用。

该规划还着重强调组织落实的可操作性，提出近期重点对地级以上城市布局不合理的取水口、入河排污口进行调整和整治；调整位于不宜取水区内的饮用水取水口，逐步取缔规划区规模以下取水口，实现城市管网统一供水；优先整治禁止排污区的入河排污口，重点治理严格限制排污区河段和一般限制排污区中水质不达标河段及城市河段的入河排污口；加强各地级以上城市应急水源布局；不断完善管理体制机制等近期实施项目，为长江经济带各省（直辖市）实施整改明确目标。要求长江经济带沿江各省级人民政府应以省级行政区为单元编制实施规划，以地级城市为单元编制实施方案，并提出了2017年、2020年两个时间节点的控制目标，为进一步建立健全制度机制，为地方实施方案的编制提出目标和要求。提出了多渠道多方式积极跟踪调研地方实施情况，加强对地方实施规划的指导和监督检查，及时对地方实施方案组织审核和回复等规划实施保障措施。

“一分规划，九分落实”，实现政令畅通，关键在落实。经过此次规划后，明确不同层级管理目标，有针对性地提出后续要求，加强监督检查等管理手段是今后规划落实的重点，后续规划的编制将坚持以此为基本思路，加强规划的严肃性、权威性，落实规划措施防控，过程常态监督，实施效果考核。

三、《丹江口市水资源保护规划（2018—2030 年）》

丹江口市是南水北调中线核心水源地——丹江口水库所在地，也是秦巴区生物多样性保护区以及国家功能区限制开发中最重要的地区之一。近年来，丹江口市经济社会持续快速发展，城市建设日新月异；同时也存在着城乡环保历史欠账较多、环境污染治理设施长期滞后于人口和经济增长的步伐等生态与环境问题。随着南水北调中线工程通水，丹江口库区的水资源保护以及环境风险防范的压力加大，做好丹江口市水资源保护，不仅对保障“一库清水永续北送”，而且对促进丹江口市经济社会发展、实现人水和谐具有重要意义。

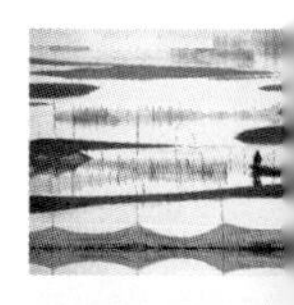

为加强水资源保护，落实最严格水资源管理制度，丹江口市大力推进水生态文明建设，着力构建水资源保护和河湖健康保障体系。为将《丹江口市水资源保护规划》作为今后有序开展水资源保护工作的基础和重要依据，丹江口市组建专班，明确工作目标和责任，落实技术承担单位，按照湖北省水利厅关于水资源保护规划要求，编制形成了该规划。

《丹江口市水资源保护规划》根据全市经济社会发展对水资源保护的新要求，结合现有资源条件及技术经济的可能性，统筹考虑水资源保护与利用、近期与远期的关系，通过对全市水系水质、入河排污口、水生态和水资源保护现状调查评价，科学规划全市水资源保护的总体格局，提出水资源保护的具体要求与主要措施，构建丹江口市水资源保护体系。规划任务是：

（1）重点开展丹江口水库水资源保护

丹江口水库的保护目标是：保障控制断面的生态基流，综合解决区域水资源供需矛盾；明确水功能区的水体纳污能力，核定分区污染物排放总量；逐步恢复不同类型水域之间的生态联系。

（2）控制城市污染物入河量，遏制局部水域污染加重的趋势

加大水污染综合治理力度，严格落实主要污染物入河总量控制方案；根据水功能

区要求，结合污水处理设施和堤防护岸工程建设，对城市现有取水口、排水口进行优化调整、改造。

（3）抓好饮用水水源地的综合治理，保障饮水安全

以水功能区为单元，落实最严格水资源管理制度，科学划定和调整丹江口市的饮用水水源保护区，切实加强饮用水水源地保护。对以河道为水源的，坚决取缔水源保护区内的直接排污口；对以水库为水源的，严防养殖业污染水源，禁止有毒有害物质进入饮用水水源保护区。强化水污染事故的预防和应急处理，确保群众饮水安全。

（4）加强城镇河段水生态修复和保护

加大城镇河段的水污染防治力度和水生态修复和保护力度。加快推进城镇工业和生活污水收集与处理设施的建设，在强化入河排污口优化布局与整治的基础上，开展城镇河段水生态修复和保护。

（5）强化丹江口市水资源保护，构建区域健康的河湖生态水网

加强丹江口市水污染与水生态建设。坚持分区治理、重点突出、分步实施的原则，开展丹江口市水资源保护工作。

四、《丹江口库区及上游水污染防治和水土保持规划》

丹江口库区及上游地区是南水北调中线工程水源区，党中央、国务院高度重视水源区水质保护工作，多次强调治污环保是南水北调工程成败的关键，社会各界也普遍关注调水水质。为落实国务院关于南水北调工程建设“先节水后调水、先治污后通水、先环保后用水”的原则，保护好丹江口水库“一库清水”，促进区域经济社会发展与生态环境建设。2006年，国务院批复实施了《丹江口库区及上游水污染防治和水土保持规划》（国函〔2006〕10号）；2012年，批复了《丹江口库区及上游水污染防治和水土保持“十二五”规划》（国函〔2012〕50号）；2016年，批复了《丹江口库区及上游水污染防治和水土保持“十三五”规划》（国函〔2016〕50号），这些规划的实施为库区水环境改善和生态建设发挥了重要作用。

1.《丹江口库区及上游水污染防治和水土保持规划（2006—2010年）》

《丹江口库区及上游水污染防治和水土保持规划（2006—2010年）》的编制始于2002年，由中国环境科学院牵头，长江委有关部门参与，2004年完成规划报告。国务院于2006年批复实施（国函〔2006〕10号）。

该规划涉及丹江口库区及上游陕西、湖北、河南3省5个地（市）的40个县，土地总面积8.81万平方千米。

基于丹江口水库水质现状可以达到调水要求，为防止经济社会发展产生新的水土

流失和新污染源，确定了预防为主、保护优先；水质、水量并重，点源、面源同控；统筹协调，突出重点；立足近期，着眼长远；政府主导，强化调控五条规划原则。

该规划目标是：丹江口库区水质长期稳定达到国家地表水环境质量标准Ⅱ类要求，汉江干流省界断面水质达到Ⅱ类标准，直接汇入丹江口水库的各主要支流达到不低于Ⅲ类标准。水土流失严重地区，开展以小流域为单元的综合治理，使治理区24县的水土流失治理程度达到30%～40%，开展治理的小流域减蚀率达到60%～70%，林草植被覆盖度增加15%～20%，年均减少入库泥沙0.4亿～0.5亿吨，增强水源涵养能力，年均增加调蓄能力4亿立方米以上。

根据规划原则和规划目标，在流域水资源规划和土地利用规划的基础上，进行了流域水质规划和水土保持总体规划、区域治污规划和水土保持规划、水污染防治和水土保持工程与管理项目和投资规划三个层面的工作。划分了水源地安全保障区、水质影响控制区和水源涵养生态建设区，并进一步划分了水污染控制单元18个、子单元42个。水土保持划分了重点预防保护区、重点监督区和重点治理区，并在水源地安全保障区设置了生态缓冲、综合治理、自然修复三道防线。

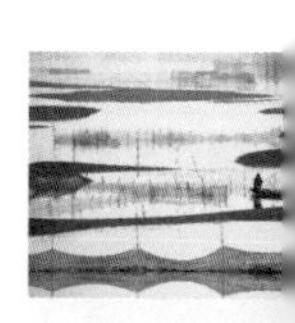

该规划提出了建设污水处理厂、工业点源治理、小流域综合治理、垃圾清理及处理、生态农业、示范工程、科学技术研究与推广、监测能力建设等措施，以实现丹江口直接入库河流水质迅速改善、小流域水土保持先行见效。丹江口库区及上游主要城市十堰、安康、商州、汉中的城市基础设施重点建设，以汉江干流上的安康水库、石泉水库为重点，形成保护丹江口水库的生态屏障。

该规划确定水污染防治近期项目92个，水土保持与面污染源防治近期项目783个，总投资67.88亿元左右。每年可削减COD9.6万吨，氨氮0.39万吨，使治理区24个县的水土流失治理程度达到30%～40%。

该规划建议国家投资总计46.31亿元，其中水污染防治20.70亿元，水土保持和面源防治25.61亿元。

在近期项目付诸实施、南水北调中线工程2010年输水水质得到保证后，规划建议的1235个远期项目应逐步纳入国民经济社会发展规划，在2010年后继续实施，实现南水北调中线工程水源地长治久安。

2.《丹江口库区及上游水污染防治和水土保持“十二五”规划》

《丹江口库区及上游水污染防治和水土保持“十二五”规划》是在评估“十一五”期间实施的情况和存在问题的基础上，核定规划分区、控制单元范围以及修订基础数据，评价并筛选重点控制单元，统筹安排流域水污染防治和水土流失治理任务，合理布局各类工程。规划范围上，在原来的基础上增加了河南省内乡县、邓州市以及湖北省神农架林区的部分地区，共涉及河南、湖北和陕西3省8个地（市）43个县市（区），总面积9.52万平方千米。

该规划目标包括：

——水质目标：2014年中线通水前，丹江口水库陶岔取水口水质达到地表水环境质量Ⅱ类要求（总氮保持稳定）；主要入库支流水质符合水功能区管理目标要求；汉江干流省界断面水质达到地表水环境质量Ⅱ类要求。2015年末，丹江口水库水质稳定达到地表水环境质量Ⅱ类要求（总氮保持稳定）；直接汇入丹江口水库的主要支流水质不低于Ⅲ类，入库河流全部达到水功能区管理目标要求。汉江干流省界断面水质达到地表水环境质量Ⅱ类要求。

——污染物总量控制目标：以污染源普查动态更新2010年数据，作为规划区各地污染物排放基数，根据国家《"十二五"节能减排综合性工作方案》（国发〔2011〕26号）规定的削减任务，提出规划区各省COD和氨氮排放总量控制目标。

——水土保持目标：治理水土流失面积6294平方千米，实施坡改梯315平方千米；水土流失累计治理程度达到50%以上，新增项目区林草覆盖率增加5%～10%；年均增加调蓄水能力2亿立方米以上；年减少土壤侵蚀量0.1亿～0.2亿吨。

该规划的主要任务包括：制定重点控制单元水环境综合整治方案、一般控制单元水污染防治规划、水土保持规划等。规划总投资119.66亿元，涉及污水处理设施建设、垃圾处理设施建设、工业点源污染防治、入河排污口整治、水环境监测能力建设、水土保持、库周生态隔离带建设、农业面源污染防治、尾矿库污染治理以及重污染河道内源污染治理等项目。

3.《丹江口库区及上游水污染防治和水土保持"十三五"规划》

《丹江口库区及上游水污染防治和水土保持"十三五"规划》经国务院同意，于2017年5月由发展改革委、南水北调办、水利部、环境保护部、住建部联合印发（发改地区〔2017〕1002号）。该规划是在前两轮规划实施的基础上，为持续深化水源区水质保护、增强水源涵养、强化风险管控、促进绿色发展，确保"一泓清水永续北送"的背景下继续实施的。规划范围涉及河南、湖北、陕西3省的14市、46县（市、区）以及四川省万源市、重庆市城口县、甘肃省两当县部分乡镇，面积9.52万平方千米。规划基准年为2015年，规划期至2020年。

该规划目标是：到2020年，中线水源区总体水质进一步改善，丹江口水库营养水平得到控制，水源涵养能力进一步增强，节水型社会建设初见成效，水环境监测、预警与应急能力得到提升，经济社会发展与水源保护协调性增强。

——水质目标：丹江口水库和中线取水口水质稳定并保持Ⅱ类，库区总氮浓度不劣于现状水平；到2020年，汉江和丹江干流断面水质为Ⅱ类，其他直接汇入丹江口水库的主要河流水质达到水功能区水质目标。

——水源涵养目标：到2020年，水源区新增治理区林草覆盖率提高5% ~ 10%，年均减少土壤侵蚀量0.2亿~ 0.3亿吨，增加水源涵养量12亿立方米。

——风险控制目标：实现南水北调中线丹江口水库饮用水水源保护区规范化、制度化管理，水源区生态环境监测网络和突发环境事件应急能力满足中线工程调水长期安全运行要求。

规划采用分区分类并有差异性的管控，水源区总体划分为水源地安全保障区、水质影响控制区、水源涵养生态建设区三类区域。另又划分为43个控制单元。

——水源地安全保障区。涉及丹江口水库水域、水库周边区域以及老灌河、淇河、丹江、滔河、天河、犟河、泗河、神定河、剑河、官山河、浪河等流域。该区以丹江口水库饮用水水源保护区为核心，重点开展饮用水水源保护区规范化建设，全面削减各类污染负荷，治理不达标入库河流，强化水污染风险管控。

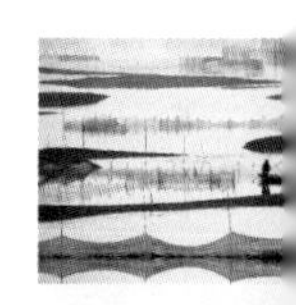

——水质影响控制区。涉及湖北黄龙滩水库以上堵河流域、汉江陕西白河县以上和安康水库以下的汉江流域。该区重点围绕总氮负荷的削减，加强畜禽养殖污染治理，减少农药化肥施用量，完善城镇环境基础设施。

——水源涵养生态建设区。涉及安康水库及以上的汉江流域，主要任务是治理水土流失，开展退耕还林还草，稳步推进重点镇、汉江干流沿岸建制镇及以上行政区的城镇环境基础设施建设，增强水源涵养能力。

该规划的主要任务包括水污染防治、水源涵养和生态建设、风险管控三大块。水污染防治规划包括工业污染防治、城市污染防治、农业污染防治三方面；水源涵养和生态建设规划包括库区周边生态隔离带建设、水土流失综合治理、林业生态建设、节水型社会建设等四个方面；风险管控规划包括丹江口水库水源地规范化建设、风险源识别与监控、监测预警和应急能力建设三个方面。估算总投资196亿元。

五、《洞庭湖水环境综合治理规划》

洞庭湖是我国第二大淡水湖，是长江流域重要的调蓄性湖泊，在调节长江径流、维护生态平衡、保护生物多样性和促进区域发展等方面具有重要作用。自2014年国务院批复《洞庭湖生态经济区规划》（国函〔2014〕46号）以来，湖南、湖北两省及国务院有关部门积极推进洞庭湖水环境治理，取得了一定成效。但受发展阶段和发展方式制约，以及近年来入湖江河水文节律的变化，洞庭湖面临部分地区供水保障能力不强、水体污染形势严峻、生态系统退化等问题。为尽快解决上述突出问题，促进洞庭湖流域特别是洞庭湖生态经济区可持续发展，2018年12月，国家发展改革委、自然资源部、生态环境部、住房城乡建设部、水利部、农业农村部和林草局联合印发了《洞庭湖水环境综合治理规划》（发改地区〔2018〕1763号）。

《洞庭湖水环境综合治理规划》针对洞庭湖水资源、水环境和水生态存在的主要问题，从供水安全保障、水污染防治和水生态保护与修复等方面提出了治理措施。

1. 强化水源地保护

以供水人口多、环境敏感的农村饮用水水源地为重点，加快划定城乡饮用水水源保护区或保护范围，开展水源环境状况定期监测和调查评估，积极推进饮用水水源地规范化建设。开展水源地环境整治，加强重点行业排污监管，对可能影响饮用水水源地安全的化工、制药等重点行业及重点污染源，强化环境执法监管和风险防范。开展饮用水水源地监测、预警和应急处置能力建设，健全水源风险评估和预警预报系统，强化突发环境事件应急准备、预警和应急处置。

2. 水污染防治

该规划坚持源头减排与末端治理相结合的原则，通过加强全流域城乡生活污染治理，防治工业点源污染，严格控制农业面源污染，切实削减入湖污染物排放量。

该规划从城镇生活污水治理、城镇生活垃圾处理和农村人居环境整治等方面提出生活污染治理措施，对工业点源污染从重点行业水污染整治、工业聚集区污染治理、工业污染源监管等方面提出整治要求，力争通过农业种植面源污染防治、畜禽养殖污染防治、水产养殖污染防治等措施严格控制农业面源污染。

3. 水生态保护与修复

加强河湖、湿地保护和自然保护区建设，维护生物多样性；整治和连通水系，提升水体交换能力；推进森林生态系统建设，保护水土资源，提高林草覆盖率，增强水源涵养能力。

该规划通过完善保护体制、加强保护与恢复、提高资源科学管理水平等措施，强化河湖和湿地生态系统保护；研究并实施一批水系连通工程，增强河湖水体流动性，形成引排顺畅、蓄滞得当、丰枯调剂、多源互补、可调可控的脉络相通的水网体系，促进水质改善和水生态修复；修复珍稀特有动物栖息地，保护水产种质资源，构建生物多样性保护管理体系，维护生物多样性。

六、《鄱阳湖区综合治理规划》

鄱阳湖位于江西省的北部、长江中游南岸，承纳赣江、抚河、信江、饶河、修河五河及博阳河等支流来水，经调蓄后由湖口注入长江，是一个过水型、吞吐型、季节性湖泊。对应湖口水位22.5米时，湖区通江水体面积3706平方千米，容积302亿立方米。鄱阳湖是我国最大的淡水湖泊，是长江水系及生态系统的重要组成部分，不仅是长江洪水重要的调蓄场所，也是世界著名的湿地，在长江流域治理、开发与保护中占有十分重要的地位。

党和政府历来高度重视鄱阳湖区的治理、开发和保护工作，新中国成立以来，有关部门对鄱阳湖区做了大量调查研究和规划工作。以《长江流域综合利用规划简要报告（1990年修订）》《江西省鄱阳湖区综合利用规划报告（水规划部分）》等规划为指导，经过几十年的治理开发，鄱阳湖区防洪能力得到了显著提高，水资源利用和保护取得了较大成绩，水运交通得到了长足发展，水资源综合管理得到了明显加强，有力地促进了区域经济发展和社会进步。

鄱阳湖区地处长江干流与五河来水的汇合地带，受特殊的地理位置、自然条件及区域经济社会发展的影响，湖区的自然灾害仍然频繁，防洪减灾、水资源综合利用、水资源与生态环境保护等任务仍十分繁重。鄱阳湖区洪枯水位变幅大，造成沿湖城乡供水和农业灌溉季节性困难、水资源利用程度低、枯水期航深不足，沿湖资源得不到整合利用。随着经济的快速增长，鄱阳湖正面临着巨大的环境压力，特别是近几年来鄱阳湖枯水期长期维持低水位，湖泊水面水体缩小，湿地萎缩，生物量下降；与此同时，湖泊枯水期水质日渐恶化，生态安全面临威胁。

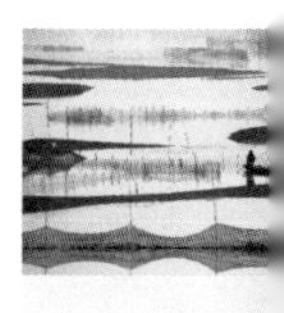

为保护鄱阳湖自然生态环境，保障经济社会的可持续发展，维护鄱阳湖生态安全、防洪安全、粮食安全与饮水安全，落实党中央提出的建设生态文明的要求，江西省委、省政府于2008年提出了建立“鄱阳湖生态经济区”的战略部署，要把该区域建设成为全国生态文明与经济社会发展协调统一、人与自然和谐相处的生态经济示范区。2009年12月，国务院正式批复了《鄱阳湖生态经济区规划》。其中，就明确要求要切实保护鄱阳湖“一湖清水”，着力构建安全可靠的生态环境保护体系，调配有效的水利保障体系。

根据水利部的统一部署，在江西省水利厅的大力支持下，长江委全面开展了鄱阳湖区综合治理规划的编制工作，于2009年12月提出《鄱阳湖区综合治理规划报告（送审稿）》。2010年7月，水利部水利水电规划设计总院在北京召开会议，对该规划报告进行了审查，提出了初审意见。会后，编制单位对有关问题进一步开展了调查、研究，对报告进行了修改，提出《鄱阳湖区综合治理规划报告（征求意见稿）》。2011年3月，水利部以《关于征求〈鄱阳湖区综合治理规划报告（征求意见稿）〉意见的函》（办规计函〔2011〕135号）将规划报告送交有关部委和省市征求意见。编制单位按有关部委和省（市）意见对报告作了补充完善，提出《鄱阳湖区综合治理规划》。

《鄱阳湖区综合治理规划》将水资源与生态环境保护规划作为其重要的组成部分，其中水资源保护规划以水功能区划为基础，通过对湖区现状水质、污染源调查和分析，制定入湖排污总量控制方案，以入湖控制量为水资源保护的控制目标，工程措施和非工程措施并重，确保鄱阳湖水功能区达标。

该规划通过对鄱阳湖水功能区水质现状、湖区水质现状和入湖河流水质现状进行整理分析，识别鄱阳湖区水资源保护现状以及存在的主要问题，在此基础上制定规划目标。通过对入湖河流携带的集中进入鄱阳湖水域的污染负荷和沿湖区县散排进入鄱阳湖水域的污染负荷进行研究，分析鄱阳湖入湖污染负荷总量特征，根据湖区水质管理目标，制定污染物控制量和削减量，据此从水资源保护和生态基流保障两个方面提出保护对策和措施。

通过对水生态和湿地生态资源的梳理，从水文情势变化、生物多样性、食物网功能、外来物种入侵等方面识别湖区生态环境存在的问题，针对区域内自然保护区和种质资源保护区等，制定生态保护目标，从保护措施和监测方案两个方面分别制定水生态保护规划和湿地保护规划。

《鄱阳湖区综合治理规划》在总结以往规划成果和鄱阳湖区治理、开发与保护经验的基础上，以科学发展观为指导，满足建设环境友好型、资源节约型社会以及和谐社会的要求，注重协调人与水、人与湖泊的关系，处理好经济社会发展与水资源、水环境承载能力的关系，协调生态与环境、生态与发展的关系，对防洪减灾、水资源综合利用、生态环境保护、水利管理等四大体系作了较为全面的规划。

第六节　生态建设规划

水生态修复与建设相关规划是近年来新兴的规划内容之一。水生态建设的意义主要在于根据水生态状况评价、水生态问题分析和影响因素识别成果，明确主要生态保护对象和目标，制定相应各类水生态保护与修复工程与非工程措施配置方案，改善区域水生态状况，修复受损的河流湖泊生境。

一、生态建设规划的特点

我国政府十分重视生态环境保护规划。1998 年 11 月，国务院印发《全国生态环境建设规划》，确定了近期（1998—2010 年）、中期（2011—2030 年）和远期（2031—2050 年）三个阶段的目标。2014 年 2 月，经国务院批准，国家发展改革委等 12 个部委局联合印发了《全国生态保护与建设规划（2013—2020 年）》。2016 年 11 月，国务院又印发了《“十三五”生态环境保护规划》（国发〔2016〕65 号）。这些规划不但明确了我国生态建设的基本要求，更重要的是确定了不同阶段水资源和生态建设与保护的目标和特点。该规划主要体现在如下几个方面。

1. 水质与水量并重

21 世纪初及以前，流域水资源保护的重点及重心始终放在水质保护方面，对于水量的保护涉及很少。随着水资源开发利用强度加大，众多水电站、引水口门、调水工程的建设，河段脱水、减水问题逐渐凸显，河流生态系统功能受损，由于水量缺失而引起的与水相关的生态环境问题越来越严重。人们开始关注河流生态需水及保障问题，流域水资源保护规划也从单一的水质保护，转变到水质、水量并重阶段。

在 2000 年开展的全国水资源综合规划编制任务书及技术大纲阶段，长江水保局配合水利部水利水电规划设计总院，提出与水相关的生态环境保护问题也应纳入水资源保护规划范畴的建议。

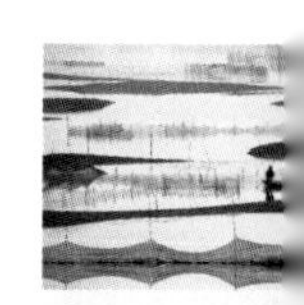

当时主要从地表水不合理开发利用、地下水超采、水体污染等造成的与水相关的生态环境问题等方面对全国、全流域层面开展了现状调查与评价。在此基础上，根据需水预测、供水预测及水资源配置等分析成果，对由于水资源不合理开发利用以及不恰当的水事行为带来的水生态环境问题，研究提出对策措施。根据水资源配置成果，对现状用水超过当地水资源承载能力、导致生态环境严重恶化的地区，研究生态环境用水，提出包括生态环境用水在内的水资源配置方案，从而在满足生活、生产用水的条件下，对生态环境用水作出总体安排；同时分析研究造成河道断流（干涸）、湖泊与湿地萎缩的原因，提出解决此类生态环境问题的方案，制定对策措施，如河流上下游多水库联合调度、增加河道内用水量等；分析研究增加河流下游流量的配置方案，以及地表水与地下水的联合调度方案，控制地下水水位在一个合理的水平上，既不产生荒漠化，又不产生次生盐渍化等生态环境问题。根据生态环境用水研究成果，制定与水相关的生态环境保护对策措施，改善生态环境。提出修复生态环境的工程措施和非工程措施，并对其预期效果进行分析。

在国务院批复的《全国水资源综合规划》及《长江流域及西南诸河水资源综合规划》中，将河流生态需水的保障作为水资源保护规划的主要内容之一。首次在规划中增加了河流水生态保护与修复内容，按照河道内和河道外生态环境需水与用水要求，合理配置水资源，保障生态环境用水，提高河湖水体对水生态的保护和对水体的自然净化功能。规划提出了长江流域主要控制节点生态环境需水、主要河流生态需水量、分区河流生态环境需水、城镇生态环境需水、农村生态环境建设用水等多个流域水资源控制指标与水量，将水资源保护的内容从单一的水质保护，增加到了水质、水量保护并重。

2. 水资源保护与水生态保护并重

随着经济社会快速发展，我国水生态状况日趋恶化，部分江河源头区水生态功能衰退，水源涵养能力降低；部分地区水资源过度开发，河湖生态用水被严重挤占，导致部分区域河道断流、绿洲和湿地萎缩、湖泊干涸与咸化、河口生态恶化；不合理的人类开发与建设活动对流域生态系统破坏严重，加上不断加剧的水体污染和水土流失，导致生境破碎化和生物多样性减少，物种濒危和灭绝的速度加快；部分地区地下水超采严重，许多地区出现大面积的地下水漏斗，造成地面沉降。以上生态问题都将对我国水资源可持续利用和经济社会可持续发展造成严重影响。

实施水生态保护与修复是贯彻落实科学发展观和新时期治水思路、建设社会主义生态文明的重要举措，也是水资源保护工作的重要内容之一。2009年，长江委按照水利部的统一部署，参与全国水生态修复规划的编制工作。从流域的水生态规划单元划分、水生态现状调查与评价、主要保护对象与目标识别等方面，对长江流域片的水生态现状进行了评价与识别，并从生态需水保障、水环境保护、河流生境形态与保护、水生生物保护、管理与监测等方面提出了流域水生态保护的总体布局与措施内容。提出了丹江口、岷江两个试点区域的水生态保护与修复规划内容。

这些水生态保护措施，对后续支流、湖库综合规划起到了重要的指导作用。水资源保护规划的内容也从水质、水量保护拓展到了水生态方面，实现水质、水量、水生态的统筹协调、统一规划、统一保护。2005年，国家全面启动了长江流域综合规划修编工作，把生态和环境保护作为重要规划目标之一，坚持“在开发中落实保护，在保护中促进开发”的原则，统筹协调开发与保护的关系。

3. 水域与陆域并重

水域和陆域是生态系统的重要组成部分。水域，强调“尊重”自然生态规律，采用自然或人工方法最大限度地恢复河道的自然属性，主张“在保护中利用”；陆域，强调“结合”自然生态规律，在建设中利用该地区的生态要素，满足经济和社会需求，实现其生态价值的复合性，主张“在利用中保护”。前者重视自然的客观规律性，后者重视人的主观能动性。

生态建设应水陆兼顾，在开展水生生境、水生生物多样性保护与修复的同时，也应注重水资源保护带和生态隔离带建设。水陆统筹，按照水陆结合、“预防、治理、修复”并重的原则，构建沿江、沿河、环湖水资源保护的四道屏障。

二、重要生态建设规划

1.《全国生态环境建设规划》

1998 年 11 月，国务院印发《全国生态环境建设规划》（国发〔1998〕36 号）。提出我国生态环境建设的指导思想是：要充分发挥社会主义制度的优越性，调动全社会各方面的力量，坚持从我国的国情出发，遵循自然规律和经济规律，紧紧围绕我国生态环境面临的突出矛盾和问题，以改善生态环境、提高人民生活质量、实现可持续发展为目标，以科技为先导，以重点地区治理开发为突破口，把生态环境建设与经济发展紧密结合起来，处理好长远与当前、全局与局部的关系，促进生态效益、经济效益与社会效益的协调统一。该规划确定了近期（1998—2010 年）、中期（2011—2030 年）和远期（2031—2050 年）三个阶段的目标，是我国生态环境建设的比较长期的纲领性文件。但随着经济社会发展，人们对生态环境的要求越来越高，国家又相继出台了不同时期的生态保护与建设规划，这些规划对推动我国生态建设、改善生态环境起到了重要作用，是长江流域的生态环境建设最重要的依据。

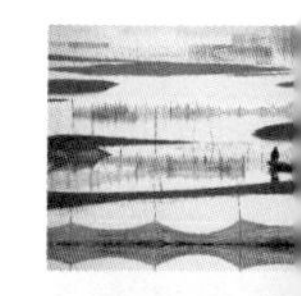

《全国生态环境建设规划》的总体目标是：用大约 50 年的时间，动员和组织全国人民，依靠科学技术，加强对现有天然林及野生动植物资源的保护，大力开展植树种草，治理水土流失，防治荒漠化，建设生态农业，改善生产和生活条件，加强综合治理力度，完成一批对改善全国生态环境有重要影响的工程，扭转生态环境恶化的势头。力争到 21 世纪中叶，使全国适宜治理的水土流失地区基本得到整治，适宜绿化的土地植树种草，“三化”草地基本得到恢复，建立起比较完善的生态环境预防监测和保护体系，大部分地区生态环境明显改善，基本实现中华大地山川秀美。

各阶段的奋斗目标为：

——近期目标。1998—2010 年，用大约 12 年的时间，坚决控制住人为因素产生新的水土流失，努力遏制荒漠化的发展。生态环境特别恶劣的黄河长江上中游水土流失重点地区以及严重荒漠化地区的治理初见成效。

到 2003 年，是实现近期目标的关键时期。要力求起好步，开好局。采取切实有效措施，加快水土流失和荒漠化土地治理步伐，有效遏制黄河上中游等重点区域生态环境继续恶化的趋势。有计划地停止天然林的采伐和湿地开发，坚决禁止毁林毁草开垦和围湖造地，对过度开垦、围垦的土地，要有计划有步骤地还林还草还湖，逐步将 25 度以上的陡坡地退耕还林还草，25 度以下的坡地实现梯田化。改善农业基础条件，建设高产稳产基本农田，推广先进农业技术，发展旱作节水农业，稳定解决贫困地区的脱贫问题，减轻经济活动对自然生态环境的压力。新增治理水土流失面积 30 万平方千米，治理荒漠化土地面积960万公顷；新增森林面积2500万公顷，森林覆盖率达到17.6%以上，新增自然保护区面积800万公顷；改造坡耕地300万公顷，退耕还林300万公顷，建设高标准、林网化农田面积600万公顷；新建人工草地、改良草地2000万公顷，治理“三化”草地1500万公顷。在重点区域建设一批水土保持、节水灌溉、旱作农业和生态农业示范工程。建立全国生态环境预防监测体系。

到2010年，新增治理水土流失面积60万平方千米，治理荒漠化土地面积2200万公顷；新增森林面积3900万公顷，森林覆盖率达到19%以上（按郁闭度大于0.2计算，下同）；改造坡耕地670万公顷，退耕还林500万公顷，建设高标准、林网化农田1300万公顷；新建人工草地、改良草地5000万公顷，治理“三化”草地3300万公顷；建设一批节水农业、旱作农业和生态农业工程；改善野生动植物栖息环境，自然保护区占国土面积达到8%。在生态环境重点区域建立预防监测和保护体系。

——中期目标。2011—2030年，在遏制生态环境恶化的势头之后，大约用20年的时间，力争使全国生态环境明显改观。全国60%以上适宜治理的水土流失地区得到不同程度整治，黄河长江上中游等重点水土流失治理大见成效；治理荒漠化土地面积4000万公顷；新增森林面积4600万公顷，全国森林覆盖率达到24%以上，各类自然保护区面积占国土面积达到12%；旱作节水农业和生态农业技术得到普遍运用，新增人工草地、改良草地8000万公顷，力争一半左右的“三化”草地得到恢复。重点治理区的生态环境开始走上良性循环的轨道。

——远期目标。2031—2050年，再奋斗20年，全国建立起基本适应可持续发展的良性生态系统。全国适宜治理的水土流失地区基本得到整治，宜林地全部绿化，林种、树种结构合理，森林覆盖率达到并稳定在26%以上；坡耕地基本实现梯田化，“三化”草地得到全面恢复。全国生态环境有很大改观，大部分地区基本实现山川秀美。

生态环境建设的总体布局是：参照全国土地、农业、林业、水土保持，自然保护区等规划和区划，将全国生态环境建设划分为八个类型区域：黄河上中游地区、长江中上游地区、“三北”风沙综合防治区、南方丘陵红壤区、北方土石山区、东北黑土漫岗区、青藏高原冻融区和草原区。明确了优先实施的重点地区和重点工程，提出了生态环境建设的政策措施。这些政策措施包括加强领导，认真做好规划的组织实施工作；加强法制建设，依法保护和治理生态环境；把科技进步放在突出位置，大力推广先进适用的科技成果；继续深化“四荒”承包改革，稳定和完善有关鼓励政策；抓好重点工程的建设和管理；以及建立健全稳定的投入保障机制等6个方面。

其中长江上中游地区包括川、黔、滇、渝、湘、赣、青、甘、陕、豫的大部或部分地区，总面积170万平方千米，水土流失面积55万平方千米。该区域山多山高平坝少，生态环境复杂多样，水资源充沛，但保水保土能力差，土地分布零星，人均耕地较少，且旱地坡耕地多。长期以来，上游地区由于受不合理的耕作、草地过度放牧和森林大量采伐等影响，水土流失日益严重，土层日趋瘠薄；滇、黔等石质山区降雨量和降雨强度大，滑坡、泥石流灾害频繁，不少地区因土地“石化”而贫困，甚至丧失基本生存条件，中游地区因毁林毁草开垦种地，水土流失严重，造成江河湖库泥沙淤积，加上不合理的围湖造田，加剧洪涝灾害的发生。生态环境建设的主攻方向是：以改造坡耕地为中心，开展小流域和山系综合治理，恢复和扩大林草植被，控制水土流失。保护天然林资源，支持重点林区调整结构，停止天然林砍伐，林业工人转向营林管护。营造水土保持林、水源涵养林和人工草地。有计划有步骤地使25度以上的陡坡耕地退耕还林（果）还草，25度以下的坡地改修梯田。合理开发利用水土资源、草地资源、农村能源和其他自然资源，禁止滥垦乱伐，过度利用，坚决控制人为的水土流失。

青藏高原冻融区的区域面积约176万平方千米，其中水力、风力侵蚀面积22万平方千米，冻融侵蚀面积104万平方千米。该区域绝大部分是海拔3000米以上的高寒地带，土壤侵蚀以冻融侵蚀为主。人口稀少，牧场广阔，东部及东南部有大片林区，自然生态系统保存较为完整，但天然植被一旦破坏将难以恢复。生态环境建设的主攻方向是：以保护现有的自然生态系统为主，加强天然草场、长江黄河源头水源涵养林和原始森林的保护，防止不合理开发。

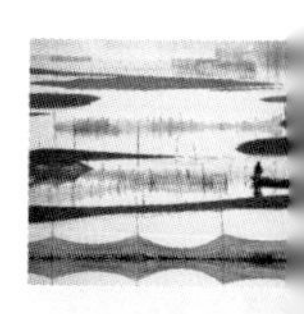

优先实施的重点地区为黄河上中游地区、长江上中游地区、风沙区和草原区。其中长江中上游地区的任务是减少泥沙流失，把保障长江安全至关重要的嘉陵江流域、云南金沙江流域、洞庭湖区、鄱阳湖区、川西地区和三峡库区等重点地区的生态环境建设好，努力在以坡改梯为主的基本农田建设、以小型水利设施为主的水利建设以及自然资源保护方面取得显著成效。优先建设一批林果和水土流失综合治理工程，实施天然林资源保护工程，加快天然林区森工企业转产，停止天然林砍伐，大力开展营林造林，建设生态农业工程，推广水土保持耕作技术。主要建设任务是：到2003年，累计治理水土流失面积8万平方千米，完成造林面积300万公顷，改造坡耕地70万公顷，建设一批旱作农业、生态农业、农村能源、农业资源可持续利用工程以及沃土示范工程。到2010年，累计治理水土流失面积16万平方千米，完成造林面积1500万公顷。

2.《全国生态保护与建设规划（2013—2020年）》

《全国生态保护与建设规划（2013—2020年）》经国务院批准，于2014年2月由国家发展改革委等12个部委局联合印发（发改农经〔2014〕226号）。该规划是在国务院1998年印发的《全国生态环境建设规划》和2000年印发的《全国生态环境

保护纲要》基础上编制的，具有以下几个新的特点：一是更加注重生态保护，将规划名称确定为《全国生态保护与建设规划》；二是增加了海洋区，规划范围扩展为全国陆域、内水、领海及管辖海域；三是调整了区划布局，将与其他区域存在重叠的草原区分别纳入其他区域中，将平原区单独列出；四是确定国家层面的建设重点为青藏高原生态屏障、黄土高原—川滇生态屏障、北方防沙带、东北森林带、南方丘陵山地带、近岸近海生态区等集中连片区域和其他点块状分布的重要生态区域，构建“两屏三带一区多点”为骨架的国家生态安全屏障；五是细化了建设内容，提出了森林、草原、荒漠、湿地与河湖、农田、城市、海洋七大生态系统和防治水土流失、推进重点地区综合治理、保护生物多样性、保护地下水资源、强化气象保障等12项建设任务。该规划与《国民经济和社会发展第十二个五年规划纲要》和《全国主体功能区规划》等进行了衔接，是当前和今后一个时期全国生态保护与建设的行动纲领，是行业和地方编制相关专项规划的重要依据。

生态保护与建设任务主要包括保护和培育森林生态系统、保护和治理草原生态系统、保护和修复荒漠生态系统、保护和恢复湿地与河湖生态系统、保护和改良农田生态系统、建设和改善城市生态系统、保护和整治海洋生态系统、防治水土流失、推进重点地区综合治理、保护生物多样性、保护地下水资源、强化生态建设的气象保障等12个方面。

该规划在总体布局上依然是采取分区的方式，在《全国生态环境建设规划（1998—2050年）》的基础上，参考农业、林业、水利、城市以及水功能、海洋功能等区划，将全国生态保护与建设划分为9个区域，即黄河上中游地区、长江中上游地区、“三北”风沙综合防治区、南方山地丘陵区、北方土石山区、东北黑土漫岗区、青藏高原区、东部平原区和海洋区等，较1998年规划有所调整。在此基础上，参照《全国主体功能区规划》，依据生态功能和生态脆弱区域分布特点，确定国家层面生态保护与建设的战略重点为青藏高原生态屏障、黄土高原—川滇生态屏障、东北森林带、北方防沙带、南方丘陵山地带、近岸近海生态区等集中连片区域和其他点块状分布的重要生态区域，构建“两屏三带一区多点”为骨架的国家生态安全屏障，包括国家全部25个重点生态功能区。

生态保护与建设的主要任务包括保护和培育森林生态系统、保护和治理草原生态系统、保护和修复荒漠生态系统、保护和恢复湿地与河湖生态系统、保护和改良农田生态系统、建设和改善城市生态系统、保护和整治海洋生态系统、防止水土流失、推进重点地区综合治理、保护生物多样性、保护地下水资源、强化生态建设的气象保障以及相应的政策保障措施等13个方面。规划在分类体系上更加清晰，针对性更强。

3.《国家“十三五”生态环境保护规划》

2016年11月，国务院印发《国家“十三五”生态环境保护规划》（国发〔2016〕65号），确立的指导思想是深入贯彻习近平总书记系列重要讲话精神和治国理政新理念新思想新战略，统筹推进“五位一体”（即经济建设、政治建设、文化建设、社会建设、生态文明建设）总体布局和协调推进“四个全面”（即全面建成小康社会、全面深化改革、全面依法治国、全面从严治党）战略布局，牢固树立和贯彻落实创新、协调、绿色、开放、共享的发展理念，按照党中央、国务院决策部署，以提高环境质量为核心，实施最严格的环境保护制度，打好大气、水、土壤污染防治三大战役，加强生态保护与修复，严密防控生态环境风险，加快推进生态环境领域国家治理体系和治理能力现代化，不断提高生态环境管理系统化、科学化、法治化、精细化、信息化水平，为人民提供更多优质生态产品，为实现“两个一百年”奋斗目标和中华民族伟大复兴的中国梦作出贡献。

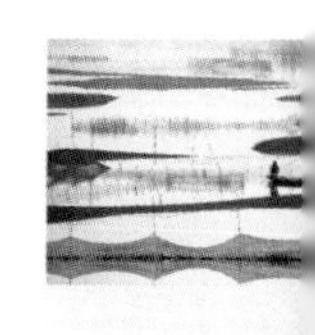

该规划确立的基本原则是：坚持绿色发展、标本兼治，坚持质量核心、系统施治，坚持空间管控、分类防治，坚持改革创新、强化法治，坚持履职尽责、社会共治。

规划内容主要包括：

（1）强化源头防控，夯实绿色发展基础。内容包括强化生态空间管控、推进供给侧结构性改革、强化绿色科技创新引领、推动区域绿色协调发展等4个方面。

（2）深化质量管理，大力实施三大行动计划。内容包括分区施策改善大气环境质量、精准发力提升水环境质量、分类防治土壤环境污染等3个方面。

（3）实施专项治理，全面推进达标排放与污染减排。内容包括实施工业污染源全面达标排放计划、深入推进重点污染物减排、加强基础设施建设、加快农业农村环境综合治理等4个方面。

（4）实行全程管控，有效防范和降低环境风险。内容包括完善风险防控和应急响应体系、加大重金属污染防治力度、提高危险废物处置水平、夯实化学品风险防控基础、加强核与辐射安全管理等5个方面。

（5）加大保护力度，强化生态修复。内容包括维护国家生态安全、管护重点生态区域、保护重要生态系统、提升生态系统功能、修复生态退化地区、扩大生态产品供给、保护生物多样性等7个方面。

（6）加快制度创新，积极推进治理体系和治理能力现代化。内容包括健全法治体系、完善市场机制、落实地方责任、加强企业监管、实施全民行动、提升治理能力。

（7）实施一批国家生态环境保护重大工程。内容包括环境保护治理重点工程、山水林田湖生态工程等25项重点工程。

（8）健全规划实施保障措施。内容包括明确任务分工、加大投入力度、加强国际合作、推进试点示范、严格评估考核等5个方面。

4.《全国主要河湖水生态保护与修复规划》

我国河流湖泊众多。据统计，全国流域面积在100平方千米以上的河流约有5万多条，大于1000平方千米的有1500多条，主要集中在长江、黄河、珠江、松花江和辽河等流域内。全国现有面积大于10平方千米的湖泊635个，总面积7.72万平方千米，总储水量7421.5亿立方米，主要分布在青藏高原、蒙新高原、东北平原以及江淮平原等地。我国也是世界上湿地类型齐全、数量大、分布广的国家之一，湿地总面积约65万平方千米，主要有沼泽湿地、三角洲湿地、泛洪平原湿地等。目前我国天然湖泊、湿地凸显面积萎缩、连通性降低、湖泊富营养化加剧等问题。为贯彻落实新时期治水新思路，遵循人水和谐的理念和要求，以维护流域主要河湖水生态系统良性循环为核心，根据水资源布局和配置条件，针对我国主要河流、湖泊水生态状况、问题和发展趋势，2010年8月，水利部水利水电规划设计总院编制完成《全国主要河湖水生态保护与修复规划》，因地制宜、科学合理地提出我国水生态分区方案、水生态保护与修复规划指标、技术措施体系、总体布局以及试点项目，为全面开展河湖水生态保护与修复工作提供了技术支撑。

该规划主要任务和内容包括：进行全国主要河湖水生态现状调查；在水生态分区及规划河段划分的基础上，评价各规划河段主要水生态状况并识别主要问题；明确水生态保护与修复目标；进行主要河湖水生态保护与修复措施的总体布局；在研究水生态保护与修复技术体系的基础上提出各规划单元措施；结合已有的工作基础，筛选并提出试点规划方案等。

（1）水生态状况调查。主要河湖水生态状况调查以现有资料收集和分析为主，并针对部分主要河湖和重要生态敏感区开展水生态补充调查监测，内容包括：各流域主要河湖规划和水资源开发利用状况；重点水工程的环境影响评价资料；各有关部门的统计资料及行业公报；各有关部门组织完成的国家主体功能区划、生态功能区划、各级自然保护区及重要湿地有关资料；全国及有关省区相关部门完成的生态调查评价成果和遥感数据；经济社会现状及发展资料和水污染状况等。

（2）水生态状况评价。以水生态一级区为汇总单元，结合水生态二级分区，对各规划单元水生态要素指标进行分析和评价；分析各规划河段主要生态保护对象及主要水生态问题，分析水生态问题的原因、危害及趋势，以及主要河湖水生态面临的主要胁迫因素和驱动力。

（3）水生态保护与修复总体布局。根据水生态状况评价及水生态存在的主要问题和影响因素，明确各水生态典型类型区保护和修复的方向和重点，提出不同类型水生态系统保护和修复的措施定位，从流域及河流水生态保护与修复全局出发，进行全国主要河湖水生态保护与修复总体布局。

（4）水生态保护与修复措施规划。根据主要河湖水生态系统保护与修复总体布局，结合水生态保护与修复措施体系，提出各规划单元生态需水保障、生态敏感区保护、水环境保护、生境维护、水生生物保护、水生态监测、水生态补偿及水生态综合管理等各类水生态保护与修复工程和非工程措施。

（5）规划试点项目。在全国主要河湖水生态保护与修复规划范围内，结合已有工作基础，选择并确定流域内重要水生态保护与修复试点项目，拟定试点项目建设规划方案，提出方案实施意见。

5.《长江经济带生态环境保护规划》

《长江经济带生态环境保护规划》是 2014 年国务院发布实施的《依托黄金水道推动长江经济带发展的若干意见》（国发〔2014〕39 号）和 2016 年中共中央国务院印发的《长江经济带发展规划纲要》中确定的重要规划事项之一，由环境保护部、发展改革委、水利部联合发布实施（环规财〔2017〕88 号）。长江经济带覆盖上海、江苏、浙江、安徽、江西、湖北、湖南、重庆、四川、贵州、云南等 11 省市行政区，面积约 205 万平方千米，人口和生产总值均超过全国的 40%，是我国经济重心所在、活力所在，也是中华民族永续发展的重要支撑。其中有 145 万平方千米属于长江流域。

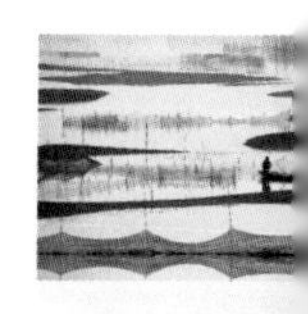

党中央、国务院高度重视长江经济带生态环境保护工作。习近平总书记多次对长江经济带生态环境保护工作作出重要指示，强调推动长江经济带发展，理念要先进，坚持生态优先、绿色发展，把生态环境保护摆上优先地位，涉及长江的一切经济活动都要以不破坏生态环境为前提，共抓大保护，不搞大开发。思路要明确，建立硬约束，长江生态环境只能优化、不能恶化。在此背景下，为切实保护和改善长江生态环境，推动长江经济带发展领导小组办公室安排编制了《长江经济带生态环境保护规划》。

该规划的指导思想是：围绕统筹推进“五位一体”总体布局和协调推进“四个全面”战略布局，牢固树立和贯彻落实创新、协调、绿色、开放、共享的发展理念，坚持生态优先、绿色发展，以改善生态环境质量为核心，坚持一盘棋思想，严守资源利用上线、生态保护红线、环境质量底线，建立健全长江生态环境协同保护机制，共抓大保护，不搞大开发，确保生态功能不退化、水土资源不超载、排放总量不突破、准入门槛不降低、环境安全不失控，努力把长江经济带建设成为水清地绿天蓝的绿色生态廊道和生态文明建设的先行示范带。

该规划坚持生态优先、绿色发展，统筹协调、系统保护，空间管控、分区施策，

强化底线、严格约束，改革引领，科技支撑的原则。

该规划确定的目标是：到2020年，生态环境明显改善，生态系统稳定性全面提升，河湖、湿地生态功能基本恢复，生态环境保护体制机制进一步完善。

——建设和谐长江。水资源得到有效保护和合理利用，生态流量得到有效保障，江湖关系趋于和谐。

——建设健康长江。水源涵养、水土保持等生态功能增强，生物种类多样，自然保护区面积稳步增加，湿地生态系统稳定性和生态服务功能逐步提升。

——建设清洁长江。水环境质量持续改善，长江干流水质稳定保持在优良水平，饮用水水源达到Ⅲ类水质比例持续提升。

——建设优美长江。城市空气质量持续好转，主要农产品产地土壤环境安全得到基本保障。

——建设安全长江。涉危企业环境风险防控体系基本健全，区域环境风险得到有效控制。

到2030年，干支流生态水量充足，水环境质量、空气质量和水生态质量全面改善，生态系统服务功能显著增强，生态环境更加美好。

该规划确定了7个方面的任务：确立水资源利用上线，妥善处理江河湖库关系；划定生态保护红线，实施生态保护与修复；坚守环境质量底线，推进流域水污染统防统治；全面推进环境污染治理，建设宜居城乡环境；强化突发环境事件预防应对，严格管控环境风险；创新大保护的生态环保机制政策，推动区域协同联动；强化保障措施等。每个方面都有具体任务和要求，在此不赘述。

6.《汉江生态经济带发展规划》

《汉江生态经济带发展规划》是2018年经国务院批准，由国家发展改革委于同年11月印发（发改地区〔2018〕1605号）的关于汉江流域生态经济带建设的纲领性文件。汉江生态经济带规划范围包括：河南省南阳市全境及洛阳市、三门峡市、驻马店市的部分地区，湖北省十堰市、神农架林区、襄阳市、荆门市、天门市、潜江市、仙桃市全境及随州市、孝感市、武汉市的部分地区，陕西省汉中市、安康市、商洛市全境。规划面积19.16万平方千米，规划期为2018—2035年。

该规划的指导思想是：全面贯彻党的十九大和十九届二中、三中全会精神，以习近平新时代中国特色社会主义思想为指导，落实党中央、国务院决策部署，坚持稳中求进工作总基调，坚持新发展理念，按照高质量发展的要求，统筹推进“五位一体”总体布局和协调推进“四个全面”战略布局，以供给侧结构性改革为主线，主动融入“一带一路”建设、京津冀协同发展、长江经济带发展等国家重大战略，坚决打好防范化解重大风险、精准脱贫、污染防治三大攻坚战。围绕改善提升汉江流域生态环境，共抓大保护、不搞大开发，加快生态文明体制改革，推进绿色发展，着力解决突出环境问题，加大生态系统保护力度；围绕推动质量变革、效率变革、动力变革，推进创新驱动发展，加快产业结构优化升级，进一步提升新型城镇化水平，打造美丽、畅通、创新、幸福、开放、活力的生态经济带。

推动汉江生态经济带发展，必须遵循的原则包括：

——保护优先，绿色发展。牢固树立和践行绿水青山就是金山银山的理念，坚持节约优先、保护优先、自然恢复为主的方针，加快生态文明体制改革，围绕推进绿色发展、着力解决突出环境问题、加大生态系统保护力度、改革生态环境监管体制，形成节约资源和保护环境的空间格局、产业结构、生产方式、生活方式。

——改革引领，创新驱动。深化供给侧结构性改革，推动产业整体迈向中高端水平，不断提高发展质量和效益。把体制机制创新和科技创新作为根本动力，以体制机制创新激发市场和社会活力，以科技创新引领产业结构优化升级，积极推动新旧动能转换。

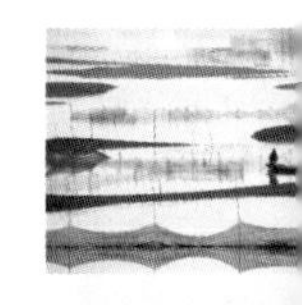

——点面结合，纵横联动。以沿江综合立体交通走廊为支撑，充分发挥武汉、襄阳、南阳、汉中等城市的辐射带动作用，强化上下游协同、左右岸配合、干支流联动，以线串点、以点带面，推动流域发展迈上新台阶。

——以人为本，富民惠民。坚持以人民为中心的发展思想，着力推动城乡居民收入增长与经济发展同步，坚决打赢脱贫攻坚战，不断提高保障和改善民生水平。着力推进基本公共服务均等化，为人民群众提供更多提升能力、创造财富的机会，不断增强其获得感和幸福感。

该规划的战略定位是：把汉江打造成国家战略水资源保障区、内河流域保护开发示范区、中西部联动发展试验区和长江流域绿色发展先行区。强调要实施最严格水资源管理和生态环境保护制度，创新生态文明建设体制机制，加强丹江口库区及上游地区综合治理，加快中下游地区水生态保护与修复，确保“一库清水北送、一江清水东流”。坚持共抓大保护、不搞大开发，统筹汉江防洪、供水、生态、发电、航运等功能，完善防洪减灾体系，进一步加强水利水运设施建设，着力打通汉江水脉，促进内河水运转型发展，为全国大江大河流域保护性开发提供示范。牢牢抓住实施长江经济带发展战略的重大机遇，加快经济转型升级，构建资源节约型、环境友好型发展方式、产业结构和消费模式，把汉江流域打造成绿色发展的先行区。

在空间布局上，坚定不移实施主体功能区制度，根据自然条件和资源环境承载能力，依托综合运输通道，着力完善城镇体系，优化产业布局，推动形成“两区、四轴”

的空间开发格局。“两区”是以丹江口水库大坝为界，划分为丹江口库区及上游地区、汉江中下游地区。丹江口库区及上游地区按照生态优先、绿色发展的思路，坚持“以水定产”“以水定城”，强化主体功能区空间管控，加强生态保护和水源涵养，依托节点城市和产业集聚区推进产业向生态化、绿色化升级，维护丹江口库区及上游地区生态安全。汉江中下游地区积极开展生态修复和建设，大力发展高效生态农业、先进制造业和现代服务业，加快产业和人口集聚，强化与丹江口库区及上游地区联动，提升汉江流域整体发展水平。“四轴”是指依托主要运输通道和重要节点城市，构建“丰”字形的重点发展轴线。即沿汉江发展轴、沿武西高铁发展轴、沿沪陕高速发展轴和沿二广高速发展轴。

该规划目标是：到2020年，与全国同步全面建成小康社会，打好防范化解重大风险、精准脱贫、污染防治三大攻坚战。乡村振兴取得重要进展，城乡融合发展的体制机制和政策体系基本形成，现行标准下农村贫困人口全部脱贫、贫困县全部摘帽；主要污染物排放总量大幅减少，生态环境质量总体改善，打赢蓝天保卫战。

到2025年，生态环境质量更加优化，丹江口水库水质优于Ⅱ类标准，汉江干流稳定达到Ⅱ类水质标准，部分河段达到国家Ⅰ类水质标准，支流及重要湖库水质满足水功能区管理目标；经济转型成效显著，农业现代化水平大幅提升，战略性新兴产业形成一定规模，第三产业占地区生产总值的比重达到50%；文化实力增强，打造出一批具有影响力的文化品牌；城乡居民收入达到全国平均水平，公共服务体系更加健全，人民群众幸福感明显增强。到2035年，生态环境根本好转，宜居宜业的生态经济带全面建成；战略性新兴产业对经济的支撑作用明显提升，经济实力、科技实力大幅提升；社会文明达到新的高度，文化软实力显著增强；人民生活更为富裕，乡村振兴取得决定性进展，农业农村现代化基本实现，城乡区域发展差距和居民生活水平差距显著缩小，基本公共服务均等化基本实现。

该规划的主要任务包括：一是加快推进生态文明建设，打造“美丽汉江”。重点是构建生态安全格局，推进生态保护与修复，严格保护一江清水，有效保护和利用水资源，加强大气污染防治和污染土壤修复，加快清洁能源开发利用。二是加强交通综合网络建设，构建“畅通汉江”。主要是提升汉江水运功能，加快铁路和公路建设，提高民用航空运输和服务能力，建设体系完善的物流网。三是创新引领产业升级，培育“创新汉江”。主要是培育壮大战略性新兴产业，打造先进制造业基地，发展高效生态农业，大力发展旅游和文化产业，提升现代服务业发展水平。四是统筹城乡和谐发展，创建“幸福汉江”。主要是推进农村转移人口城市化，优化城镇化空间格局，提升城镇品质，统筹城乡一体化发展，打赢精准脱贫攻坚战。五是推进全方位开放，发展“开放汉江”。主要是提高开放型经济水平，拓展国际交流合作，深化国内区域合作。六是创新体制机制，建设“活力汉江”。主要是加快生态文明体制改革，创新产业协调发展机制，建立公共服务资源共享机制，深化投融资体制改革。

7.《长江经济带水资源保护带、生态隔离带建设规划》

2016年3月，中央政治局审议通过《长江经济带发展规划纲要》；9月，中共中央、国务院印发此纲要。在“有效保护和利用水资源”部分，提出了“建设沿江、沿河、环湖水资源保护带和生态隔离带，增强水源涵养和水土保持能力”的要求。为加快长江经济带重点工作的落实，水利部安排长江委组织开展长江经济带水资源保护带、生态隔离带建设规划前期工作。2017年1月，水利部以水规计〔2017〕11号批复了长江委上报的《长江经济带水资源保护带建设规划项目任务书》。2017年6月，长江委会同太湖流域管理局组织长江经济带11省（直辖市）水行政主管部门召开了长江经济带水资源保护带、生态隔离带建设规划工作会议，审定了《长江经济带水资源保护带、生态隔离带建设规划工作大纲》，并对规划编制工作进行了全面部署。2018年12月，水利部水利水电规划设计总院组织召开了《长江经济带水资源保护带、生态隔离带建设规划》技术审查会，会后长江委按照审查会意见和要求对报告进行了修改完善。

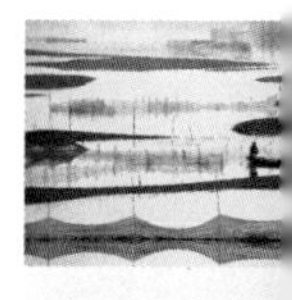

（1）规划定位

“水资源保护带”是规划范围内集中实施水资源保护综合措施的区域，主要针对重要江河湖库及其周边，不局限于特定的空间范围。

“水资源保护带建设”是宏观层面实施的工程和非工程措施的总和，该规划以长江干流沿线、八大支流区域、五大湖泊区域为重点，由近及远，开展入河排污控制带建设、水生态系统保护与修复带建设、生态防护林带建设、面源污染阻控带建设，按照水陆结合、“预防、治理、修复”并重的原则，构建沿江、沿河、环湖水资源保护的四道屏障。

“生态隔离带”是规划范围内需要严格保护而实施生态隔离防护措施的区域，主要针对重要饮用水水源地及其周边，有较为明确的空间属性。

“生态隔离带防护建设”包括陆域隔离防护带建设、滨水缓冲带建设、水域净化带建设。结合饮用水水源保护区划分情况，在饮用水水源地保护区陆域范围及外围区域，开展陆域隔离防护带建设；在饮用水水源保护区的水陆交错区域，开展滨水缓冲带建设；在饮用水水源保护区水域范围内，开展水域净化带建设，形成“由远及近、层次分明、从陆域到水域”的生态隔离带防护建设格局。

《长江经济带水资源保护带、生态隔离带建设规划》依托已开展的流域水资源保护规划，通过合理布局、有序整合优先或重点实施的水资源保护工程与非工程项目，突出“水资源保护带”“生态隔离带”的建设特征，注重水资源保护措施的具体落实，以建设促保护、以保护促发展。

（2）规划范围与目标

① 规划范围

该规划范围为长江经济带涉及的上海、江苏、浙江、安徽、江西、湖北、湖南、重庆、四川、云南、贵州等11省（市）属于长江流域（含太湖）的区域（以下简称“规划范围”），面积约145万平方千米。规划重点为长江干流沿线、主要支流、重点湖泊和纳入《全国重要饮用水水源地名录（2016年）》的215个饮用水水源地，即以长江干流沿线、八大支流（雅砻江、岷江、嘉陵江、乌江、汉江、沅江、湘江、赣江）沿线、五大湖泊（太湖、鄱阳湖、巢湖、洞庭湖、滇池）以及重要饮用水水源地周边的“一干、八支、五湖、多点”为重点。

“一干、八支、五湖”流域面积约占规划范围总面积的80%，涵盖了主要河流、重点湖泊水库。215个国家重要饮用水水源地现状年供水人口共1.67亿，供水量184亿立方米，占区域城镇人口、城镇供水总量的70%以上。“一干、八支、五湖、多点”沿岸分布有地级行政区近100个，基本涵盖了长江经济带沿江、沿河、环湖主要城市。聚焦“一干、八支、五湖、多点”沿线及周边的水资源保护带和生态隔离带建设，既突出了水环境保护和水生态修复的重点，也具有较强的代表性。

② 主要目标

现状年为2016年，近期、远期规划水平年分别为2025年、2035年。

—— 近期目标。2025年前，完成215个重要饮用水水源地生态隔离带建设，形成较强的水源涵养和水土保持能力。长三角、长江中游、成渝三大城市群区域提前一年完成。饮用水水源地周边建设完成生物隔离防护面积300平方千米以上，物理隔离防护长度1500千米以上，生态护坡长度超过800千米，实施约100平方千米水域的污染治理和生态修复。

2025年前，初步建成“一干、八支、五湖”沿江、沿河、环湖水资源保护带，补齐重点区域水资源保护工程与非工程措施短板。完成全部规模以上入河排污口规范化建设，实施重要城市江（河）段规模以上入河排污口的迁建改造与深度处理，重要城市江（河）段水环境质量明显改善。完成水生态系统受损水域和环境敏感水域的河湖水系连通、河湖岸带生态修复和水生生境修复工程建设，逐步恢复江、湖、湿地等不同类型水域之间的生态联系。建设完成沿江、沿河、环湖宜林荒山区域的生态防护林草面积2000平方千米以上，不断增强水源涵养和水土保持生态功能。实现重要江河湖泊水功能区和重要饮用水水源地的全覆盖监测，逐步完善入河排污口及水生态监测体系。

——远期目标。2035 年前，继续巩固 215 个重要饮用水水源地生态隔离带建设成效，进一步增强水源涵养和水土保持能力，加强监管能力建设，形成水质优良、防护有效、管理规范的生态隔离带建设体系。

2035 年前，建成规划范围内沿江、沿河、环湖水资源保护带，形成远近结合、层次分明、协同治理的水资源保护带建设布局，着力提升水资源保护监管水平。问题突出的规模以上入河排污口全部得到整治，建立健全入河排污口监管长效机制；通过实施重要江河湖库水生态系统保护与修复工程，实现水资源利用、保护和水生态系统的良性循环；继续实施沿江、沿河、环湖区域生态防护林草建设，强化绿色生态廊道建设成效；健全水功能区、饮用水水源地、入河排污口、水生态监测能力，完善水资源保护监督管理体系。至规划期末，区域水环境质量全面改善，和谐的江湖关系基本建立，水生态环境根本好转，美丽长江目标基本实现。

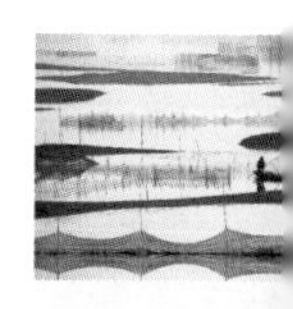

（3）规划布局

依据《长江经济带发展规划纲要》对水资源保护提出的新要求，结合长江经济带城市群发展空间布局（即以“长江三角洲城市群”“长江中游城市群”“成渝城市群”为主体、以“黔中”“滇中”两大区域性城市群为补充、以沿江大中小城市和小城镇为依托）以及不同区域河湖水系的资源环境特点，按照区域与流域相结合、城市与河湖水域相结合的原则，以长江干流沿线、八大支流区域、五大湖泊区域和规划范围内重要饮用水水源地为重点，根据水资源保护存在的主要问题和治理需求，针对性地提出重点区域规划措施布局的方向和重点。

① 长江干流沿线

长江上游把维护良好的生态环境放在突出位置，以水源涵养、水土保持与湿地保护为重点，积极推进梯级电站库区水生态保护与修复。金沙江石鼓以上加强迪庆水源涵养和生态防护屏障建设；金沙江石鼓以下强化程海、拉市海等河湖滨带生态修复与湿地保护；长江宜宾至宜昌段重点关注重庆饮用水水源地生态隔离防护，加强三峡库区支流库湾等河湖水系的水生态系统修复与沿岸生态防护林建设。

长江中游以协调江湖关系、修复退化生态系统为重点，实施江湖连通生态修复工程，保障江湖生态系统安全。积极推进武汉、黄冈、荆州等城市长江通江河湖水系连通工程建设，加强武汉、宜昌、荆州、鄂州、黄石等城市饮用水水源地保护与入河排污控制。

长江下游地区以污染治理和生态修复为重点，加强干流沿江地区和长三角地区主

要城市的饮用水水源地保护与水环境综合治理，保障供水水质安全。

② 八大支流区域

雅砻江地处长江上游重要的生态屏障地区，中上游加强水源涵养、水土保持和生物多样性保护；下游加快安宁河流域水污染治理、宁蒗河河岸带生态修复与生态防护林建设。

岷江、嘉陵江流经四川盆地，岷江上游加强水资源开发利用的监管，保障生态需水，中游强化成都、眉山、乐山等城市饮用水水源地保护与水环境整治，下游重点关注长江上游珍稀特有鱼类的保护；嘉陵江上游加强西汉水、白龙江的水土流失治理和生态恢复，中下游加强南充、广安、绵阳、重庆等城市江段入河排污控制与饮用水水源地保护，强化干流渠化江段的水生生境修复与水生生物保护。

乌江跨贵州省北部和重庆市东南部，沿岸喀斯特地貌发育，中上游积极开展干支流河岸生态防护林建设，加大点面源氮磷污染治理力度；下游加强重庆境内梯级电站库区的水生生物保护、河流连通性维护与恢复。

汉江自秦巴山区至汉江平原，上游加大丹江口库区及其上游面源污染防治力度和生态建设；中下游加强襄阳、天门、仙桃、武汉等城市河段水污染治理与饮用水水源地保护，重点关注跨流域调水工程实施后的生态需水以及水生态系统保护与修复。

湘江、沅江与赣江位于两湖地区，重点构建以水域、湿地、林地等为主体的生态格局，对梯级开发河段采取水生态系统保护与修复综合措施；大力防治城市河段与支流水污染，加强长株潭地区、常德、赣州，以及酉水、武水、清水江等河流的入河排污控制。

③ 五大湖泊区域

加强滇池生态补水及其效果监测，强化入湖支流的河湖连通性维护与恢复。

加大洞庭湖周边岳阳、益阳入河排污控制与水环境综合整治力度，开展环湖支流松滋西河、藕池河等水生态系统综合治理，以及环湖水系沿岸的生态防护林建设，保障洞庭湖水生态安全。

强化鄱阳湖周边点、面污染源治理，关注水位下降以及由此带来的湿地萎缩、水生生境恶化等环境问题，加强湖区水资源保护监控。

加大巢湖出入湖流量，严控合肥、马鞍山等城市的入河排污，加强巢湖及裕溪河、南淝河等入湖支流的河岸带生态修复与湿地修复。

太湖富营养化问题突出、湖泊水生态系统退化，采取工程与非工程相结合的措施，防治湖泊蓝藻水华，加强太湖及上游入湖河道、淀山湖及周边水系的河岸带生态修复，逐步改善受损的水生态系统。

（4）措施体系

以江河湖库水域存在问题为导向，以长江干流沿线、八大支流区域、五大湖泊区域（“一干、八支、五湖”）为重点，建设沿江、沿河、环湖水资源保护带，针对重要饮用水水源地及其周边陆域（“多点”），开展生态隔离带防护建设，提出水资源保护带和生态隔离带防护建设的工程与非工程措施体系。

① 水资源保护带建设

根据江河湖库水域存在水环境和水生态问题类型的不同，以及保护目标敏感程度的差异，由近及远，实施入河排污口布局与整治、水生态系统保护与修复、生态防护林建设、面源污染阻控等，构建沿江、沿河、环湖水资源保护带，形成水资源保护的四道屏障。

——入河排污控制带。在污染物入河的最后关口，开展入河排污口布局与整治，形成阻止污染源进入水体的最后屏障。在已有的工作基础上，拟定重要江河湖泊水功能区入河排污口设置布局方案；依据入河排污口布局方案，针对需整治的入河排污口及相应的水域，开展排污口规范化建设、排污口改造、污水深度处理等工程建设。

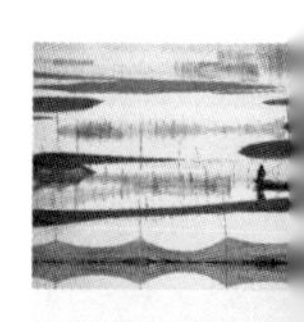

—— 水生态系统保护与修复带。在沿江、沿河、环湖水陆交错区域，开展水生态系统保护与修复，形成水资源保护缓冲屏障。重点针对规划范围内水生态系统受损水域，从河湖健康与流域生态安全保障的角度，开展河湖连通性维护和恢复、河岸带生态修复、湿地保护与修复、水生生境保护与修复等工程建设。

——生态防护林带。在沿江、沿河、环湖邻水陆域及其上游区域，针对沿岸生态防护存在的问题，开展生态防护林草建设，增强水源涵养、水土保持的生态功能，形成沿江、沿河、环湖生态廊道。

—— 面源污染阻控带。在江河湖库集水区的陆域范围内，重点针对面源问题突出的农村地区、农业生产区等典型区域，提出面源污染防治的措施建议，形成水资源保护外围屏障。

② 生态隔离带防护建设

针对规划范围内纳入《全国重要饮用水水源地名录（2016 年）》的 215 个饮用水水源地，识别饮用水水源地隔离防护、污染治理方面存在的主要问题，结合饮用水水源保护区划分情况或取水口分布状况，实施以林地景观为主的陆域隔离防护带建设和以湿地植被为主的滨水缓冲带建设，以及水域净化带建设，形成“由远及近、层次分明、从陆域到水域”的生态隔离带防护建设格局。

——陆域隔离防护带。在饮用水水源地保护区陆域范围及外围区域，开展陆域隔离防护带建设，因地制宜采取水源涵养林建设等生物隔离防护措施，以及围网、铁栅栏、防污网等物理隔离防护措施，增强对污染物及泥沙的物理阻滞作用。

——滨水缓冲带。在饮用水水源地保护区的水陆交错区域，开展滨水缓冲带建设，通过实施人工湿地、生态护坡等工程，恢复河床的垂向渗透性，达到阻隔、缓冲污染的作用。

——水域净化带。在饮用水水源地保护区水域范围内，开展水域净化带建设，通过实施内源污染治理、水生植物修复等工程，达到吸收降解污染物和净化水体的作用。

③ 水资源保护监测与管理

按照统筹兼顾、突出重点的原则，考虑水资源保护带、生态隔离带监测与管理的需要，提出进一步完善水功能区水质、入河排污口、饮用水水源地、水生生态监测能力的意见，提出强化管理能力建设的建议以及水资源保护管控要求等。

三、岷江流域水生态保护与修复规划

2010年，在水利部规划计划司、水资源管理司领导下，水利部水利水电规划设计总院作为技术总负责，与各流域水资源保护局共同完成《全国主要河湖水生态保护与修复规划》编制工作。其中，岷江作为长江区四大规划河流之一，由长江委相关单位参与完成岷江水生态保护与修复试点规划。

该规划根据岷江流域水生态状况评价、水生态问题分析和影响因素识别成果，明确主要生态保护对象和目标，分析生态需水计算方法，提出包括生态需水保障、河湖连通性保护、生境保护与修复、水生生物保护及水生态综合管理等各类水生态保护与修复工程与非工程措施配置方案。

1. 水生态保护和修复的对象及范围

（1）水文水资源

岷江流域水文水资源保护主要通过科学合理调度，满足各河段生态基流和敏感生态需水保护。生态基流保护范围包括流域的全部断面，重点是上游河段；敏感生态需水保护主要是长江上游珍稀特有鱼类保护区。重点保护与修复范围为岷江干流上游区域及主要支流杂谷脑河等。

（2）水环境

重点保护与修复岷江干流下游河段和重点水库水环境，满足各河段水功能区水质达标要求，减少面源污染。岷江流域水环境保护范围为整个流域，重点为中下游和重要湖泊、湿地等。

（3）水生生物

岷江上游源头至小海子口尚未进行梯级开发，依然保持着自然河流的形态。该河段内分布着大大小小的支流数十条，构成了上游珍稀特有鱼类极佳的生境。将岷江源头至岷江乡干流河段列为岷江上游鱼类重点保护区；岷江中游，眉山至乐山河段水质受污染较重，鱼类资源受到的影响较大。但新津以上河段水质较好，仍然是许多特有鱼类的重要庇护所。因此，岷江中游水生生物保护河段以新津以上干流河段或以支流保护为主；岷江下游鱼类最丰富，主要包括鲴亚科、鲌亚科、鮈亚科、鲤亚科、鳑鲏亚科、平鳍鳅科、鲿科、鳅科的大部分种类。目前岷江下游尚未建梯级，河流生态系统保持一定的完整性。同时，结合长江上游珍稀特有鱼类保护区的保护范围，将岷江下游犍为县龙金坝乡至入长江口河段列为岷江下游水生生物重点保护区；支流小姓河、南河、越溪河新房子村至越溪河入岷江口河段、沐溪河列为岷江流域水生生物重点保护范围。

（4）湿地

根据岷江流域主要湿地的特殊保护重要性、自然资源重要性、生态环境重要性、社会文化重要性和科研教育重要性辨析结果，结合流域的生态环境状况和相关保护规划，以及《四川省湿地保护工程规划》等成果，通过分析，区域重要湿地主要有：长江上游珍稀特有鱼类自然保护区、天全河自然保护区、周公河自然保护区、黑龙滩水库等。

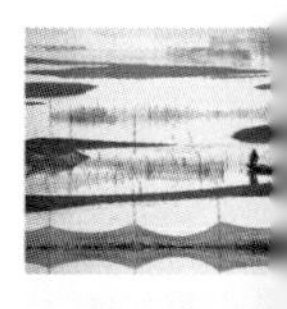

天全河自然保护区重点保护天全河上游地区的三条主要的支流（两路河、前碉沟、门坎河）及五条较小的支流；马边大风顶自然保护区重点保护马边河源头高卓营河及其西侧的阿基尔祖、挖皆哈罗等支流；周公河自然保护区重点保护其核心区、缓冲区和试验区内的河段及岸线生态环境；其他自然保护区、国家风景名胜区等生态敏感区内的河流、沼泽和湖库湿地。

2. 水生态保护与修复规划目标及措施

（1）规划目标

协调岷江流域“人与自然相处和谐”的关系，减少或减缓生态破坏因素向不利方向演变的趋势，建立和完善生态建设与生态修复体系，改善岷江流域的生态与环境，维护岷江及青衣江流域的生物多样性和生态系统的完整性。保护流域内复杂、独特的水生态环境，实现水资源利用、保护和水生态系统的良性循环，促进社会经济可持续发展，使流域内水生生物、自然保护区、重要湿地得到有效保护；加强天全河、长江上游珍稀特有鱼类等重要湿地保护。

（2）水量保护措施

水量保护措施主要目的是为了保证水资源开发利用不对涉水自然保护区、风景名胜区、湿地等涉及河段产生减水、断流、淹没等影响。对水生生物的水量保护措施主

要是严格执行生态下泄流量，保障其基础生境。主要措施包括：

①生态需水估算

保证河道生态基流是遏制河道断流等造成的生态环境恶化、逐步恢复流域生态系统健康和服务功能的基础，是实现流域河流生态系统可持续发展必须保留在河道中的基本流量。岷江流域河道内生态基流采用控制节点对应水文站点的1956—2005年水文系列资料作为基础，采用水资源综合规划相关计算方法计算各控制节点的生态基流量和生态环境需水量。根据各控制节点生态基流占其多年平均流量比例的分析结果，确定干流及主要支流各计算节点生态环境需水量。按照水资源综合规划成果，岷江干流高场节点控制下泄水量为296亿立方米，占多年平均径流量的34.4%。为满足岷江干流高场控制节点生态环境需水要求，从下至上确定各节点的生态环境下泄水量。岷江流域生态基流和生态环境下泄水量见表2–8。

表2–8　　岷江流域生态基流和生态环境下泄水量一览表

河流	控制节点	生态基流（立方米每秒）	生态环境下泄水量（亿立方米）		
			全年	汛期	非汛期
岷江干流	镇江关	7	6	4	2
	彭山	59	44	29	15
	五通桥	531	266	148	118
	高场	551	296	205	91
大渡河	福录镇	366	167	86	81
青衣江	夹江	98	51	27	24

②加强生态调度，保障河流生态需水要求

制定满足坝下游生态保护和库区水环境保护要求的水库调度方案。调整上游已建引水式电站的运行方式，下泄足够的生态基流，保证镇江关等主要节点生态基流。通过十里铺、紫坪铺等控制性水利水电枢纽和都江堰水利工程的合理调度，保障金马河和内江生态环境需水，以维持河道内、外生物生境。通过紫坪铺、都江堰调度下泄金马河段生态基流15立方米每秒，解决金马河断流的问题。逐步完善河流生态基流和生态环境需水的监管措施和保障制度，使生态基流和生态环境需水保障纳入法制轨道。

周公河、天全河、长江上游三个珍稀特有鱼类自然保护区是为保护水生生物和鱼类而设置的自然保护区，因此，周公河、天全河全河不应建设影响鱼类洄游通道和产卵场的水利设施，保证水生生物有足够的生存空间和天然生境。长江上游珍稀特有鱼类自然保护区涉及岷江干流月波至河口90.1千米长的河段和越溪河，越溪河下游码头上至谢家岩，长度32.1千米的河段，保护对象主要是白鲟、达氏鲟、胭脂鱼、大鲵、水獭等国家一级和二级重点保护水生野生动物及其产卵场，以及66种我国特有鱼类及其赖以栖息的生态环境，因此，两河段内不应新建影响鱼类生境的水利工程，上游或已建的水利工程应保证生态下泄水量。

③积极实施跨流域调水

根据《岷江流域综合规划》，与岷江上游紧邻的岷江支流大渡河和青衣江水资源开发利用程度低，具有位置高、水量丰沛、地质条件较好等优点，可通过外调大渡河和青衣江水量来补充岷江干流水资源之不足。“引大济岷”是补充岷江上游供水区水资源不足，解决生态需水的有效措施之一。引水区为大渡河干流金川至双江口河段，初步推荐方案从大渡河干流金川县的双江口梯级库内向杂谷脑河输水，距离97千米。

④蓄水、引水保障水量补给

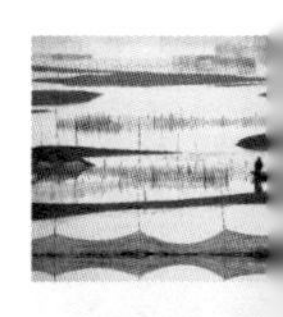

黑龙潭风景名胜区核心景观黑龙潭是从都江堰引水的水库。为维持水库正常入库流量，保护水景观和饮用水水源地，规划在入岷江口上游修建太平场水利枢纽工程，保障引水河流水量的补给。

（3）水质保护措施

水质保护措施的目的主要是对现状水质较好的河段保障现状水质，对现状水质较差的河段改善水质，从水体感官度、质量状况等多方面保障水质；对涉水景观保证其不因水质污染而导致景观的美学、观赏价值受到破坏；对自然保护区保证其不因水质污染而导致主要保护对象栖息地及生境受到破坏；对湿地保证水污染不影响湿地生态环境。主要包括如下措施。

①水污染治理

对蜂桶寨自然保护区所涉及的宝兴河蜂桶寨镇以上河段，以及卧龙自然保护区内的正河河源至水界牌，渔子溪全河，寿溪河河源至岩垒桥河段，马边大风顶自然保护区内挖黑河河源，高卓营河河源至大坪河段，瓦屋山自然保护区内的白沙河河源至魏村河段，喇叭河自然保护区的喇叭河河源至伐木场河段，三打古自然保护区内的打古河河源至河口河段，黑水河自然保护区的黑水河大邑县境河段，沿河主要集镇建立农村环境污染治理基础设施建设示范工程，主要为农村生活污水处理示范工程等。工程建设内容包括选择沼气净化池、污水净化池、人工湿地、地埋式污水处理等经济实用技术，建设生活污水处理设施。

②排污口整治

对长江上游珍稀特有鱼类自然保护区所涉及的岷江月波至河口90.1千米河段内

以及越溪河河口 30.1 千米河段内的排污口进行综合整治，需整治排污口约 41 处。

③区域重污染源改造

区域周边重污染源的治理措施，主要包括峨眉山市岷江河段重污染企业峨眉半导体材料厂污水处理系统改造，改造后每天可回收氯化氢 40 吨；对松潘县重污染企业四川岷江电解锰厂工业废水治理改造；对黑龙潭支流上的重污染企业眉山金杯化工科技发展有限公司化工废水进行综合治理，新建每天可处理 20000 立方米的醇烃化工废水处理站及两水闭路循环配套装置。对越溪河宜宾县、荣县（涌斯茫水）段水污染进行治理包括城镇生活污水治理项目 11 个、城镇生活垃圾处置项目 9 个、农村生态综合整治工程项目 3 个。

（4）鱼类资源保护措施

①统筹规划建立必要的过鱼设施

岷江流域内目前有鱼类共计 135 种，其中有重口裂腹鱼、岩原鲤、青石爬鮡、中华鮡、四川鮡、鲈鲤和大渡白甲鱼等十几种四川省重点保护鱼类，且还分布有齐口裂腹鱼、重口裂腹鱼、异唇裂腹鱼等半洄游性鱼类。水资源开发利用过程中，各主要水利梯级的建设应充分论证其大坝阻隔对鱼类资源的影响，要预先通过评价和论证，建设或预留过鱼设施，保证鱼类生存繁殖通道。

②开展珍稀特有鱼类的人工养殖，建设增殖放流站

人工增殖放流是恢复天然渔业资源的重要手段。有计划地开展人工放流种苗，可以增加鱼类种群结构中低、幼龄鱼类数量，扩大群体规模，储备足够量的繁殖后备群体，补充或增加天然鱼类资源量。

增殖放流站的目标和主要任务是进行鱼类的野生亲本捕捞、运输、驯养；实施人工繁殖和苗种培育；提供苗种进行放流。针对珍稀特有鱼类，诸如重口裂腹鱼、松潘裸鲤、齐口裂腹鱼、鳅类和鮡类等人工繁殖研究，以获得更多的鱼苗、鱼种，投放江河中，增加鱼类种群量，完善河流生态系统中水生动物的食物链，并达到持续利用的目的。

水工程建设中应根据工程特征及对鱼类影响程度，采取人工增殖放流站措施。增殖放流站的建设应统一规划，合理布局，要切实考虑流域水生态保护的要求。除工程项目建设设置放流站外，在岷江干流建议至少建立两个人工增殖放流站：推荐设在成都平原与山区交会处，如都江堰、郫县等地。选此建站的优势在于：一是这里水系发达，尤其都江堰水利工程能保障放流站的用水不受影响；二是水温适宜，能兼顾岷江上游部分物种的驯养、保护及放流工作；三是交通便利，发达的公路网能将繁育出的鱼苗送往岷江全流域。

（5）生态修复措施

①退耕还滩工程

在长江上游珍稀特有鱼类自然保护区的河滩滞洪区，选择已开发的低产农田，通过引水、种植植被等方式，开展退耕还滩示范工程450公顷，恢复水禽栖息地等。

②植被恢复

在岷江上游开展退化草场植被的恢复工程，逐步实现湿地资源及其生物多样性的持续利用。通过退田还林、还泽、还滩、还草及水土保持等措施，改善河流及湖泊周边地区的植被状况和生态条件，逐步恢复原有湿地生境，使湿地面积逐渐恢复，改善湿地生态环境状况。对米亚罗景区涉及的理县杂谷脑河实施水电开发迹地生态治理工程，治理面积50平方千米。

③栖息地恢复与完善

对已退化或者破坏的草地和灌木丛进行改造和修复，恢复水禽栖息地和山鹧鸪等保护动物的栖息地600平方千米。

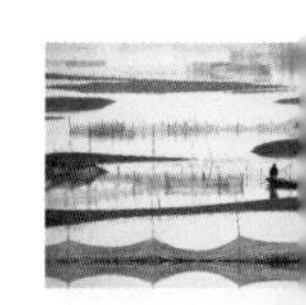

为了与国家天然林保护工程、退耕还林工程、生态环境建设工程等相协调，对大熊猫、川金丝猴等原属栖息地进行人工恢复和人工促进天然恢复，重新恢复可供大熊猫栖息的环境。

（6）管理措施

①加强渔政管理

坚决制止只顾眼前利益，掠夺式利用，酷渔滥捕等破坏合理的种群结构行为。为此，一要严格控制捕捞规格，严禁使用非法渔具，应使用较大网目，让更多的幼鱼个体能达到成熟繁殖，以此增加资源量；二要控制常年作业，在产卵季节应严禁捕捞，全面封江，实行休渔，以保证资源增殖。三要加强乡镇渔政管理。制定管理条例，经常宣传教育，避免掠夺式捕捞，禁止电鱼、炸鱼和毒鱼现象发生。

②建立联合执法体制和生态补偿机制

资源保护和合理利用管理要协调好相关部门和行业的利益，加强分工与合作。建立健全湿地保护机构，正确处理保护与经济发展的辩证关系；建立和完善水生态与环境保护和合理利用政策和法制体系；完善生态功能分区，实现资源可持续利用；加强执法力度，严格执法，通过法律和经济手段，打击破坏水生态与资源的活动，建立联合执法和执法监督的体制。

建立水生态与环境补偿机制，确保生态环境的保护基金的渠道，若占用或影响生态环境必须进行环境影响评价，对环境资源造成损失的要按规定缴纳环境补偿费。

③加强保护宣传教育

野生动植物保护、景观保护、湿地保护是一项社会性、群众性和公益性很强的工作，应引起社会各界的重视，争取广大公众的参与。利用自然保护区、湿地、野生动植物繁育基地、动物园、科研宣教基地等开展多形式的宣传教育，发挥各种组织和团体的作用，宣传保护野生动植物对生态环境建设及实施可持续发展战略的重要意义，同时充分发挥舆论的监督作用，使保护工程的建设得到全社会的支持和监督。

（7）水生态与环境保护监测

①水质监测

根据岷江流域水功能区和断面布设原则，结合各水系的自然环境及经济社会状况，岷江流域共设有监测断面57个，岷江流域水质监测点规划情况见表2–9。

表2–9　岷江流域水质监测点规划一览表

地级行政区	水功能一级区	水功能二级区	监测点名称	监测频率
阿坝	岷江松潘源头水保护区		松潘	2
	岷江松潘茂县汶川保留区		汶川	3
	岷江紫坪铺水库保留区		紫坪铺	3
成都	岷江都江堰市保留区		鱼嘴	4
	岷江都江堰保护区		宝瓶口	12
	岷江都江堰彭山保留区		新津	3
眉山	岷江彭山眉山开发利用区	岷江彭山眉山青龙镇工业、景观用水区	青龙镇	2
		岷江彭山眉山袁河坝过渡区	袁河坝	12
		岷江彭山眉山双河乡工业、饮用水源区	吴河坝	12
		岷江彭山眉山青石饮用、工业用水区	刘曲房	12
		岷江彭山眉山镇江排污控制区	背篼滩	2
		岷江彭山眉山下夏坝子过渡区	下夏坝子	12
		岷江彭山眉山太和镇饮用、景观用水区	太和镇	12
		岷江彭山眉山高坝子排污控制区	高坝子	1
		岷江彭山眉山汤坝子过渡区	汤坝子	12

续表

地级行政区	水功能一级区	水功能二级区	监测点名称	监测频率
乐山	岷江青神保留区		关帝庙	4
	岷江乐山市开发利用区	岷江乐山通江区工业、景观用水区	绵竹	3
		岷江乐山马鞍山排污控制区	马鞍山	1
		岷江乐山老江坝过渡区	老江坝	12
		岷江乐山五通桥饮用、工业用水区	黄水坝	12
		岷江乐山老坝子排污控制区	老坝子	2
		岷江乐山中坝子过渡区	中坝子	12
	岷江犍为宜宾保留区		犍为	3
宜宾	岷江宜宾市开发利用区	岷江宜宾翠屏区渔业、饮用水源区	喊船碑	12
阿坝	黑水河黑水保留区		沙坝	2
阿坝	杂谷脑河米亚罗自然保护区		米亚罗	2
	杂谷脑河理县汶川保留区		桑坪	2
	渔子溪卧龙自然保护区		卧龙	2
	渔子溪汶川保留区		河口	2
成都	西河崇州新津保留区		新津	2
	南河邛崃新津保留区		邛崃	2
	柏条河都江堰郫县开发利用区	柏条河饮用工业用水区	六水厂	12
	徐堰河都江堰郫县开发利用区	徐堰河饮用工业用水区	石堤堰	12
	府河郫县成都保留区		马家沱	4
	府河成都市开发利用区		望江楼	12
	府河双流彭山保留区		黄龙溪	4
	南河都江堰成都保留区		黄田坝	4
	南河成都开发利用区		百花坛	12
眉山	茫溪河井研开发利用区	茫溪河井研工业、农业用水区	井研	3
乐山	茫溪河五通桥开发利用区	茫溪河五通桥工业、农业用水区	五通桥	3
	马边河犍为开发利用区	马边河犍为饮用、工业用水区	马边	12

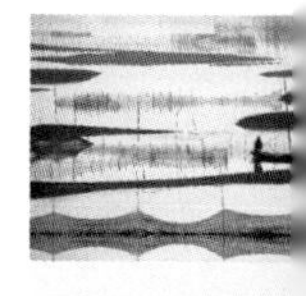

续表

地级行政区	水功能一级区	水功能二级区	监测点名称	监测频率
自贡	越溪河小井沟水库饮用水源保护区		小井沟	12
宜宾	越溪河荣县宜宾保留区		观音	3
	越溪河宜宾珍稀鱼类自然保护区		码头上	4

②水生生物监测

对岷江干流水生生物种群结构及生物量变化，产卵场、繁殖地变化进行监测调查，特别对鱼类资源进行重点监测。

珍稀鱼类资源监测：对流域内长江上游珍稀特有鱼类自然保护区、大全河自然保护区、周公河自然保护区内珍稀鱼类种群数量、分布等进行监测。

特有鱼类资源监测：主要对特有鱼类渔获量、渔获物组成进行监测。

重要渔业资源变动监测：主要对包括对受水资源影响河段单船渔获量、渔获物组成和渔获物生物学进行测定。

产卵场与繁殖监测：对现有鱼类产卵场、繁殖地的变化情况进行监测调查。

③湿地监测

湿地自然环境监测指标：主要监测容易随时间发生变化的因子，包括湿地面积、水量、水质、水深、矿化度、年降水量、年蒸发量。

湿地生物多样性监测内容：主要是对重点湿地区的动物和高等植物资源进行有重点的定点监测，掌握重点物种和植物群落特征在不同年限间的数量变化情况，主要指标包括重点物种种类和数量、群落类型及其面积、群落结构和组成等。

湿地开发利用和受威胁状况监测指标：主要掌握在湿地区进行的各种开发活动的内容、范围、强度等情况，具体指标依据当地情况而定。

湿地保护和管理监测指标：了解湿地管理机构的变化情况、各种湿地保护规章、条例的颁布实施情况、采取的湿地保护行动。

湿地周边经济社会发展状况和湿地利用状况指标：包括监测年度湿地周边乡镇的人口、工业总产值、农业总产值、主要产业变动情况。

四、与生态建设有关的其他规划

1.《长江流域综合规划》

《长江流域综合规划》作为长江治理开发与保护的纲领性文件，前后编制修了三轮，一是长办于1959年提出的《长江流域综合利用规划要点报告》，二是1990年国务院批准的《长江流域综合利用规划简要报告（1990年修订）》，三是2012年国务院批准的《长江流域综合规划（2012—2030年）》，这三个规划在不同时期为长江治理开发与保护发挥了重要作用。

（1）《长江流域综合利用规划要点报告》

《长江流域综合利用规划要点报告》是在中央的高度重视下，在长江委主任林一山的主持下，国务院有关部委和流域内有关省（自治区、直辖市）共同参与，苏联专家进行技术指导，长办具体承担编制完成的。1958年2月，周恩来总理及国务院有关部委、流域内主要省（市）负责人及中外专家百余人视察了武汉至重庆干流河段，察看了荆江大堤、三峡水利枢纽坝址及三峡库区，审查了长江流域规划的主要内容。4月，中央政治局正式批准了《中共中央关于三峡水利枢纽和长江流域规划的意见》。该文件为长江流域规划制定了“统一规划，全面发展，适当分工，分期实施”的原则，同时指出“远景与近期，干流与支流，上中下游，大中小型，防洪、发电、航运与灌溉、水电与火电，发电与用电七种关系必须互相结合，并根据实际情况，分轻重缓急和先后次序，进行具体安排”。根据周总理的报告和中央政治局的指示精神，经认真研究后，长办于当年提出了《长江流域综合利用规划要点报告（初稿）》，并上报中央。后根据各方面意见，长办对规划进行了修改，于1959年正式提出《长江流域综合利用规划要点报告》。该报告以长江中下游防洪为首要任务，提出了以三峡水利枢纽工程为主体的五大开发计划，即以防洪、发电为主的水利枢纽开发计划，以灌溉、水土保持为主的水利化计划，以防洪除涝为主的平原湖泊区综合利用计划，以航运为主的干流航道整治和南北运河计划，向相邻流域引水的计划等，合理安排了江河治理和水资源综合利用、水土资源保护等内容，注意协调了干支流和其他各方面的关系。可以说，从长江委成立伊始，就已经关注到了长江流域的生态环境保护，只不过当时是以水土资源保护的方式体现的。

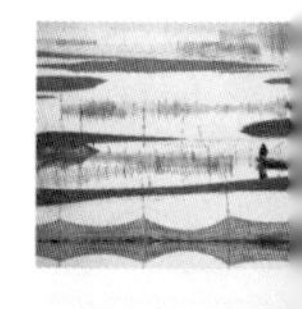

（2）《长江流域综合规划简要报告（1990年修订）》

《长江流域综合利用规划简要报告（1990年修订）》是在1959年规划要点报告的基础上，根据形势发展、治江经验的积累、科技水平的提高、各类规划研究的不断深入，以及长江开发治理的程度与未来一个时期的需求，有必要对该规划进行修订。1982年，国家在《关于制定长远工作安排的意见》中把长江水资源的综合开发和利用规划列为国家长远计划。1983年，国家计委确定由水电部负责组织编制长江流域规划，并建议长办为综合编制单位。同年底，经国务院批准，国家计委批复了规划编制任务书。1987年底，长江委提出《长江流域综合利用规划要点报告》并上报。1990年

7月，正式定名上报国务院的报告为《长江流域综合利用规划简要报告（1990年修订）》。9月，国务院批转了全国水资源与水土保持领导小组报送的规划简要报告，原则批准了《长江流域综合利用规划简要报告（1990年修订）》。该规划明确继续执行1958年《中共中央关于三峡水利枢纽和长江流域规划的意见》的指示，坚持长江流域规划的基本方针和原则。同时，增加了"需要与可能，整体与局部，除害与兴利，生产与生活，农业与公交，左岸与右岸，滞蓄与排泄，以及水土和生物资源的利用与保护"等方面的关系。

该规划的主要任务是：根据国民经济建设发展的新情况和新要求，从流域的实际出发，全面考虑国民经济有关部门的需要，近期以2000年国民生产总值比1980年翻两番为目标；远景以2030年为目标，提出综合开发利用长江水资源的要求，对长江干流和主要支流开发基本方案进行必要的修订和补充。主要规划任务包括水资源综合利用、防洪、治涝、水力发电、航运、灌溉、水土保持、长江中下游干流河道整治、南水北调、水产、沿江城镇布局、城市供水、水资源保护与环境影响评价、发展旅游以及干流治理规划与主要支流规划。同时，明确中下游防洪、中上游水电开发、干流航运为规划的重点。

在规划总体布局上，干流治理开发规划中提出宜宾以上河段以发电、航运、灌溉、供水和分担中下游防洪为主要任务的水利枢纽开发规划，宜宾至宜昌河段以防洪发电和航运为主要任务的水利枢纽开发规划，宜昌以下河段以防洪、航运与岸线利用为目标的河道整治规划。报告还提出建议尽早兴建三峡工程，以提高长江中下游防洪标准，确保行洪安全有效。在主要支流的开发治理规划中，阐明了主要支流与长江干流在规划任务上的协调安排，提出了主要支流的治理开发任务与基本方案，并明确了各主要支流的治理开发重点和近期工程项目。

该规划主要解决的问题包括：继续提高长江干支流防洪能力，消除洪水灾害；大力开发长江水能资源，促进水资源综合利用；充分开发利用长江水系水运的潜在优势，积极发展航运；继续发展灌溉事业，加强水土保持；实施南水北调，实现跨流域调水；水资源保护、城市和工矿企业供水、沿江城镇布局、发展水产、发展旅游等。并根据全面规划、统筹兼顾、综合利用、远近结合等原则，推荐了一批近期可以兴建的主要工程项目。

（3）《长江流域综合规划（2012—2030年）》

《长江流域综合规划（2012—2030年）》是新时期最重要的流域性综合规划，是流域内各主要支流流域综合规划、各项专业规划和专项规划的纲领性文件。该规划是在出现以下情况下发布的：资料不断积累、科技不断发展、人们的认识水平不断提高，经济社会形势发生了深刻变化，发展中的资源、环境、区域和社会问题突出显现，水资源无序开发、水体污染、湖泊湿地萎缩等河流生态遭到破坏的问题日益凸现，确保水资源能够有效支撑和保障流域在新形势下经济社会可持续发展的要求十分迫切，三峡工程即将全面建成，南水北调中线、东线工程相继开工建设，长江中下游大规模防洪工程建设基本完成，流域内原规划确定的综合利用骨干工程已逐步实施，原规划拟定的近期目标已基本实现，必须重新审视原规划拟订的布局，确定新的目标和重点，拟定新的规划方案。

2005 年 2 月，长江委开始部署长江流域综合规划修编工作。2009 年 7 月，长江委提出了《长江流域综合规划简要报告（2009 年修订）》讨论稿。2012 年，国务院批复了《长江流域综合规划（2012—2030 年）》（国函〔2012〕220 号）。该规划以科学发展观为统领，以可持续发展水利为指导，以“维护健康长江，促进人水和谐”为基本宗旨，按照“在保护中促进开发，在开发中落实保护”的基本原则，正确处理需要与可能、兴利与除害、开发与保护、不同区域与相关行业、上下游、左右岸、近远期的关系，进一步明确目标、统筹规划、因地制宜、突出重点、分步实施、协调推进，切实加强防洪减灾、水资源综合利用、水资源及水生态与环境保护、流域综合管理四大体系建设，为维护健康长江、促进流域经济社会又快又好发展提供有力支撑。规划的主要内容包括：

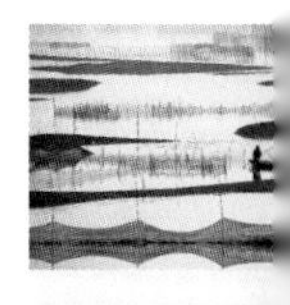

①分析研究了流域经济社会发展态势，根据经济社会发展提出了长江治理开发与保护的要求。

②以“维护健康长江，促进人水和谐”为宗旨，完善了河流治理开发与保护分区体系，提出了干支流重要节点的控制指标。这些指标主要包括流域内主要控制站防洪控制水位、重要控制断面水资源开发利用率、用水总量控制、用水效率控制，重要控制断面生态基流、控制断面生态环境下泄水量及控制断面水质标准等。

③按照“在保护中促进开发，在开发中落实保护”的原则，提出了防洪减灾、水资源综合利用、水资源及水生态与环境保护和流域综合管理等四大体系的综合规划。其中的水资源及水生态与环境保护规划体系主要包括：水资源保护规划方面，以促进水环境良性循环为目标，加强饮用水水源地保护，加强入河排污总量控制，加大城市废污水处理力度，保持生态基流，实施河湖生态补水。水资源保护的重点地区为五大城市（上海、南京、武汉、重庆、攀枝花）、5 条支流（岷江、汉江、湘江、嘉陵江、沱江）、4 个重点湖泊（巢湖、滇池、洞庭湖、鄱阳湖）、2 个重要水库（三峡水库、丹江口水库）和 1 个河口（长江口）；水生态环境保护方面，以维护生物多样性为目标，严格控制生态与环境敏感区域的治理开发活动，保护物种与生物资

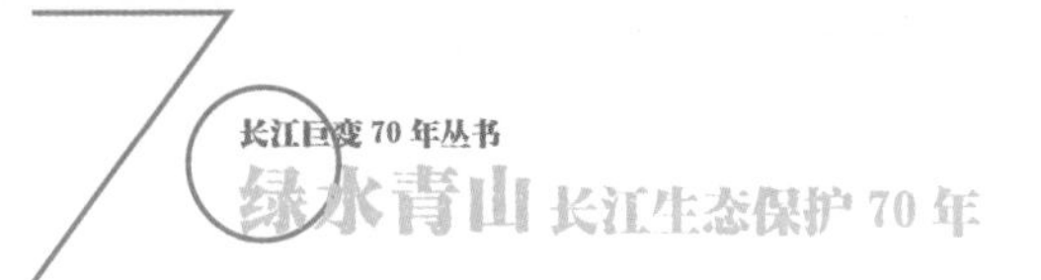

源，强化湿地保护与修复，加强自然保护区建设，保护水生生物群落结构，实现水生态系统功能正常发挥；水土保持方面，以维护优良生态和改善人民群众生产生活条件为目标，分类实施预防保护、监督管理和综合治理，突出两大生态脆弱区（长江源头、西南沙漠化地区）、两大产沙区（金沙江下游、嘉陵江上游）、两大库区（三峡库区、丹江口库区及上游）、两大湖区（洞庭湖、鄱阳湖）的水土流失综合治理；水利血防方面，以控制血吸虫病传播为目标，按照疫区优先治水、治水结合灭螺的原则，结合河流综合治理、饮水安全、灌区改造、小流域治理等水利工程建设，实施防螺灭螺工程。

流域综合管理体系规划中，主要是在现有法律体系框架下，建立以《长江法》为核心的流域涉水法律法规体系；建立流域会商与协调机制、补偿机制和投融资机制、水权和排污权交易机制，建立公众参与水事管理的平台和机制；强化监督执法制度建设，推行水利综合执法，探索跨部门协调配合执法；健全规划体系，通过实施规划同意书制度、水资源论证制度、防洪影响评价制度、采砂统一规划和许可制度、排污许可制度、水土保持报告书和环境影响评价制度等，进一步强化水行政事务管理；加强水利信息化等基础设施建设，大力培养水利科技人才，开展水科技重大问题研究，提高流域综合管理能力。

④按照“干支流统筹兼顾、全面发展”的原则，提出了干流以及48条主要支流和湖泊的规划。规划拟定长江治理开发与保护的主要任务是防洪、治涝、供水、灌溉、发电、跨流域调水、航运、水资源保护、水生态环境保护、水土保持、水利血防等。在总体布局上，规划围绕四大体系建设，提出了相应的任务。在防洪减灾体系总体布局上，主要是加强堤防工程建设、推进蓄滞洪区建设、新建防洪水库、整治干支流河道、开展支流治理和山洪灾害防治、强化涝区治理、完善防洪非工程措施等，涉及防洪规划、治涝规划、中下游干流河道整治规划等；在水资源综合利用体系的总体布局上，主要是做好水资源的合理配置、加强城乡供水体系建设、抓紧灌溉基础设施建设、合理开发水能资源、推进跨流域调水工程建设、加快航运发展等，涉及水资源评价与配置、城乡供水规划、灌溉规划、水力发电规划、跨流域调水、航运规划等；在水资源与水生态环境保护体系的总体布局上，主要是强化水资源保护、加强水生态环境的保护与修复、推进水土保持、做好水利血防等，涉及水资源保护规划、水生态环境保护及修复规划、水土保持规划、水利血防规划等；在流域综合管理体系的总体布局上，主要是完善法律法规、健全体制机制、加强执法监督、强化水行政事务管理、提升管理能力等，涉及法律法规建设、管理体制与机制、执法监督、水行政事务管理、管理能力等。此外，规划还专列了干流治理开发与保护规划，内容包括干流治理开发与保

护任务、干流河段分区、上游河段规划方案、中下游宜昌至徐六泾河段规划方案、长江口规划方案等；主要支流及湖泊治理开发与保护规划，内容包括主要支流分类及其治理开发与保护任务、主要支流河湖治理开发与保护任务等。

2.《长江流域水土保持规划》

《长江流域水土保持规划》的编制，大体可分为以下几个阶段。

一是 1956 年长办与流域各省和有关科研单位密切配合，在广泛调查、收集资料的基础上，完成了第一个《长江流域水土保持规划》，这是长江流域最早的流域水土保持规划，其主要内容纳入了《长江流域综合利用规划要点报告》。该规划以地形和土壤侵蚀强度为主要分区指标，并参考植被、土壤、气候、地质、社会经济等条件，提出了不同类型地区的水土保持措施。1959 年，长办委托中国科学院西北水土保持研究所开展流域水土保持区划，于 1961 年 8 月完成《长江流域土壤侵蚀区划报告》，为长江流域水土流失治理重点的确定提供了基本依据。

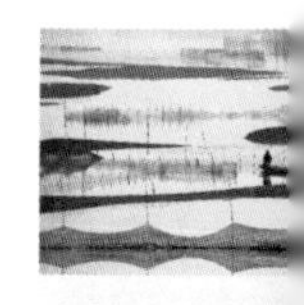

二是在 1990 的《长江流域综合利用简要报告》里进一步包含了水土保持规划的内容。该规划根据各省的统计资料，分析了流域水土流失的现状、成因及危害，提出了 1986—2000 年的水土流失治理任务、措施和投资。1992 年，水利部水土保持司组织编制了《全国水土保持规划纲要》，《长江流域水土保持规划纲要》为其附件之一。随后国务院对该规划进行了批复。

三是在长江委组织编制的《长江流域防洪规划》中也含有流域水土保持规划专章。长江委从 1999 年开始组织流域内各省（自治区、直辖市）共同开展流域防洪规划的编制工作。2008 年 7 月，国务院批复了该规划，《水土保持生态环境建设专项规划》作为其附件之一，一并批复实施。

四是长江委在2006年启动的新一轮《长江流域综合规划》中包括了水土保持专章。该规划于 2012 年由国务院批准实施（国函〔2012〕220 号）。规划确定的主要目标是：到 2020 年，治理水土流失面积 21.2 万平方千米，完成 40% 的水土流失治理任务，治理区林草覆盖率提高 5% 左右；落实水土保持“三同时”制度；初步建成流域水土保持监测网络。到 2030 年，共治理水土流失面积 39.8 万平方千米，完成 75% 左右的水土流失治理任务，治理区林草覆盖率达到 10% 左右；全面落实“三同时”制度；全面建成流域水土保持监测网络体系，实施水土流失动态监测，实现流域生态环境良性循环。在规划的总体布局上，坚持预防为主，对长江源头区、金沙江上中游、岷江大渡河上游、汉江上游、桐柏山大别山区、湘资沅江上游等重点预防保护区域加强预防保护；对长江源头区等生态脆弱区、金沙江下游水电开发区、重要水源保护区、滑坡泥石流多发地区以及国家批复立项的跨区域大型生产建设项目涉及的重点监督区域加强监督管理；突出“两大生态脆弱区”（长江源头、西南石漠化地区）、“两大产沙区”（金沙江下游、丹江口库区及上游）、“两大湖区”（洞庭湖、鄱阳湖）等重点治理区域的水土流失综合治理；开展一批水土保持示范工程建设，建立和完善流域水土保持监测和信息系统。该规划内容主要包括预防保护规划、监督管理规划、综合治理规划、水土保持监测规划、科研及科技示范推广规划、长江上游滑坡泥石流预警规划以及重点防治工程规划等。

3.《长江流域及西南诸河水资源综合规划（2010—2030年）》

《长江流域及西南诸河水资源综合规划（2010—2030年）》作为国务院批复的《全国水资源综合规划（2010—2030年）》（国函〔2010〕118号）的附件，其中还包括黄河流域及西北诸河、淮河流域及山东半岛、海河流域、珠江流域及红河、松花江和辽河流域、太湖流域及东南诸河等的水资源综合规划。这些规划主要明确了流域水资源综合规划的目标和任务、水资源配置、水资源节约高效利用、水资源质量保护、水生态保护与修复、供水安全保障以及水资源管理制度建设等。

国务院在批复中指出，该规划的实施要坚持科学发展观，按照建设资源节约型和环境友好型社会的要求，坚持以人为本、人水和谐、节约保护、统筹兼顾、综合管理的原则，正确处理经济社会发展、水资源开发利用和生态环境保护的关系，通过全面建设节水型社会、合理配置和有效保护水资源、实行最严格水资源管理制度，保障饮水安全、供水安全和生态安全，为经济社会可持续发展提供重要支撑。该规划最核心的内容是明确了用水总量控制、用水效率控制和水功能区限制纳污的“三条红线”指标。即到2020年，全国用水总量力争控制在6700亿立方米以内；万元国内生产总值用水量、万元工业增加值用水量分别降低到120立方米、65立方米，均比2008年降低50%左右；农田灌溉水有效利用系数提高到0.55；城市供水水源地水质基本达标，主要江河湖库水功能区水质达标率提高到80%。到2030年，全国用水总量力争控制在7000亿立方米以内；万元国内生产总值用水量、万元工业增加值用水量分别降低到70立方米、40立方米，均比2020年降低40%左右；农田灌溉水有效利用系数提高到0.6；江河湖库水功能区水质基本达标。批复要求，要全面推进节水型社会建设，逐步构建国家水资源调配体系，加强水资源保护与河湖生态修复，实行最严格水资源管理制度等。

《长江流域及西南诸河水资源综合规划（2010—2030年）》的总体目标是：以保障水资源可持续利用为主线，以满足经济社会发展和改善环境，维系生态平衡为根本出发点，以保障饮水安全、粮食安全、经济发展用水安全和生态安全为重点，逐步建立与东部保持快速发展的势头、西部大开发、中部崛起和新农村建设相适应的流域和区域水资源合理配置格局，促进水资源与经济社会和生态环境的协调发展。

到2020年，长江流域节水型社会建设初见成效，万元工业增加值用水量降低到97立方米（以2000年不变价计，下同），比2008年降低48.9%。农田灌溉水有效利用系数提高到0.55左右。平均工业用水重复利用率达到78%以上，城市管网漏损率控制在13%以下。城镇自来水普及率达到95%，农村自来水普及率：东部地区达到80%以上，中部地区达到60%以上，西部地区达到40%以上。建制市、主要城镇生活污水应达标排放，干流水功能区及主要支流的重要水功能区达标，一般河流江段水质明显改善，湖库富营养化有明显控制。

到2030年，长江流域节水型社会建设成效明显，万元工业增加值用水量降低到56立方米（以2000年不变价计，下同），比2020年降低41.7%。农田灌溉水有效利用系数提高到0.60左右。城市管网漏损率控制在11%以下。所有水功能区基本达到规划目标，污染物入河量控制在限制排污总量范围内。基本解决湖库富营养化问题，水环境呈良性发展。

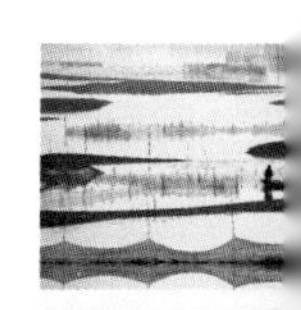

4.《长江流域防洪规划》

防洪是长江流域规划的首要任务，长江中下游平原区的防洪为长江防洪的核心，也是流域生态建设的重要任务之一，历来得到国家重视。1950年，长江委成立后，即认识到消除洪患是治理长江的首要任务，因而及时着手进行长江中下游平原区防洪排渍规划工作。1951年春，拟订了“以荆江分洪建闸工程为中心，结合洞庭湖整理，荆江河床治导及中下游沿江全部湖泊控制的整体规划”。并于1951—1953年提出并逐步完善了治江三阶段的计划，即：第一阶段以加培堤防为主，整顿平原水系，有条件的地方陆续兴建分蓄洪工程；第二阶段继续兴建分蓄洪工程，并加培堤防，在条件成熟的干支流上修建水库，承担部分防洪任务；第三阶段结合兴利大力修建山谷水库，逐步代替分蓄洪工程的防洪任务，以减轻修堤防汛的工作量。1955年2月，长江委根据中共中央中南局与沿江有关省（市）委书记会议精神，组织力量开展长江中下游平原区防洪排渍方案的研究。同年12月，长江委提出《长江中游平原区防洪排渍方案》。经修改完善，1958年，提出《长江中下游平原区防洪排渍规划报告》。其主要内容作为“防洪篇”纳入1959年的《长江流域综合利用规划要点报告》。

1958年，提出了荆江地区防洪规划报告，并经中央1958年召开的湘、鄂、赣三省近期水利工程安排会议上审定。1960年，提出了《长江中下游河道整治规划要点报告》和《下荆江系统裁弯工程规划报告》。后根据地方意见，1963年，提出了《荆江地区防洪规划补充研究报告》，经与两省协商和中央审查后，1964年，根据中央审查意见进行了补充修订。1966年4月，根据水利部的指示，长办在汉口召开了长江中下游防洪规划工作会议，湘、鄂、赣、皖、苏5省及武汉市，太湖水利局，中南局计委，水利部等单位均派代表参加。会议对干流堤防培修标准，设计洪水选型，大水年份蓄洪原则，特大洪水年紧急措施方案；重点河段的整治以及规划工作的分工协作等问题进行了研究讨论。1969年1月，水利部在北京召开了长江中下游湘、鄂、赣、皖、苏、沪五省一市参加的防洪会议，讨论了长办所提出的以1954年洪水作为长江中下游干流重点地区的防御标准。

1980年6月，水利部遵照国务院领导同志指示，在北京召开了长江中下游防洪座谈会，会上长办提出了《长江中游平原区规划要点报告》和《长江中游平原区近期防洪规划方案》。方案中的主要工程包括湖北省荆江大堤加固，武汉市堤防加固，湖南省洞庭湖区重点堤防工程，洪道整治工程和分蓄洪区安全设施建设，安徽省无为大堤、同马大堤加固，江西省鄱阳湖区圩堤加高加固工程及圩区安全建设。对于江苏、上海的防洪工程，以及各省、市的中小型防洪和围垸内部的机电排涝设施，均由地方在水利投资中自行解决，对于各省提出的一些支流水库也另行考虑。

1980年，防洪座谈会以后，长办结合三峡工程论证工作和“长流规”要点报告补充修订工作，对长江防洪规划又作了进一步的研究，并作为主要内容之一，列入这两项工作报告之中，这两项报告均经中央审查认可。1991年，着手编制《长江中下游蓄洪防洪工程规划报告》，配合地方和有关单位进行沿江城市防洪规划，分蓄洪区安全建设规划，滁河防洪规划以及中等洪水防洪调度方案，长江中游防洪实时调度整体数学模型研制和防汛通信调度现代化等工作的研究。

1998年，长江流域大洪水后，党中央国务院对长江的防洪规划建设更加重视，当年11月，中央印发《关于灾后重建、整治江湖、兴修水利的若干意见》。随后，水利部也印发了《关于加强长江近期防洪建设若干意见》。据此，长江委先后编制并上报了《长江平垸行洪、退田还湖规划》《青弋江、水阳江、漳河流域防洪规划》《滁河流域防洪规划（2004年修订）》《长江重要支流和重要湖泊防洪工程建设规划》《华阳河蓄洪防洪规划》《长江流域蓄滞洪区建设与管理规划》等。与此同时，长江委还组织流域内19省（自治区、直辖市）水行政主管部门开展长江流域防洪规划工作，2003年提出《长江流域防洪规划报告》。几经修改完善后，2008年7月，经国务院批复实施（国函〔2008〕65号）。该规划的目标是：力争到2015年，荆江河段防洪标准达到100年一遇，在遭遇类似1870年特大洪水时两岸主要防洪大堤不溃决，城陵矶以下河段能防御新中国成立以来发生过的最大洪水（1954年洪水）；重要蓄滞洪区能适时适量运用，重要城市、洞庭湖和鄱阳湖区重点圩垸、主要支流堤防基本达到规定的防洪标准；上海市宝山区和浦东新区按200年一遇高潮位加12级风设防，其余海堤段按100年一遇高潮位加11级风设防。到2025年，建成比较完善的防洪减灾体系，与流域经济社会发展状况相适应。

5.《长江中下游干流河道治理规划》

长江干流河道整治规划的重点在长江中下游河段。1960年，长办编制了《长江中下游干流河道整治规划要点报告》，并对下荆江进行了裁弯规划；1988年，长办编制完成《长江中下游河道整治规划意见》。这两个规划的主要内容分别纳入了1959年的《长江流域综合规划要点报告》和1990年的《长江流域综合利用规划简要报告》。1996年，长江委提出了《长江中下游河道治理规划报告》。1998年，水利部批复了该规划（水规计〔1998〕218号）。这是一部比较全面的河道综合利用整治规划报告。此后，长江委又组织编制了《长江中下游河道采砂规划》《长江口综合整治开发规划报告》等，并获水利部批复。2009年，长江委又提出了《长江中下游干流采砂规划（修订）》《长江上游干流宜宾以下河段采砂规划》，并上报水利部审批。

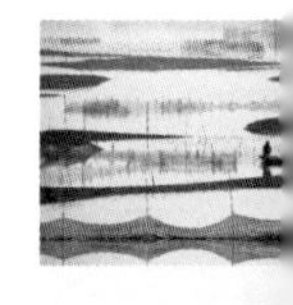

《长江中下游干流河道治理规划》对指导1998年大洪水后长江中下游堤防加固和河道综合整治发挥了重要作用。经过多年治理，长江中下游河势得到一定程度控制，但局部河段仍处于调整之中，特别是三峡蓄水运用以及上游干支流控制性水库陆续建成投入运行后，长江中下游干流河道面临长时期、长距离、大幅度冲刷，局部河段河势调整幅度有所加大，且沿江地区经济社会快速发展，对防洪安全、河势稳定、航道通畅、岸线利用、水生态安全及用水安全等提出更高要求，迫切需要完善《长江中下游干流河道治理规划》。为满足新的水沙条件下长江中下游干流河势稳定和长江经济带建设需求，保障防洪安全、生态安全，巩固长江中下游河道多年来的治理成果，进一步指导长江中下游河道治理，促进沿江经济社会持续快速发展，水利部2016年8月批复了《长江中下游干流河道治理规划（2016年修订）》（水规计〔2016〕280号）。

该规划以“共抓大保护，不搞大开发”为基本宗旨，按照全面保护、系统治理的思路，把保护和修复长江生态环境摆在突出位置，确定的近期目标（2020年）是：结合三峡工程运用后的水沙变化情况，对现有护岸段和重要节点进行加固和守护，继续发挥其对河势的控制作用，保障防洪安全，防止三峡工程运用后河势出现不利变化；基本控制分汊河段河势，对河势变化较大的河段进行治理。远期目标（2030年）是：在近期河道治理的基础上，考虑上游水利水电枢纽建设及运用将进一步影响中下游水沙变化的情况，对长江中下游干流河道进行全面综合治理，使有利河势得到有效控制，不利河势得到全面改善，形成河势和岸线稳定，泄流通畅，航道、港域、水生态环境优良的河道，为沿江地区经济社会的进一步发展服务。

该规划任务主要包括重点河段治理规划、一般河段治理规划，法律法规及制度建设，水文及河道监测规划，州滩、岸线与采砂管理，管理能力建设规划等。

6.《赤水河流域综合规划》

长江委于2008年启动《赤水河流域综合规划》的编制工作，6月，向水利部报送了规划编制任务书。2009年4月，水利部批复该任务书（水规计〔2009〕199号）。2010年底，编制完成《赤水河流域综合规划报告（征求意见稿）》。几经修改，2012年9月，提出了《赤水河流域综合规划报告（修订稿）》。后又经过修改完善，2017年7月，向水利部提出了《赤水河流域综合规划（征求意见稿）》。

该规划范围为赤水河流域，重点为赤水河干流和主要支流二道河、桐梓河、古蔺河、大同河、习水河、同民河等。涉及云南镇雄、威信，贵州毕节、大方、金沙、遵义、仁怀、桐梓、赤水、习水，四川叙永、古蔺、合江、江阳、纳溪等3省15个县（区、市）。规划水平年为2030年，其中近期规划年为2020年。

赤水河是长江上游右岸一级支流，发源于云南省镇雄县赤水源镇银厂村。河流由西向东流至镇雄县大湾镇与西南之雨河汇合后称洛甸河，纳入威信河、铜车河后始称赤水河，到仁怀市茅台镇转向西北流，至合江县城东汇入长江。赤水河干流全长436.5千米，流域面积2万平方千米，河口多年平均流量284立方米每秒。赤水河流域具有独特的历史人文景观和自然地理环境，流域内先后被国家批准建立了习水中亚热带常绿阔叶林、赤水桫椤、画稿溪3个国家级自然保护区和长江上游珍稀特有鱼类国家级自然保护区。3个保护区中共分布有1700多种植物，其中桫椤、苏铁、水杉、银杏、金花茶、红豆杉等属国家Ⅰ类保护植物。赤水河流域河流比降大，谷深水急，河水清澈，水生生物种类丰富，据调查共有鱼类131种，其中37种为长江上游特有鱼类，包括白甲鱼、中华倒刺鲃、岩原鲤等。达氏鲟、白鲟、胭脂鱼为国家Ⅰ级保护鱼类。

赤水河独特的生态环境条件，使其被赋予“美景河、美酒河、英雄河”的美称。因而也决定了其生态环境保护的重点是长江上游珍稀特有鱼类、以茅台为代表的酿酒业、风景名胜和自然保护区、三峡库区上游生态环境等。到2030年，赤水河的总体保护目标为：

一是水资源及生态环境保护。流域内各水功能区主要控制指标全部达标，保障赤水、仁怀、古蔺等各主要城镇的集中式饮用水水源地安全，并满足重点河段的生态基流要求；以上游和中游地区为重点，开展以小流域为单元的综合防治，全面实施生态修复，维持和改善流域水资源质量；有效保护珍稀特有物种种群，维系赤水河干流的连通性，以及流域水生生物的多样性，实现水资源可持续利用、保护和水生态系统的良性发展。

二是水资源综合利用。实现赤水河流域水资源合理有序开发利用，进一步增强城乡供水规模，不断完善城乡供水保障体系，县级以上城市供水达 90% 以上，县级以上城镇应急水源储备能力显著提高。农业灌溉保证率达 75%~80%，农田有效灌溉率达 28%，节水灌溉率达 60%，灌溉水利用系数达 0.62。完成船舶标准化及航道支持保障系统配套建设，提高航运能力。

三是加强防洪工程建设，建成堤防护岸、河道整治等相结合的防洪体系，完善非工程措施，提高沿河重要县城、茅台酒厂等大型企业防洪安全；山洪灾害重点防治区建成以非工程措施为主的防洪减灾体系；治理流域水土流失严重地区，基本建成流域水土流失防治体系，实现流域山川秀美。

四是加强流域综合管理。在流域管理机构框架下建立赤水河流域管理协商机构平台，出台流域综合管理办法或者条例，初步建立流域生态补偿机制和公众参与机制，建立健全决策、执行和监督机制，形成既相互制约又相互协调的共商机制，统筹管理赤水河流域水、土、生物资源，全面实现协调高效、管理先进的赤水河流域管理模式。

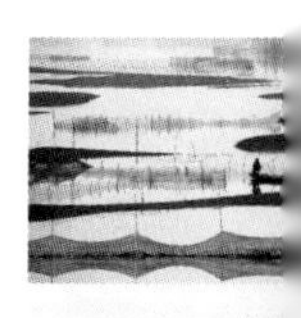

拟定的赤水河流域保护与治理开发的主要任务是水资源与水生态保护规划、水资源综合利用规划、防洪及水土保持治理规划、流域综合管理等。

第三章 管理保驾护航

第一节 综 述

长江的治理与保护历来都是国家关注的重点，新中国成立伊始，中央政府就批准成立长江委，承担以防洪为主的长江治理与开发任务。1952年，政务院提出水利建设的总方向是“由局部转向流域规划，由临时性的转向永久性的工程，由消极的除害转向积极的兴利”。长江水资源保护工作当时主要围绕合理开发利用长江水资源开展了一些基础性的水化学监测工作，以掌握长江干流和主要支流的水化学特征及变化规律；对长江开发治理有关的工作进行组织协调，当时并没有明确的管理职能。比如在20世纪50年代，除着手开展水化学监测工作以外，长办还重点围绕长江三峡工程的生态环境问题开展调查研究。组织专门力量，与中国科学院、高等院校和科研单位等协作，对三峡工程涉及有关的自然、社会环境进行了大规模考察，就工程建设引起的一些环境问题，如回水影响、人类活动对径流的影响、小气候变化、库岸稳定、地震、泥沙、水生生物、水库淹没与移民、自然疫源性疾病及地方病等进行调查研究，形成了大量初步成果，并纳入《长江流域综合利用规划要点报告》（1959年）。

1974年12月，国务院环境保护领导小组办公室要求水利电力部“组织和会同有关省、市、区建立和健全长江、黄河、珠江、松花江等主要水系的管理机构；制定流域污染的防治规划；制定地区性的污水排放标准和水系管理办法”。到1976年1月长江水源保护局成立后，长办就具有了事实上的流域水资源保护管理职能。

随着我国经济社会发展，以及法律制度的不断完善，流域管理机构的行政职能不断加强，水资源保护职能也得到相应的明确和加强。长江的水资源与生态环境保护和管理工作经历了从不明确到明确、从加强到逐步强化的发展历程。

再如，从长江委承担的以防洪为主的长江治理与开发任务来看，是具有协调和组织功能的，可以视为流域管理的一个方面。这种状态一直持续到1988年《中华人民共和国水法》的发布实施。在《水法》中虽然没有明确流域管理机构的职能，但就流域机构而言，作为水利部的派出机构，事实上在行使国务院水行政主管部门在长江流域的管理职能。这一点在国务院批准的水利部的“三定”方案中表述得很明确，即“七大流域机构按照国家授权对其所在流域行使法律赋予水行政主管部门的部分职责”。1994年，水利部在批准的长江委“三定”方案中，明确“长江水利委员会是水利部在长江流域和西南诸河（澜沧江以西，含澜沧江）的派出机构，国家授权其在上述范围内行使水行政管理职能”。这一时期，长江委在管理方面主要是组织编制了两轮长江流域综合规划要点报告以及部分主要支流的综合规划报告，初步建立了以防洪为主的长江治理与开发体系，组织开展了三峡等大型水利工程建设的前期规划、论证、设计、研究等工作，水资源保护与管理和生态建设成效显著，水利建设取得了重大成就。

从20世纪70年代起，我国水污染问题逐渐凸现，为加强长江水资源保护，国家有关部门批准设立长江水资源保护机构，极大地推动了流域水资源保护工作进程，从早期以水质监测为主的“站岗放哨”逐步发展到全方位地开展水资源保护工作。1983年5月，城乡建设环境保护部、水利电力部联合印发《关于对流域水源保护机构实行双重领导的决定》。依据该决定，长江水保局的主要任务与职能是：协助草拟长江水系水体环境保护法规、条例；牵头组织制定长江干流水体环境保护规划；协助审批长江水系大中型水利工程环境影响报告书；监督长江水系水污染和生态破坏活动；组织协调长江干流水环境监测；开展长江水系水环境保护科研工作等。这是有关文件第一次具体规定流域水资源保护机构的职责，从行政上赋予了长江水保局的组织、监督、协调、审批等行政权力。

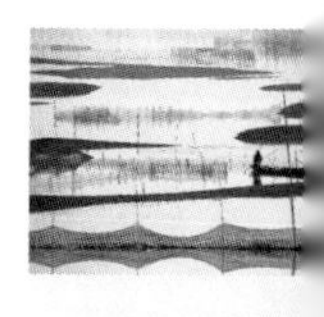

1984年11月，《中华人民共和国水污染防治法》颁布实施，明确了重要江河水源保护机构是协同环境保护部门对水污染防治实施监督管理的机关，从法律上明确了流域水资源保护机构的法律地位。1988年1月，我国首部《水法》颁布实施；同年6月，国务院出台《河道管理条例》，规定了水利部门有关入河排污口设置和水质监测的职责。为实施《水法》规定的取水许可管理制度，1993年8月，国务院出台了《取水许可制度实施办法》，对取水许可水质管理要求作出了规定；1995年12月，水利部颁布了《取水许可水质管理规定》，明确了流域管理机构有关取水许可水质管理的职责。1996年，修订的《水污染防治法》规定了流域水资源保护机构监测省界水体水质的职责。1998年，国务院机构改革后，进一步明确了流域管理机构和流域水资源保护机构的水资源保护职责。

2002年8月，新修订的《中华人民共和国水法》颁布实施，明确了流域机构的法律地位和各项水行政管理职责，为流域机构履行职责、强化流域水行政管理提供了最直接的法律依据。新《水法》强化了水资源统一管理和流域管理相结合的管理制度，明确了水功能区管理、入河排污口管理、饮用水水源地保护、取水许可等一系列水资

源管理制度，给流域水资源保护与管理工作带来了新的发展机遇与挑战。同年，水利部批准的长江委“三定”方案，明确了长江流域水资源保护局为长江委所属行使水资源保护行政管理职能的单列机构。根据国家机构改革精神，2003年初，长江水保局改变了原来局、科研所、监测中心“三位一体”的管理体制，实行政事分开、层级管理；同时调整了原上海局的机构和职责，并于2006年6月增设了丹江口局。机构改革后，长江水保局主要履行流域水资源保护行政管理职责，科研所、监测中心则作为局行使水行政职能的技术支撑单位。长江水资源保护体系逐步完善，各项工作内容日趋丰富，水行政管理能力不断增强。2008年，修订的《水污染防治法》又进一步强化了流域水资源保护机构的职能。长江水资源保护步入了法制化新时期。

2011年，中共中央、国务院发布的《关于加快水利改革发展的决定》（中发〔2011〕1号）和中央水利工作会议明确要求实行最严格水资源管理制度，确立水资源开发利用控制、用水效率控制和水功能区限制纳污“三条红线”，从制度上推动经济社会发展必须与水资源水环境承载能力相适应。2012年1月，国务院发布《关于实行最严格水资源管理制度的意见》（国发〔2012〕3号），进一步强化了水资源管理与保护。同月，水利部印发水人事〔2012〕1号文，进一步明确长江水保局作为长江委的单列机构，是具有行政职能的事业单位，长江委水资源保护的行政职责由长江水保局承担，并授予其入河排污口设置审查许可、入河排污口监督管理、饮用水水源地保护等管理职能，强化了组织指导流域内水环境监测站网建设和管理等职能。随着最严格水资源管理制度的深入实施，河（湖）长制全面推行，长江经济带发展战略和习近平总书记关于长江“共抓大保护、不搞大开发”总体要求的全面施行，长江流域水资源保护管理事业得到了蓬勃发展，成效显著。

依据现行法律法规，国家对水资源实行流域管理与行政区域管理相结合的管理体制。长江委在水资源保护方面除在流域内行使法律、行政法规规定和水利部授予的水资源管理和监督职责，如水功能区管理、入河排污口监督管理、省界水体水质监测、饮用水水源地保护、水污染事件应急响应、取水许可水质管理、信息统计与发布等方面外，还对长江流域各地方水行政主管部门的水资源保护工作行使协调、指导和服务的职能。具体工作由长江水保局承担。

水功能区管理主要是根据《水法》和《水功能区监督管理办法》，流域机构按管辖范围及管理权限对水功能区进行管理。主要包括水功能区划与调整、水域纳污能力核定及限制排污总量意见编制、监督性监测等。

入河排污口监督管理是根据《水法》、水利部《入河排污口监督管理办法》和相关要求进行的，对在江河、湖泊设置排污口实施监督管理，主要工作包括入河排污口普查，入河排污口设置审批、统计、监督性监测、检查等。

省界水体水质监控是根据《水法》《水污染防治法》和水利部《关于加强省界缓冲区水资源保护和管理工作的通知》要求实施的，流域管理机构负责省界缓冲区水资源保护和管理工作，监测其所在流域的省界水体的水环境质量状况，并将监测结果及时报国务院环境保护部门和国务院水行政管理部门。省界水体水质监控是区分河流上下游、左右岸省区水污染纠纷的基本手段，主要包括省界水体监测监控、水事关系协调等。

饮用水水源地保护主要包括对水量、水质和周边地区生态环境的保护。根据《水法》《水污染防治法》和相关规定要求，其工作主要包括方案编制、有毒有机物监测、监督检查、富营养化（水华）监控等。

水污染事件应急响应是根据《水污染防治法》和《国家突发环境事件应急预案》的规定，主要协调省际水污染纠纷，参与重大水污染事件的调查处理。水污染事件应急响应包括应急监测、跟踪调查、应急会商、报告等。

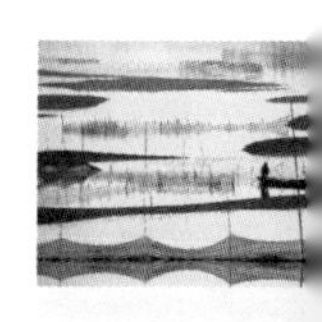

取水许可水质管理是根据《取水许可和水资源费征收管理条例》的规定，对取水许可的各个环节，即受理审批、核验发证、变更、换发、注销吊销、取水计划管理、取水许可监督等各阶段，对水质施行复核与审查等。

信息统计与发布是按照政务公开的要求，发布水资源保护信息。主要包括水资源公报、地表水资源质量公报、重点水功能区水资源质量状况公报、省界水体水资源质量状况通报的信息资料汇总、协调和编制等。

第二节　法律法规建设

1975 年 11 月，长办临时党委向水利电力部和国务院环境保护领导小组呈报的长发〔1975〕字第 83 号文中明确，长江水源保护局的主要任务是“坚持毛主席的无产阶级革命路线，大力宣传、贯彻执行关于环境保护的方针和政策；在党的一元化领导下，坚持依靠群众，会同有关部门和单位制定长江水源保护的规划；监督有关地区和部门向长江水系的排污情况，提出防止污染的要求，建立和健全水源保护的规章制度；积极组织水质监测、科研工作和交流经验”。因此，长江水保局在成立之初的职能主要是开展长江水体污染源调查、水质监测资料收集整编、长江水源保护科研规划、长江水系水质监测站网规划、水质监测、水样检测、人员培训、完善单位机构设置等。

1983 年 5 月，城乡建设环境保护部、水利电力部共同印发〔1983〕城环字第 279 号文，明确包括长江水保局在内的 5 个流域水源保护局（办）在环境保护方面的主要

任务和职责是牵头组织水系所经省、直辖市、自治区环境保护部门制定水系干流水体环境保护长远规划及年度计划；协助环境保护主管部门审批有关工程水系环境影响报告书，并监督检查新建、技术改造工程项目的水体保护情况；会同各级环境保护部门监督不合理利用边滩、洲地，任意堆放有毒有害物质，向水体倾倒和排放废弃物质造成的污染和生态破坏；组织协调长江干流水体环境监测，提出干流水质监测报告；开展有关水系水体环境保护科研工作等。至此，长江水保局被授予了组织制定干流水体环境保护长远规划、协助环境保护主管部门审批工程水系环境影响报告书、监督向水体倾倒排放废弃物质等管理职能。

1994年8月，长江委印发长人劳〔1994〕199号文，明确长江水保局是长江委主管水资源保护工作的职能机构，主要职责为贯彻执行法律规定的环境保护与水资源保护的方针、政策并监督实施；会同有关部门协调流域内水污染防治工作中的重大问题，并对重大的水污染防治与水环境保护工作实施监督、检查和指导；负责组织编制和监督实施《长江干流水环境保护规划》，协调水环境保护问题及污染纠纷；协助水行政主管部门对长江流域大中型水利工程环境影响报告书预审，协助和参与环保部门对流域内水环境影响严重的大中型项目环境影响报告书的审查，参与监督检查“三同时”执行情况；会同有关部门对不合理利用长江干流的边滩、洲地堆放有毒有害物质，倾倒或排放废渣、尾矿、弃土等造成水体污染或破坏生态环境的现象，进行监督检查；负责流域内突发水污染事故的处理工作，会同地方部门制定并采取控制污染事故的应急措施，负责发布《长江干流水污染警报》；配合水政部门参与取水许可审批，指导各地实施取水许可中的水质管理工作；负责流域水环境监测的技术管理工作，定期发布《长江流域水环境质量状况报告》；开展长江流域水资源与水环境保护、水污染防治及水环境监测重大技术的科学研究等。上述“三定方案”，首次明确了长江水保局是长江委主管水资源保护工作的职能机构，并授予了长江水保局协调流域内水污染防治工作重大问题、负责流域内突发水污染事故处理、配合水政部门参与取水许可审批和定期发布《长江流域水环境质量状况报告》等职能。

20世纪70年代末至80年代，长江水资源保护管理的工作重点是摸清长江水系的排污情况，制定长江水源保护规划，建立水资源保护规章制度，建设水质监测站网，开展水质及污染源监测，研究水体环境容量及污染物稀释自净规律等。到20世纪80年代后期至90年代，随着《环境保护法》《水法》等法律法规颁布实施，流域水资源保护管理的职责进一步明确，工作内容扩展到协调流域内水污染防治工作中的重大问题，并对重大水污染防治和水环境保护工作实施监督、检查和指导；编制《长江干流水环境保护规划》，发布《长江流域水环境质量状况报告》；开展大型水利工程环境影响评价、水污染防治及水环境监测重大技术问题研究等。这一阶段重点是针对三峡工程的环境影响开展大量卓有成效的研究，取得了一大批重要成果。到21世纪初，随着形势的发展，流域水资源保护管理工作进一步加强，编制流域水资源保护和水生态保护规划，监督实施水资源保护制度等成为这一时期的主流工作。

一、与水资源保护相关的法律法规建设

我国的法律体系大体由在宪法统领下的宪法及宪法相关法、民法商法、行政法、经济法、社会法、刑法、诉讼与非诉讼程序法等七个部分构成，包括法律、行政法规、地方性法规三个层次。新中国成立到1979年底前，共制定134件法律，清理后废止了111件。改革开放以后的40年里，我国立法进程不断加快。截至2018年3月，我国有效的法律有229件，行政法规近600件，地方性法规7000多件。2011年3月，时任全国人大常委会委员长吴邦国在第十一届全国人大常委会第四次会议上作全国人大常委会工作报告时庄严宣布，一个立足中国国情和实际、适应改革开放和社会主义现代化建设需要、集中体现党和人民意志的，以宪法为统帅，以宪法相关法、民商法，行政法，经济法等多个法律部门的法律为主干，由法律、行政法规、地方性法规与自治条例、单行条例等三个层次的法律规范构成的中国特色社会主义法律体系已经形成。

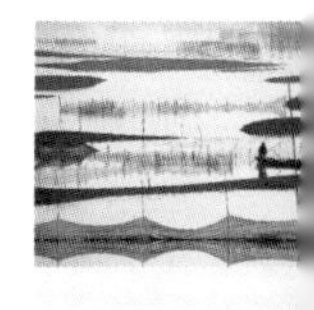

长江水资源与生态环境保护的法律法规体系建设与国家的法律体系建设同步，这个体系包括国家层面和地方层面，涉及法律、法规和地方法规三个层次，以及作为补充的部门规章和地方规章。70年来，长江流域的水资源与生态环境保护法律法规建设从无到有，到初步建立，再到《长江保护法》的制定，无不凝聚着长江委人的心血。就国家层面而言，1978年以前，水资源与生态环境保护法律法规建设相对滞后，直到1988年《中华人民共和国水法》发布实施，才有了真正意义上的规范水事活动的法律依据。此后，有关水资源和生态保护的法律法规相继出台，流域内有关地方政府也出台了相关法规，基本形成了适合中国国情的水资源保护与生态环境保护法律法规体系。

20世纪70年代初，我国水环境问题开始显现，水资源保护受到重视。1973年8月，国务院召开第一次全国环境保护会议，11月批转了国家计划委员会《关于全国环境保护会议情况的报告》和第一次全国环境保护会议制定的《关于保护和改善环境的若干规定（试行草案）》，这是我国首部关于环境保护的规范性文件。1978年3月通过的《中华人民共和国宪法》明确规定“国家保护环境和自然资源，防治污染和其他公害”，确认环境保护是国家职能之一，为我国环境和资源法制建设奠定了法律基础。

国家层面的水资源和生态环境保护法律体系以《水法》《环境保护法》为标志。

20世纪80年代以前，我国发展重点主要集中在国民经济恢复、大规模经济建设和一些政治运动中，立法进程比较缓慢。改革开放以后，我国的法律体系建设逐渐步入正轨，其中的水资源和生态环境保护法规体系作为国家法律体系建设的重要组成部分，列入国家立法计划。1978年，“国家保护环境和自然资源，防治污染和其他公害”被写入宪法；1979年，第五届全国人大常委会第十一次会议原则通过《中华人民共和国环境保护法（试行）》；1984年，第六届全国人大常委会第五次会议通过《中华人民共和国水污染防治法》；1988年，第六届全国人大常委会第二十四次会议通过《中华人民共和国水法》；1989年，第七届全国人大常委会第十一次会议通过《中华人民共和国环境保护法》；1991年，第七届全国人大常委会第二十次会议通过《中华人民共和国水土保持法》，我国生态建设与环境保护工作逐步走上法治化轨道。2010年以后，我国适时对《水法》《环境保护法》《环境保护税法》以及《大气、水、土壤污染防治法》等法律进行修订或者制定，全国人大常委会、最高人民法院、最高人民检察院对环境污染和生态破坏界定入罪标准，立法力度之大、执法尺度之严、成效之显著前所未有。

我国在建设水资源和生态环境保护法规体系的同时，还注重与之配套的法规体系建设。国务院相关部门先后出台了一系列法律的实施细则、规章及文件等，相关部门也对生态环境保护出台了一大批规范性文件。特别是改革开放以后，我国立法进程加快。在生态环境保护与建设方面，1986年3月，国务院环境保护委员会、国家计委、国家经委联合发布《建设项目环境保护管理办法》；1988年6月，国务院第七次常务会议通过《中华人民共和国河道管理条例》；1993年8月，国务院令第119号发布实施《取水许可制度实施办法》；1994年9月，国务院第24次常务会议讨论通过《中华人民共和国自然保护区条例》；1995年8月，国务院令第183号发布实施《淮河流域水污染防治暂行条例》；1998年11月，国务院第10次常务会议通过《建设项目环境保护管理条例》等，初步形成了水资源和生态环境保护的法规体系。

在水污染防治方面，1989年7月，经国务院批准，国家环境保护局发布《中华人民共和国水污染防治法实施细则》。2000年3月，国务院令第284号发布《中华人民共和国水污染防治法实施细则》，这是我国第一部关于水污染治理的文件。该文件详细写明了关于水污染防治的监督管理、防止地表水污染、防止地下水污染等多方面的规定，共6章49条。2018年4月，李克强总理签署第698号国务院令，公布了《国务院关于修改和废止部分行政法规的决定》，废止《中华人民共和国水污染防治法实施细则》。

在部委层面，1989年7月，国家环保局、卫生部、建设部、水利部、地矿部联合发布实施《饮用水水源保护区污染防治管理规定》；1995 年 5 月，水利部令发布实施《开发建设项目水土保持方案编报审批管理规定》；1995 年 9 月，农业部令发布实施《长江渔业资源管理规定》；1995 年 12 月，水利部又发布实施《取水许可水质管理规定》；2004 年 7 月，农业部令第 38 号修订，原《长江中下游渔业资源管理暂行规定》同时废止；1997 年 10 月，农业部令发布实施《水生动植物自然保护区管理办法》。这一系列法规和规章为相关法律的实施提供了进一步的依据，对促进我国水资源和生态环境保护起到了重要的保障作用。

1. 相关法律法规

1979 年，第五届全国人大常委会第十一次会议原则通过《中华人民共和国环境保护法（试行）》，同年 9 月颁布施行。这是我国第一部关于保护环境和自然资源、防治污染和其他公害的综合性法律，对保护江河湖海水库等水域水质、严格管理和节约用水、合理开采地下水、防止地表水和地下水污染、保护饮用水源等作了规定，标志着包括水资源保护工作在内的国家环境保护工作步入法制轨道。1984 年 5 月，《中华人民共和国水污染防治法》颁布施行，确立了水污染防治的管理体制和一系列基本制度。1988 年 1 月《中华人民共和国水法》施行，这是我国第一部规范水事活动的基本法，对水资源管理体制和制度作了全面规定，把保护水资源作为三大目标之一，标志着我国进入依法治水的新阶段。之后，《中华人民共和国环境保护法》（1989 年）、《中华人民共和国水土保持法》（1991 年）、《中华人民共和国防洪法》（1997 年）相继颁布施行。

（1）《中华人民共和国水法》

《中华人民共和国水法》于 1988 年 1 月由第六届全国人大常委会第二十四次会议通过，中华人民共和国主席令第 61 号公布，自 1988 年 7 月 1 日起施行，共 7 章 53 条。《水法》总则中强调制定该法的目的是为合理开发利用和保护水资源，防治水害，充分发挥水资源的综合效益，适应国民经济发展和人民生活的需要。其中，第五条规定“国家保护水资源，采取有效措施，保护自然植被，种树种草，涵养水源，防治水土流失，改善生态环境”。第六条规定“各单位应当加强水污染防治工作，保护和改善水质。各级人民政府应当依照水污染防治法的规定，加强对水污染防治的监督管理”。第九条规定“国家对水资源实行统一管理与分级、分部门管理相结合的制度”。第十六条第二款规定“建设水力发电站，应当保护生态环境，兼顾防洪、供水、灌溉、航运、竹木流放和渔业等方面的需要”。第三章为“水、水域和水工程保护”，但仅设置了在江河、湖库、渠河道范围内的防洪、采砂、航运以及地下水开采、采矿、围湖造田等活动要求和水工程设施的保护等制度，并没有对水环境保护作出专门规定。该《水

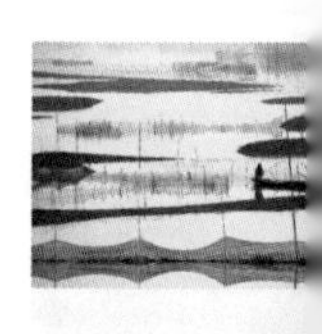

法》尚未提及流域管理机构的设立。尽管如此，对我国在涉水活动的立法方面仍然是一大突破，对规范水资源的开发利用活动、保护水资源、防治水害、促进水利事业的发展，发挥了重要作用。

随着时间的推移和形势的发展，无论从我国的经济社会发展，还是水资源本身，都出现了一些新情况和新问题，我国的水资源管理工作也面临着深刻变化，1988年《水法》的一些规定已不能适应实际需要，有必要对其进行修订。2002年8月，第九届全国人大常委会第二十九次会议通过新修订的《水法》，将其扩展到共8章82条。其立法宗旨调整为合理开发、利用、节约和保护水资源，防治水害，实现水资源的可持续利用，适应国民经济和社会发展的需要。修改的主要内容包括：一是强化国家对水资源的统一管理，重视水资源宏观管理和合理配置；二是将节约用水和保护水资源放在突出位置；三是明确水资源规划作为水资源开发、利用、节约、保护和防治水害的依据和法律地位，重视流域管理；四是合理配置水资源，协调好生活、生产和生态用水，特别是加强水资源开发、利用中对生态环境的保护，以适应水资源的可持续利用；五是适应依法行政的需要，完善相关的法律责任。这次修订把水资源的节约和保护放在突出位置，是基于我国把水资源问题同粮食、石油一起作为国家的重要战略资源，提高到可持续发展的高度，需要采取经济的、法律的、行政的手段，合理安排水资源的开发利用，加强水资源保护，并把水功能区划、维持江河的合理流量、维护水体的自然净化能力和建立饮用水水源保护区、控制开采地下水等都作了规定，这都集中体现在第四章“水资源、水域和水工程保护”和第五章“水资源配置和节约使用”中。特别是第四章中确定了一系列水资源保护制度，这些制度包括保护水量及生态用水、破坏水资源和生态环境应当承担的治理责任和赔偿责任、水功能区划、排污总量控制、水质监测、饮用水水源地保护、入河排污口设置审批、农灌水水源、供水水源保护等。

此后，我国又对水法作了两次修订，一次是2009年8月；另一次是2016年7月，这两次均是对部分条文进行了修订，并未涉及水保护问题。

（2）《中华人民共和国水土保持法》

《中华人民共和国水土保持法》于1991年6月由第七届全国人大常委会第二十次会议通过，中华人民共和国主席令第49号公布，自公布之日起施行，共6章46条。2010年12月修订，2011年3月1日起实施，共7章60条。《水土保持法》的立法宗旨是预防和治理水土流失，保护和合理利用水土资源，减轻水、旱、风沙灾害，改善生态环境，保障经济社会可持续发展。第五条明确规定“国务院水行政主管部门在国家确定的重要江河、湖泊设立的流域管理机构，在所管辖范围内依法承担水土保持监督管理职责”。

修订后的《水土保持法》较原法有了很大进步。一是强化了地方政府的主体责任，第四条规定“县级以上人民政府应当加强对水土保持工作的统一领导，将水土保持工作纳入本级国民经济和社会发展规划，对水土保持规划确定的任务，安排专项资金，并组织实施”。二是列了“规划”专章，第十三条明确规定“水土保持规划包括对流域或者区域预防和治理水土流失、保护和合理利用水土资源做出的整体部署，以及根据整体部署对水土保持专项工作或者特定区域预防和治理水土流失作出的专项部署”。“水土保持规划应当与土地利用总体规划、水资源规划、城乡规划和环境保护规划等相协调”。三是明确了“预防为主，保护优先”的水土保持工作指导方针，增加了对一些容易导致水土流失、破坏生态环境的行为予以禁止或限定的规定，这对预防人为水土流失，保护生态环境至关重要。四是进一步确立了水土保持方案在生产建设项目审批立项和开工建设中的前置地位；明确了生产建设项目水土保持方案审批是水行政主管部门的一项独立行政许可事项；进一步确立了水行政主管部门水土保持方案管理职能，实现了权责统一；合理界定了水土保持方案编报的范围和对象。五是确立了“谁开发、谁治理、谁补偿”的原则，首次将水土保持补偿定位为功能补偿，从法律层面建立了水土保持补偿制度；将水土保持生态效益补偿纳入国家建立的生态效益补偿制度。六是新法强化了违法行为的法律责任，把罚款最高限提升了50倍，增强了执法的可操作性。

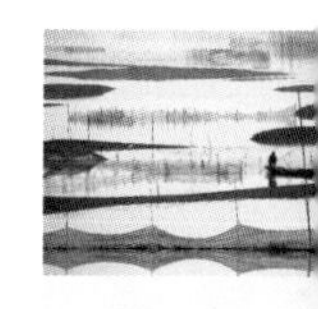

（3）《中华人民共和国水污染防治法》

《中华人民共和国水污染防治法》是我国涉水法律体系中出台最早的一部法律，这在当时是很有远见的。改革开放以后，我国经济快速发展，取得了巨大成就，但以资源消耗型、环境污染型的发展方式带来了一系列环境问题，部分水域污染凸显，特别是经济社会发达地区；另一方面，也是为了避免一些发达国家在发展过程中遇到的环境问题，更是为了后续发展不会以牺牲环境为代价，在此背景下，有关部门把起草水污染防治法列为重要法律立法计划。1984年5月，第六届全国人大常委会第五次会议通过了《中华人民共和国水污染防治法》，其立法宗旨是“为防治水污染，保护和改善环境，以保障人体健康，保证水资源的有效利用，促进社会主义现代化建设的发展”，共7章46条。1996年5月，第八届全国人大常委会第十九次会议通过《关于修改〈中华人民共和国水污染防治法〉的决定》，首次对该法进行修订，增加了部分内容，共7章62条。

实践表明，水污染防治法实施20多年来，确立的水污染防治规划、环境影响评价、排污收费、重点水污染物排放总量控制、饮用水地表水源保护、限期治理等基本法律

制度是正确的。但随着我国经济的持续快速增长和经济规模的不断扩大，水污染物排放一直没有得到有效控制，水污染防治和水环境保护形势面临着旧账未了、又欠新账的严峻局面。主要表现在：水污染物排放总量居高不下，水体污染相当严重；部分流域水资源的开发利用程度过高，加剧了水污染的恶化趋势；城乡居民饮用水安全存在极大隐患；水污染事故频繁发生；现行水污染防治法对违法行为处罚力度不够，守法成本高，违法成本低。水污染防治法的规定已不能完全适应新形势、新问题的需要，必须对其加以修改、补充和完善。2008 年 2 月，第十届全国人大常委会第三十二次会议通过《水污染防治法》的第二次修订，内容扩展到 8 章 92 条。其立法宗旨修改为“为防治水污染，保护和改善环境，保障饮用水安全，促进经济社会全面协调可持续发展”。这次修订主要体现在几个方面：一是加强水污染的源头控制，进一步明确了政府责任；二是完善水环境监测网络，建立了水环境信息统一发布制度；三是强化了重点水污染物排放总量控制制度；四是全面推行排污许可制度，进一步规范了排污行为；五是完善了饮用水水源保护区管理制度；六是加强了内河船舶污染的防治；七是增强水污染应急反应能力；八是加大处罚力度，完善了法律责任。

随着我国经济社会发展，国家在水污染治理方面虽然投入巨资，先后开展了重点江河湖泊水污染治理，取得了一定成效，但水污染问题仍然没有从根本上解决问题，特别是守法成本高、违法成本低的问题依然存在，人民群众对水环境的要求越来越高，水生态环境亟待改善，需要在巩固以往水污染治理成果的同时，把一些新的要求用法律的方式规范下来。2017 年 6 月，第十二届全国人大常委会第二十八次会议通过了《关于修改〈中华人民共和国水污染防治法〉的决定》，这是对该法的第三次修正，充实了一些内容，共 8 章 103 条。在立法宗旨上，提出的是“为了保护和改善环境，防治水污染，保护水生态，保障饮用水安全，维护公众健康，推进生态文明建设，促进经济社会可持续发展”，比前两次要求更高。2017 年修订的《水污染防治法》的突出特点在于：一是更加明确了水污染防治的目标，第三条规定“水污染防治应当坚持预防为主、防治结合、综合治理的原则，优先保护饮用水水源，严格控制工业污染、城镇生活污染，防治农业面源污染，积极推进生态治理工程建设，预防、控制和减少水环境污染和生态破坏”。二是把河长制首次以法律的形式固定下来，第五条规定“省、市、县、乡建立河长制，分级分段组织领导本行政区域内江河、湖泊的水资源保护、水域岸线管理、水污染防治、水环境治理等工作”。三是进一步强化了各级地方政府的责任，即明确地方各级人民政府对水环境质量负责；增加水环境质量改善目标限期达标制度；加强对限期达标规划执行情况的监督。四是加强流域水污染联合防治与生态保护，第二十七至二十九条规定：国务院有关部门和县级以上地方人民政府开发、利用和调节、调度水资源时，应当统筹兼顾，维持江河的合理流量和湖泊、水库以及地下水体的合理水位，保障基本生态用水，维护水体的生态功能；实行统一规划、统一标准、统一监测、统一的防治措施；明确流域生态环境保护要求，组织开展流域环境资源承载能力监测、评价，实施流域环境资源承载能力预警；组织开展江河、湖泊、湿地保护与修复，因地制宜建设人工湿地、水源涵养林、沿河沿湖植被缓冲带和隔离带等生态环境治理与保护工程，整治黑臭水体；从事开发建设活动，应当采取有效措施，维护流域生态环境功能，严守生态保护红线。五是完善了水污染防治设施“三同时制度”、重点水污染物排放总量控制制度和区域限批制度、排污许可制度、监测制度等。六是加强了工业废水污染防治，对有毒有害水污染物实行风险管理；加强对地下水的污染防治；加强对企业排放工业废水的治理和对工业集聚区污水集中处理的管理。七是加强城镇污水污染防治，明确污水处理费可以用作污泥处理处置；明确处置必须符合国家标准。八是加强农业农村水污染防治，明确国家支持农村污水、垃圾处理设施的建设，推进农村污水、垃圾集中处理；要求地方政府统筹规划建设农村污水、垃圾集中处理设施并保障其正常运行；明确制定化肥、农药等的质量标准和使用标准，应当适应水环境保护要求；明确农业主管部门和其他部门应当采取措施，指导农业生产者科学、合理施用化肥和农药，推广测土配方施肥和高效低毒低残留农药，控制化肥和农药的过量使用，防止造成水污染；要求畜禽散养密集区所在地县、乡级人民政府组织对畜禽粪便污水进行分户收集、集中处理利用；禁止向农田灌溉渠道排放工业废水或者医疗污水。九是强化了饮用水安全保障制度，开展饮用水水源污染风险调查评估，采取风险防范措施；对单一水源供水城市和农村饮用水水源提出要求；强化饮用水供水单位责任；加强饮用水安全信息公开；加强饮用水安全突发事件应急管理。十是规定了企业事业单位和公民在水环境保护方面的责任和义务，任何单位和个人都有义务保护水环境，并有权对损害水环境的行为进行检举。十一是规定了重点排污单位的环保义务。十二是进一步加大了处罚力度，加大对拒绝、阻挠执法人员监督检查的打击力度，明确拒绝、阻挠的具体方式，提高罚款幅度；加大对监测违法的处罚力度；加大对企业超标、超总量等违法排污行为的处罚力度；提高了对向水体排放油类、酸液、碱液等违法排污行为的罚款幅度；增加对污泥进行违法处理的法律责任；完善了船舶污染水体的法律责任；增加饮用水供水单位供水水质不符合国家标准的法律责任。

为了贯彻落实相关法律，国务院也出台了一系列与水资源保护相关的行政法规，逐步形成了与法律配套的国家层面的法律法规体系。同时，国务院相关部委局也出台了一系列与水资源保护和生态环境保护有关的规章及规范性文件。这里

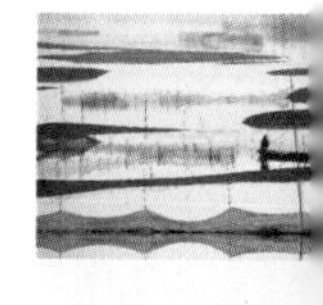

不再赘述。

2. 地方水资源和生态保护法律法规

为了贯彻落实水资源和生态保护法律法规，长江流域内有关地方省级立法机构也相继出台了《水法》《水污染防治法》实施办法等地方性法规和规章。尽管这一时期水资源保护的法规还不够规范，但为后期建立水资源保护机构，开展水质监测等工作以及后续立法奠定了基础。以下仅对上海、江苏、安徽、江西、湖北、重庆、四川、贵州等省（市）的立法情况作简要介绍，不涉及规范性文件。

（1）上海市

上海市水资源和生态环境保护法规体系建设主要是根据自身特点，结合不同时期的要求适时进行修正或修订。1992年10月，上海市第九届人大常委会第三十七次会议通过《上海市实施〈中华人民共和国水法〉办法》并发布实施，此后分别于1997年、2010年、2011年和2015年进行了4次修正，该办法共6章49条。1994年12月，市第十届人大常委会第十三次会议通过并发布实施《上海市环境保护条例》，至2016年7月先后进行了3次修订，该条例共8章91条。1996年6月，市第十届人大常委会第二十八次会议通过的《上海市供水管理条例》，至2010年9月进行了3次修正，该条例共7章48条。1996年12月，发布实施《上海市排水管理条例》，至2010年9月进行了4次修正，该条例共6章57条。2009年12月，市第十三届人大常委会第十五次会议通过《上海市饮用水水源保护条例》并发布实施，该条例共5章34条。此外，还出台了《上海市河道管理条例》《上海市防汛条例》等近10部法规。

（2）江苏省

江苏省可能是长江流域省级行政区发布实施水资源和生态环境保护法规最多的，也是修订次数最多的，并针对重要水域的水环境保护进行了专门立法，基本建立起较为完善的法规体系。1986年9月，江苏省第六届人大常委会第二十一次会议通过《江苏省水利工程管理条例》并发布实施，此后分别于1994年、1997年、2004年、2017年、2018年进行了5次修正，该条例共7章32条。1993年12月，省第八届人大常委会第五次会议通过《江苏省水资源管理条例》并发布实施，此后分别于1997年、2003年和2017年进行3次修正，该条例共7章50条。1996年6月，省第八届人大常委会第二十一次会议通过《江苏省太湖水污染防治条例》并发布实施，此后分别于2007年、2012年和2018年进行了3次修正，该条例共6章65条。2004年8月，省第十届人大常委会第十一次会议通过《江苏省湖泊保护条例》并发布实施，此后分别于2012年和2018年进行了2次修正，该条例共26条。2004年12月，省第十届人大常委会第十三次会议通过《江苏省长江水污染防治条例》并发布实施，此后分别于

2010 年、 2012 年和 2018 年进行了 3 次修正，该条例共 6 章 54 条。2013 年 11 月，省第十二届人大常委会第六次会议通过《江苏省水土保持条例》并发布实施；2017 年 6 月，省第十二届人大常委会第三十次会议进行修正，该条例共 7 章 37 条。2018 年 1 月，省第十二届人大常委会第三十四次会议通过《江苏省太湖水污染防治条例》并发布实施，该条例共 6 章 65 条。此外，还出台了《江苏省湿地保护条例》《江苏省水库管理条例》《江苏省节约用水条例》《江苏省渔业管理条例》等 20 余部涉水法规。

（3）安徽省

安徽省根据本省特点，在水资源和生态环境保护法规体系建设方面起步较早。1992 年 8 月，安徽省第七届人大常委会第三十二次会议通过《安徽省实施〈中华人民共和国水法〉办法》并发布实施；2003 年 12 月，省第十届人大常委会第六次会议修订，该办法共 7 章 51 条；1998 年 12 月，省第九届人大常委会第七次会议通过《巢湖流域水污染防治条例》并发布实施，2014 年 7 月，省第十二届人大常委会第十二次会议修订，该条例共 52 条；2010 年 8 月，省第十一届人大常委会第二十次会议通过《安徽省环境保护条例》并发布实施，2017 年 11 月，省第十二届人大常委会第四十一次会议修订，该条例共 6 章 62 条。2016 年 9 月，省第十二届人大常委会第三十三次会议通过《安徽省饮用水水源环境保护条例》并发布实施，该条例共6章41条。此外，还出台了《安徽省湿地保护条例》《合肥市饮用水水源保护条例》《合肥市水资源管理办法》等法规。

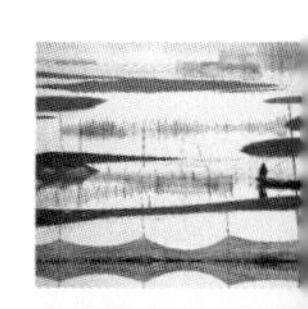

（4）江西省

江西省的水资源和生态环境保护法规体系主要包括：1994 年 4 月，江西省第八届人大常委会第八次会议通过的《江西省实施〈中华人民共和国水土保持法〉办法》并发布实施，该办法分别在 1996 年、2010 年、2012 年和 2018 年进行了 3 次修正和 1 次修订，该办法共 7 章 45 条。2000 年 12 月，省第九届人大常委会第二十次会议通过《江西省环境污染防治条例》并发布实施；2008 年 11 月进行修订，该条例共 8 章 73 条。2012 年 3 月，省第十一届人大常委会第三十次会议通过《鄱阳湖生态经济区环境保护条例》并发布实施，该条例共 4 章 58 条。2018 年 4 月，省第十三届人大常委会第二次会议通过《江西省湖泊保护条例》并发布实施，该条例共 7 章 50 条。2018年11月，省第十三届人大常委会第九次会议通过《江西省实施河长制湖长制条例》并发布实施，该条例共 32 条。这是长江流域各省级行政区中最早对河（湖）长制进行专门立法的省份。

（5）湖北省

湖北省江河湖泊众多，是著名的水利大省，水资源和生态环境保护法规体系建设开展较早，相对较为完善。1994年12月，湖北省第八届人大常委会第十次会议通过《湖北省环境保护条例》并发布实施；1997年12月，省第八届人大常委会第三十一次会议修改；2018年11月，省第十三届人大常委会第六次会议修改，该条例共6章43条。1999年11月，省第九届人大常委会第十三次会议通过《湖北省汉江流域水污染防治条例》并发布实施，该条例共8章82条。1998年11月，省第九届人大常委会第六次会议通过《湖北省实施〈中华人民共和国防洪法〉办法》并发布实施，该条例共6章40条。2012年5月，省第十一届人大常委会第三十次会议通过《湖北省湖泊保护条例》并发布实施，该条例共9章62条。2014年1月，省第十二届人大常委会第二次会议通过《湖北省水污染防治条例》并发布实施；2018年11月，省第十三届人大常委会第六次会议修正，该条例共8章82条。2018年9月，省第十三届人大常委会第五次会议通过《湖北河道采砂管理条例》并发布实施，该条例共6章47条；同时，该会议还通过了《湖北省天然林保护条例》并发布实施，该条例共6章46条。此外，还出台了《湖北省水污染防治条例》《神农架国家公园保护条例》《湖北省风景名胜区管理条例》《湖北省城镇供水条例》等10余部法规。

（6）重庆市

重庆市水资源和生态环境保护法规体系建设主要集中在成立直辖市以后，结合三峡库区管理制定了一系列法规。1997年10月，重庆市第一届人大常委会第四次会议通过《重庆市水资源管理条例》并发布实施，此后分别于2003年、2010年、2011年、2015年和2018年进行了2次修订和3次修正，该条例共7章45条。同年11月，市第一届人大常委会第五次会议通过《重庆市实施〈中华人民共和国水土保持法〉办法》并发布实施，此后分别于2001年、2004年、2012年、2016年、2018年进行了4次修正和1次修订，该办法共7章43条。1998年5月，市第一届人大常委会第九次会议通过《重庆市环境保护条例》并发布实施，此后分别于2007年、2010年和2017年进行了2次修订和1次修正，该条例共7章116条；这次会议还通过了《重庆市林地保护管理条例》，该条例分别于2001年、2004年、2005年、2010年和2018年进行了5次修正，共6章34条；《重庆市长江防护林体系管理条例》分别于2010年和2019年进行了2次修正。2001年11月，市第一届人大常委会第三十七次会议通过《重庆市长江三峡水库库区及流域水污染防治条例》并发布实施，此后分别于2004年、2005年和2011年进行了2次修正和1次修订，该条例共6章66条。此外，还发布实施了《重庆市水利工程管理条例》《重庆市林地保护管理条例》《重庆市供水节水管理条例》等10多部法规。

（7）四川省

四川省水资源和生态环境保护法规体系起步较早，基本形成了较为完善的体系。1988年12月，四川省第七届人大常委会第六次会议通过《四川省长江水源涵养保护条例》并发布实施，此后分别于1994年和2004年对其进行了2次修正，该条例共7章38条。1992年3月，省第七届人大常委会第二十八次会议通过《四川省〈中华人民共和国水法〉实施办法》并发布实施，此后分别于1997年和2005年进行了2次修正，该办法共7章48条。1993年12月，省第八届人大常委会第六次会议通过《四川省〈中华人民共和国水土保持法〉实施办法》并发布实施；1997年10月，省第八届人大常委会第二十九次会议进行修正；2012年9月，省第十一届人大常委会第三十二次会议进行修订，该办法共7章41条。1995年10月，省第八届人大常委会第十七次会议通过《四川省饮用水水源保护管理条例》并发布实施；1997年10月，省第八届人大常委会第二十九次会议进行修正；2011年11月，省第十一届人大常委会第二十六次会议进行修订，该条例共7章46条；2017年9月，省第十二届人大常委会第三十六次会议通过《四川省环境保护条例》并发布实施，该条例共7章92条；2019年5月，省第十三届人大常委会第十一次会议通过《四川省沱江流域水资源保护条例》并发布实施，该条例共7章65条。此外，还发布实施了《四川省长江防护林体系管理条例》《四川省〈中华人民共和国渔业法〉实施办法》《四川省风景名胜区条例》等10多部法规。

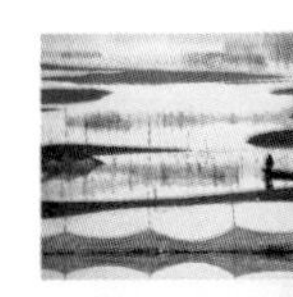

（8）贵州省

贵州省结合自身特点，出台了一系列水资源和生态环境保护法规，特别是独具特色地发布实施了全国第一部省级水资源保护条例、生态文明建设促进条例等，形成了适合自身发展的生态环境保护法规体系。1989年1月，贵州省第七届人大常委会第六次会议通过《贵州省实施〈中华人民共和国水法〉办法》并发布实施，此后分别于2005年、2011年和2017年进行了3次修正，该条例共6章35条。1992年12月，省第七届人大常委会第二十九次会议通过《贵州省实施〈中华人民共和国水土保持法〉办法》并发布实施；2012年11月，省第十一届人大常委会第三十一次会议通过《贵州省水土保持条例》，废止了该办法，更名为《贵州省水土保持条例》；2018年11月，省第十三届人大常委会第七次会议进行修正，该条例共7章45条。2014年5月，省第十二届人大常委会第九次会议通过《贵州省生态文明建设促进条例》并发布实施；2018年11月，省第十三届人大常委会第七次会议进行修正，该条例共7章69条。2016年11月，省第十二届人大常委会第二十五次会议通过《贵州省水资源保护条例》

并发布实施；2018年11月，省第十三届人大常委会第七次会议进行修正，该条例共8章41条。2017年11月，省第十二届人大常委会第三十二次会议通过《贵州省水污染防治条例》并发布实施；2018年11月，省第十三届人大常委会第七次会议进行修正，该条例共8章89条。此外，还发布实施了《贵州省湿地保护条例》《贵州省林地管理条例》《贵州省赤水河流域保护条例》等10多部法规。

3. 流域水资源和生态保护立法

长江流域水资源和生态环境保护法规体系的构成大体分为三个层面：一是在国家层面发布实施的一系列关于水资源和生态环境保护的法律法规，已如上述；二是长江流域层面专门针对流域或特定区域或某一事项进行立法；三是流域内地方行政区域层面，即适用于某行政区域的立法，如上文所列举的8个省（市）关于水资源和生态环境保护的主要法规。下面主要就长江流域的法规建设作简要介绍。

长江流域水资源和生态环境保护的法规体系建设是在国家相关法律法规的框架下，结合流域特点就某一专门问题或某一区域进行立法研究并提出相关立法建议。为使《水法》等国家重要法律法规落到实处，长江委制定了《2004—2010年水法规建设规划》，目标是以制定《长江法》为重点，开展针对长江流域不同层次的水法规建设工作，初步提出长江流域水法规体系的宏观架构，为建立与完善长江流域水法规体系奠定基础，为长江流域水资源统一管理和经济社会可持续发展提供法律保障。一是在法律、法规和规章层面，针对长江流域水资源的开发、利用、治理与保护的特殊问题及重点区域的水资源管理问题，开展流域性水法规立法前期研究和法律条文起草工作；二是根据长江流域管理实际制定流域管理规范性文件。规划中共对28个水法规建设项目作了总体安排。

1978年，长江水保局与有关专家合作，经过广泛调查研究，起草了《长江水资源保护管理条例》，并上报水电部和国务院环境保护领导小组。1984年，国家环境保护局和水利电力部联合召开长江水资源保护工作会议，讨论制定了《长江水资源保护工作若干规定》和《长江干流水质监测网工作条例》，这两个文件于1985年2月由国家环保局和水利电力部正式批准并颁布。其中，《长江水资源保护工作若干规定》对统筹协调各方面的工作，实行地方分级管理与流域统一管理相结合、水资源管理与水环境管理相结合，做好长江水资源与水环境保护工作、控制和改善长江水污染状况作出了规定，明确了长江水保局、长江水质监测中心站的职责、隶属关系，规定了长江水保局与环境保护部门、水行政主管部门和水文部门、交通部门等的分工和协作关系，以及工作经费等问题。1997年，长江水保局开展了长江水资源保护立法可行性论证研究，完成了《长江水资源保护办法》立法可行性总报告及4个专题报告，对立法的理论基础、立法模式选择、制度设计、管理体制构建等重点、难点问题进行了研究，为长江水资源保护立法提供了理论支持。1999 年，为完成《水法》修订任务的需要，水利部政策法规司委托长江水保局开展水资源保护专题研究。长江水保局开展了大量调研工作，对水资源保护立法的目的、原则、制度等进行了全面、系统的研究，所提出的水功能区划制度、纳污限排制度、入河排污口监督管理制度及饮用水水源地保护区划分制度等 10 多项建议全部纳入 2002 年新修订的《水法》，为确立水资源保护制度提供了重要支撑。2002 年 3 月，以该成果为基础编著的《水资源保护及其立法》一书出版发行，成为全国人大审议《水法（修订案）》的参考资料之一。

2002 年 4 月，长江水保局针对长江水资源保护的新形势、新要求，组织编制完成了《关于加强长江近期水资源保护的若干意见》，成为经水利部部长办公会审议通过并上报国务院的第一个关于长江水资源保护的成果，该成果结合水功能区划要求，贯穿了水利部水资源保护新的工作思路，选取了长江干流上海、南京、武汉、重庆、攀枝花等五大城市江段近岸水域污染治理，沱江、嘉陵江、湘江、汉江、黄浦江等五条污染较重的支流污染控制，重要湖泊富营养化控制，“白色污染”治理，三峡水库、南水北调中线工程水源地及长江口三个重点区域保护等 5 个方面作为规划的重点，提出了实施“5531”工程，以满足长江近期水资源保护的需要。

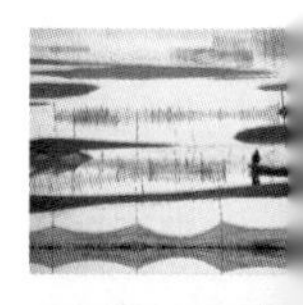

值得一提的是，在长江保护立法方面，长江委从 20 世纪 90 年代开始一直在推动《长江法》的立法工作，相关情况在第一章已有述及。2014 年，长江经济带发展上升为国家战略，关于长江保护的立法被提到议事日程。全国人大常委会已将其列入立法计划，国家有关部门组织专班开展《长江保护法》的起草工作，长江委在其中开展了大量的调研和研究工作，提出了极具建设性的意见。长江保护立法的定位一定是在“生态优先、绿色发展”的前提下，协调好开发利用与保护的关系、流域与区域之间的关系以及新旧制度间的关系；协调好长江流域的功能、利益、权力的多元冲突与平衡。

著名法学家吕忠梅从事长江保护立法研究 30 多年，当时她提出的立法思路是：首先确立流域水安全、水公平和可持续发展的价值取向，考虑长江流域东、中、西部的不同发展阶段、不同发展水平、不同利益诉求，保证资源配置的公平，为可持续发展留下空间。其次是以“生态优先，绿色发展”为目标设计基本内容：一是要确定生态修复的压倒性位置；二是明确保护优先的法治原则；三是为开发利用长江流域资源设定生态红线、资源底线、经济上限；四是设立特别授权机构、统一监管权；五是完善制度体系，建立综合决策、协调联动、整合执法、多元共治、责任追究等制度。

从法律层面解决长江流域资源保护面临的主要问题：一是“生态优先、绿色发展”没有完善的法治抓手；二是长江流域的功能、利益、权力的多元冲突缺乏法律协调和平衡的机制；三是传统的流域治理的体制机制无法适应长江经济带建设的需求。这既要为长江专门立法的理由，也是立法时必须解决的问题，还意味着为长江立法需要有更高的站位、更宽的视野、更多的智慧。长江保护立法最急需破解的难题，是如何建立流域立法立体多维的空间化架构、如何设计合理的权力配置原则、如何形成多元共治体制机制等三个方面。进一步明确国家有关部门、流域管理机构、地方人民政府的保护责任，对流域涉水行为作出明确的法律规定，为实现长江大保护提供坚实的法律保障，为“维护健康长江，促进人水和谐”保驾护航。

二、水功能区划理论体系建立

1. 水功能区两级分区分类的原理及技术方法

1999年，长江委组织水保局率先提出了水功能区两级分区的原理及技术方法，并被水利部作为全国水功能区划的技术依据。水功能区划是水资源保护的一个重大突破，为在法律层面建立水功能区管理制度提供了重要的技术支撑，水功能区划成果成为新时期水资源保护规划的基础和水资源保护管理的依据，以该项研究成果为重要内容的“水功能区划与水资源保护理论技术及应用”成果荣获2004年度国家科技进步二等奖。

根据当时水利部的“三定”规定，水利部负责组织水功能区的划分。1998年12月，水利部印发《关于开展水功能区划分技术大纲与工作试点的函》（资文保函〔1998〕8号），布置长江水保局承担水功能区划技术研究任务。根据水利部的要求，长江水保局与水利部水利水电规划设计研究总院联合开展了大量的调查研究工作，形成了水功能区划技术成果，编制了《全国水功能区划技术大纲》，由水利部颁布实施（水资源〔2000〕58号），作为指导全国水功能区划的技术文件。

2. 水功能区划

2000年开始，在水利部的部署下，长江委组织流域内各省（自治区、直辖市）拟订长江片水功能区划。2002年2月，长江片水功能区划成果通过了水利部组织的审查，其内容纳入了《中国水功能区划（试行）》，由水利部颁布试行。

根据水利部的《全国水资源保护规划技术大纲》和《全国水功能区划技术大纲》，结合长江片的实际，长江水保局编制了《长江片水资源保护规划工作大纲》《长江片水功能区划分技术细则》《长江片水资源保护规划技术细则》等文件，作为进行长江片水功能区划、编制长江片水资源保护规划的技术依据。

为了有效地组织和顺利开展水功能区划，长江片水资源保护规划办公室和各省（自治区、直辖市）多次组织专门的技术培训，安排了补充调查与监测，进行了多次集中编制。2000 年 10 月，长江片水资源保护规划办公室分别在成都、长沙、南京等市主持召开了长江片上游、中游及下游各省（自治区、直辖市）水功能区划成果预审会，分别形成了上游、中游及下游 3 个片区预审会会议纪要。经预审会后的修改与完善，长江水保局于同年 11 月汇总成《长江片水功能区划报告》。12 月，水利部组织专家对长江片一级、二级水功能区划成果进行了评审。

3. 水域纳污能力核算及水环境容量计算研究

20 世纪 90 年代末，在水功能区划理念的正式提出之初，长江水保局以三峡水库为重点研究对象，首次提出了水库水域功能区划及水质保护目标，拟定水环境容量计算方案，提出总量控制、负荷分配、水污染控制标准、水质管理措施等优化方案与对策，获 2005 年度教育部科技进步一等奖。此后，长江委根据不同时期的要求，多次组织人员对国务院批复的水功能区纳污能力进行核算，并提出限制排污总量意见，依据《水法》提交国家有关部门。

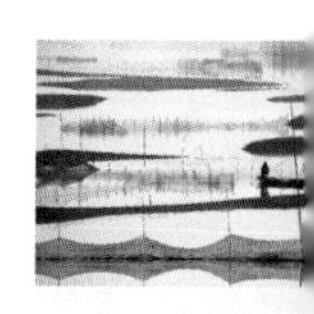

三、入河排污口管理

1. 排污口普查登记和调查

长江水保局成立伊始，为弄清长江水质状况，即根据国务院转发的国家计划委员会关于第一次全国环境保护扩大会议的情况和《关于保护和改善环境的若干规定（试行草案）》，以及国务院环境保护领导小组和水利电力部环境保护办公室的指示精神，在卫生防疫部门支持下，对长江流域污染源（含入河排污口）进行了一次普查，于 1978 年 12 月完成了《长江水源污染状况报告》。后经长江流域规划办公室组织审查，于 1979 年 1 月报送国务院环境保护领导小组和水利电力部。

1992 年，长江委根据水利电力部水资源司的指示和要求，组织长江水保局会同长江委水文局等单位，进行了长江干流沿岸入江排污口及排污情况的调查。1992—1993 年枯水期还对重点调查江段：上海、南京、武汉、重庆、攀枝花入江排污口和支流口进行水质、水量同步监测。1994 年上半年，提出了《长江干流入江排污口调查评价报告》。

通过这次调查工作，总体上掌握了长江干流入河排污口的设置和排放情况，得出以下结论：①长江流域是全国经济发达、城镇密度较高、工业发展较快的地区，废污水排放量以 2%~3% 的速度逐年递增。城市和工业废污水实际治理率及治理效果不高，污染物排放量没有得到有效控制。②长江干流沿岸 21 个主要城市有半数入河排污口不能达到排放标准（一项以上指标超标）；工业废渣、垃圾堆积江边，如攀枝花江段含大量金属元素的工业废渣，经淋溶、冲刷不断进入水体，对长江水质构成严重威胁。③长江干流中泓总体水质尚能维持良好状态，但局部水域污染的范围及程度在不断扩大和加深；支流水质污染较干流严重，城市地区水质普遍劣于其他地区。④长江干流存在明显的岸边污染带。据对21个主要城市江段调查，如不考虑大肠菌群及石油类两项指标，岸边污染带总长500余千米，如将大肠菌群与石油类指标参与评价，污染带长度将大大增加。⑤利用1985—1991年监测断面水质资料，水质趋势检验结果表明，流域及长江干流水质均呈稳中有升的总趋势，其中干流小于支流；工农业较发达的洞庭湖、鄱阳湖、下游支流地区，水质恶化趋势较为明显。⑥流域内大部分地区水体污染都以有机类污染为主。⑦长江干流大城市周围的中小城镇规模及乡镇工业发展迅猛，排污影响不容忽视；一些城市地区重污染行业不断向广大乡镇转移，后者限于经济力量和技术条件，在经济效益驱使下，大多无污染治理措施，特别是在下游河网地区，农村水质问题十分突出。⑧当前常规水质监测项目已不能全面反映水质对人体健康和生态环境的影响程度。在长江近岸水域检出微量有机物约300余种，且分布广泛；生物微核毒性试验表明，长江水质、底质中不同程度存在“三致”（致癌、致畸、致突变）有害物质。按美国公布的污染物质对人体健康和生态环境控制标准评价，大部分有机污染物的影响度均偏高，是长江水资源与水环境保护中必须关注的问题，应加强有机污染物的监测工作。⑨在流域与长江沿岸水污染事故时有发生，使工农业生产、人身安全和人民生活遭受重大损失。此类事故发生后的信息反馈渠道不畅通，大多重大事故在新闻报道后才有了解，这对事故发生后污染动态监测、及时处理和防止污染影响扩大极为不利。⑩防止水体污染范围扩大和恶化，必须正确处理好经济发展与资源保护的关系。特别应对新建、扩建工矿企业的选址、建设严格把关，防止对流域水环境带来新的污染和破坏。对此，作为水行政主管部门应与环境保护主管部门协调一致，控制排入河道污染物总量，切实加强对入河排污口的监督管理。

长江干流沿江不少城市，拟截污排江借以改善城市水环境状况。尽管长江水量丰沛，具有较强的稀释自净能力，但其水环境容量毕竟有限。如果各江段都实施截污排江，其污染“叠加”的影响，以及多种污染物综合作用下对长江生态环境破坏的影响难以预料。因此，所有沿江城市截污排江均应在流域总体水资源保护规划中统筹协调，并应深入研究有关技术、政策，从长远利益保护好长江水资源。

1997年，长江水保局根据水利部的水资源保护管理精神和流域水资源保护管理的需要，发文长江流域各省（自治区、直辖市）水利部门，部署了城市排污量调查和干流城市排污口调查工作。大部分省（自治区、直辖市）根据文件精神组织了调查，江苏、湖北、河南、云南等省还开展了入河排污口监测，为地方水利部门开展排污口设置的审批和取水许可水质管理工作积累了第一手资料。

2. 入河排污口设置审查

根据《中华人民共和国河道管理条例》及水利部关于河道管理权限的授权，对长江流域的入河排污口实行分级管理体制。流域机构负责对国务院审批的项目和其他限额以上的大型入河排污口设置的审批，其他入河排污口由地方各级水行政主管部门审批。据此，长江水保局于1992年组织审查了江阴市环境保护局关于实施江阴市城市污水排江工程报告、葛店化工厂污水排江方案、苏州工业园区亚太纸业公司入河排污口设置、武汉市黄浦路深水排江工程等。

（1）江阴市城市污水排江工程审查

1992年6月，长江水保局就江阴市环境保护局《关于实施江阴市城市污水排污工程的报告》复函，主要内容为：鉴于对城市污水直排长江尚缺乏实践经验，江阴市城市污水排江工程作为试点予以特批；实施过程中，主管部门要周密制定工程实施前后长江水质、生态和河道变化监测计划；继续组织科学研究，深化对排江效果的认识，为排江工程的实施和管理积累经验。

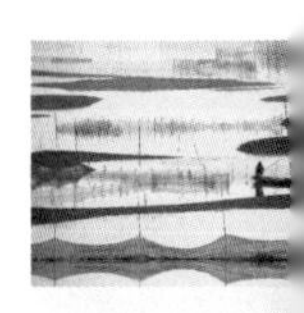

（2）葛店化工厂污水排江方案审查

1992年4月，长江水保局收到武汉市葛化工业集团公司《关于葛化工业废水排向长江的请示》；6月复函，同意武汉市环境保护局于1992年2月作出的审批意见，即葛化改、扩建工程的污水按原排江方案实施；同时指出，必须严格控制污水总量和污染物总量，满足环境影响报告书中的各项设计参数的要求；葛化工业集团公司来文申报的改、扩建工业废水一并排江，其可行性与环境影响缺乏足够的科学依据；排江工程应考虑下游1200米处葛店镇自来水厂取水点水源保护要求及鸭儿湖氧化塘的使用等问题。鉴于上述原因对葛化工业集团公司拟定排江工业废水的规模，待该公司在完善所应提供的文件以后，再按有关规定进行审批。

四、饮用水水源地保护

1. 出台《重点城市主要供水水源地水资源质量旬报编制规定》

有效掌握水源地水质是开展饮用水水源地保护工作的重要基础。发布《重点城市主要供水水源地水资源质量旬报》（以下简称《旬报》）是落实水利部“三定”规定，加大水资源统一归口管理力度的一项重要举措。按照水利部的要求，为使《旬报》能全面反映重点城市供水水源地水资源的质量状况，且监测数据要具有科学性、准确性和可比性，1999年1月，长江水保局与水利部水环境评价中心合作，就饮用水水源地的监测技术和《旬报》编制等方面开展调查与研究，以期提高《旬报》的编制质量与水平。调查研究小组首先赴天津、太原、合肥、武汉等不同类型供水水源地的重点城市水利、卫生、城建、环保等部门的监测单位开展调查，基本摸清了全国河流、水渠、湖泊、水库、地下水等供水水源地的界定方式，收集了大量国家和地方已颁布的有关供水水源地的法规与标准，为编制测报技术规定提供了充分的技术准备。在此基础上，提出了《编制技术规定编写提纲》，确定了不同水源地采样点布设及采样方法、必测项目与分析方法等技术规定的原则以及编制、审查、发布程序与要求。2月，长江水保局在武汉主持召开了水利系统专家咨询会，并依据专家意见修改完成了《〈旬报〉测报技术规定（送审稿）》。3月，水利部印发《关于组织发布重点城市主要供水水源地水资源质量状况旬报的通知》，批准了《〈旬报〉测报技术规定》，并以附件形式发往全国各省（自治区、直辖市）水利（水电）厅（局）、各计划单列市水利（水电）局执行。该通知指出，城市供水水源地保护是水资源保护工作的一项重要内容，认为发布《旬报》将为供水水源地水质良好的城市树立好的国内国际形象，对于供水水源地水质不达标的城市的治污工作是一种敦促。通知要求各地发布《旬报》应按编制规定的要求，组织经国家计量认证考核合格的各级水环境监测机构加强对城市供水水源地的水质监测，保证监测结果的准确性和公正性，同时还要求各地水行政主管部门应当在征得当地政府同意后抓紧开展工作，于1999年4月开始发布《旬报》。

2. 发布重点城市主要供水水源地水资源质量状况旬报

为落实好水利部《关于组织发布重点城市主要供水水源地水资源质量状况旬报的通知》有关工作安排，长江水保局配合昆明、贵阳、重庆、武汉、南昌、长沙、合肥、南京等8个重点城市，于1999年4月起开展重点城市供水水源地水资源监测与旬报发布工作，并对承担监测工作的单位给予了一定的经费补助，对城市供水水源地保护工作的开展，起到了促进作用。为了更好地落实水利部的“三定”规定，进一步推动和加强长江流域内重点城市供水水源地保护工作，长江水保局于2000年6月发出《关于加强城市主要供水水源地水资源质量状况旬报工作的通知》，进一步推动了此项工作的开展。

3. 汉江“水华”调查

（1）1992年汉江下游水体水质异常情况的初步调查

1992年2月中下旬，汉江下游潜江至武汉段约240千米的干流河段水体颜色出现黄褐色的异常现象，水体中藻类含量增加，色度增高，透明度降低，武汉段情况尤为严重。汉口宗关水厂于2月19日以后，由于水体藻类猛增，水厂水处理发生困难，市民用水受到一定影响。据此情况，长江水保局继2月末至3月初对汉江下游仙桃至武汉段水体进行实地调查和水质监测后，又派员赴汉江中、下游武汉至丹江口沿线开展进一步调查。并于 1992 年 4 月编写了《汉江下游水质异常情况的初步调查报告》，上报水利部和国家环境保护局。

此次汉江下游水质异常情况出现的时间是 2 月 17 日至 3 月 7 日，历时近 20 天，主要范围为从潜江至武汉全长 240 余千米的河段，同时也影响到潜江以上钟祥段（距潜江 60 余千米）的水质。汉江此次“水华”事件发生的原因，初步调查认为是在汉江水体具备藻类生长、繁殖的营养物质基本条件下，由于气候和水文等因素诱发所致。建议进一步研究营养盐量、气候、水文等单因素对水体富营养化过程的影响及它们之间的相互关系，找出解决问题的对策。丹江口水库在枯水期对下游流量起了较大的调节作用，不然这种富营养化出现的几率和程度可能更频繁、更严重。因此，在丹江口水库调度及南水北调中线工程设计中应予以充分考虑到这个因素。

由于湖库中的富营养化现象比较常见，也易引起人们的注意，但像汉江这样大的河流，这种事件是少有的，这对长江沿线各支流具有一定代表性，因而进一步研究和有效解决此类问题，将更具实际意义。

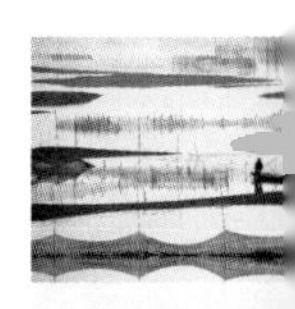

（2）1998 年汉江“水华”事件

1998 年 2 月中下旬至 3 月上旬及 4 月上中旬，汉江中下游干流水质再次发生异常，江段水色呈黄褐色，有藻腥味，与 1992 年枯水期的观感状况类似。

1998 年 2 月 24 日采样，由中游到下游各典型河段断面采样调查结果显示，14 个站点水体共涉及藻类 7 门 51 属 72 种，其中以硅藻为主，绿藻次之，蓝藻、裸藻、金藻、隐藻和甲藻偶有出现。硅藻所占比例的最高值和最低值分别达 61.5%（武汉龙王庙）和 38.1%（仙桃磷肥厂）；绿藻所占比例的最高和最低值分别在 47.6%（仙桃磷肥厂）和 21.1%（武汉新港），两者相加，各站几乎都在 80% 以上。有些站，如老河口的江家洲和襄樊余农家湖站水中藻类全由硅藻和绿藻组成。由此看出，1998 年汉江“水华”，硅藻和绿藻是主要种群。

据调查研究，1998 年 2 月仙桃站平均流量 337 立方米每秒，为历年同期平均流量的 40%；流速 0.64 立方米每秒，比 1993—1997 年同期流速小 0.24 ~ 0.52 立方米每秒；水位 23.24 米，比历年同期平均水位低 1.76 米。而长江武汉关水位为 23.24 米，较历年同期平均水位高 0.36 米，从而出现长江对汉江下游河段，特别是汇口处的武汉段顶托更为严重。多年来，汉江中下游沿江城市的生活和工业污水绝大部分未经任何处理直接排入汉江，入江主要污染物为 COD_{Mn}、SS、BOD_5、总磷、总氮和挥发酚。根据湖北省环境保护科学研究所 1998 年 8 月的研究报告，汉江中下游干流城市江段共有排污口 40 个，年排放污水 43971.9 万吨，其中主要污染物量：SS 为 35180.2 吨，

COD为47843.5吨，BOD_5为12999.32吨，氨氮为1820吨，总磷为92.122吨。1998年汉江水体“水华”发生时，水体中有关水质指标远远超过湖泊富营养化标准，水体中营养物较高，为“水华”的发生提供了充裕的物质基础。如1998年2月（均值），汉江武汉江段宗关断面水质有关参数中总磷高达0.193毫克每升、氨氮为0.760毫克每升、COD_{Mn}为4.36毫克每升。另外，1998年2月中旬至4月下旬，汉江中下游气候温和，阳光充足，如武汉市平均气温达12.45℃，为水体中藻类繁殖提供了适宜的气温、光照等气象条件。

（3）2000年汉江“水华”事件

2000年2月28日，长江水保局接到有关汉江武汉江段出现“水华”污染的报告，立即组织长江流域水环境监测中心，联系湖北省水环境监测中心监测人员对武汉江段进行水环境监测，监测结果显示：水体中溶解氧过饱和，总磷超标，超过地面水环境质量Ⅴ类标准（GB 3838—88），水色呈深褐色，有藻腥味。

为弄清本次突发“水华”的原因，长江水保局于3月8日专门派出“汉江水华污染事故调查组”自汉江河口至上游丹江口水库坝下，进行了为时7天的调查、监测工作。调查组共调查、监测了武汉、汉川、仙桃、潜江、沙洋、钟祥、宜城、襄樊、谷城、老河口、丹江口等江段的水环境。结果表明：本次“水华”潜江江段自2月26日开始，仙桃、汉川、武汉等江段则自上而下逐日相继发生，污染河长约240千米；3月10日潜江江段“水华”开始消退，仙桃、汉川江段“水华”逐渐减弱；但武汉江段“水华”在3月14日调查结束时仍未减轻。

据监测，2月27日以来，汉江水体藻类急剧上升，含量最高时达6629万个每升。这是汉江近10年来第3次出现的大面积“水华”，也是汉江来势最猛、持续时间最长、藻类繁殖量最高的一次。经过40多天，汉江水体含藻量才降至416万个每升，藻腥味消失，水质恢复正常。

调查途中发现一些沿江城市工业废水和生活污水大多未经任何处理直接排入汉江，造成水体污染严重，并形成明显的污染带。特别是潜江磷肥厂、仙桃磷肥厂、汉川造纸厂等工厂的工业废污水，以及沿江城市生活污水大量直排汉江，每个排污口周围水域都呈现出一片黑色或白沫带，臭气强烈。另外，汇入汉江的支流：襄樊的小清河、唐白河，宜城的蛮河，荆门的竹皮河等污染非常严重，几乎成了臭水沟，汇入汉江后对干流水资源构成严重威胁。沿江一些湖、库、闸坝在枯水期排放沉积污水也对汉江水体质量造成很大影响。

调查结果表明，2000年，汉江正处于近20年来的最枯水期，2月下旬，汉江中下游各水位站所测水位和流量均很低，江水稀释自净能力减弱。另外，2月下旬至3

月上旬，汉江中下游地区气候较暖，阳光充足，水体中硅藻等借助污水中大量磷、氮等营养物质和强大光合作用，迅速疯长，局部水域藻类含量达6000多万个每升（平时仅为300多万个每升）。

1992年、1998年和2000年相继发生3次“水华”污染，而且3次“水华”发生间隔越来越短，影响范围越来越大，持续时间越来越长。为此，长江水保局向上级主管部门提出了汉江“水华”污染防治建议：①汉江沿岸以汉江为集中式生活饮用水供水水源地，供水人口在千万以上，为确保沿岸人民生活饮用水的安全卫生，为确保沿岸地区的经济社会的可持续发展，应尽快制定《汉江水资源保护法》，使汉江水资源保护走上法制轨道。②制定《汉江流域水资源保护规划》。

五、水资源保护协作机制探索

长江流域范围广，面积大，河流众多，东中西部自然地理条件、水资源状况、经济社会发展差异很大，水资源保护和水污染防治重点也不相同。协商协作机制建设是水资源保护和水污染防治的共同需要，针对不同特点，建立不同层面的、区域与流域相结合的协作平台，以此推动流域水资源保护工作。

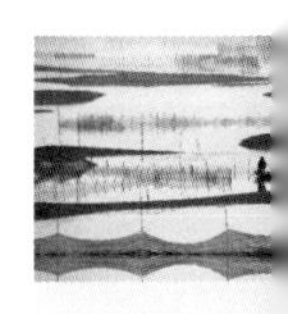

1. 长江水资源保护座谈会

为了探索建立流域性的水资源保护和水污染防治协作机制，长江水保局早在20世纪80年代，就联合流域内水利、环保、企业以及省级和重要城市人民政府、政协等部门开展了流域水资源保护协作机制建设，搭建了交流和互通平台。

1982年11月，城乡建设环境保护部、水利电力部在湖北宜昌联合召开长江水源保护座谈会，参加会议的有四川、湖北、湖南、江西、安徽、江苏、上海等省（市）的环境保护局、水利（水电）厅（局）、省（市）监测站、水文总站以及渡口、重庆、武汉、南京等沿江19个大中城市环境保护局的代表；还有黄河、淮河、珠江、松辽等流域水源保护机构和松花江水系保护领导小组办公室、中国环境监测总站、长办、长江水保局及其所属监测单位的代表，国务院交通、冶金、石油、化工、轻工、纺织、农牧渔业、海洋等有关部、局和长江航政管理局、长江航运管理局以及宜昌市人民政府，新闻系统的代表也应邀参加。会议讨论了《长江水源保护若干规定》，原则通过了《长江水质监测网工作条例》，并形成了会议纪要。

1998年1月，长江水保局在湖北黄石主持召开了长江水资源保护座谈会，全国人大环境与资源保护委员会、水利部、冶金部等国家有关部委，大冶有色金属公司、武汉钢铁（集团）公司等30余家长江沿岸大型厂矿企业，新华通讯社、中央电视台、中国水利报等新闻单位，长江委、长江航务管理局、长江港航监督局、湖北省环境保护局，以及珠江、太湖、黄河、海河、松辽流域水资源保护局等单位的代表出席，会议发出“保护长江，促进长江水资源可持续利用”的倡议，建议长江流域各兄弟企业携手配合，为把一条清洁的长江带进21世纪而共同努力。

2001年8月，长江水保局在四川攀枝花主持召开了第二次长江流域大型企业水资源保护工作座谈会，全国人大环境与资源保护委员会、攀枝花市人民政府、交通部海事局和长江沿江各省（市）水利（水务）厅（局）、环境保护局及长江海事局、江苏海事局，流域内22家大型厂矿企业，有关环境保护设计院（所）以及厂家等单位的代表参会。与会大型企业代表通过讨论，一致认为要共同投身到保护长江水资源的行动中来，并同意建立大型厂矿企业联络员制度，每两年选定企业所关注的主题进行交流，以加强流域水资源保护机构与大型企业的联系。此外，代表们一致认为应当通过法律授权加强流域管理的权威性，并建立流域统一管理和行政区域管理相结合的协调机制。

2. 长江水资源保护工作会议

1984年12月，国家环境保护局、水利电力部在湖北武汉联合召开长江水资源保护工作会议，参加会议的有来自长江沿岸各省（市）环境保护局、监测站、水利厅（局）、有关城市的环境保护局、水利水电勘测设计院、中国环境监测总站、长办、长江航务管理局、其他流域水资源保护局（办）和新闻等单位的代表，会议对《长江流域综合利用规划要点报告修订补充工作大纲》中《水源保护与环境影响评价》《长江水资源保护工作若干规定》和《长江干流水质监测网工作条例》《长江流域水资源保护规划与环境影响评价工作大纲》等文件进行了讨论，并于1985年2月印发了会议纪要和有关文件，促进了长江流域水资源保护管理工作的规范化。

3. 长江沿岸城市环境保护网络会议

1986年，由武汉、南京、重庆等3座城市有关部门发起，18座城市积极响应踊跃参加长江沿岸城市环境保护网络会议。同年，第一次长江沿岸城市环境保护网络会议在南京召开，会议取得了很好的成果，确定由成员单位轮流主持，每年召开一次会议。并建议邀请长江水保局参加该网络会议。

1987年10月上旬，在湖北武汉召开了第二次长江沿岸城市环境保护网络会议，特邀长江水保局参加。经会议协商，吸纳长江水保局为成员单位。

1988年11月中旬，在重庆召开了第三次长江沿岸城市环境保护网络会议，本次会议以保护长江水质为主题，国家环境保护局局长曲格平到会作重要讲话。他非常赞许长江沿岸各城市自发组织网络会议的行动，充分肯定了水质保护和水资源保护必须实行流域管理的观点，对会议作出的决定，即成立长江污染防治协调委员会的动议作出了明确答复，指示尽快报国家环境保护局审批。本次会议的主要贡献是提出了对长江水资源保护和水污染防治采取按流域管理，统一规划，分段实施的模式。会议还接受了上海市环境保护局和安庆市环境保护局的申请，成为网络组织成员。会后，由重庆市环境保护局以全体网络成员单位的名义，将成立“长江污染防治协调委员会”的意见上报了国家环境保护局。

1989 年 10 月中旬，第四次长江沿岸城市环境保护网络会议在江苏南通举行，这次会议对业经国家环境保护局批准成立的“长江污染防治协调委员会”的工作条例进行了讨论，并对“长江污染防治协调委员会”在制定长江水资源保护规划，拟定干流防治污染、保护长江水质的有关技术政策，区域功能划分、水质规划的原则，长江沿岸城市应予承担的职责等方面予以组织协调和指导，提出了迫切期望。并建议尽快召开成立大会。

1990 年 8 月中旬，在江西九江举行了第五次长江沿岸城市环境保护网络会议。会议就水环境规划专题进行了讨论,希望尽快修订完善长江流域水环境保护总体规划，使各江段制定的水质目标与全流域功能要求相符合。会议就环境管理的制度等执行情况进行了交流。

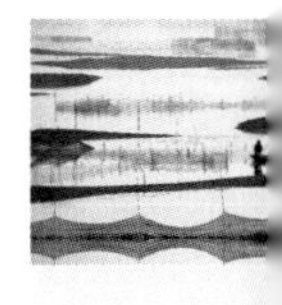

1991 年在安徽马鞍山，1992 年在湖南岳阳，1993 年在四川宜宾，1994 年在江苏镇江，1995 年在上海，1996 年在湖北宜昌，1997 年在四川攀枝花分别召开了长江沿岸城市环境保护网络第六次至第十二次会议。历次会议的主题主要是结合当年环境保护目标和计划，讨论执行情况，进行交流和总结。虽然从流域的角度涉及水资源保护问题并不多,但会议一致认同水资源保护和水污染防治流域管理的重要性和必然趋势。

从 2000 年起，流域内江苏、上海等 10 省市（后扩展为 14 省市）政协协商就长江流域水资源保护问题每年轮流主办研讨会，以及时了解流域水资源保护状况，提出对策措施，通过两会提出建议和提案，共同推动长江流域水资源保护，并商请长江水保局提供帮助。长江水保局十分重视，积极协助有关省（市）政协筹备研讨会，提供流域水资源保护情况和需要加强的工作建议。历次会议提出的建议都通过全国政协报送国务院领导，国务院主要领导均进行了批示，对推动长江流域水资源保护发挥了重要作用。该研讨会运行至 2006 年。

第三节　完善职能，强化管理

2002 年，我国颁布了修订后的新《水法》，修订后的新《水法》较之前主要加强了流域管理和水资源保护管理的内容，确立了流域管理与区域管理相结合的体制，设立了水功能区管理、入河排污口管理、饮用水水源地保护等具体制度。新《水法》的颁行确立了水资源保护制度，为水资源保护管理提供了法律保障。

为了进一步贯彻落实《水法》确立的水资源保护制度，2003年4月，长江委印发长人劳〔2003〕207号文，进一步明确长江水保局的主要职责为：负责水资源保护有关法规的实施和监督检查，根据授权起草流域性水资源保护和水生态保护的政策法规并监督实施；统一管理流域内的水资源保护工作，组织指导流域内水资源质量的监测、调查与评价，负责发布《长江流域水资源质量公报》；协助组织并负责指导拟定流域水资源保护规划和水生态保护规划，负责组织水功能区划分并实施监督管理；根据授权审定流域内水域纳污能力、提出限制排污总量意见并监督实施，负责入河排污口的监督管理和对饮用水源区等重要水域排污的监督控制；参与审查流域内大中型建设项目的环境影响报告书，负责取水与采砂许可中的水质与生态环境管理；统一规划流域内水环境监测站网，指导、协调流域内水环境监测工作；会同有关部门开展流域内湿地等系统的生态保护及监督管理；协调省际水污染纠纷，参与重大水污染事件的调查处理，发布重大水污染警报；组织开展水资源保护科学研究和宣传教育等。上述"三定方案"，明确了长江水保局统一管理流域内的水资源保护工作，负责水资源保护有关法规的实施和监督检查，并首次授予长江水保局水生态保护、水功能区划管理、纳污能力审定等管理职能。

一、水资源保护法律制度不断完善

2002年，新《水法》在总结1988年水法实施经验的基础上，借鉴国外水资源管理的经验，按照市场经济体制和水资源可持续利用的要求，突出节约用水，强化水资源的合理配置和保护，进行了全面的修订。此次修订的主要内容：一是强化国家对水资源的统一管理，重视水资源宏观管理和合理配置；二是将节约用水和水资源保护放在突出位置；三是明确水资源规划作为水资源开发、利用、节约、保护和防治水害的依据和法律地位，重视流域管理；四是合理配置水资源，协调好生活、生产和生态"三生"用水；五是适应依法行政的需要，完善了相关的法律责任。新《水法》在水资源保护方面提出了四项基本管理制度，即水功能区划和排污总量控制制度、入河排污口监督管理制度、水功能区监测报告制度和饮用水水源地保护制度，构建了水资源保护监督管理的基本框架。

2008年，《中华人民共和国水污染防治法》继1996年修订后进行了第二次修订，健全了一系列有针对性的水资源保护和水污染防治制度。一是更加注重饮水安全，在立法目的部分增加了"保障饮用水安全"的表述；在指导原则部分，提出要"优先保护饮用水水源”，增设了“饮用水水源保护”专章。二是区域限批制度法制化，深化了“区域限批”制度在调整产业结构、转变经济增长方式、实现减排目标和打击环境违法行为方面的作用。三是强化地方政府的责任，实行水环境保护目标责任制和考核评价制度，将水环境保护目标完成情况作为地方人民政府及其负责人的考核评价内容。四是构建全面防治水污染机制，建立了排污许可制度和重点水污染物的排放实施总量控制制度。五是加大了违法成本，法律责任部分由原来的 13 条增加到 22 条，加大了水污染违法行为的处罚力度，大大增强了对违法行为的震慑力。同时，此次修订也明确了水行政主管部门在职责范围内对有关水污染防治实施监督管理，法定化了入河排污口设置同意制度，明确了流域水资源保护工作机构在省界水体监测方面的职能。

新《水法》颁布实施后，水利部也制定了大量行政规章和规范性文件，为贯彻落实《水法》《水污染防治法》等起到积极的推动作用。2003 年 5 月，水利部发布《水功能区管理办法》（水资源〔2003〕233 号），对《水法》规定的水功能区管理和限制纳污制度进行了细化，从水功能区划分、水功能区纳污能力和限制排污总量意见、水功能区水质水量统一监测、水功能区监督管理等方面进行了规定，并明确了流域机构在水功能区管理方面的管理范围和管理职责。2004 年 11 月，水利部第 22 号部长令发布《入河排污口监督管理办法》，规定了入河排污口设置审批制度、已设排污口登记制度、入河排污口档案和统计制度、入河排污口监督检查制度等主要制度，对流域机构的排污口管理权限进行了明确。2005 年、2006 年水利部分别下发了《关于加强入河排污口监督管理工作的通知》和《关于加强省界缓冲区水资源保护和管理工作的通知》，进一步强化了水功能区管理和入河排污口管理的要求，特别是对流域机构在省界缓冲区的管理职责进行了强化。2008 年，水利部对《重大水污染事件报告暂行办法》进行修订，印发了《重大水污染事件报告办法》（水资源〔2008〕104 号）。2009 年，水利部《重大突发水污染事件应急预案》出台，专门规定了流域水资源保护机构在应对突发水污染实践中的职责。

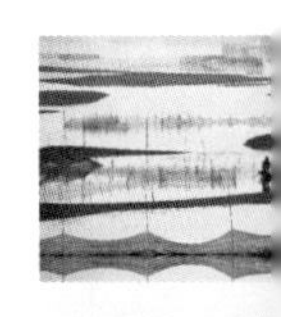

长江委在以《长江法》为中心开展综合性立法前期研究的同时，还根据长江流域实际开展了单项重要法规、规章的立法前期研究。2003 年 7 月，长江委成立《长江法》起草工作领导小组及工作小组，全面启动其立法前期研究工作。此后的每个工作年度，水利部和长江委均将《长江法》纳入部年度立法计划。长江委联合委内外力量，通过多年的研究，取得了一系列阶段性研究成果。这些成果主要涉及《长江法》立法的必要性和紧迫性、立法依据及内容框架、流域管理与区域管理相结合的综合性管理体制、水行政管理事权划分、流域水法规体系建设、国家行政体制改革与流域立法的关系等。至 2008 年底，已形成了《长江法》立法条文稿初步成果。长江水保局一方面积极参与《水功能区管理办法》《入河排污口监督管理办法》等水利部规章的制定和修改；另一方面，积极推动这些规章和规范性文件的实施，起草制定了《长江水利委员会入河排污口监督管理实施细则》《长江水利委员会入河排污口设置验收办法》等配套规范性文件，进一步规范和细化了流域水资源保护管理行为。同时，也在《水污染防治法》和《环境保护法》等法律修订过程中，结合长江特点和保护需求，多次对法律征求意见稿提出修改意见，积极推动将《水法》确定的水功能区管理制度、入河排污口管理制度、水源地保护制度等与《水污染防治法》和《环境保护法》相衔接，提高了有关涉水法律的协调性和可操作性。

二、水功能区监督管理

1. 建立水功能区管理体系

2002年实施的新《水法》将水功能区管理制度作为水资源管理的基本制度，其中第三十二条规定“由流域管理机构会同江河、湖泊所在地的省级人民政府水行政主管部门、环境保护行政主管部门和其他有关部门，拟定跨省的江河、湖泊的水功能区划，核定该水域的纳污能力，向环境保护行政主管部门提出该水域的限制排污总量意见”。按照《水法》的要求，长江委对流域内各省（自治区、直辖市）的区划成果进行指导和协调，并协助水利部对各省级水功能区划成果进行审查，推动地方进行水功能区划成果的报批。其间，各省级水行政主管部门积极与本级人民政府有关部门协调，长江委也积极与有关省级人民政府进行协调。截至2007年7月，长江流域19个省（自治区、直辖市）水功能区划全部经所在省级人民政府批准实施，为长江片全面实现以水功能区管理为核心的水资源保护管理奠定了坚实的基础。

2. 水域纳污能力核定及限制排污总量意见制定

纳污能力是实施水功能区管理的基本依据，根据中共中央2011年1号文件要求，建立水功能区限制纳污制度是实行最严格水资源管理制度的重要内容之一。

2003年5月，水利部部署了《三峡库区水域纳污能力核算及限制排污总量意见》拟定工作。2004年8月，长江水保局编制完成了《三峡库区水域纳污能力及限制排污总量意见》报告，该成果以已划定并颁布实施的三峡库区水功能区为基础，依据不同水功能区水质目标，计算了三峡水库在蓄水前和蓄水后不同蓄水位下各功能区的纳污能力，提出了三峡水库135米、156米、175米蓄水位方案的限制排污总量意见。2004年9月，该报告经水利部部长专题办公会审议通过，依法提交给国家环境保护总局，这是水利部向有关部门提交的第一份限制排污总量意见。该成果率先探索了水功能区纳污能力核算的模型适用条件，也为制定纳污能力计算规程奠定了技术基础，更重要的是把限制排污总量分解到县级行政区，为控制区域的水污染物排放总量提供了依据。

从2005年开始，结合《全国水资源综合规划》，长江水保局会同长江干流各省（自治区、直辖市）水行政主管部门核定重点水域纳污能力和提出限制排污总量意见，并启动了重要支流和西南诸河的水域纳污能力及限制排污总量意见工作。与此同时，各省（自治区、直辖市）水行政主管部门也结合水资源综合规划开展了辖区内水功能区水域纳污能力核算工作。

由长江水保局负责编制的《水域纳污能力计算规程》（SL 348—2006）由水利部颁布，2006年12月1日起正式实施。2010年，该规程升级为国家标准（GB/T 25173—2010）。

2007年，长江水保局初步提出了《丹江口水库水域纳污能力及限制排污总量意见》《长江干流水域纳污能力及限制排污总量意见》等。与此同时，各省（自治区、直辖市）水行政主管部门也结合水资源综合规划开展了辖区内水功能区水域纳污能力核算工作。

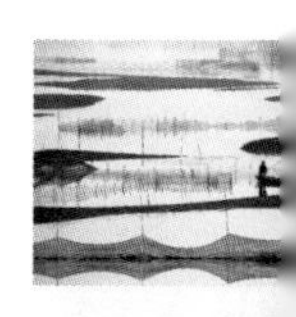

为实现《国务院关于实行最严格水资源管理制度的意见》的目标，水利部于2011年组织开展全国重要江河湖泊水功能区纳污能力复核和分阶段限制排污总量制定工作（水资源〔2011〕544号）。按照水利部的总体布署，长江委组织协调并指导流域内各省（自治区、直辖市）工作，长江水保局负责技术工作。2013年，长江委完成了《长江流域片重要江河湖泊水功能区纳污能力核定和分阶段限制排污总量控制方案报告（报批稿）》，报送水利部。2014年11月，水利部将其与其他流域的成果一并报送环境保护部。

3. 水功能区监督管理

水功能区是水资源保护管理的基本单元。为加强水功能区监督管理，根据《水功能区管理办法》，长江水保局从2006年起组织开展了流域内部分全国重要水功能区的水质监测和评价，并按季度定期发布《长江流域及西南诸河水功能区水质通报》。流域内各省（自治区、直辖市）水行政主管部门也组织开展了辖区内水功能区水质监测。

省界缓冲区管理是流域管理机构开展水功能区管理的一项重要内容。2009年，长江水保局启动了流域内95个省界缓冲区的基础信息调查和确界立碑工作，至2015年，完成所有省界缓冲区的确界立碑工作，共设立标志牌（碑）200多块。这项工作的开展，一方面使得流域管理机构基本掌握了省界缓冲区内的开发利用和保护情况，另一方面也为强化省界缓冲区的管理创造了有利条件，起到了告示作用。立碑以来，长江水保局已接到多起关于省界缓冲区内违法排污的举报，有关人员均及时赴现场进行调查，产生了良好的社会效应。此外，长江水保局还组织相关省（区）完成了长江流域（片）省界（缓冲区）水质监测断面复核工作，确定了170个省界控制断面，这些断面成为省界水质考核的重要依据。按照省界水质考核要求，长江水保局对近年来水质连续严重超标的省界断面展开了有针对性的调查与监测，定期向有关省级人民政府或有关部门进行了通报，督促整改。

三、入河排污口监督管理

1. 入河排污口普查和统计

2002年，新《水法》颁布实施后，为全面了解长江流域片入河排污口的具体情况，长江委从2003年开始组织入河排污口普查登记工作，长江水保局承担具体工作。为有效推进此项工作，长江水保局在流域范围内统一了工作要求与组织形式，对地方有关部门开展了培训和技术指导。2003年底，在湖北宜昌召开流域入河排污口登记工作会议，通过了工作总体安排和有关技术文件。

2004年3月，长江水保局在南昌举办培训班，对流域内省级水行政主管部门、省会城市水行政主管部门及沿长江干流重要城市水行政主管部门的相关管理人员进行了入河排污口登记培训，对排污口认定、排污口设置单位认定、排污水量核查、污染物质量核查、排污口管理统计制度以及登记工作程序等都作了统一讲解，为入河排污口登记规范化管理奠定了基础。这次登记工作于2005年基本完成，流域内各级水行政主管部门共取得了9000多个入河排污口的设置单位、设置形式及排放方式、废污水排放量、污染物质量等基础资料，为流域管理机构和各级水行政主管部门开展入河排污口管理提供了重要数据。在入河排污口登记工作的基础上，长江水保局于2005年汇总完成了干流排污口登记与调查资料整理和总报告的编制，并于2006年组织开发了入河排污口信息系统，进一步完善流域排污口统计制度。这次长江流域片入河排污口登记工作的有关程序与方法以及相关技术文件为水利部制定《入河排污口监督管理办法》提供了实践基础，也为其他流域开展此项工作提供了借鉴。

2011年，为配合做好全国第一次水利普查工作，长江委成立了第一次全国水利普查领导小组办公室，长江水保局重点承担入河排污口普查相关工作。

2. 入河排污口设置审批

2004年6月，长江水保局以武汉经济技术开发区晨鸣汉阳纸业股份有限公司入河排污口扩改工程为试点，与地方水行政主管部门一起对论证报告进行了联合审查。最终根据论证结论和排污口设置单位提出的申请，印发了武汉晨鸣纸业入河排污口设置审查决定书并送达行政相对人武汉晨鸣纸业，这标志着长江流域管理机构入河排污口设置审查工作正式启动。2005 年 7 月，长江委对行政许可实施了“窗口式”办公，入河排污口作为主要行政许可项目之一，有关办事程序和条件对外进行了公布，将入河排污口设置审批工作纳入了规范化管理，为切实履行入河排污口审批职责创造了有利条件。此外，长江水保局还逐步推进了入河排污口和取水许可、河道内建设项目的联动机制，通过水资源论证报告书审查，严把入河排污口设置审批关；对一些重大敏感项目的入河排污口设置，则要求单独论证，单独审查。

3. 入河排污口监督检查

自 2005 年 1 月《入河排污口监督管理办法》施行以来，长江水保局每年都会开展入河排污口现场监督检查工作。通过实践摸索，到 2009 年基本形成了一套符合我国流域管理与区域管理相结合的水资源管理体制要求和长江流域实际的、操作性较强的入河排污口监督检查工作方式。通过联合地方水行政主管部门，依托长江流域水环境监测网的监测力量，对长江委负责监管的入河排污口进行现场监督检查。至今已累计对数百个入河排污口开展了现场监督检查，并采取直接告知或通告地方省级水行政主管部门的方式对存在问题提出整改意见，要求地方水行政主管部门进行督办。通过多年现场监督检查，一方面掌握了大量入河排污口的一手资料，另一方面促进了地方水行政主管部门对入河排污口的监督管理工作，同时也促进了入河排污口设置单位对入河排污口的运行管理。2013 年，为规范入河排污口现场监督检查工作程序，提高入河排污口监管效能，长江水保局印发并实施了《入河排污口现场监督检查结果处理指导意见》，规范了入河排污口现场监督检查结果的处理工作。

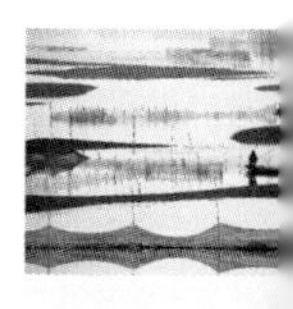

2005 年，《入河排污口监督管理办法》施行的当月，长江水保局即配合水利部水资源司和国务院三峡办水库管理司，会同重庆市和湖北省水行政主管部门对三峡库区重钢焦化厂等 8 个入河排污口设置单位的入河排污口进行了现场检查。2005 年 11 月，为做好南水北调中线工程调水水源地水资源保护工作，长江水保局在丹江口市召开了丹江口库区及主要支流（湖北、河南段）入河排污口监督检查工作会议，会后联合地方水利和环保部门对库区 10 个重要入河排污口进行了现场监督检查，这是长江水保局会同地方水利、环保部门联合对丹江口库区及其主要支流入河排污口进行的首次监督检查，对探索建立跨部门跨区域联合防污工作机制起到了积极作用。为充实入河排污口管理基础信息，长江水保局于 2007 年会同四川省、重庆市、湖北省、江苏省、上海市等省（市）水利厅（水务局）开展了长江干流五大城市（攀枝花、重庆、武汉、南京、上海）、三个重点区（三峡库区、丹江口库区、长江口区）和省界缓冲区的入河排污口核查工作，较全面地掌握了重要区域入河排污口的相关信息，为入河排污口

监督管理打下坚实的基础。

2007年5月，长江水保局与中央电视台《中国法制报道》栏目合作，开展了《长江行动》，对沿江7省市节能减排情况、水污染防治状况进行了重点调查。历时15天的连续报道，向全国观众展现了沿江部分地区环保型企业的循环经济经营模式、部分企业排污情况以及长江干流主要江段的水质状况。对沿江企业非法、超标排污情况的报道，引起了沿江省（市）政府部门的高度重视，严令整改曝光企业，并及时通报处理情况。这次活动对于贯彻落实科学发展观、推动节能减排、增强全社会保护长江的意识起到了积极作用。

按照职能，长江水保局还承担着流域水资源保护方面的水行政执法工作。2005年，长江委直属水资源保护总队成立，每年配合长江委水政监察总队开展专项执法检查，涉及入河排污口专项检查的主要工作有：2006年，长江沿岸取用水安全专项检查；2009年，陆水水库、丹江水库等水政执法检查；2013年，金沙江区域的综合执法暨河湖专项执法检查；2014年，开展丹江口水库打非治违专项行动，对汉江上游干流（汉中市、安康市）和丹江上游干流（商洛市）重点违建项目（行为）进行现场检查和核查督办；2015年，开展郧县城关镇污水处理厂入河排污口设置整改落实督办工作；自2015年起，直属水保总队及下属支队加大流域内入河排污口的监督检查力度；2016年，对江苏、安徽、湖北、贵州、四川、云南等省100余个入河排污口开展现场监督检查；2017年，对20余个长江委审批的入河排污口和长江流域排污量较大的入河排污口开展了现场监督检查，并配合水利部开展长江入河排污口专项检查行动重点复查工作；2018年，按照“双随机”和“四不两直”的要求，对29个长江委设置审批且已建的入河排污口及委总队下发的《长江委随即抽查检查对象名录库》中的8个长江委审批的入河排污口开展现场监督检查。

随着公众环保意识的增强，关于水环境污染事件的群众举报也逐渐多了起来。长江水保局高度重视群众举报投诉的受理核查工作，妥善处理好每一起举报事件，做到件件有落实，事事有回音。2003年，根据群众举报，长江水保局依据《水法》，结合调查监测结果，向湖北省人民政府发出通报，指出有关部门应当对武穴伟业有机化工厂违法向长江大肆排污事件进行查处。同年，还协调处理了江西九江发电厂与九江石化总厂的水污染纠纷案件，该案件系因江西九江发电厂于2001年未经许可擅自扩改排污口，导致下游九江石化总厂取水水源水质受到严重影响，经长江水保局多次协调，双方达成一致意见。九江发电厂整改了排污口，得到九江石化总厂的认可，并给长江水保局送来了锦旗。这次事件处理是对入河排污口管理的一次重要探索，不仅为规范流域管理机构水资源保护执法行为提供了经验，也为制定入河排污口管理法规提供了实践基础。

四、饮用水水源地保护

1. 重要饮用水水源地调查与核定

重要饮用水水源地的调查与核定是落实最严格水资源管理制度，完善相关评价考核指标体系的一项重要基础性工作。2006 年，水利部开始实行全国重要饮用水水源地核准公布制度，决定分期分批对全国重要饮用水水源地进行核准公布，完善重要饮用水水源地安全保障体系。

按照水利部有关要求，长江水保局成立了重要饮用水水源地调查核定领导小组，在流域各省（自治区、直辖市）水利厅及各水源地所在水利部门的大力配合下，对长江流域内的 113 个拟纳入全国第三批重要饮用水水源地名录的水源地进行了复核与评估工作，并将成果上报水利部。

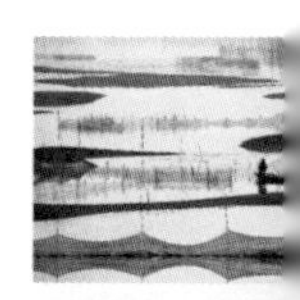

截至 2010 年，水利部先后核准公布了三批共 175 个全国重要饮用水水源地名录。其中，长江流域片内列入全国重要饮用水水源地名录的水源地共 56 个（长江流域 53 个、西南诸河 3 个），占全国重要饮用水水源地总数的 32%。

2. 重要饮用水水源地安全保障达标检查评估

全国重要饮用水水源地安全保障达标建设是落实最严格水资源管理制度的重要内容，是保障人民群众饮水安全的重要任务。2011 年，水利部启动了全国重要饮用水水源地安全保障达标建设工作，计划用 5 年的时间，使列入名录的全国重要饮用水水源地达到“水量保证、水质合格、监控完备、制度健全”的标准，初步形成重要饮用水水源地安全保障体系。

2011 年，按照水利部《关于开展全国重要饮用水水源地安全保障达标建设的通知》（水资源〔2011〕329 号）的要求和工作部署，长江水保局成立了长江流域片重要饮用水水源地安全保障达标建设工作联络组，负责水源地安全保障达标建设工作的技术指导、检查评估和协调工作；并组织编制了《水源地保护法律法规汇编》，为流域内全国重要城市饮用水水源地安全保障达标建设工作提供了技术指导。

3. 南水北调中线工程水源地管理

长江水保局高度重视南水北调中线工程水源地丹江口水库的保护管理工作，这些工作主要体现在：一是成立了专门管理机构长江水保局丹江口局，对丹江口库区及上游的水功能区及重要入河排污口实施监督管理，对水源地水质进行监测。二是开展水源地水质监测和评价，常规性监测和监督性监测相结合，基本具备了预警和突发事件发生时的应急监测能力。三是建立联合检查和协商机制。为了推进南水北调中线工程水源区水资源保护和水污染防治，2009年，经陕西省汉中市、安康市、商洛市人民政府，河南省南阳市人民政府，湖北省十堰市人民政府以及长江水保局共同协商，建立南水北调中线工程水源区水资源保护和水污染防治联席会议制度，每两年召开一次联席会议，共商保护水源区水资源大计，有效推进了水源区水资源保护和水污染防治，推动了水源区跨部门跨区域协作机制和信息共享。四是加强应急反应能力建设，定期组织开展丹江口水库突发水污染事件应急演练，提高应对突发水污染事件应急处置能力。五是发挥流域机构职能，与湖北和河南两省人民政府协商划定了丹江口水库饮用水水源保护区，并分别经湖北省和河南省人民政府批准实行。

五、突发水污染事件应急响应

长江水保局成立以来，在应对突发水污染事件方面做了大量工作。据不完全统计，2000年以来，直接承担或参与了多起重大水污染事件的调查和监测工作，在消除突发水污染事件危害、保障用水安全中发挥了重要作用。

1. 突发水污染事件应急响应机制

突发水污染事件应急响应是国家突发环境事件应急预案中的重要组成部分，2006年以来，国家颁布了《突发事件应对法》，发布了包括《国家突发环境事件的应急预案》等专项应急预案在内的《国家突发公共事件总体意见预案》。水利部也先后出台了一系列规范性文件，各流域机构陆续建立了突发水污染事故快速反应机制。

长江水保局围绕突发水污染事件应急响应机制建设开展了卓有成效的工作，这些工作主要包括：

（1）研究制定突发水污染事件应急预案

2007年7月，制定并下发了《长江流域水资源保护局重大水污染事件应急响应预案》，建立健全了应对流域突发水污染事件的组织体系、响应工作机制等。2013年11月，对原预案进行了修订，印发了《长江流域水资源保护局重大水污染事件应急响应预案（2013年修订）》，对“适用范围”“组织体系与职责”以及应急响应分级进行修改完善，使预案更具针对性和操作性。

此外，长江水保局还开展了有关重大水污染事件应急机制的研究。2009年初，组织编制完成了《长江流域重大水污染事件应急管理机制研究报告》，对重大水污染事件应急管理机制有关基础理论、国内外突发水污染事件应急机制进行了探讨，并提出了相应的制度建议；2009年9月，编制完成了《三峡水库突发水污染事件应急预案研究》《三峡水库突发水污染事件水污染预测预警模拟技术研究》等报告。

（2）建立流域突发水污染事件报告和值班制度

根据水利部办公厅《关于进一步加强重大水污染事件报告工作的通知》等要求，为建立健全流域内水行政主管部门间的重大水污染事件报告网络，2006 年 2 月起，实施重大水污染事件报告 24 小时值班制度，并与流域内 19 个省（自治区、直辖市）水行政主管部门间建立了突发水污染事件应急联络与信息通报制度。

（3）初步建立以长江流域水环境监测网为基础的应急监测协作体系

依托长江流域水环境监测网，长江水保局初步建立起流域突发事件的水质信息通报、应急监测相互协作的监测体系，基本形成流域内水利系统水环境监测网成员单位应急监测与调查的合作机制。同时，按近地先行、分级响应的原则，以应急管辖区域、响应距离远近、职能职责规定等综合因素为标准优化和完善应急监测网，建立突发水污染应急监测分级网络体系，在实践中取得了良好的效果。

2. 突发水污染事件应急能力建设

（1）应急监测能力建设

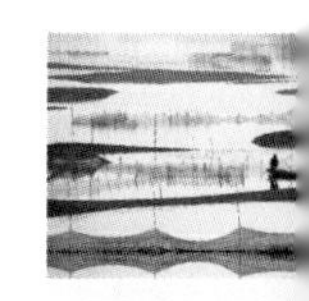

从 20 世纪 70 年代末开始，长江流域的水质应急监测就是流域水环境监测的重要任务之一。应急监测工作重点依托长江流域水质监测站网，随着站网成员的逐步增加，应急监测能力也不断增强。长江水保局结合流域多年来应急监测工作经验和实际应急监测需要，充分考虑现场应急监测的技术指标要求，经过多年的努力，通过“十五”“十一五”和“十二五”期间各类建设项目，逐步配置了便携式多参数仪、COD 快速测定仪、红外测油仪、分光光度计等各类快速检测、便携式仪器设备和样品采集、保存、前处理类设备，可开展水体综合毒性、重金属、挥发性有机物、氨氮、COD 等生物毒性和一般化学类参数的应急监测，流域监测中心、流域监测分中心和共建实验室应急监测能力不断得到改善和提高。长江水保局主要是对省际边界河段和流域重大突发事件进行应急监测和响应，并应各地水行政主管部门请求，开展有毒有机类的应急监测工作。在 2008 年四川汶川地震、2010 年青海玉树抗震救灾应急监测中发挥了重要作用。

至 2018 年底，长江流域已建立起以流域监测中心、流域监测分中心和省区共建共管实验室为主体架构的突发水污染事件应急监测网络体系，明确了各级监测机构应急监测职能和应急监测响应范围，确保 4 小时以内应急监测响应落实到位。

（2）应急会商与决策能力建设

长江流域水资源保护监控中心于 2012 年建成，主要由会商室、远程监控系统和业务应用系统等三部分构成，围绕数据采集自动化、信息资源共享化、管理决策智能化和应急响应快速化四大目标，突显基础信息数字化、监控预警实时化、水质模拟智能化和管理决策科学化四大特点，建成水陆空一体化的实时监控与预警预报系统和多部门协作、多专业配合的信息共享系统。

会商室主要用于对重点区域水污染变化情况的日常监控以及突发水污染事件应急响应、会商、决策和指挥调度，由大屏显示系统、视频会议系统等组成；远程监控系统主要实现对管辖范围内的水功能区、省界水质监测断面、入河排污口等管理要素的实时信息采集、传输等功能；业务应用系统由基于3S技术开发的信息管理平台和业务应用子系统组成，可实现流畅的海量数据交换和对现有资源的整合，并提供二维和三维交互式场景转换、查询及成果展示等功能。根据管理业务需要，开发了涵盖水资源保护管理所需的相关业务应用子系统，主要包括综合信息管理、日常业务管理、实时监控与预警管理、突发水污染事件应急响应4个子系统。

突发水污染事件应急管理模块主要实现网上应急值班、应急信息上报、历史案例查询与管理、常见污染物理化特性及处置方法应急知识库和重点区域水污染扩散模拟等功能。

（3）应急管理培训与应急演练工作

为提高应对突发水污染事故的应急响应能力，多年来，长江水保局一直坚持开展相关培训与应急演练工作。从2006年后，建立了以水政监察员为主体的水资源保护应急响应队伍，每年不定期开展各类形式的应急演练工作，检验应急监测工作响应时间、响应速度和工作效率，提高相关部门和单位间的配合协调性，不断提高应急响应的实战能力。

3. 长江流域突发事件应急响应典型案例

2006年以前，长江水保局主要组织开展了汉江“水华”（2002年）、四川沱江水污染事件（2004年）、重庆垫江化工厂爆炸事件（2005年）、贵州省重安江水污染事件（2006年）、陕西镇安金矿尾矿库溃坝事件（2006年）等多起水污染事件的调查监测和应急处置工作；从2006年起，建立了以水政监察员为主体的水资源保护应急响应队伍，应对了汶川地震等一系列突发事件，提高了相关部门和单位间的配合协调性，增强了应急响应的实战能力。

（1）2006年贵州省重安江水污染事件

重安江是清水江主要支流，经黔南布依族苗族自治州福泉市流入黔东南苗族侗族自治州凯里市大风洞乡、黄平县重安镇，全长63千米，是凯里、黄平沿江两岸人民赖以生存和发展的生命之水。自2002年以来，沿岸群众反映，江中已无鱼类生存，绝大多数群众对江水不敢饮、不敢用、不敢摸，人畜饮水已陷入极度困难，严重威胁沿江数万各族群众生产、生活用水安全。2006年，长江水保局依据水利部水资源管理司《关于请调查贵州重安江水污染情况的函》（资源保便〔2006〕37号）的要求，派出调查组赴贵州省重安江流域开展实地调查。调查组会同贵州省水利厅和贵州省水环境监测中心相关人员，认真分析了近年来重安江水质监测成果，并对重安江沿岸磷化工厂（生产情况及尾矿库、废水回用情况）、入河排污口进行了调查。监测结果表明：重安江干流总磷和氟化物污染严重，上游附近的两条支流（阿里堡河和沙河）黄磷超标严重，直接导致江中鱼类难以存活，人畜不能饮用。通过水污染调查监测，揭开了当地群众“不敢饮、不敢用、不敢摸”的谜团，为当地水环境保护和污染源治理决策发挥了重要作用。

（2）2008年四川汶川地震和2010年青海玉树地震供水安全保障应急监测

2008年5月12日14时28分，四川省阿坝藏族羌族自治州汶川县映秀镇与漩口镇交界处发生8.0级地震，地震造成严重破坏地区超过10万平方千米，其中极重灾区共10个县（市），较重灾区共41个县（市），一般灾区共186个县（市）。这是新中国成立以来破坏力最大的地震，也是唐山大地震后伤亡最严重的一次地震。

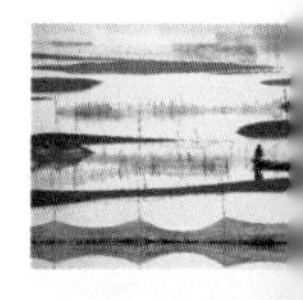

2008年5月17日中午，水利部紧急通知长江水保局，速派应急监测队伍奔赴灾区工作。洪一平局长迅速调兵遣将，带领技术人员于当天飞赴成都；移动监测车从武汉出发，昼夜兼程赶赴灾区。在前方，洪一平担任水利部抗震救灾领导小组供水组副组长兼水质巡测组组长，并按照前方指挥部要求对灾区供水水源地的水质巡测工作作出部署。从19日起，灾区供水水源地水质应急巡测工作全面展开。25日，水利部又调集黄委、淮委、海委共4支水质应急监测队伍到地震灾区联合开展应急监测工作，水质组将重灾区6市州220多个城镇集中饮用水水源地划分为4个片区，分别由4个流域机构的水质应急监测队伍承担巡测任务。

进入灾区后，水质巡测组累计行程万余千米，检测城镇集中式供水水源地、乡镇集中式供水水源地和灾区群众临时安置供水点水样，开展生物综合毒性测试、亚硝酸盐氮、氟化物、氰化物、六价铬、氨氮、化学需氧量、浊度、电导率和pH值等10个参数的测试，汇总并上报1000多个水样的10000多个监测数据，没有发生一例错报或漏报，以科学严谨的监测成果，向前方指挥部和灾区群众交上了一份圆满的答卷，被中华全国总工会授予“工人先锋号”集体荣誉称号，四川省水利厅特颁发“危难之时见真情，抗震救灾铸丰碑”的锦旗，水利部抗震救灾前方领导小组供水保障组颁发“支援灾区，保障供水”的锦旗。

2010年4月14日，青海省玉树藏族自治州玉树县发生6次地震，最高震级7.1级，震中位于县城附近，造成重大损失，牵动了全国人民的心。按照长江委青海玉树抗震救灾工作领导小组的安排和应急监测工作小组的工作需要，长江水保局于17日紧急调派移动监测车，并搭载水质应急监测仪器设备赶赴青海省玉树地震灾区支援抗震救灾工作。长江委水质监测组对青海省玉树州结古镇及周边8个乡镇59个主要应急供水水源及供水点的70余个样品进行了常规多参数水质指标、生物发光菌综合毒性等检测分析，为灾区应急保障供水提供了决策依据，得到了前方水利部工作组的肯定。

六、水生态保护与修复

1. 生态环境需水保障及管理

保障河流生态环境需水是保护河流生态环境的关键。长江委积极推进流域水生态保护管理，核定了长江干流以及雅砻江、大渡河、岷江、涪江等24条主要支流近60个断面的生态环境需水量和生态基流，明确了区域河流生态需水保障条件，将主要控制断面生态基流作为水资源保护的红线和管理目标纳入流域综合规划。

生态环境需水的控制要素主要包括生态基流、生态环境需水量、河流生态环境下泄水量。根据各控制节点生态环境状况和水文系列资料确定长江流域主要节点生态环境需水，这些成果已纳入国务院批复的《长江流域综合规划（2012—2030年）》。

2. 河湖健康评估

从20世纪70年代以来，发达国家在河流健康方面进行了多方面的理论研究和实践探索，提出了很多河流健康评价的方法。我国是在21世纪初才引起关注的，长江委根据治江形势和任务的变化，在科学发展观的指导下，针对长江流域在河流管理方面存在的问题，提出了“维护健康长江，促进人水和谐”的治江理念，并对健康长江的内涵、评价指标体系等进行了系统研究。健康长江的定义是具有足够的、优质的水量供给；受到污染物质和泥沙输入以及外界干扰破坏，河流生态系统能够自行恢复并维持良好的生态与环境；水体的各种功能发挥正常，能够在生态与环境可承受的范围内，可持续地满足人类需求，不致对人类经济社会发展的安全构成威胁或损害。其内涵包括水土资源与水环境状况、河流完整性与稳定性、水生生物多样性、蓄泄能力和水资源开发利用等方面。健康长江的评价指标体系由总体层、系统层、状态层和要素层（或指标层）4级构成。总体层体现健康长江的总体水平；系统层包括生态保护、防洪安全保障、水资源开发利用3个方面；状态层包括水土资源与水环境状况、河流完整性与稳定性、水生生物多样性、蓄泄能力和水资源开发利用等5个方面；要素层包括河道生态需水量满足程度、水功能区水质达标率、水土流失比例、血吸虫病传播阻断率、水系连通性、湿地保留率、优良河势保持率、通航水深保证率、鱼类生物完整性指数、珍稀水生动物存活状况、防洪工程措施完善率、水资源开发利用率和水能资源利用率等14个方面，初步形成了适合长江特点的健康评价指标体系。

2010年，水利部启动全国重要河湖健康评估试点工作，长江委按照水利部的部署，成立了长江流域河湖健康评估领导小组和技术小组，并积极协商长江流域相关省（自治区、直辖市）开展了汉江中下游干流、丹江口水库进行健康评估。该项目由长江水保局技术牵头，长江委水文局、长江科学院和水工程生态研究所共同承担。在长江流域河湖健康评估工作过程中，针对河流、水库和湖泊不同水域分别提出河湖健康评估的技术思路，主要从水文水资源、水质、物理结构、水生生物和社会服务功能等5个方面对试点评估对象开展了全面评价，从生态水文节律响应关系、水文过程、水质过程、水生态过程的相关关系，诊断评估对象的健康问题，探求影响其健康状况的因素，结合健康长江评估指标体系，构建了适合上述水域的健康评估指标体系，并对水利部颁布的文件中的河湖健康评估指标、标准与方法部分评价指标、标准进行修改完善。结合河流、水库评估水域不同特点，增加了一些重要的评价指标，如丹江口水库健康评估中，考虑丹江口水库是南水北调中线工程重要水源地，在水质健康评估中增加了重金属污染状况、有机有毒物健康风险指标；汉江中下游河流健康评估中，针对近年汉江中下游水华频现的状况，在水质健康评估中增加了水华评价指标。

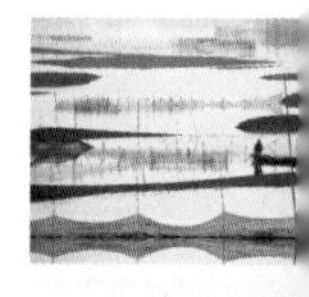

七、水资源保护管理协作机制建设

1. 长江保护与发展系列研讨会

长江保护与发展系列研讨会是由中国民主促进会中央委员会商水利部长江委发起主办的大型高层研讨会，全国政协副主席、民进中央常务副主席，国务院有关部门负责人，相关省、市主要领导以及地方有关单位负责人和专家学者参加。许嘉璐、严隽琪和蔡达峰等分别在担任全国人大常委会副委员长、民进中央主席期间参加过研讨会。历次会议时间、地点及主题分别是：2007年武汉“长江流域水环境安全与保障研讨会”、2009年南昌“长江流域湖泊保护与管理研讨会”、2010年重庆“长江流域的区域经济社会发展与水环境保护研讨会”、2012年长沙“长江流域的区域经济社会发展与水环境保护研讨会”、2014年成都“加快生态文明制度建设研讨会”、2016年上海“修复长江生态环境，推动长江经济带发展研讨会”、2018年南京“贯彻落实习近平生态文明思想，推动实施区域协调发展战略研讨会”。

每次会议视地点选择不同的主题，重点围绕长江流域的水环境、水生态安全，水资源优化管理，湖泊的保护与管理，长江的生态修复、绿色发展和保护立法等方面进行研讨，多次发布《长江保护与发展报告》，取得了良好的社会效果。

（1）长江流域水环境安全与保障研讨会（2007）

2007年11月中旬，由民进中央和长江委共同主办，民进中央科技医卫委员会、

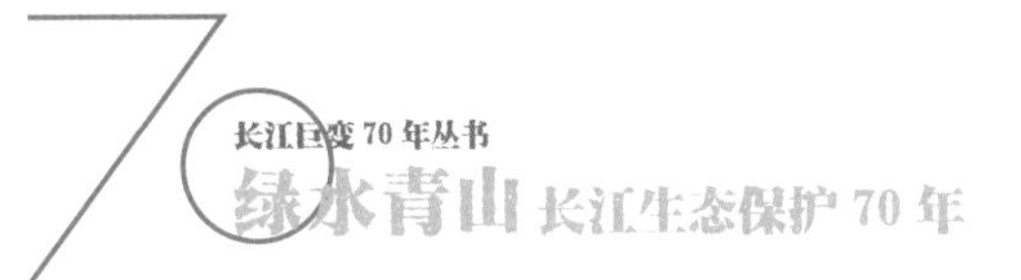

长江水保局、民进湖北省委会承办，世界自然基金会协办的“长江流域水环境安全与保障研讨会”在湖北武汉召开。全国人大常委会副委员长、民进中央主席许嘉璐，全国政协副主席、民进中央第一副主席张怀西出席开幕式。中共湖北省委书记、省长罗清泉代表中共湖北省委、省人大、省政府、省政协向研讨会表示祝贺。全国政协常委、民进中央常务副主席严隽琪，全国人大常委会委员、民进中央副主席王佐书，长江委党组成员、总工程师马建华，世界自然基金会北京办事处淡水项目主管李利峰等，国家有关部门科研机构的负责人，长江流域民进有关省级组织的负责人，以及有关专家学者出席。

会议期间，与会人员就长江流域的综合治理、规划体系和流域管理等问题进行主题发言和深入探讨，为长江流域水环境安全与保障出谋划策。来自长江委、世界自然基金会和北京、上海、重庆、四川、贵州、湖南、江西、安徽、江苏、湖北等省市的专家作了专题发言。

与会专家认为，加强长江保护与发展，一是要积极推进流域综合管理机制建设；二是要完善流域政策法规体系；三是要推动流域综合规划部门协调机制，增强水资源保护规划的可操作性；四是要强化水资源保护监督管理，加强对水建设项目取水、排污及水功能区监督管理，严格行政审批；五是要建立适应市场经济体制的投入机制；六是要加强水资源保护基础工作，促进水资源保护管理现代化；七是要对目前污染严重地区和重要水域实施重点治理和保护；八是要协调好水电开发建设中保护与开发的关系；九是要对长江中下游地区几十个湖泊开展相关的可行性研究，制定江湖连通规划，有序地恢复阻隔湖泊与长江的联系；十是要加强江湖连通试点的监测与科研工作，不断完善江湖连通手段，提高江湖连通的综合效益；十一是要研究三峡工程运行对江湖连通工作的影响，制定并采取减缓的措施。

（2）长江流域湖泊保护与管理研讨会（2009）

2009年5月下旬，由民进中央、长江委主办，民进中央科技医卫委员会、长江水保局、民进江西省委会、江西省水利厅共同承办，WWF（世界自然基金会）协办的“长江流域湖泊保护与管理研讨会”在江西南昌召开。全国人大常委会副委员长、民进中央主席严隽琪，江西省省长吴新雄，水利部副部长胡四一，国家林业局副局长印红，长江委主任蔡其华在会上作了重要讲话。中共江西省委书记苏荣出席开幕式，全国政协副主席、民进中央常务副主席罗富和主持开幕式。

来自中科院科技政策与管理研究所、WWF（世界自然基金会）、华东师范大学资源与环境科学学院、长江勘测规划设计研究院、北京林业大学、长江科学院、中科院地理资源所、中科院测量与地球物理研究所、湖南洞庭湖水利工程管理局、中科院地理资源所等相关单位以及沿江民进组织的专家参加研讨。

与会专家建议：一是要加强立法。从国家层面需要推进江河湖泊的统一立法工作。在江河湖泊法还未纳入立法规划前，一些大江、大河、大湖流域，可以先行制定“流域水资源管理条例”。在立法中，要统筹考虑江河湖泊的经济功能和生态功能，协调保护与开发，明确管理体制、管理责任。二是推进流域综合管理。湖泊的功能是多方面的，其管理涉及政府的多个部门，有些湖泊还跨行政区，因此需要多部门和各地区在统一的目标前提下协调管理、分类指导。要推进建立部门和地区之间的协调机制，建立水质监测、预报和发布的公共平台，完善信息通报和共享机制、联合会商机制和联手行动机制，逐步实现综合管理。三是妥善处理江湖关系，实现江湖两利。解决长江中下游的一系列水问题，核心在于处理好江湖关系。因此，必须坚持和落实科学发展观，调整江湖治理思路，由过去单纯的江湖整治向江湖管理、保护和综合治理转变。已经建立了控湖工程的湖泊，要通过优化调度方式、鼓励利益相关方参与、建立补偿机制等多种手段，逐步实现江湖联通。同时，还要注意湖泊和水库的联合生态调度。四是实施综合整治，遏制水华危害。水华的控制和水华发生后饮水安全的保障将成为今后一定时期内湖泊管理的重要任务。从长远来看，应采取综合措施，减少湖泊水体中的氮磷含量，恢复水体生态系统的良性循环，最终控制水华发生的营养盐条件。除治理现有富营养化的湖泊外，还应加强目前状态较好的湖泊、水库的保护，避免先污染后治理的恶性循环。五是要保护好候鸟栖息地。长江流域的湖泊绝大多数是珍稀鸟类的栖息地，鄱阳湖、洞庭湖还列入了国际重要湿地名录。在湿地保护上，中国担负着重要的国际责任。在湖泊的开发利用中，一定要协调好发展与湿地保护的关系，保护好鸟类的栖息地。

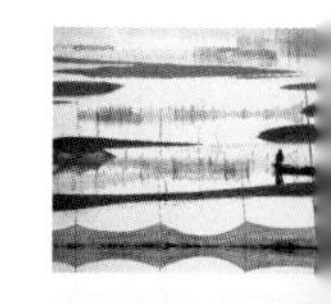

会议认为，鄱阳湖生态经济区建设是结合国家经济社会发展趋势和江西省省情所提出的一项有利于促进地方发展和生态文明建设的综合性方案，对发挥江西省的比较优势、保证鄱阳湖的“一湖清水”具有重要意义。但针对日益复杂的气候变化影响和江湖关系变化，鄱阳湖水利枢纽设施的建设还存在许多需要认真考虑和论证的问题，需要进一步加强研究和广泛研讨，听取各利益相关方的意见和建议，找到科学合理的解决方案。会议重申，与会各有关方面将继续关注长江，关注长江流域有关问题的解决，并将定期召开研讨会研讨长江有关问题。

（3）长江流域区域经济社会发展与水环境保护研讨会（2010）

2010 年 5 月下旬，由民进中央、长江委主办，民进中央科技医卫委员会、长江水保局、民进重庆市委会承办，WWF（世界自然基金会）协办的“长江流域区域经济社会发展与水环境保护研讨会”在重庆召开。全国人大常委会副委员长、民进中央主席严隽琪，中共重庆市委副书记、重庆市人民政府市长黄奇帆，水利部副部长刘宁、长江委主任蔡其华，国家环境保护部副部长张力军，国家林业局原副局长、全国森林防火指挥部副总指挥李育材，国务院三峡工程建设委员会办公室副主任雷加富出席开幕式并讲话。全国政协副主席、民进中央常务副主席罗富和主持开幕式。全国人大常委会委员、民进中央副主席兼秘书长朱永新，长江委副主任陈晓军，中共重庆市委常委、市委统战部部长翁杰明，重庆市政协副主席、民进重庆市委会主委陈景秋，WWF（世界自然基金会）北京代表处淡水项目负责人出席开幕式。

来自中科院科技政策与管理研究所、WWF（世界自然基金会）、长江水保局、华东师范大学资源与环境科学学院、长江勘测规划设计研究院、长江科学院、长江三峡集团公司、中科院测量与地球物理研究所、重庆大学、西南大学、湖南省环保厅、江西省林业生态文化建设管理中心等相关单位，以及沿江民进八个省级组织的专家学者参加研讨。

与会专家围绕气候变化与未来涉水政策，探讨了未来十年加强完善水管理的关键问题与政策建议、建立长江流域水功能区限制纳污红线、长江流域气候变化脆弱性与适应对策、淡水生态系统对气候变化的适应性等问题；围绕三峡库区，探讨了三峡及长江上游水库群水资源综合利用调度运用研究、三峡库区生态建设与思考、三峡库区水土保持生态建设、三峡水库水环境状况与生态修复措施、三峡库区消落带湿地保护与生态友好型利用、三峡水库支流滞流区水华暴发机理及其调控对策等问题；围绕流域综合管理，探讨了推进流域综合管理、促进人水和谐，长江流域水环境综合管理及其协调机制研究、推动流域综合管理，促进河流健康发展等问题；围绕区域经济社会发展，探讨了关于应对洞庭湖低水位危机的建议、气候变化对湖北省水资源的影响、西南岩溶区经济发展与水环境问题、四川生态环境建设与水环境保护、皖江城市带承接产业转移示范区建设、在水环境治理中必须高度关注森林等问题。

会议认为，长江流域区域经济社会发展取得了长足的进步，但是也不断面临新挑战、新问题。长江流域在我国的经济社会发展进程中，始终处于核心战略地位。从下游到上游，整个长江经济带的发展布局已经基本确定，长江面临着整个流域经济腾飞的态势。在国家大力推进经济发展方式转变的形势下，必须从历史的高度、国家的高度重新认识长江流域区域经济社会发展与水环境保护。

（4）长江保护与发展研讨会（2012）

2012年8月中旬，由民进中央、全国政协人口资源环境委员会、长江委主办，民进中央科技医卫委员会、长江水保局、民进湖南省委会承办，WWF（世界自然基金会）协办的“长江保护与发展研讨会”在湖南长沙召开。全国人大常委会副委员长、民进中央主席严隽琪出席开幕式并作重要讲话，全国政协副主席、民进中央常务副主席罗富和主持开幕式。中共湖南省委副书记、湖南省人民政府省长徐守盛，全国政协人口资源环境委员会副主任王玉庆，水利部副部长胡四一，国家林业局副局长张永利，国务院三峡工程建设委员会办公室水库管理司司长阮利民，环境保护部污防司副司长凌江讲话。长江委主任蔡其华作主题报告。

来自中科院科技政策与管理研究所、WWF（世界自然基金会）、长江水保局、华东师范大学比较沉积研究所、长江勘测规划设计研究院、长江科学院、长江三峡集团公司、中科院水工程生态研究所、中科院测量与地球物理研究所、中国科学院南京地理与湖泊研究所、重庆大学、西南大学、河海大学、湖南师范大学、四川省环境科学研究院、安庆师范学院、湖南省水利厅、湖南省环保厅、湖南省林业厅等相关单位，以及沿江民进八个省级组织的专家学者参加研讨。

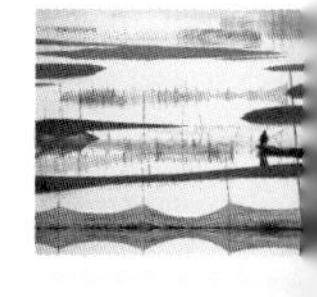

会议认为，长江流域应紧紧抓住新一轮结构调整的战略机遇。长江水资源结构性短缺、水污染严重、水生态恶化等问题日益严重，资源环境压力日益增大。长江沿江地区必须抓住全国新一轮结构调整的契机，着力推进流域综合管理，尽快出台流域综合规划，促进产业层次快速提升，实行转型升级，创新跨越。要始终树立水忧患意识和节约用水意识，坚持科学用水理念，积极主动推广、应用现代节水技术和循环用水技术，切实减少污废水排放。真正将水作为稀缺资源，积极探索市场经济条件下优化配置水资源，集多方之智，聚众人之力，共同推动长江流域长远、健康发展。

为继续推进长江流域区域经济社会发展与水环境保护，与会专家建议：一是深化流域综合管理。建议国务院批准成立长江流域经济发展协调机构，对流域经济的发展和管理等进行决策，并审定、协调长江流域经济发展的重大问题。二是加强立法研究。尽快出台水资源保护条例、饮用水水源地保护条例、水功能区管理条例等，并对入河排污口监督管理办法进行修订；开展流域控制性水库群联合调度相关的管理机制和政策法规研究，推动陆水水库水资源保护协作机制建设，推动流域水资源保护利益相关方参与机制和信息共享机制建设；加快湿地立法进程。 三是优化三峡工程运行调度机制。进一步优化包括三峡水库在内的长江中上游大型水库群的综合调度方案，提高水资源的综合利用效率，改善长江中下游用水紧张局面。四是推进生态文明建设。依据环境容量统筹规划区域发展，科学安排产业布局，把污染物排放从浓度控制向总量控制过渡，坚决防止上下游产业结构调整时的污染转移，从源头上保护生态环境。

（5）长江保护与发展论坛成都会议（2014）

2014年5月下旬，“长江保护与发展论坛”在四川成都举行，本次论坛的主题是“加快生态文明制度建设”。全国人大常委会副委员长、民进中央主席严隽琪出席开幕式并发表重要讲话，强调制度创新与建设是生态文明建设的路径，保证长江生态安全是建设长江经济带的首要问题。全国政协副主席、民进中央常务副主席罗富和主持开幕式并致欢迎辞。中共四川省委副书记、省人民政府省长魏宏，水利部副部长蔡其华，国家林业局副局长张永利讲话。

本次论坛由民进中央、全国政协人口资源环境委员会、长江委主办，四川省政协、民进中央人口资源环境委员会、长江水保局、民进四川省委会承办，世界自然基金会协办。论坛共设长江流域水生态文明建设探索与实践、跨区域跨部门水资源保护与水污染防治协调机制建立与探索、长江经济带建设与沿江绿色生态廊道构建、长江上游区域经济发展与生态保护、长江上游大型水库群联合调度与生态保护五个分议题。

与会代表认为，近年来长江流域生态环境呈现总体向好的局面，但生态建设与经济社会发展的要求相比，还存在不少突出矛盾和制约因素。洪涝灾害频繁仍然是长江的治理难点，水资源供需矛盾加剧仍然是可持续发展的主要瓶颈，水利设施薄弱仍然是流域基础设施的明显短板，水生态环境恶化仍然是影响可持续发展的重要因素。大家提出，搞好长江流域特别是上中游地区的生态建设工作，对于中下游地区的生态安全和维系我国的生物多样性意义重大，关系到我国国民经济和社会发展的大局。要按照科学发展观的要求，以长江流域综合规划的实施引领流域水生态文明建设，在全流域建立严格的水资源和水生态环境保护制度，处理好发展和保护的关系，避免产业转移带来的污染转移。要协调好干支流、上下游、左右岸等区域间的关系，持续推进水资源保护体制、机制创新，并最终实现以利益相关方参与为原则的流域综合管理。要高度重视水生态文明建设的科技支撑研究工作，加强水生态文明建设的基础理论研究工作，深入挖掘和研究流域范围内的水文化，丰富人水和谐内涵。要将生态文明理念融入长江经济带建设的全过程，构建生态屏障，使长江经济带率先成为我国水清地绿的绿色生态廊道，以水土资源的合理开发利用，有效保护和支撑长江经济带乃至长江流域经济社会全面、协调、可持续发展。

（6）长江保护与发展论坛上海会议（2016）

2016年6月上旬，“长江保护与发展论坛”在上海召开，本次论坛的主题是“修复长江生态环境，推动长江经济带发展”。全国人大常委会副委员长、民进中央主席严隽琪出席开幕式并讲话。全国政协副主席、民进中央常务副主席罗富和主持开幕式。水利部部长陈雷，全国政协人口资源环境委员会副主任张基尧，上海市委常委、统战部部长沙海林，国家林业局副局长张永利出席并讲话，民进中央副主席蔡达峰、朱永新出席开幕式。

本次论坛由民进中央、全国政协人口资源环境委员会、长江委主办，民进中央人口资源环境委员会、长江水保局、民进上海市委会承办，世界自然基金会协办。论坛共设长江流域水资源综合管理、长江流域湿地保护与恢复、长江中下游水污染控制及长三角地区饮水安全、长江中下游绿色转型发展和社会参与四个分议题。论坛的各主办、承办、协办单位，国家相关部委、相关机构、高等院校和科研院所，中共上海市委统战部，上海市水务局、环保局，民进中央专门委员会、长江流域民进省级组织的有关负责人和专家学者参加研讨。

严隽琪简要回顾了20年来民进中央对长江的持续关切，她指出，牵手合作、集智聚力，持续关注长江是民进组织坚定不移的情怀。长江经济带战略的提出，使其作为推动经济转型升级重要引擎的地位更加明确。与此同时，保护长江的难度和压力也在增加。回顾过往，不忘初心；展望未来，风雨同行。民进作为中国特色社会主义参政党，将坚持为长江大保护战略建言献策。她说，习近平总书记关于长江大保护的最新论断说明，以修复长江生态环境为主要目标的大保护战略将成为推动长江经济带发展“最紧迫而重大的任务”，这是从中华民族长远利益考虑作出的重大战略调整。要准确界定大保护的内涵，最重要的是解决好水资源合理利用的问题，实现生产用水、生活用水、生态用水三者之间的有效平衡。民进呼吁在供给侧和需求侧两端施力，政府、企业、民众共同行动起来，综合谋划、协同推进，共谱“节约、清洁、保留、搬移” 四重奏，并不断深化其内涵。

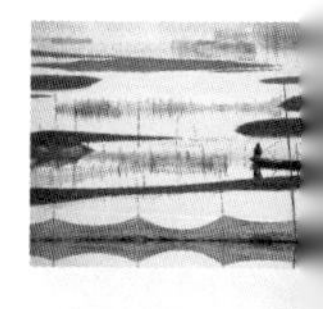

陈雷介绍了近年来水利部在水资源管理、防灾减灾、依法治江和科技治江等方面取得的成绩。他说，当前和今后一个时期，是全面建成小康社会的决胜期，也是推动长江经济带发展的关键期，必须始终坚持生态优先、绿色发展的战略定位，保护水资源，改善水环境，修复水生态，建设长江绿色生态廊道，为长江经济带发展提供更加坚实的水安全。陈雷指出，民进中央在上海举办“长江保护与发展论坛”，紧紧围绕长江大保护进行交流研讨、集思广益、建言献策，必将进一步推动长江保护工作的深入开展。

（7）长江保护与发展论坛南京会议（2018）

2018年6月下旬，以“贯彻落实习近平生态文明思想，推动实施区域协调发展战略”为主题的“长江保护与发展论坛”在江苏南京召开。全国人大常委会副委员长、民进中央主席蔡达峰，民进中央副主席朱永新，全国政协人口资源环境委员会驻会副主任高波，生态环境部副部长刘华，长江委主任马建华，国家林业和草原局副局长张永利，江苏省副省长陈星莺，江苏省政协副主席、民进江苏省委会主委朱晓进等领导出席开幕式。

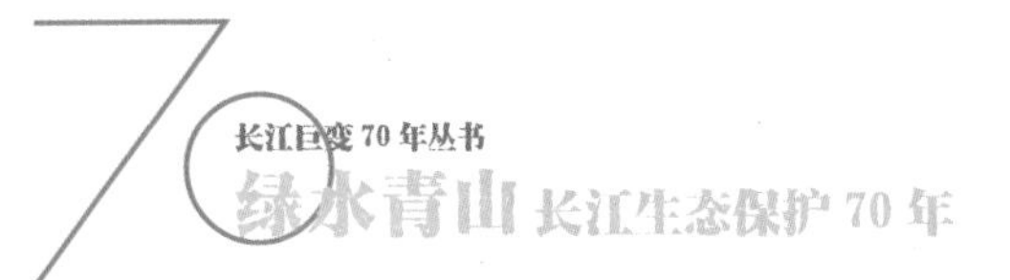

国家相关部委、机构、高等院校和科研院所，中共江苏省委、省委统战部，民进中央专门委员会、长江流域民进省级组织的有关负责人和专家学者参加会议。

蔡达峰指出，长江保护与发展的任务长期而艰巨，参政党建设的任务也是长期而艰巨的。民进情怀依旧，任重道远，要树立习近平总书记倡导的“功成不必在我”的精神境界和“功成必定有我”的历史担当，准确把握新时代长江保护与发展的新要求，准确把握参政党建设的新要求，通过自身思想认识的提高，努力达成更广泛的共识，努力提出更优质的建言。

本次论坛由民进中央、全国政协人资环委、长江委主办，民进中央人资环委、长江水保局、民进江苏省委会承办，世界自然基金会、中国水利学会协办。为期两天的论坛，专家学者围绕新时代背景下的长江大保护与绿色发展战略、污染攻坚战的区域合作机制、扶贫攻坚与生态文明建设、基于生态安全保障的区域水资源优化管理、长江流域空间规划与生态保护修复以及长江保护立法等六项议题作了深入交流。

2. 南水北调中线工程水资源保护和水污染防治联席会议

南水北调中线工程水源区（以下简称“水源区”）是指丹江口库区及其上游地区，涉及的行政区域主要包括陕西省的安康市、汉中市和商洛市，河南省的南阳市，湖北省的十堰市。

长江委就建立跨地区跨部门的水源区水资源保护和水污染防治协调机制进行了积极的探索，早在2005年，就由长江水保局组织调查研究，深入了解水源区在水资源保护和水污染防治方面的需求及存在的问题，多次与地方政府及其有关部门协调协商，就确保一库清水北送达成了共识，一致认为建立水源区水资源保护和水污染防治协作机制即构建联席会议制度十分必要。此后，进一步明确了联席会议制度的主要任务和组织形式，在此基础上，于2009年底，在陕西商洛召开启动会议，正式建立了南水北调中线工程水源区水资源保护和水污染防治“5＋1”联席会议制度，通过了《南水北调中线工程水源区水资源保护和水污染防治联席会议章程》，发表了《一库清水送北京——商洛宣言》，为在水源区实现跨地区跨部门的信息交流和协同工作奠定了基础，也是流域水资源保护协调机制建设的一次创新和尝试。

联席会议由水源区陕西汉中、安康、商洛，河南南阳，湖北十堰五市人民政府以及长江水保局组成。五市人民政府南水北调中线工程办公室、水行政主管部门、环境保护主管部门等为成员。联席会议采取轮值主席制，每届任期2年。长江水保局负责人担任常务副主席，长江水保局丹江口局为办事机构，承担联系会议办公室的具体工作。联席会议每2年举办1次，闭会期间实行联络员制度。

联席会议的主要任务是共同商讨南水北调中线工程水源区水资源保护和水污染

防治工作，交流水资源保护和水污染防治信息，预警预报和应对突发水污染事件，提高水源地安全保障程度，促进水源区水质保护工作，推动水源区水污染防治和水土保持规划的实施，就水源区生态建设和水质保护向国家有关部门提出意见和建议，为水源区经济社会发展献计献策。

联席会议成立后，积极推进水源区监测能力建设和信息共享机制建设、加强生态补偿研究、积极落实丹江口库区及上游水污染防治和水土保持规划等课题进行深入探讨，提出了一系列具有建设性的意见和建议。不定期编印《南水北调中线工程水源区水资源保护和水污染防治联席会议简报》报送上级有关部门，编制了《南水北调中线工程水源区保护与发展报告》，提出了《南水北调中线工程水源区水环境监测数据和信息共享管理办法》。

多年实践表明，这一制度对形成跨区域、跨部门共抓保护、团结治污工作局面起到重要的推动作用，也为进一步建立流域性的水资源保护和水污染防治协调机制积累了经验。

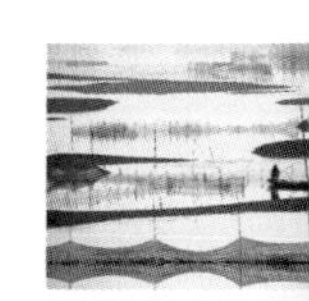

（1）2009 年商洛会议

2009 年 11 月上旬，南水北调中线水源区三省五市和长江水保局在陕西商洛召开了第一次水源区水资源保护和水污染防治联席会议，这在长江流域的区域水资源保护中尚属首例，具有开创性的意义，共同发表的《商洛宣言》，表明了流域管理机构和水源区各级人民政府保护库区水资源、防治水污染的信心和行动，具有里程碑意义，为水源区有效保护水资源，防治水污染提供了机制上的保障。会议还通过了《南水北调中线工程水源区水资源保护和水污染防治联席会议章程》。

2010 年 6 月下旬，第一次联络员工作会议在陕西汉中举行。会议由轮值主席方商洛市政府副秘书长主持，来自水源区五市联络组成员单位及相关人员参加了会议。会议通报了水源区水资源保护与水污染防治工作有关情况，研究编制水源区水质监控系统建设方案，积极依托和发挥流域监测中心建立的流域中心网站的作用，统一水质监测标准，开展人员培训，推进水源区五市水质监测信息的共享。

（2）2011 年南阳会议

2011 年 7 月下旬，第二次联席会议在河南南阳召开。南水北调工程建设领导小组办公室环保司、水利部水资源司以及长江委的领导莅临会议指导。联席会议各成员以及长江委水资源局、水土保持局等单位的代表参加会议。

会议听取了第一届联席会议轮值主席方、陕西省商洛市人民政府副市长所作的工作报告，联席会议常务副主席方长江水保局报告了第二届联席会议工作要点及说明。第二届联席会议轮值主席方、河南省南阳市人民政府副市长作了会议总结。会议结合

《中共中央 国务院关于加快水利改革发展的决定》以及中央水利工作会议精神，谋划推进《汉江流域水资源保护规划》编制工作；建立和完善跨地区、跨部门的水环境监测网和预警预报系统；大力开展生态补偿机制构建研究，提出建立和完善水源区生态补偿机制的总体框架、运行机制和保障措施；密切协作，形成合力，积极推进水源区水源地安全保障达标建设；积极推进水源区综合管理，不断完善水源区水资源保护与水污染防治协调机制。

2012年10月下旬，第二次工作组会议在湖北武汉召开。会议由轮值主席方南阳市政府主持，来自水源区五市工作组成员单位及长江水保局相关人员参加了会议。会议代表讨论了《南水北调中线工程水源区水资源保护与发展报告编制大纲》和《南水北调中线工程水源区水资源保护监测体系框架》，并对第三次会议的工作重点进行了讨论。

（3）2013年十堰会议

2013年12月上旬，第三次联席会议在湖北丹江口召开。水利部水资源司、南水北调工程建设委员会办公室环境保护司以及长江委的领导到会，联席会议各成员参加会议。

会议由十堰市人民政府副市长主持。会议听取了第二届联席会议轮值主席方河南省南阳市人民政府副市长所作的工作报告，第三届联席会议轮值主席方湖北省十堰市人民政府副市长作了会议总结。会议结合十八大和十八届三中全会关于建设生态文明，强化制度建设的精神，围绕第三届联席会议工作要点以及《保护与发展报告》和《监测信息共享框架》进行了热烈的讨论，明确了第三届联席会议将重点推进水源区生态文明示范区建设，加大水源区保护与发展政策项目的争取力度；推进丹江口库区及上游水污染事件预警和应急体系建设；充分发挥"5＋1"联席会议的重要作用，推进《丹江口库区及上游水污染防治和水土保持"十二五"规划》《丹江口库区及上游地区经济社会发展规划》等规划实施。

2014年10月下旬，第三次工作组会议在湖北十堰召开。会议由轮值主席方十堰市政府主持，来自水源区五市工作组成员单位及长江水保局相关人员参加了会议。会议围绕《南水北调中线工程水源区水环境监测信息共享管理办法》和《南水北调中线工程水源区水环境监测信息共享数据收集技术规定》及第四次会议的重点进行了讨论。

（4）2015年安康会议

2015年11月下旬，第四次联席会议在陕西安康召开。水利部水资源司、国务院南水北调工程建设委员会办公室环境保护司、国务院发展研究中心、长江委及联席会议各成员方的代表参加了会议。

会议由安康市副市长主持。会议听取了第三届联席会议轮值主席方湖北省十堰市副市长作的《南水北调中线工程水源区水资源保护和水污染防治联席会议第三届工作报告》，常务副主席方长江水保局汇报了《南水北调中线工程水源区水环境监测数据和信息共享管理办法》的修改情况及《2014 年南水北调中线工程水源区水资源质量状况报告》的编制情况。会议结合十八大和十八届三中、四中、五中全会关于建设生态文明，强化制度建设的精神，对该工作报告进行了审议，并围绕第四届联席会议工作要点、《共享管理办法》和《水资源质量状况报告》进行了热烈的讨论， 确定了第四届联席会议将重点推进南水北调中线工程水源区水环境监测共享体系建设；推进《丹江口库区及上游水污染防治和水土保持“十二五”规划》落实和《丹江口库区及上游水污染防治和水土保持“十三五”规划》的编制和实施工作；加大丹江口水库入库支流的综合治理力度，强化多部门共同参与的综合检查；推动制定水源区保护生态补偿政策，建立生态补偿长效机制。

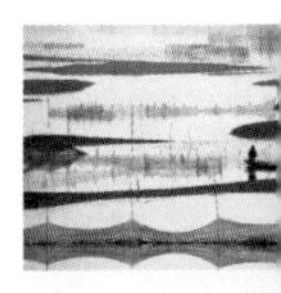

2017 年 12 月初，第四次工作组会议在湖北丹江口召开。会议由轮值主席方安康市政府主持,会议听取了长江水保局关于通水三年来水源区水资源保护工作情况汇报，五市代表分别介绍了三年来本地区水源区保护工作情况、下一步工作安排和有关意见建议，安康市政府副市长作了会议总结。

（5）2018 年汉中会议

2018 年 3 月底，第五次联席会议在陕西汉中召开。水利部水资源司、长江委及联席会议各成员方的代表参加会议。

会议由安康市副市长主持。会议审议了第四届联席会议轮值主席方陕西省安康市副市长作的《南水北调中线工程水源区水资源保护和水污染防治联席会议第四届会议工作报告》，并围绕第五届联席会议工作要点、《共享管理办法》进行了讨论，明确第五届联席会议将重点推进《丹江口库区及上游水污染防治和水土保持“十三五”规划》落实；借助河长制平台，积极推进水源区综合管理；实施《南水北调中线工程水源区水环境监测数据和信息共享管理办法》，推动水源区保护工作成果共享，按年度编制《南水北调中线工程水源区水资源质量状况报告》；加强库区总氮、总磷控制治理研究、小流域综合治理及河道生态修复等水资源保护方面基础科学研究合作，为水源区水资源保护管理提供依据。

2018 年 11 月上旬，第五次工作组会议在湖北丹江口召开。会议听取了长江水保局关于同年 3 月第五次联席会议以来水源区水资源保护和水污染防治工作介绍，五市代表分别介绍了本地区水源区保护工作情况、下一步工作安排和有关意见建议，会议讨论初步确定了第六次联席会议工作要点建议，汉中市政府副秘书长作了会议总结。

会议商定加快《丹江口库区及上游水污染防治和水土保持“十三五”规划》的落实工作，积极推动水源区河长制“见行动、见成效”，形成水源区共抓保护合力；探索各地市绿色发展新途径，推动将水源区作为绿色发展先行示范区；推动水库消落区管理和水库清漂有关机制的建立；以水源区面源治理为重点，协作开展清洁型小流域水廊道系统构建关键技术及示范、受污染入库河流生态修复与水质改善关键技术示范、新增淹没区岸边带生态系统重建关键技术与示范、库湾营养盐削减关键技术与示范、南水北调中线水源工程长效运行管理机制等技术和政策研究。

第四节　共抓大保护，拓展管理内容

随着经济社会的快速发展，国家把环境保护和生态建设摆在了更加突出的战略位置。2007年10月，党的十七大首次把“生态文明”写入工作报告中。2009年9月，党的十七届四中全会把“生态文明建设”提升到与经济建设、政治建设、文化建设、社会建设并列的战略高度。2011年，中央一号文件提出“实行最严格水资源管理制度”。2012年1月，国务院印发《关于实行最严格水资源管理制度的意见》（国发〔2012〕3号），对实行最严格水资源管理制度作出了全面部署和具体安排。伴随着最严格水资源管理制度全面落实，河（湖）长制全面推行，长江经济带发展战略和习近平总书记关于长江“共抓大保护、不搞大开发”总体要求的全面实施，长江流域水资源保护管理事业得到了蓬勃发展，成效显著。

按照新的要求，2012年1月，水利部印发水人事〔2012〕1号文，进一步明确长江水保局作为长江委的单列机构，是具有行政职能的事业单位，长江委水资源保护的行政职责由长江水保局承担，主要职责为负责流域水资源保护工作；组织编制流域水资源保护规划并监督实施，按规定组织开展水利规划环境影响评价工作，参与重大水利建设项目环境影响评价报告书（表）预审工作；组织拟订跨省（自治区、直辖市）江河湖泊的水功能区划并监督实施；核定水域纳污能力，提出限制排污总量意见；按规定对重要水功能区实施监督管理；承办授权范围内入河排污口设置的审查许可，组织实施流域重要入河排污口的监督管理；负责省界水体水环境质量监测，组织开展重要水功能区、供水水源地、入河排污口的水质状况监测；组织指导流域内水环境监测站网建设和管理，指导流域内水环境监测工作；承担流域水资源调查评价有关工作，归口管理水资源保护信息发布工作；承担取水许可水质管理工作，参与流域机构负责审批的规划、建设项目水资源论证报告书的审查；指导协调流域饮用水水源保护、水生态保护和地下水保护有关工作，协助划定跨省（自治区、直辖市）行政区饮用水水源保护区；参与协调省际水污染纠纷，参与重大水污染事件的调查并通报有关情况；组织开展水资源保护科学研究和信息化建设等。上述“三定方案”，进一步明确了长江水保局承担长江委水资源保护行政职责，并授予长江水保局入河排污口设置审查许可、入河排污口监督管理、饮用水水源保护等管理职能，强化了组织指导流域内水环境监测站网建设和管理等职能。

一、严格的管理制度助推长江大保护

2011 年 1 月，《中共中央 国务院关于加快水利改革发展的决定》正式公布。这是新中国成立以来中共中央首次系统部署水利改革发展全面工作的决定。文件出台了一系列针对性强、覆盖面广、含金量高的新政策、新举措，在水资源管理制度上有新突破。文件明确要求实行最严格水资源管理制度，确立水资源开发利用控制、用水效率控制、水功能区限制纳污三条红线。同时，为守住“三条红线”，要求建立水资源管理责任和考核制度，把水资源管理纳入县级以上地方党政领导班子政绩考核体系。2012 年 1 月，国务院发布了《关于实行最严格水资源管理制度的意见》，就实行最严格水资源管理制度作出了全面部署和具体安排，对于解决我国复杂的水资源水环境问题，实现经济社会的可持续发展具有深远意义和重要影响。2013 年 1 月，国务院办公厅又发布了《实行最严格水资源管理制度考核办法》。

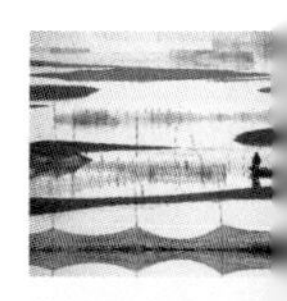

继党的十七大提出建设生态文明之后，党的十八大把生态文明建设放在更加突出的地位，形成了经济建设、政治建设、文化建设、社会建设、生态文明建设五位一体的中国特色社会主义事业总布局。2015 年 4 月，中共中央、国务院印发《关于加快推进生态文明建设的意见》，明确了生态文明建设的总体要求、目标愿景、重点任务和制度体系，要求加强用水需求管理，促进人口、经济等与水资源相均衡，建设节水型社会，实施水污染防治行动计划，严格饮用水源保护，加强重点流域、区域水污染防治和良好湖泊生态环境保护，严格入河（湖、海）排污管理，推进地下水污染防治。

2014 年 4 月，习近平总书记关于保障水安全重要讲话中提出“节水优先、空间均衡、系统治理、两手发力”的治水思路，赋予了新时期治水的新内涵、新要求、新任务，为强化水治理、保障水安全指明了方向。9 月，国务院印发《关于依托黄金水道推动长江经济带发展的指导意见》，将长江经济带建设上升为国家战略。2015 年 4 月，国务院印发了《水污染防治行动计划》（以下简称“水十条”）。

2016 年 1 月，习近平总书记在重庆召开的推动长江经济带发展座谈会上强调，长江是中华民族的母亲河，也是中华民族发展的重要支撑，推动长江经济带发展必须从中华民族长远利益考虑，走生态优先、绿色发展之路，使绿水青山产生巨大生态效益、经济效益、社会效益，使母亲河永葆生机活力。习近平指出，长江拥有独特的生态系统，是我国重要的生态宝库。当前和今后相当长一个时期，要把修复长江生态环境摆在压倒性位置，共抓大保护，不搞大开发。3月，中共中央政治局审议通过《长江经济带发展规划纲要》。9月，中共中央印发了该纲要。该纲要全面描绘了长江经济带发展的宏伟蓝图，明确提出要大力保护长江生态环境，抓紧制定《长江保护法》，这是推动长江经济带发展重大国家战略的纲领性文件。

2018年4月，习近平总书记又在武汉主持召开深入推动长江经济带发展座谈会，进一步强调：推动长江经济带发展是党中央作出的重大决策，是关系国家发展全局的重大战略，对实现"两个一百年"奋斗目标、实现中华民族伟大复兴的中国梦具有重要意义。新形势下，推动长江经济带发展，关键是要正确把握五个关系，坚持新发展理念，坚持稳中求进工作总基调，坚持共抓大保护、不搞大开发，加强改革创新、战略统筹、规划引导，使长江经济带成为引领我国经济高质量发展的生力军。总书记在谈到长江经济带发展面临的挑战和突出问题时指出"长江保护法制进程滞后"。

国家出台的一系列政策文件，将长江的水资源保护提到前所未有的高度，一方面是更好地为长江的保护事业保驾护航，同时也对长江的保护提出了更高的要求。

2019年3月"两会"期间，全国人大环境与资源保护委员会负责人透露，《长江保护法》已列入2019年全国人大常委会立法工作的内容。至此，长江保护的立法工作进入实质性阶段。

二、水功能区监督管理

1.《全国重要江河湖泊水功能区划（2011—2030年）》

2010年，在各省（自治区、直辖市）批复的水功能区划基础上，长江委按照水利部要求，组织流域各省（自治区、直辖市）及有关技术单位，进一步复核了水功能区划的基本信息，并对部分不合理的区划进行调整，特别是结合城市发展需求，将三峡库区原来划分的保留区细分为保留区和开发利用区，既体现了保护要求，也能满足地方经济的发展需要。复核后的成果纳入了2011年12月国务院批复的《全国重要江河湖泊水功能区划（2011—2030年）》（国函〔2011〕167号）。

按照《全国重要江河湖泊水功能区划（2011—2030年）》，长江流域共划分一级水功能区927个，二级水功能区694个，二者合计1363个（不计开发利用区，下同）。长江流域水功能区划河长为47627.5千米，其中保护区174个，区划河长8859.6千米，占总区划河长的18.6%；保留区400个，区划河长28195.4千米，占总区划河长的59.2%；省界缓冲区95个，区划河长3464千米，占总区划河长的7.3%；开发利用区 258 个，区划河长 7108.5 千米，占总区划河长的 14.9%。

在长江流域 10832.3 平方千米区划湖库面积中，涉及一级水功能区 34 个，其中保护区总面积 7543.2 平方千米，占区划总面积的 69.6%；保留区 2 个，总面积 2038.9 平方千米，占区划总面积的 18.8%；缓冲区 1 个，面积 42 平方千米，占区划总面积的 0.4%；13 个开发利用区中划分水功能二级区 20 个，总面积 1208.2 平方千米，占区划总面积的 11.2%。

2. 水功能区限制纳污红线考核

从 2014 年开始，按照最严格水资源管理制度水功能区限制纳污红线考核要求，长江水保局每年对部分重要水功能区开展监督性比测，水功能区监测逐步进入常态。并负责组织流域水功能区考核的技术工作，组织制定流域水功能区水质达标评价技术细则，每年与地方协调制定年度水功能区考核名录和监测方案，并对各省区监测的水功能区评价结果进行复核，形成复核报告上报水利部。按照国务院考核组的统一部署，参与部分省区的考核，并提供长江流域的水功能区考核基础信息，有力支撑了流域水功能区纳污红线考核工作。

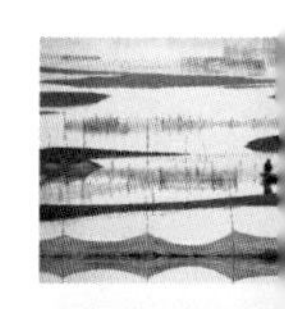

实施最严格水资源管理制度以来，长江流域水质持续改善。对 2011—2018 年长江流域重要水功能区水质达标状况进行统计，全指标评价达标率占比由 2011 年的 57.3% 提高至 2018 年的 79.9%，双指标评价达标率占比由 2012 年的 78.9% 提高至 2018 年的 92.9%，均有显著提升。

3. 汉江流域最严格水资源管理制度试点

2012 年 5 月，水利部印发《关于加快实施最严格水资源管理制度试点的通知》（水资源〔2012〕186 号），将汉江流域确立为全国加快实施最严格水资源管理制度的唯一试点流域。用 3 年时间，通过试点为全面落实最严格水资源管理制度积累经验、提供示范。

根据汉江试点方案，水资源与生态环境保护方面主要任务是流域水功能区限制纳污红线制定：一是制定汉江流域重要水功能区水质达标率控制指标；二是确定重要水功能区主要污染物的现状入河量，对重要水功能区现状水质进行评价，复核重要水功能区水域纳污能力，制定流域内重要水功能区纳污总量控制方案，细化至地级行政区，并开展相关监测工作；三是编制《汉江流域入河排污口布设规划》，提出入河排污口设置限制条件，制定《入河排污口分级监督管理方案》，建立入河排污口年度统计制度；四是协调湖北、河南两省完成丹江口水库饮用水水源保护区划分。

到 2015 年，试点中有关水资源保护目标已如期实现。重要江河湖泊水功能区从 2010 年的 75.9% 提升为 90.6%，“三条红线”的四项控制指标全部达到或超过 2015

年的预期目标。2017年10月，汉江流域实施最严格水资源管理制度试点顺利通过水利部评估。

三、入河排污口监督管理

1. 设置审批规范化

2011年，为加强入河排污口监督管理，长江委组织编制了《长江水利委员会入河排污口监督管理实施细则》，经主任办公会议审议通过，并发布实施（长水保〔2011〕536号）。该细则对入河排污口设置审批的各环节、各方面进行了详细规定，进一步明确了长江入河排污口设置审核管理权限范围，并提高了入河排污口设置审核工作的可操作性。

随着长江大保护事业的持续推进，长江委组织有关单位会同流域各省水利厅（局）开展长江入河排污口核查、长江经济带入河排污口整改提升等一系列工作，积极为流域各省提供入河排污口监督管理指导和培训，提出入河排污口整改分类处置原则，并配合各省和企业完成入河排污口整改提升任务，长江入河排污口设置审核规范化水平进一步提升。截至2019年2月，长江委共完成53项入河排污口设置审批事项。

2. 监督管理常态化

在长江委领导下，长江水保局多次联合地方水行政主管部门和原环境保护部区域督查中心对大型重化工企业、工业园、城市污水处理厂等开展入河排污口现场监督检查，对三峡水库及丹江口水库等重点水域进行入河排污口专项检查。按照推动长江经济带发展领导小组办公室、水利部和长江委有关工作要求，对长江经济带有关省（市）入河排污口整改提升工作开展督导检查,对工作进展滞后的入河排污口进行现场督导。同时，努力创新入河排污口监督管理方式，除按照“双随机”和“四不两直”要求对部分入河排污口开展现场监督检查外，还选取了2个入河排污口作为试点，在入河排污口标志牌上张贴“二维码”，公众可通过手机扫描获取对应入河排污口的设置审批信息和监督性监测结果，实现监管信息全公开。此外，长江委不断加大监督性监测及通报力度，每年对100个左右的负责监督的入河排污口和80个左右的长江干流排污量较大的入河排污口开展监督性监测;对巡测中发现的超标入河排污口,向相关省(市)河（湖）长办进行通报，并抄送省水利、环保厅。印发并实施了《入河排污口现场监督检查结果处理指导意见》，进一步增强监督检查效果。

3. 流域入河排污口核查

2017年，按照推动长江经济带发展领导小组办公室印发的《关于开展长江入河排污口专项检查行动的通知》（第34号）和水利部、环境保护部、住房城乡建设部联合印发的《关于做好长江入河排污口专项检查行动有关工作的通知》（水资源函〔2017〕89号）要求，长江委联合太湖局对流域15个省（自治区、直辖市）150个地市887个区县的8800余处入河排污口进行了现场核查，确定长江经济带共有规模以上入河排污口8052个，长江流域规模以上排污口6092个，废污水排放量195.21亿吨。随后积极配合水利部、环保部、住建部开展重点复查，对各省（市）保护区内的入河排污口、疑似未上报入河排污口、所在水功能区水质不达标的入河排污口等进行筛选抽查，为后期入河排污口整改提升工作提供了依据。

四、饮用水水源地保护

1. 全国重要饮用水水源地复核

为了适应经济社会快速发展的新形势，以水利部已公布的3批重要饮用水水源地名录为基础，2015年，水利部又组织对全国供水人口20万以上的地表水饮用水水源地及年供水量2000万立方米以上的地下水饮用水水源地进行了核准（复核）。2016年9月，水利部印发《全国重要饮用水水源地名录（2016年）》，共将全国618个饮用水水源地纳入该名录管理。其中，长江流域片列入该名录的水源地增加到221个，占全国的35.8%。其复核工作由长江水保局组织实施。

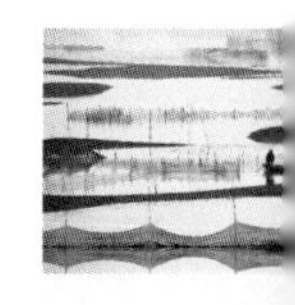

2. 水源地达标建设评估

2011年以后，在长江委的领导下，长江水保局每年都会会同流域内省级水行政主管部门组成联合检查组，以现场查勘、查阅自评估报告和座谈等方式，对上一年度重要饮用水水源地安全保障达标建设工作进行评估，并编制完成《长江流域（片）全国重要饮用水水源地安全保障达标建设检查评估报告》，报送水利部。2018年3月，按照《水利部办公厅关于进一步明确全国重要饮用水水源地安全保障达标建设年度评估工作有关要求的通知》，长江水保局赴四川、重庆、湖北、安徽等4省（市）开展了全国重要饮用水水源地抽查工作。

3. 重要饮用水水源地安全保障达标建设示范

为提升流域水源地安全保障水平，努力实现饮用水水源地安全保障达标目标，自2013年起，长江委依托中央分成水资源费项目，由长江水保局牵头组织开展“长江流域重要饮用水水源地安全保障达标示范项目”。2014年，针对陆水水库水源地安全保障达标建设中存在的水源地隔离防护措施不力，部分入库支流和库湾水质较差，一级保护区内餐饮、游泳、钓鱼活动频繁，水库漂浮物影响取水安全，部分岛屿生态脆弱化，水源地监控和监测能力薄弱等问题进行了调研。根据水源地“水质合格”的总体要求，对泉门社区入库排污口进行现场调查和勘测，编制了《陆水水库泉门社区入库排污口整治示范工程方案》，指导入库排污口综合治理示范工程施工。针对陆水水库泉门社区溪沟主要支流水质差、污染源组成结构复杂，污水排放特征差异较大的特点，对泉门社区排污口上游河段开展综合治理示范工程，内容主要包括沉淀池、前置库（塘）、生态壅水坝、潜流湿地、表流湿地，对泉门社区排污口河流岸坡进行绿化等工程建设。2016年，对入库排污口综合治理示范工程进行现场评估，总结了2015年度陆水水库水源地安全保障达标建设取得的成功经验和教训，编制完成了《陆水水库水源地安全保障达标建设示范总结报告》。通过示范项目的实施，陆水水库水源地安全保障水平得到了进一步提升，也为流域内其他水源地安全保障达标建设提供了技术示范。

五、水生态保护

1. 河湖健康评估不断深入

2010年，水利部启动全国重要河湖健康评估试点工作，先后开展了三期试点评估。长江委按照水利部的统一部署，先后开展了汉江中下游干流、丹江口水库、鄱阳湖、洞庭湖和赤水河的健康评估，试点工作涵盖河流、湖泊和水库三种不同的类型。通过试点、三种类型水域的健康评估，对河湖健康评估技术与管理模式进行了积极的探索，初步构建了适合长江流域特点的河湖健康评价技术指标体系，取得了有价值的成果，对于推动长江流域河流适应性管理，特别是制定"一河一策"方案有重要的指导意义。

2. 水生态文明城市建设试点

党的十八大将生态文明建设摆在突出位置，与经济建设、政治建设、文化建设和社会建设并行，全面协调共同发展，形成中国特色社会主义事业"五位一体"的总布局。为了加快推进水生态文明建设，自2013年起，水利部分两批启动了105个水生态文明城市建设试点，其中位于长江流域的城市有33个，这些城市各具特色，基本代表了长江流域不同区域的自然生态状况，具备典型性。按照水利部水生态文明城市建设试点工作的总体安排，长江委负责江西、南昌等21个城市的试点实施方案的审查工作。为了确保试点实施方案高质量、可操作、可评估、可复制，长江委组成审查工作组，按照水利部审查要求，严格评审，以省区为单元分别成立水生态文明城市建设实施方案审查委员会，采取现场考察与会议审查相结合的形式，出具审查意见并由水利部和试点城市所在省级人民政府批准实施。

试点建设过程中，长江委对长江流域水生态文明城市建设试点的实施方案进行了综合分析，全面梳理了各试点城市的指标构成，提出了具有长江流域特色的水生态文明城市建设指标体系，包括水安全、水生态、水环境、水节约、水管理、水文化6个方面，共19项共性指标和9项特性指标，初步建立起了长江流域水生态文明城市建设指标库，为水利部出台《水生态文明城市建设评价导则》提供了重要参考。

2018年3月，水利部公布《第一批通过全国水生态文明建设试点验收城市名单》，41个试点城市通过了水利部或试点所在地有关人民政府组织的验收，其中包括位于长江流域的江苏省无锡市、扬州市，江西省南昌市、新余市，湖北省鄂州市、咸宁市，湖南省长沙市、郴州市，重庆市永川区，四川省成都市、泸州市和云南省普洱市等12个试点城市。按照试点实施方案，全国105个水生态文明城市试点建设将在2020年前全面完成。

3. 生态水量调查研究

确定并维持河流合理流量，保障生态用水基本需求是水生态文明建设的重要内容。自2015年国务院发布《水污染防治行动计划》对"生态水量"提出明确要求以来，长江委主要从两个方面来开展工作：一是组织开展长江干支流生态水量现状调查与分析。2015年开展生态流量现状调查试点工作，在2016—2018年进一步加大了生态流量现状调查工作的力度，调查对象涉及长江干流、16条重要一级支流以及19条主要河流的124个综合规划生态基流控制断面（以下简称"规划控制断面"）和298个重要工程坝下生态流量控制断面（以下简称"工程控制断面"）；根据资料收集整理情况，对其中86个规划控制断面生态基流的满足程度和110座工程控制断面的生态流量保障情况进行了分析；从流域层面、省级层面和地市级层面对相关部门开展的生态流量监管情况进行了收集与整理，并尝试采用卫星遥感解译，初步识别出长江上游岷江、嘉陵江、沅江等河流减（脱）水河段。二是开展长江流域重要河湖生态水量（流量）研究工作。2018年3月，按照《水利部办公厅关于开展重要河湖生态水量调查工作的通知》（办资源函〔2018〕174号）要求，开展并完成长江流域综合规划涉及的重要河湖控制断面和生态基流、生态需水量、敏感生态需水过程以及湖泊湿地生态水位的复核工作；同年7—9月，按照《水利部办公厅关于开展重要河湖生态水量（流量）研究工作的通知》（办资源函〔2018〕137号）和水利部启动工作会议精神，选取了54个主要河流和4个湖泊控制断面进行分析，涉及流域内34条重要河湖（30条河流，4个湖泊），对其生态水量（流量）目标进行复核。根据各控制断面1956—2016年水文系列实测流量（水位）数据，对已确定的生态基流（生态水位）以及基本生态水量的满足程度进行分析，提出长江流域重要河湖生态水量（流量）保障思路对策。9月，编制完成《长江流域（片）河湖生态水量（流量）研究报告》并报水利部；2019年，按照《水利部办公厅关于印发2019年重点河湖生态流量（水量）研究及保障工作方案的通知》（办资管〔2019〕34号）要求，组织开展长江干流、岷江、沱江、嘉陵江、

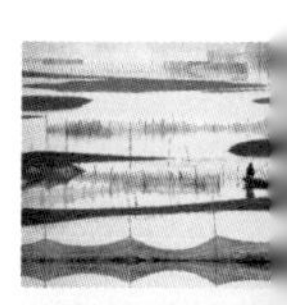

乌江、汉江、赤水河、清江、湘江和赣江 10 条河流的生态流量保障实施方案编制工作。

六、小流域综合治理

改革开放以后，长江流域水土保持工作逐步恢复，开始稳步发展。1980 年，根据水利部的部署，长江委负责组织在江西省兴国县开展全国第一个县级行政区水土保持综合区划工作。为探索流域不同类型区的水土流失治理模式，先后在兴国县塘背河和湖南省岳阳县李塅河小流域开展综合治理试点。此后，小流域综合治理试点逐渐展开，先后有 15 个省（自治区、直辖市）开展 43 个小流域试点，探索不同类型区水土流失治理途径，总结推广治理经验，为全面开展水土保持工作提供了科学依据和示范样板。长江流域小流域综合治理以小流域为治理单元，作为一个完整的生态经济系统，运用系统论的观点，针对区域内社会经济与自然因素所形成的土流失规律，调整土地利用结构，科学安排各项措施，达到治理水土流失，提高土地利用生产力，促进当地经济发展的目的。这些治理措施包括坡改梯、营造水土保持林、营造经果林、种草、封禁治理、保土耕作、修建小型水利水保工程等。1983 年，全国水土保持八片重点治理工程开始实施，江西兴国县和葛洲坝库区列入其中，长江流域水土保持重点治理工程开始起步。

1988 年 4 月，国务院批复同意将长江上游列为全国水土保持重点防治区，将金沙江下游、陇南和陕南地区、嘉陵江中下游、川东鄂西的三峡库区列为第一批重点治理区域，并同意成立长江上游水土保持委员会，统筹和协调长江上游重点防治区的工作。委员会由四川省省长任主任委员，国家发改委和农业部、水利部、林业局的负责同志任副主任委员，长江上游重点防治区有关各省和国家其他有关部门的负责同志为成员，委员会办公室设在长江委。同时，在长江委成立水土保持局，负责流域水土保持管理，承担委员会的日常工作。1989 年 1 月，国务院对长江上游水土保持重点防治区治理问题进行了批复。确定从当年起，国家每年安排专项治理费用，用于实施长江上游水土保持重点防治工程（以下简称“长治”工程）。这标志着长江流域水土保持重点防治工作进入了一个有计划、有步骤推进的新时期。“长治”工程作为长江流域水土保持的“龙头”工程，促进和带动长江流域水土保持事业进入了快速发展的新阶段。

“长治”工程是长江委成立以来实施的范围最大、规格最高的生态建设工程。1981 年，长办组织开展的长江流域水土流失重点县调查表明，水土流失面积较之 50 年代有不同程度的扩大。在三峡工程论证阶段，水电部长江三峡论证领导小组组织 14 个专家组对 10 个方面的专题开展论证，其中水文、防洪、泥沙、移民和生态环境都在一定程度上涉及上游的水土保持问题。鉴于此，全国水土保持工作协调小组根据水电部的建议，1987年7月在北京召开了长江上游水土保持问题座谈会。长办就《长江上游水土流失治理意见》和《三峡水库水土保持规划意见》作了介绍。会议一致认为，长江上游是中国的重要地区，水土保持关系到这一地区的经济发展、农民脱贫致富及改善生态环境的长远利益，同时也关系到长江中下游地区的长治久安。长江上游的水土保持应当作为国家经济社会发展中的一项重大国土整治任务，提到国家重要议事日程上来。1987年12月，水利部向长办下发《关于成立长江水土保持局的通知》，明确其主要职责是开展调查研究，进行规划，提出政策措施和建议，推动流域各省的水土保持工作，并承担长江上游水土保持委员会的日常工作。1988年初，长江委水土保持局成立。

根据协调小组的意见，全国水土保持领导小组于1988年3月向国务院提交了《关于将长江上游列为全国水土保持重点防治区的报告》，就重点治理区、组织架构、经费来源、实施等提出了具体意见。4月，国务院批复同意。6月，成立长江上游水土保持委员会，统筹和协调长江上游重点防治区的工作。9月，委员会在四川成都召开第一次会议，研究落实重点防治工作中的有关问题。会议认为，长江上游水土流失严重，加强水土保持工作刻不容缓，必须切实加强领导，建立健全机构，全面开展预防保护，有步骤地推进重点治理。会议同意长办对重点防治区规划工作的安排，商定每年召开一次委员会会议，交流总结经验，协调工作。11月，田纪云副总理主持会议，研究长江上游水土保持工作，提出“以防为主，防治结合；因地制宜，综合治理；重点突破，积极推进”的工作方针。

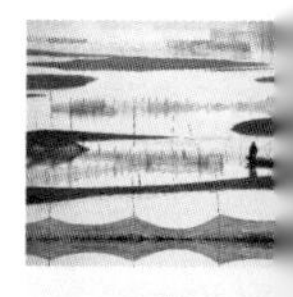

1989年，开始实施 “长治”工程，长江流域水土保持工作进程就此大大加快，长江流域水土保持工作进入有计划、有步骤、全面推进的新阶段。

“长治”工程除继续扩大金沙江上游及贵州毕节地区、陇南陕南地区、嘉陵江中下游、三峡库区4片防治范围外，还逐步推进到中游的汉江流域丹江口水库汇水区、大别山南麓和洞庭湖、鄱阳湖水系。重点防治县（市、区）由最初的61个扩展到2000年的195个，涉及长江上游云、贵、川、渝、甘、陕、鄂、豫、湘、赣等9省1市，已经实施和正在实施的共6期，计3000余个小流域。截至2000年底，“长治”工程已累计治理6.82万平方千米，包括改造坡耕地、兴修基本农田5480平方千米，营造水土保持林约1.89万平方千米，栽植经济林果7663平方千米，种草2945平方千米，实行封禁治理约1.98万平方千米，推行保土耕作措施1.33万平方千米。此外，还兴建了大批小型水利水保工程。“长治”工程的实施，取得了显著的生态效益、经济效益和社会效益。经过治理的地区，水土流失得到初步控制，生态环境明显改善，抗御自然灾害的能力增强。调查表明，治理区荒山荒坡面积减少了84.2%；林草植被度从26.3%提高到45.8%；有1.133万平方千米坡耕地得到治理，其中0.6万平方千米实现了退耕还林还草；治理区25度以上的坡耕地减少了74.3%；土壤侵蚀量减少74%。

随着中国特色社会主义市场经济体制的建立和逐步完善，水土保持工作开始由政府采取行政手段组织治理的单一方式转变为行政、经济、法律手段相结合，政府引导与市场经济推动相结合，逐步形成了治理主体多元化、治理形式多元化、治理投入多渠道的全社会参与的新格局。20世纪80年代，结合家庭联产承包责任制，推行了户包治理小流域，治理成果允许继承、转让，调动了农民治理水土流失的积极性。90年代相继出现了租赁、股份合作、拍卖“四荒”使用权和专业治理等多种治理形式，进一步明确了责、权、利。90年代后期开始推行水土保持产权确认制，通过土地使用权的合理流转、明晰所有权、拍卖使用权、放开建设权、搞活经营权，保护治理者的合法权益，鼓励和引导专业大户参与治理开发。

在水土保持科学研究方面，长江流域不仅建立起了水土保持科研工作站，还在水土流失规律、水土保持、水土保持效益、滑坡与泥石流防治等方面开展了大量探索和研究，大量水土保持实用技术，如坡面水系建设、滑坡泥石流预警、红壤丘陵区水土流失治理、紫色砂页岩地区水土流失治理、“猪—沼—果”生态农业开发、崩岗治理、弃渣尾矿库治理等都在同类地区得到推广应用，为水土保持提供了技术支撑。

20世纪90年代，长江流域年治理水土流失面积平均达1.2万平方千米左右。但是，由于流域内不少山丘区生态环境脆弱，水土流失总的趋势依然严峻。1997年8月，中央领导在关于陕北地区水土保持的调查报告上批示，要“治理水土流失，改善生态环境”“再造一个山川秀美的西北地区”。同年11月，在三峡大坝大江截流仪式上，中央领导又强调指出，“在三峡工程建设中，保护好流域生态环境极为重要。库区两岸特别是长江上游地区，一定要大力植树造林，加强综合治理，不断改善生态环境，防止水土流失，这是确保库区和整个长江流域的长治久安和可持续发展的重要前提条件，是功在当代、利在千秋的大事，务必年复一年地抓紧抓好，任何时候都不能疏忽和懈怠”。1998年，国务院批准《全国生态建设纲要》，对国家生态建设的目标和任务作出全面部署，并将长江上中游地区列为优先实施的重点地区。1999年，中央又作出了西部大开发的战略决策，同时把环境保护和生态建设作为西部大开发的根本和切入点，国家相继采取了退耕还林还草、天然林资源保护、生态建设和中央财政预算内设专项资金的水土保持项目等一系列生态建设措施。以水土保持为重要内容的环境保护和生态建设，作为可持续发展战略的重要组成部分，长江流域的水土流失治理也步入了一个新的历史阶段。

“长治”工程实行流域管理与区域管理相结合的分级管理体制。长江上游水土保持委员会作为流域性的组织协调机构，贯彻国家的方针政策，研究工作中的重大问题，协调防治区的工作；有关各地的水土保持委员会领导、组织和协调防治工作的实施。实践证明，这一组织管理模式有利于按照流域水土保持总体规划进行统筹协调，有利于各级地方政府和主管部门行使其职责，也有利于各有关部门之间相互协调配合，保证了工程建设按照统一的规划、统一的技术要求和质量标准顺利实施。

“长治”工程从一开始就注重建立严格的管理制度，实行规范化、制度化、科学化的管理，先后制定并发布了《长江上游水土保持重点防治区工作暂行规定》等一系列文件，其治理原则是以预防保护和治理开发水土资源为根本，以改造坡耕地、兴修基本农田为重点，配套小型水利水保设施，退耕坡地、荒山荒坡恢复和重建林草植被。通过土地利用结构的调整，因地制宜地安排各项水土保持措施，实施以小流域为单元的山、水、田、林、路综合治理开发，在小流域形成多目标、多功能、高效益的防护体系，以改善农业生产条件和生态环境，提高人口环境容量，促进人口、资源、环境和经济的协调发展。主要工程措施包括坡面工程和沟道工程、植物措施和保土耕作措施等。同时对滑坡、泥石流灾害主要采取防避为主的对策，在长江上游组建了滑坡、泥石流监测预警系统，通过站点预警和群测群防，实现减灾防灾。

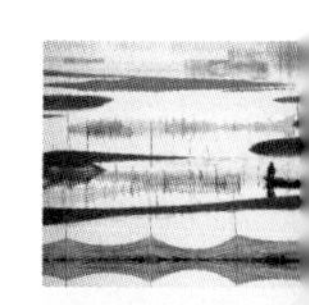

“长治”工程坚持把保护和改善生态环境放在首位，面向水土流失重灾区，以大流域为依托，以县为单位，以小流域为单元，突出重点，因地制宜地开展综合治理、连续治理。工程建设坚持以坡耕地治理为突破口，以坡面径流调控为主线，建设基本农田并配套小型水利水保工程，大力改善农业生产条件；坚持治理与开发、生态效益与经济效益相结合，因地制宜种植经济果木林，发展水土保持产业，促进农村产业结构调整，大力发展农村经济，增加农民收入；在侵蚀严重的荒山荒坡上，采取工程整地营造水土保持林草，并配合封禁管护措施，加快植被恢复，改善生态环境。通过工程措施、植物措施和农耕措施相结合，实行山水田林路综合治理，达到了根治水土流失、加快山区农民脱贫致富进程、促进区域经济社会可持续发展的目标，取得了显著的成效。项目的持续实施，为绿水青山奠定了坚实的基础，也会换来金山银山。

七、水资源质量信息发布

长江委历来重视水资源质量信息的收集与整理。40 年来，依托水环境监测站网，流域监测中心对流域内水环境监测数据和信息统一收集并进行整编，迄今已累积了自 1977 年以来的全流域水质监测数据 4500 余万个。据此，以长江水保局名义定期发布

不同类型的水资源质量公报，为各级领导、有关部门和单位提供水资源保护监督与管理的依据，为社会公众知晓水资源质量信息提供渠道。

1.《长江水资源质量公报》

自2002年1月起，在流域内省（自治区、直辖市）水利部门的大力配合下，长江水保局在以往发布的《长江水资源保护简报》《长江流域省界断面水资源质量简报》《长江流域地表水资源质量年报》的基础上，以水利部和国家环保总局长江流域水资源保护局的名义按月发布《长江水资源质量公报》，并分送国务院相关部门、全国人大、全国政协，流域各省（自治区、直辖市）政府、人大、政协、水利、环保等部门及相关单位。公报内容包括流域重点断面、省界断面、主要湖泊和饮用水水源地水质、水量状况，并随着形势发展不断完善。公报受到了邹家华副总理等国家领导人的关注，社会反响强烈，取得了很好的效果。

2014年开始，将原发布的《长江水资源质量公报》《长江省界水体水环境质量状况通报》《长江流域及西南诸河水功能区水质通报》合并为《长江水资源质量公报》，并按月发布。合并后的公报内容主要包括长江流域及西南诸河重要水功能区达标情况，省界水体水质状况，重点断面、重点湖泊和饮用水源地水质、水量状况等。水质评价标准和评价方法采用《地表水环境质量标准》（GB 3838—2002）和《地表水资源质量评价技术规程》（SL 395—2007）。公报发布范围也增加至全国人大、政协环资委、水利部、环保部等国家相关部委、流域19省市及干流19个城市人大、政协、政府办公厅、水利、环保等共计200多个单位和部门，同时通过长江水利网、长江水保局网站对社会公开发布，为流域内政府部门、公众了解长江水资源保护状况，发挥社会和舆论的监督作用提供了良好的渠道。截至2018年底，长江水保局共发布《长江水资源质量公报》204期。

2.《省界水体水环境质量状况通报》

1998年，为适应长江流域水资源保护管理的需要，根据长江流域省界断面多的特点，流域监测中心会同流域监测网成员单位开展了流域省界断面水质监测与监控工作，并向社会按季度发布《长江省界水体水环境质量状况通报》，从2005年7月起改为按月发布，发布范围也从最初的35个省界断面，逐渐调整增至170个，并组织流域各省区对省界水质监测断面进行了复核，实现了长江流域片省界水体水质监测断面的全覆盖监测。截至2013年底，长江水保局共发布《省界水体水环境质量状况通报》134期。2014年开始，《省界水体水环境质量状况通报》合并至《长江水资源质量公报》中。

3.《水功能区水质通报》

为了贯彻落实《水法》和《水功能区管理办法》，长江水保局于2006年首批开展了263个重点水功能区水质监测工作，按季度发布《长江流域及西南诸河水功能区水质通报》，并在长江委网站上发布。从2011年7月起，该通报调整为按月发布，评价水功能区逐渐增加至2014年的298个，其中长江流域及西南诸河95个省界缓冲区全部纳入监测和通报。随着最严格水资源管理制度的实施和水功能区纳污红线考核工作的推进，流域管理机构与各省区协商确定了2016年各省区考核重要水功能区名录，共计1363个，全部纳入《水功能区水质通报》范围。该通报于2014年开始统一纳入《长江水资源质量公报》中。

4. 其他

除公开发布的公报外，长江委从2006年开始发布《长江流域及西南诸河水资源公报》，其中包含了河流水质、重要湖泊水库水质和富营养化程度、省界水体水质状况、流域废污水排放量、水功能区水质评价等内容；在流域监测站网内部组织编制了《长江流域及西南诸河地表水资源质量状况年报》《长江水资源简报》等信息。此外，每年还为水利部《中国水资源公报》《水资源管理年报》《中国水资源质量年报》《全国水资源质量月报》《中国水资源简报》等提供长江水资源保护相关资料。

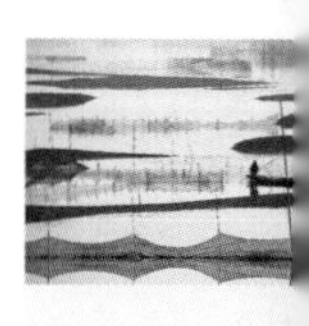

第四章

监测站岗放哨

第一节 综 述

长江流域水环境监测从水化学监测起步，发展至今已跨越70载春秋，历经了水质监测、水环境监测和水生态监测几个发展阶段，同时其发展也展现了中国水资源保护发展的历程，从微观到宏观，从单一到综合，从无到有，由弱而强，既是管理理念的日益进步，也是对人与自然和谐相处之道的不断探索。

20世纪50年代初，水环境监测主要是围绕水体本底情况、日常活动对水质的影响开展工作。监测以基本的物理、化学指标、细菌指标为主，了解河湖水系自然状况和一般性水污染状况。

60年代是水质监测工作剧烈波动的时期。1966年开始，受“文化大革命”的影响，水文监测工作进入了低谷期，除流域机构尚能保持部分站点开展水化学监测外，其他各地方监测工作普遍处于停滞状态，甚至一些地区水文机构被撤销，人员调离岗位，监测工作完全终止。

进入70年代，水污染情况日益显现，大多数省和流域开始建设水质监测站网和地下水井网。1974年12月，水电部召开了全国水文工作和水源保护工作会议，从国家层面开始建立和健全监测组织机构，加强监测的系统性和针对性。会议明确指出：各省（自治区、直辖市）水利部门和流域机构，应根据〔1974〕国环办字1号文件精神和当地的统一规划建立必要的水质室，重点检测水系水质变化情况，完成规定的检测任务。1976年，水电部颁发的《水文测验试行规范》中规定，水文工作是防洪抗旱、防止水源污染的耳目，并指出监测水质污染状况，保护水源、防止水质污染是水文工作一项新的繁重任务。在水电部统一部署下，流域机构和各省（自治区、直辖市）水文部门大力加强水质站的建设，监测站点、监测河段大幅增长。长办水文处和安徽、上海等省（市）水文总站开始进行水质污染监测和调查。水质监测由此步入正常工作的轨道，迅速发展起来。

80年代，将天然水化学监测和水污染监测相结合，统称水质监测。1985年，水利电力部颁发标准《水质监测规范》（SD 127—84），分别对地下水井网和水质站网的布设做了明确规定，井网和站网均得到较大发展，极大地促进了水质监测工作的发展。1988 年，圆满完成第一次全国水质站网规划，标志着水质监测站网建设工作全面启动。

2000 年，在长江委的统一组织下，长江水保局牵头，开始组织编制《长江片水质监测规划》，2005 年，水利部水文局审查通过。该规划将地表水、地下水、大气降水、水体沉降物、水污染监测、生物监测等内容进行了综合布局，标志着水质监测工作突破了其传统的概念，全面落实水环境水生态相统一、微观宏观相结合的管理理念。此后，随着最严格水资源管理制度的实行，水功能区的发布实施，水质监测站网建设的目标也进一步明确，即把以人为本，保障用水安全，实行纳污总量控制，强化监督管理，提升监测时效作为规划目标，进行了水功能区划监测站点、供水水源地监测站点、入河排污口监测站点和水质自动站的规划设置，并补充完善了 1996 年省界水体监测站点的设置，增加了重要地市界监测断面和重点水利工程监测断面。

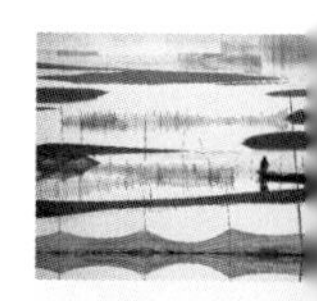

依据规划，2005 年 7 月，长江委发出《关于开展长江流域及西南诸河水功能区水质监测工作的通知》，要求流域内各省（自治区、直辖市）水利（水务）厅（局）及水文水资源勘测局正式启动水功能区水质监测。水功能区监测站点先期安排流域重点水功能区监测站点 258 个，并逐年增加，至 2016 年实现流域 1521 个重点水功能区监测断面全覆盖监测。2016 年 12 月，中共中央办公厅、国务院办公厅印发了《关于全面推行河长制的意见》，明确提出在 2018 年底全面建立河长制，水功能区监测结果全面纳入河长制考核范围。

在水质监测工作的各个历史阶段，不断增加新的管理要求，融入新的监测要素，其内涵与外延得到扩展，监测的目的与目标不断得到延伸，逐渐形成了适合长江流域特点的水环境监测体系，为长江水资源保护管理和生态环境建设提供了重要支撑。

一、明确水质监测范围

长江流域站网在发展中逐步覆盖流域各大河流水系、湖泊水库。为加强管理，1956 年 3 月，在水利部召开的全国水利会议上，对长江流域各省与流域机构的水文测站布设范围明确了分工，由流域机构设站的范围为：长江干流自江源通天河至长江口；屏山至枝江间各支流的下游河段或控制出流站；洞庭湖水网区及四口和洞庭湖出口水道；汉江干流白河站以下河段及大支流出口控制站；鄱阳湖出口水道。除上述范围外，各支流、湖泊水网及其他水域由有关省（直辖市）分工布设。其后所开展的水化学检测、水质监测布站范围均以此为据，延续至今。

20世纪50年代，我国开始布设天然水化学站网和少数地下水观测井。1956年2月，中央水利部召开全国水文工作会议，专门部署水文站网规划编制工作，长办水文处及流域内有关各省（自治区、直辖市）水文部门根据会议要求积极开展规划编制工作，规划了包括水化学监测站点在内的水文监测站网。

70年代开始，在水电部统一部署下，各地加强了水质监测站点建设，水质监测工作实现正常化，但正式开展水质监测站网规划是在80年代中后期。1985年，水电部水文局主持，流域机构和福建省水文总站参加，进行了包括长江流域在内的首次全国水质站网规划汇总工作，1988年完成并刊发的《全国水利部门水质站网规划总结》，成为了80年代至2000年水质监测站网建设和水质监测工作开展的纲领性文件。

2000年，在原有地表水监测站网的基础上，长江委组织开始编制《长江片水质监测规划》。内容扩展到大气降水、地表水、地下水监测，形成了天空、地表、地下三位一体的监测格局。在地表水监测功能上，将常规性的河湖水资源质量监测，扩展到省界水体水质监测、水功能区水质监测、饮用水水源地监测、入河排污口监测、水质自动监测。通过规划，形成了管理责任清晰的国家（流域）、省、地市三个层级，构建了一个由国家和省（自治区、直辖市）级站网组成的较为完整的监测站网。以地表水为例，在规划的1000条河流、64个湖泊、471座水库和1282个水功能区上，共规划设置地表水水质站4176个（长江流域3858个、西南诸河318个）。其中：国家站1319个（长江流域1232个、西南诸河87个）；省地站2857个（长江流域2626个、西南诸河231个）。

随着经济社会的发展，水资源保护工作日益繁重，长江流域水环境监测队伍也在不断发展和壮大。水质监测覆盖范围快速延伸，站点密度迅速增长，通过70年的建设，逐步构建了以流域监测中心为龙头、流域分中心和省中心为依托、地市中心为基础的水环境监测站网体系。1959年，长江流域水化学测验断面为90个；1985年，开展第一次水文站网规划时，长江流域水质监测断面为380个；2000年，开展长江片水质监测规划时，水质监测断面为725个，其中长江流域642个，西南诸河83个。随着水功能监测和水源地监测工作的开展，到2018年，长江流域监测站网设置的水质监测站点已超过4600个，覆盖了全流域地表水和部分地下水。已经开展监测的省界水体监测断面170个，国界水体监测断面24个；水功能区2070个，监测断面2701个；饮用水水源地651个，监测断面701个；入河排污口859个；地下水监测站428个；水生态监测站66个。

二、拓展水质监测内容

随着人类对水环境认知的深入，以及对水污染情况持续的监测和调查，水质监测工作不断发展和进步，监测内容由水化学监测向水环境监测，进而向水生态监测拓展。在70年的不断探索中，监测项目不断增加，新中国成立初期的50、60年代只有以水化学为代表的总硬度、矿化度、溶解性盐等10余项；70年代，增加了酚、氰、汞、砷、铬等有毒物质监测，监测项目有20余项；进入90年代后期，已能够开展有机氯农药，如滴滴涕、六六六等有机污染物，还能够对底质中的总汞、砷、铬、镉、铅、铜、农药，水生生物中的鱼体残毒，如农药、酚、砷、总汞、铬、镉、铜、铅等进行检测分析。到2018年，流域监测中心已能开展包括水质（地表水、地下水、饮用水、废污水等）、固体、水生生物、环境空气，环境噪声在内的5大类228项指标检测分析，流域水文机构所属水环境监测中心和各地方水环境监测中心也普遍能够开展100~150项的指标检测。水环境监测项目大大扩展。

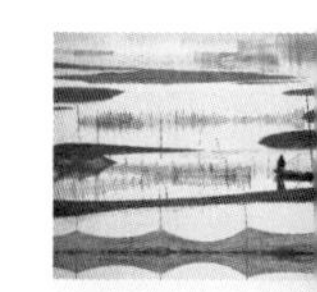

三、水质监测手段多元化

70年来，水质监测的野外取样从人背肩扛、瓶瓶罐罐的手工监测，发展到生态监测、有机物微量痕量分析、无人值守自动取样分析；从老一辈检测人员由手抄心算，逐步发展为网络报送、计算机演算，分析化验手段和监测数据处理工作也随着科技的发展，进入现代化时代。

在水质分析仪器方面，天然水质分析时期，普遍配备常规容量分析与比色分析仪器。至70年代，开始进行污染成分分析以后，就配备了分光光度计等仪器。至80年代，在流域和省级的中心化验室配备了原子吸收分光光度计、色谱仪等仪器。现场采样仪器和为适应实时监测而在测站配备的监测仪器，也有了改进和发展。

进入21世纪，长江水环监2000、水环监2016水质监测船先后下水，流域机构和各地方水环境监测中心建设了一批水质自动监测站和移动实验室，水下机器人、无人机、遥感监测等新技术应用到水质监测工作中，长江流域水质监测逐步形成了常规监测与自动监测相结合、定点监测与机动巡测相结合、定时监测与实时监测相结合的水资源保护综合监测体系。

第二节 水质监测在探索中前行

我国的水环境监测是伴随着水文观测工作的开展而起步的。清朝末期，开始有正式连续记录的水位雨量观测和流量观测，但直至1949年新中国成立之前，对江河水质的了解，仅限于建设取水工程时作短期、局部的观测，并未形成系统资料，更谈不上历史数据的积累和保存。

新中国成立后，随着水文观测得到迅速恢复和发展，水质监测也日益受到关注和重视。1956年，进行了全国第一次水文站网规划，在水质监测项目方面，除水文要素外，首次包括了水化学项目，初步形成了门类比较齐全、布局比较合理的水文（水质）站网。

根据全国水文站网规划安排，长江流域各地陆续于1957—1959年开展了水化学实验室建设和站网布设。1957年，江苏在南京建立水化学化验室，在全省主要河流开展水化学测验；1959年，江苏省在7个地区中心水文站均建立了化验室；至1960年，全省水化学站有107处。1958年，长江委所设长江干流大通、湖口水文站开始水化学取样分析。江西省于1957年始设水化学站，至1960年共设有29处。湖北省在50年代末期设置水化学站29处。当时水化学测验分析的主要内容是天然水的化学成分，如总硬度、矿化度和溶解盐等，所取得的监测成果在编制全国水文图集和水资源开发利用、防治次生盐碱化方面发挥了重要作用。

1967—1968年，受“文化大革命”的干扰，江苏、安徽、广西等省（区）水文部门的水化学测验工作被迫中止，直到1973年才逐步得到恢复。

1974年，全国水文工作和水源保护工作会议之后，随着各级水质监测机构的成立，长江流域主要河流和湖泊、水库开始设立水质监测断面。水质监测由水化学监测全面转型为水污染监测，并成为水利部门日常业务工作。水质监测工作自此走向常规化。

一、构建水环境监测管理体系

在新中国成立后很长一段时间，国家工业化程度较低，农业发展较为粗放，处于解决温饱的初级阶段。即便是50年代的大炼钢铁和60年代初的三年困难时期，山川河流水质尚保持良好状态，那时人们的环境保护意识十分薄弱，生态环境保护和水质监测工作基本处于空白区。

60年代后期，受“文化大革命”运动的冲击，国家经济建设与社会发展受到很大影响，但此时的人口进入了一个爆发增长的时期，尽管工矿企业处于断断续续生产的状态，但经济社会发展总量还是不断提升的，经济规模和水平也在不断提高，从而导致废水和城镇生活用水未经处理大量排入河道的现象日益严重。许多河流受到不同程度的污染，地下水位下降，一些地方甚至出现水质性缺水的情况。

面对日益严重的水质污染问题，水环境保护日益受到重视，自1972年起，流域内一些单位开始开展水质监测工作。1973年，第一次全国环境保护会议召开。同年12月，国务院批转国家计划委员会关于全国环境保护会议情况的报告及此次会议拟定的《关于保护和改善环境的若干规定（试行）》（国发〔1973〕158号），明确要求"全国主要江河湖泊，都要设立以流域为单位的环境保护管理机构"。

1974年10月，国务院环境保护领导小组正式成立。12月，国务院环境保护领导小组办公室发文要求水利电力部"组织和会同有关省、市、区建立和健全长江、黄河、珠江、松花江等主要水系的管理机构；制定流域污染的防治规划；制定地区性的污水排放标准和水系管理办法"。同月，水利电力部召开全国水文工作和水源保护会议，同时还召开了水质监测工作座谈会。会议强调"各省水利部门和流域机构，要逐步建立水化室，经常检验水系水质变化情况""做到不仅要管水量、沙量，还要管水质"。水质监测应"本着'因陋就简，逐步充实'的原则开展工作。所需资金在水利事业费和水利基建投资中解决"。此后，水利电力部成立环境保护办公室，水污染监测工作在水利部门开始正式部署。

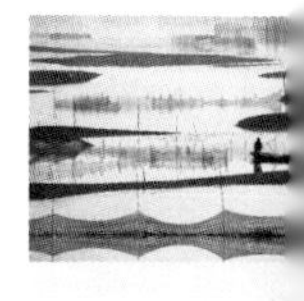

1975年4月，长办水文处在汉口召开水质污染分析座谈会，规划了长江流域水质污染监测站网，制定了相应的监测实施办法。12月，长办革委会向水电部报送了《长江水源保护工作初步简要计划》。该计划提出拟于1976年建立长江水源保护局，编制30人，开展水源保护工作；试制第一艘长江水质监测船；设立重庆、武汉、南京3个一级监测站，每站30人；按二级或三级站要求，开展渡口、李家湾、北碚、长阳、宜昌、城陵矶、丹江口、黄庄、大通、襄樊等10处的水质污染监测工作。

1976年1月，国务院环境保护领导小组和水利电力部联合印发〔1976〕国环字1号和〔1976〕水电环字第1号文，同意设置长江水源保护局，并要求协同沿江各省、市迅速开展工作。同月，长办临时党委决定正式成立长江水源保护局，由长办水文处负责筹建长江水源保护局办公室。5月，长江水源保护局办公室召开第一次会议，标志着长江水源保护局正式开始运行。1977年2月，长办临时党委决定，长江水源保护局办公室脱离长办水文处，独立运行。至此，长江流域水资源保护机构正式形成。

1977年4月，水利电力部环境保护办公室在江苏淮阴主持召开了水质测现场会，举办了全国水文系统水质监测学习班。此后，其他流域相继成立了水源保护机构（黄河水源保护办公室已先期在1975年成立），水文部门内设有水质监测单位，随后水质监测工作在全国水文部门陆续开展起来。

随着水资源保护事业的发展，长江流域水源保护机构设置不断完善。1978年2月，长办和长江水源保护局联合请示水利电力部和国务院环境保护领导小组办公室，建议成立长江水质监测中心站。3月，国环办致函水利电力部同意建立长江水质监测中心站。5月，水利电力部印发〔1978〕水电技字第67号文，同意成立长江水质监测中心站，并希望根据工作开展的实际需要逐步充实。1978年8月，长江水质监测中心站组建完成并对外开展工作。

1978年6月，为了应对长江上海江段污染严重的局面，控制长江出口江段及黄浦江汇入长江的水质污染，全面系统地掌握长江出口江段水源污染动态，长江水保局以《关于建立长江水源保护局上海监测站的意见》（水保〔1978〕字第16号）致函上海市革命委员会，商议建立长江水源保护局上海监测站。同时，向水利电力部环境保护办公室呈报了《关于建立长江水源保护局上海监测站有关问题的报告》（水保〔1978〕字第22号）。9月，水利电力部环境保护办公室印发了〔1978〕环字第31号文，同意长江水源保护局建立上海监测站。1979年4月，长办致函上海市革命委员会（水保〔1979〕字第15号），重申了建立长江水源保护局上海监测站的必要性，并建议其党的关系由上海市环境保护办公室党组织领导，行政业务、人事工作、经费开支等由长江水保局直接负责。8月，上海市革命委员会批复同意建立长江水源保护局上海监测站（沪革〔1979〕函字第484号）。

1978年8月，长办临时党委印发长发〔1978〕字第73号文，决定成立南京、汉口、沙市、宜昌、丹江口和重庆6个水质监测站，由长江水保局直接领导，负责开展本地区河段水质监测工作。

70年代后期至80年代初期的这一阶段，由于国家处于解放思想拨乱反正的特殊历史时期，各项行政管理秩序尚处于逐步理顺阶段，许多地方水质监测经费不能够得到有效落实，水质监测工作处于步履维艰的局面。

1982年，水利电力部环境保护办公室撤销，水质监测管理业务划归水利电力部水文局，统一领导全国水质监测工作。1982年12月，水利电力部、财政部发文明确将“水质监测费”列入国家预算支出科目。许多省的经费状况得到改善，工作得到加强。1983年，全国水文先进单位、先进个人代表会议指出“水文部门的水质监测是为水资源的调查评价、开发利用和水源保护服务的”，明确了水文监测工作的方向和重点。

1983年7月，为适应管理工作的需要，中共长江水保局临时委员会呈报中共长江流域规划办公室委员会（以下简称“长办党委”）并组织部（长水保〔1983〕字第23号），建议对内设机构进行局部调整：长江水源保护局、长江水源保护科学研究所和长江水质监测中心站“三位一体”，一套班子，对外业务实行“三块牌子”。涉及水质监测的内设机构包括科研一室（水质监测室）、科研二室（污染水力学室）、科研三室（环境水利室）和规划室、监测船、上海监测站以及（长江水源保护科学研究所）实验室等科研、监测部门。此时的长江流域水环境监测中心实验室不仅配置有进口的色—质联用、气相、液相与离子色谱仪和原子吸收、紫外、荧光分分光度计以及总有机碳分析仪、水质自动监测仪等现代分析测试仪器，还拥有一批技术熟练、经验丰富的高中级技术人员。已经具有检测水、大气、沉积物、水生生物等环境样品中95种参数的能力，在当时处于国内水质监测领域领先的地位。

1983年12月，国务院召开第二次全国环境保护会议，将环境保护确立为基本国策。此次会议为国家在经济建设、社会发展和人民生活等方面提出了具有全局性、长期性和决定性影响的谋划和策略，提出了经济建设、城乡建设和环境建设要同步规划、同步实施、同步发展的方针，也凸显了环境保护的重要性和紧迫性，对于引领和推动环境保护工作，全面持久地开展水质监测，产生了深远影响。

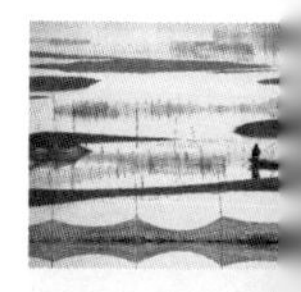

1984年12月，在湖北武汉召开的长江水资源保护工作会议上，水利电力部和国家环境保护局组织讨论制定了《长江干流水质监测网工作条例》。1985年2月，国家环境保护局、水利电力部以〔1985〕环管字第26号文联合印发《长江水资源保护工作若干规定》和《长江干流水质监测网工作条例》，以流域机构为组长，各省市区水文部门、环境部门、卫生部门及航道管理部门共同参与的长江流域水质监测网正式形成。

1988年，水利部组织编制完成了《全国水质监测站网规划》，并开始实行全面的质量控制。长江流域依据规划调整补充了水质监测站点，各地方监测机构也充实了人员队伍，添置了仪器设备，监测能力与70年代相比发生了根本性的变化。

从1983年起，随着环境保护国策的确立，水质管理机构的稳定，工作关系的理顺，监测经费的落实，管理、监测、科研齐头并进，水质监测工作开始步入了良性发展的轨道。《全国水质监测站网规划》的实施，代表着我国的水质监测工作向正规化、系统化和现代化迈出了一大步。

二、搭建水质监测站网

水质监测站网是开展水质监测工作有效的组织形式，是由点及面取得完整、系统水质资料的必要条件。长江流域水环境监测站网由水化学监测站点、水污染监测站点扩展、绵延、发展而来，通过站网范围与功能的不断调整和充实，才最终形成较为完善的流域监测网络。

长江流域水质监测站网的雏形来源于20世纪50年代，为了全面掌握长江流域水化学成分的分布情况和变化规律，早在1956年，长江流域规划办公室水文处就在所属的寸滩、北碚、宜昌、白渡滩、黄家港、新店铺、郭滩等水文站开始进行天然水化学成分的测验工作，到1959年，长江干支流已有90个水文控制站（其中长江流域规划办公室53个）开展了水化学测验。

直到20世纪70年代，监测站网组织体系才在不断的实践和探索中形成和搭建起来。1977年1月，长江水保局遵照城乡建设环境保护部〔1975〕国环字2号文“请各省（市、区）环境保护部门统一组织有关部门研究确定本省（市、区）环境内水质监测站网的设置和监测工作规划，各水系水源保护领导小组在此基础上研究确定全流域水质站网和监测工作规划”的精神与要求，在湖北武汉召开了第一次长江水系水质监测站网座谈会。参加会议的有流域内上海、江苏、安徽、江西、湖北、湖南、四川、云南、贵州、青海、甘肃、陕西、河南、广西、浙江等15个省（自治区、直辖市）和渡口、重庆、武汉、南京等重点城市的环境保护、水文、卫生防疫部门、大专院校及国务院有关部（局）等48个单位。会议通过讨论和协商，统一了站网布设原则、设站目的、测站技术工作基本要求、资料整理刊布等重要技术问题，通过了《长江水系水质监测站网和监测工作规划意见》。根据规划要求，初步拟定在1980年以前设置156个监测站（点）开展监测工作的计划。1979年5月，在武汉召开了第二次长江水系水质监测工作与站网规划会议，流域内15个省（自治区、直辖市）、重点城市环境保护、水利部门，长江干流22个城市江段监测站、国家有关各部共74单位的代表参加了会议。长江水保局作了《长江水系水质监测工作总结（1977—1978年）》，并有9个单位在会上交流了两年来长江水系监测工作经验和试验研究成果，会议还调整充实了站网，使站网扩增到210个站，比第一次会议规划的156个站增加了54个站。讨论制定了《长江水系水质监测暂行办法》，并印发到有关单位和监测站，作为共同执行的统一规定。

上述会议和文件，对长江水系水质监测站网的建设和监测工作起到一定推动作用。根据资料统计，截至1980年底，全流域已有221个监测站（点）（上海市另有126个测点在外）开展了监测工作（其中流域各省市水利部门159个，长江流域规划办公室20个，环境保护部门40个，卫生部门2个）。长江干流从渡口至上海沿江已建18个监测站，布设有79个断面；支流湖库已建203个监测站（点），布设近500个断面（或采样点）。

1981年8月，国务院环境保护领导小组办公室在江西井冈山主持召开长江水系监测工作座谈会，确定长江水质监测站网由长江水保局负责，纳入国家监测站网；各监测站网的监测分析资料送长江水保局汇编；长江水质监测中心站负责监测站网络工作。

1983 年，城乡建设环境保护部颁发的《全国环境监测管理条例》第 26 条规定“各大水系、海洋、农业分别成立水系、海洋、农业环境监测网，属国家网的二级网”。1984 年 12 月，水利电力部和国家环境保护局在湖北武汉召开的长江水资源保护工作会议上，讨论制定了《长江干流水质监测网工作条例》，国家环境保护局、水利电力部以〔1985〕环管字第 26 号文颁布执行该条例。

该条例进一步明确了长江流域水质监测工作的运行管理机制和工作职能，对于加强行业协作，充分发挥各自资源和优势，以长江干流为重点做好流域水质监测工作起到了很好的指导和引领作用。该条例规定，长江干流水质监测网络由干流沿江城市及支流入江处的有关环境保护、水利、航政等部门的监测站、水文站组成。长江干流水质监测网是全国环境监测网的二级网，其牵头单位是长江水质监测中心站，应按全国环境监测网的要求报送数据。长江水质监测中心站是国家重点监测站之一，业务上受国家环境保护局和水利电力部水文局指导。长江干流水质监测网的任务是按照国家有关环境监测的标准、规范与条例，结合长江的具体情况，对长江干流进行定期和不定期监测，掌握长江水质的变化趋势，积累长江水质状况的基本资料，为防治和监督管理长江水污染，制定水资源保护规划，开展水资源保护科学研究提供依据。

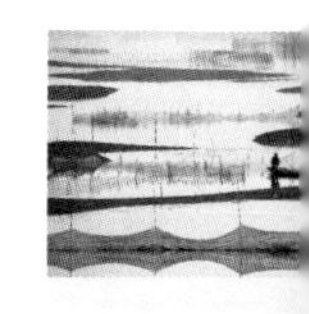

为组织和协调长江干流水质监测网的工作，在长江委的领导与协调下，成立了长江干流水质监测网协调领导小组。其成员由长江水保局、沿江各省（市）环境保护局、水利厅（局）、长江航政局及长江水质监测中心站组成。长江水保局为组长单位，副组长单位通过协商产生。协调领导小组有四项职责：一是制定年度监测协作计划、审查上年度计划执行情况；二是协调各地区、各部门的监测工作，审定网内有关技术规定及文件；三是审查长江干流水质状况报告及年鉴；四是定期召集长江干流水质监测网工作会议。

该条例规定，长江干流水质监测网协调领导小组的办事机构设在长江水质监测中心站，负责日常工作事宜。其具体任务是：①拟订长江干流水质监测网规划与实施方案；②起草长江水质监测网有关技术规定与文件；③组织长江干流水质监测网内学术交流与业务培训；④负责实施网内水质分析实验室分析质量保证工作；⑤收集、整编、刊印长江水质监测资料；⑥编写长江干流水质状况报告及年鉴；⑦筹备长江干流水质监测网工作会议；⑧承担网内水质分析的仲裁工作；⑨按照全国环境监测网的要求报送数据。

该条例对网内成员单位监测分工如下：①长办（现长江委）属监测站负责干流渡口、重庆、宜昌、沙市、武汉、南京、上海江段以及岷江、沱江、乌江、嘉陵江、清江、汉江入江处的水质监测工作；②各地环境监测站或水文总站负责干流其余江段及一级支流入江处的水质监测工作；③长江沿岸重要的污染源和直接排入长江的排污口的调查、监测工作统一由各地环境监测站负责；④长江航政部门负责港口水域的监测工作及船舶的排污调查。

同时，该条例要求长江水质监测网内各监测单位应按时向长江干流水质监测网报送水质监测和污染源调查资料。长江水质监测中心的现状资料整编后送各有关监测站，并定期汇总提出长江干流水质状况报告，经长江干流水质监测网协调领导小组审查后，报送国家环境保护局、水利电力部，并抄送中国环境监测总站及有关省市环境保护局和水利厅（局）。长江干流发生重大污染事故时，有关监测站除及时报告当地人民政府采取应急措施外，还应及时告知长江水保局。长江水保局应酌情向有关地区环境保护局发布污染危害警报，以便及时采取措施。

据统计，1959年，长江流域进行水化学分析的水质站为90个；1960年为179个，出现了量的飞跃；1965年，经调整后以127个站作为水化学监测固定网络，1974年，监测工作由一般性水化学监测向水污染为重点的水质监测转变后，监测站点进行了调整和补充；1977年，包括原来水化学测站在内的水质测站增加到156个；1979年为210个；1980年为221个；到1985年，长江流域水质监测断面达到380处。长江流域水质站的数量随着经济和社会发展的需要在不断增加。

三、明确水质监测内容

水质监测是反映水体水质状况的基础性工作，监测指标的确定则是一项科学性很强的技术工作。1954年，重庆市卫生防疫站组织“长江上游水质调查野外工作组”，从岷江的乐山，经长江干流的宜宾、泸州，到重庆的大渡口，对全长560千米的江段进行水质调查，调查内容包括物理特性、化学特性、细菌等33个项目。这在当时的水环境监测中是相当全面的，在全国也仅有，为以后的水质检测项目选取提供了重要参考。

1959年，为了统一水化学分析方法与技术，加强可比性，水利电力部指定长办编制《水化学分析规范（草案）》，发给流域内各省、自治区、直辖市和流域水文机构试行。1960年经修订后定名《水化学成分测验》。1962年发布实施，列为《水文测验暂行规范》第四卷第五册。该规范所列分析项目包括水温、气味、味道、透明度、色度、pH值、游离二氧化碳、侵蚀性二氧化碳、硫化氢、溶解氧、耗氧量、亚硝酸根、硝酸根、铵离子、铁离子、磷、硅、总碱度、碳酸根、重碳酸根、总硬度、钙离子、镁离子、氯离子、硫酸根、钾钠离子、矿化度等27项。1964年，长办根据《水化学成分测验》的规定，结合长江的具体情况，编制了《长江流域规划办公室水化学成分测验技术补充规定》。1974 年，修订《水化学成分测验规范》时，在原来的基础上，增加了 5 项有毒物质，即酚、氰化物、汞、砷、六价铬，分析项目共 32 项。

20 世纪 70 年代初期，一些水文部门开始对水污染的 5 项有毒物质（氰化物、有机酚、砷化物、汞、铬）进行监测。湖南省水文总站在 1971—1974 年对全省 500 多条河流进行水质普查，从 1972 年下半年开始，先后对湘、资、沅、澧等河流开展有毒物质检测。1972 年，云南省水文总站与有关部门协同，开展了以滇池水系为中心的污染调查，并开展水质监测。为配合长江干流沿岸四川、湖南、湖北、江西、安徽、江苏和上海 6 省 1 市做好水质监测工作，从 1972 年起，长办水文处组织对长江干流 21 个城市江段，每年枯水期和汛期各进行一次水质调查。结果表明：长江干流水体的水质基本上是好的，但部分江段已受到不同程度的污染，有的江段形成岸边污染带，污染还比较严重。有的支流、湖泊也受到了污染，如湘江的株洲、湘潭、湖北的鸭儿湖等。

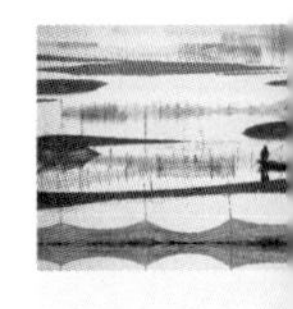

1973 年 2 月，长办水文处根据长革施便字第 2 号文的精神，以长水技〔1973〕字第 34 号文要求宜昌水文站调查黄柏河，宜昌市大江左岸、东山水厂等三处水体的浑浊度、细菌总数、大肠菌指数、总硬度、铝、砷、氟化物、铁、pH 值等。

1973 年 5 月，长办水文处根据工业“三废”排放量越来越多和水利电力部防止水源污染的指示，以长水技〔1973〕字第 100 号文要求渡口（现攀枝花市）、李家湾、寸滩、宜昌、陆水、汉口等六站自 6 月开始，南咀、丹江口、襄阳、大通等站自三季度开始水质污染监测，在原水质分析项目基础上，增加酚、氰、汞、砷、铬等内容。渡口、李家湾、寸滩、宜昌、汉口、大通于 1973 年第二、三季度先后开展酚、氰、汞、砷、铬的监测工作，每月取样一次，每次在水化学取样断面的左、中、右三条垂线的水面下 0.5 米，水底上 0.5 ~ 1.0 米处六点取样，用常规比色法进行分析。此后，对宜宾、泸洲、万县、沙市、岳阳、鄂州、黄石、九江、安庆、铜陵、芜湖、马鞍山、南京、镇江、南通、上海等站，在水化学成分测验的基础上，也陆续增测了酚、氰、汞、砷、铬等有害物质。

1974 年 5 月，长办水文处根据中央环境保护会议的精神和水利电力部的要求，以长水技〔1974〕字第 67 号文对长水技〔1973〕字第 100 号文作了补充通知，指出“目前渡口、李家湾、寸滩、宜昌、汉口、陆水等已经开始了水质污染监测工作，并取得了部分分析成果”。该通知还对取样次数和取样位置作了调整。

1977 年 10 月，长办向水电部环保办、科技司报送了《关于开展长江水系污染生态调查研究工作的报告》。计划从 1978 年起，在长江干流的重庆至崇明岛布设 31 个采样站点，进行鱼类、底栖动物、部分底质、着生藻类中12项有毒物质的分析；在重庆等8处进行水生生态系统结构分析。

为了同时获得水资源水质与水量两方面的数据，长江流域水质站在站网设置过程中尽量与水文站网相结合，以便科学、合理地提出污染物总量控制意见，满足长江水资源保护工作的需要。从汇总刊印的《长江流域水质监测资料》分析，1977—1978年收录的87个监测站的实测成果中，有16个水文站的监测资料，占汇总刊印总站位的18.4%。

进入20世纪80年代，长江水质监测站网日趋完善，监测技术水平和手段不断提高，国内外交流日益频繁，污染物标准分析方法得以快速建立，水质监测项目增加很快。到1984年修订规范时，在必测项目中删去了6项：气味、味道、透明度、色度、硫化氢、硅。增加了10项：悬浮物、电导率、氧化还原电位、五日生化需氧量、离子总量、镉、铅、铜、大肠菌群数、细菌总数。必测项目达到36项。另有11个选测项目，即硅、硫化物、锌、硒、氟化物、滴滴涕、六六六、有机磷、油类、阴离子洗涤剂、其他。此外，还增加了底质监测项目，包括总汞、砷、铬、镉、铅、铜、农药等。水生生物项目，包括鱼体残毒、农药、酚、砷、总汞、铬、镉、铜、铅等。监测结果可反映大部分水域的水污染状况。

四、水质监测技术管理与科研

通过水质监测，实现水环境保护，水资源可持续利用，维系河湖健康，促进人水和谐，是一代又一代水质监测人员努力的方向和终极目标。在监测过程中，遵循科学规范的依据，通过有效的监测手段和分析方法，了解流域水质状况，深入分析水质问题和成因，进而掌握水质变化趋势，是水质监测工作者担负的责任。其中监测手段、监测形式、分析方法等尚处于不断探索阶段。特别是在监测手段上需要多样化，为此，还抽集国家科研力量研制水质监测船，这在当时是一件重大的事情，足见国家对环境保护的重视和对长江水资源保护的支持。

1.“长清”号监测船的研制

水质监测工作是一项科学严谨、技术性很强的工作，需要完备的管理手段和技术性文件指导水质监测工作的开展。

我国水质监测工作起步较晚，基础薄弱，但一直以来国家对水质监测的重视和支持始终未变，水质监测仪器设备的研发始终和水质监测工作保持同步。其中，以列入《1976年全国科学技术发展计划》的“长清”号水质监测船及相关仪器设备的研发、制造和使用最具代表性。

由国务院环境保护领导小组、水利电力部命名的“长清”号水质监测船，是国家《1976年全国科学技术发展计划》中的重点科研项目之一，这是我国第一条大河——长江干流上的第一艘大型水质监测船，是长江水质监测站网的重要组成部分。该船是为纪念周恩来总理对环境保护工作的关怀，让祖国天常蓝水长清而得名“长清”号。

作为中国第一艘水质监测船，其研发、建造得到了国家的高度重视，除船体要适应大跨度不同航区航行，能够满足水质和底质采样、实验分析外，还要解决航行中自动采样和在线检测等问题。另外，作为科研攻关课题，建设内容还包括10余台套检测分析仪器设备的研发制造、一批有机类农药类分析方法研究等工作，是中国水质监测设备研发的重要里程碑。

1975年11月，中国科学院科技办公室、国家科委一局、第一机械工业部仪表局、水利电力部环境保护办公室在北京联合召开长江水质监测船研制筹备会议，提出了长江水质监测船研制技术方案初稿。1976年1月，在湖北武汉召开了长江水质监测船研制协作会议。会上说明了研制长江水质监测船的由来：“研制长江水质监测船是《1976年全国科学技术发展计划》确定的国家重点科研项目，已由全国计划会议〔1976〕44号文下达给水利电力部和第一机械工业部。”会议由水利电力部环境保护办公室主持，参加单位有生产、科研、设计、高等院校等31个。经讨论，落实了组织分工，明确了任务和要求，确定了研制进度。研制任务由水利电力部和第一机械工业部归口，中国科学院环境化学研究所、中国科学院计算中心、中国科学院长春应用化学研究所、中国科学院大连化学物理研究所、中国科学院上海冶金研究所、中国科学院山西煤炭化学研究所、中国科学院湖北水生生物研究所、上海第二分析仪器厂、上海分析仪器厂、北京第二分析仪器厂、沈阳分析仪器厂、武汉分析仪器厂、华中工学院、镇江造船厂、华北辐射防护研究所、武汉医学院、长江流域规划办公室、长江水源保护局等18个主要协作单位共同承担。由于项目难度大，参加单位多，专门成立了会战办公室负责组织协调，掌握计划进度，检查执行情况，并及时向归口部门报告工作情况。会战办公室由长办任组长，上海第二分析仪器厂任副组长。成员有中国科学院环境化学研究所、华中工学院。下设总体组：由长办任组长，华中工学院任副组长；仪器组：由上海第二分析仪器厂任组长，中国科学院环境化学研究所任副组长。

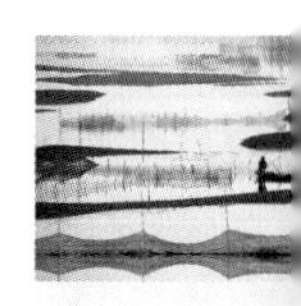

“长清”号船体于1978年5月在镇江船厂开始建造，船长50米，型宽8.6米，型深3.4米，平均吃水2.4米，排水量500吨，平均速度26千米每小时。为适应水质监测的需要，上甲板尾部还装有玻璃钢工作艇，配合母船作业，可取岸边表层水样。船首左右舷有测流取样电动吊杆，每杆最大起吊重量500千克，用挖斗式采样器可采集底泥，用横式采样器可采取不同水深的水样，还可进行水文测量。左舷底舱装有表层水自动连续取样装置，其升降式取样管可伸入水下，按规定程序自动进行取样，一部分水样直接分送到各实验室，另一部分水样经乙烯微孔过滤管过滤后分送至各实验室。

根据工作需要，船上共布设9间实验室，用于不同类型样品的分析，总面积达150平方米。其中底舱有各为12平方米的两个水生生物实验室，主甲板有一间48平方米装有研制的自动监测仪器实验室和一间6平方米微生物实验室；上甲板分别设有化学实验室、色谱分析实验室、精密仪器实验室、原子吸收分析实验室、放射性分析实验室，共计73平方米。

除了“长清”号水质监测船外，研制单位还完成8台自动监测仪器的研究工作，包括GXT–112型浊度计、SJG–702型水质监测仪（测量pH值、溶解氧、水温、电导率、氧化—还原电位五项水质参数）、ZWC–101型测汞仪、砷双波长自动分析器、Cr＋6自动光电比色计、DWS–211型氰离子分析仪、DWS–210型氟离子分析仪、DWS–209型氨离子分析仪。此外，还完成了TOC–105型总有机碳分析仪的研制工作，基本完成船舶自动电站、表层水自动连续取样装置的研制工作。

作为检测分析配套工作，制定了水中有机氯农药残留量气相色谱分析方法、水中有机磷农药残留量气相色谱分析方法、水中硝基化合物气相色谱分析方法和水中总放射性分析方法的研究工作。

受限于当时国产计算机技术性能不稳定，尽管完成了9台研制仪器与计算机联用试验，但未能达到实用目的。

经过三年时间的研制，长江水质监测船“长清”号于1979年6月投入试航、试监测。1980年4月，会战办公室在湖北武汉主持召开了《长江水质监测船研制成果技术性能初步审定会议》。会议代表对各项成果技术性能有关资料逐项进行了初步审议和航行测试考查，认为监测船已采用的各项研制成果符合或超过原定技术指标，取得了可喜的成绩，反映了我国水质监测船分析仪器的自动化水平。会议认为，“长清”号水质监测船已经具备报请上级部门验收的条件，决定报请上级部门验收。

1980年11月，水利电力部、中国科学院、国家仪器仪表工业局在湖北武汉共同主持召开了长江水质监测船研制成果技术鉴定会。会议确认《长江水质监测船》的研制是成功的，该船主要研制任务已完成，达到了原定技术指标，是我国第一艘配套较全、测量项目较多、综合性较强的大型水质监测船，可以在长江干流三级航区开展水质监测作业，反映了我国当时的水质自动连续监测技术水平。会议的鉴定意见是：

① 船体、船机、船电性能满足长江水系钢船建造规范和技术方案要求，能在长江干流的重庆至上海三个航区内航行。试运行表明该船速度快、操作灵活、摇摆和缓，

电网的电压和频率稳定，适应水质监测作业的需要。

② 所装备的一批自行研制的水质监测仪，不同程度地实现了进样、加液（或球剂）、显示记录和排液的自动化。其中 DWS-211 型氰离子分析仪采用了直接电流法原理，操作简便，灵敏度较高，测量周期短，并在固体电极表面活化问题上有所突破；砷双波长自动分析器对所基于的分析方法有所改进，并成功地应用于地表水中痕量砷的自动连续分析。此外，DWS-210 型氟离子分析仪和 ZWG-101 型测汞仪也跨进了先进研制成果行列。

③ 该船实验室配备了一些国产定型仪器，较成功地解决了在水上进行化学分析、生物试验和进行仪器监测中所遇到的困难，能够及时对水体、底泥进行 39 个项目的分析，具备了对长江水质进行综合考察、评价以及开展水源保护研究的条件。

④ 建议改善实验室的温度和湿度等环境条件，并希望各单位加强联系，妥善解决运行中存在的问题，继续开展自动监测仪器和分析方法、取样方法的研究以及微型计算机的应用研究。

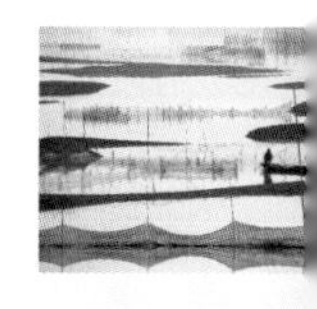

为了明确该船的职责，发挥水质监测船的监测监督作用，长江水保局草拟了《关于长江水质监测船的职责及有关事项的暂行规定》，并以长水保〔1982〕字第 7 号文请示报告国务院环境保护领导小组办公室和水利部环境保护办公室。国务院环境保护领导小组和水利电力部联合以〔1982〕水电水管字第 27 号文对上述报告予以批复，决定将该船命名为"长清"号，交付长江水保局使用。并对该船的主要任务规定如下：

① 弥补长江固定监测站网之不足，完成地面站无法做到的监测任务。

② 作为事故污染监测的主要手段之一，进行污染源追踪，并通过长江水源保护局及时向下游发布污染危害警报，为下游供水安全提供情报。

③ 根据需要，可对干、支流沿江进行定期或不定期的巡回监测。

④ 进行有关水质保护的科学研究工作，包括长江干、支流的稀释自净，迁移转化规律等的研究。

水质监测日渐朝着仪器化、自动化以及同计算机联用的方向发展。"长清"号还选用了一批国产定型仪器，如 103 气相色谱仪、WFX-1B 型原子吸收分光光度计（带石墨炉）、总 α 总 β 放射性测量仪、721 分光光度计、751 分光光度计、自动电位滴定计、酸度计、电导仪、溶氧仪等基本分析仪器及水文气象方面的 HZY1 型船舶气象仪、数字式测深仪、半导体深水温度计，DYJ1 型气压计等，已装有马弗炉、电烘箱、电冰箱、干燥箱、生化培养箱、电动蒸馏器、离子交换器、组织捣碎机等，实验室所需用的常规设备基本齐全。

"长清"号水质监测船作为我国完全自行设计的水质监测船，充分考虑了航速、航区、稳性、振动、噪音、温度、湿度、通风、船电干扰、供水供电等指数要求，同时考虑了玻璃器皿、危险品的安放等实验工作的特殊性，为后来的水质监测船只建造积累了实践经验。

“长清”号各种仪器设备配套齐全，具有巡回流动监测、进行污染源追踪、发布污染危害警报、综合环境科学实验考察的能力，能够承担地面站无法做到的监测任务，可以在长江干流重庆至上海2500千米的水域内的主要江段开展水质、生物、底泥、放射性、水文气象方面等40多个项目的监测分析，还可以对注入长江的支流湖泊进行污染监视，对沿江重点排污口进行监督，它的建成弥补了长江固定监测站网的不足，较成功地解决了水上流动实验站进行化学分析、生物实验、水样处理、水文测量所遇到的各种技术性问题。

“长清”号水质监测船既是设备较优良的流动实验站，也是长江水质监测站网的重要组成部分。

1980年12月，长江水质监测船离开汉口开始对长江中游及川江进行首航，13日抵达重庆，30日安全返回汉口，完成了试航任务，船体、船机、船电基本符合要求。

1981年7月，水利电力部、国家仪器仪表总局、中国科学院共同向国家科委报了《关于“长江水质监测船”研制成果报告》。该报告指出，长江水质监测船命名为“长清”号，自1979年5月30日出厂，由长江水源保护局使用。经过一年多的仪器安装调试和航行、试监测，航程1.5万余千米，取得监测数据1万余个，开展了排污口污染物稀释规律的研究，并在葛洲坝枢纽工程截流前监测了长江的水质。实践表明，长江水质监测船研制成果已达到原定设计方案的指标。经1980年11月下旬进行全面鉴定，1981年3月复查，除个别项目技术不过关，少数仪器技术文件不够完善外，绝大多数项目按计划完成，技术文件基本齐全。

“长清”号水质监测船在其后使用的几年时间里，对长江重庆至上海的干流主要江段进行巡回监测，共采集了2400个水样、底质和水生生物样品，获得5万余个数据，为弥补固定监测断面不足，全面反映长江水质状况发挥了应有的功能与作用。

后期由于修理经费困难和使用中的缺陷，“长清”号水质监测船于1984年10月停航。1988年12月，长江水保局将“长清”号移交长办水文局作为水文测验用船。

2.“长清”2号水质监测船

由于“长清”号水质监测船其船体较大，吃水较深，很难在支流、湖泊和浅水区域开展监视性的水质监测工作。为了弥补“长清”号监测船的不足，长江水保局决定另建造一艘轻型的“长江监测取样交通艇”，命名为“长清”2号。

1979年11月，长江水保局与六机部第七一九研究所签署了“长清”2号即“长江监测取样交通艇”设计合同；1980 年 8 月，与国有武昌造船厂签订了“长江监测取样交通艇”建造合同。

“长清”2 号水质监测船主要航行于长江 B 级航区，总长 22 米，船宽 4.7 米，平均吃水不大于 1 米，满载航速为 16 ~ 18 千米每小时，它的建造，为填补支流、湖泊等浅水水域固定监测断面不足，发挥了重要作用。

“长清”2 号自 1982 年下水并投入使用以来，先后多次在长江干流、支流、湖泊等水域进行了水环境调查、监测工作。1997 年 11 月 8 日，长江三峡工程大江截流时，“长清”2 号参与了大江截流对长江水质影响研究的水质取样工作。

3. 监测和分析方法的研究

水质监测主要采用取样分析的方法。在天然水化学分析阶段，大量使用比色法和容量法。至污染监测阶段，对于微量物质的测定，已逐步采用色谱分析、原子吸收光谱分析等方法。流域和省的中心化验室已逐步配备了现代化的仪器。

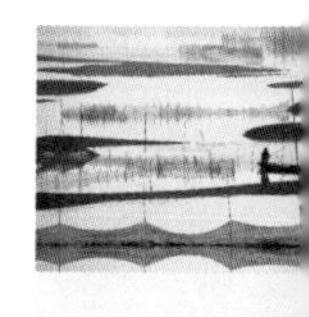

为了统一长江水质监测的采样技术和分析方法，使监测资料具有代表性、可比性和科学性，1983—1985 年，长江水保局先后组织网内单位，在长江干流某些江段、重要支流、湖库及下游的河网地区进行了水质监测、断面、测线、测点布设、测次分布和分析方法的研究，取得了大量研究成果。主要有：

①监测站网布设的研究成果：水质监测测线、测点布设位置的研究（重庆江段）；水质监测测次分布的研究（重庆江段）；取样测点的研究（沙市江段）；污染物质在断面和垂线上分布情况的研究（南京江段）；水质监测方法的探讨；平原河网地区水质监测取样代表性的综合研究（苏州江段）；长江流域站网布设原则的研究；关于监测断面的选择（汉口江段）等。

②水质分析方法研究成果：水和废水中丹宁与木质素的酪氨分光光度法的改进；F732 测汞仪测定氰化物；长江水质分析；铬、生化需氧量，化学耗氨量的标准分析方法试验；测氰的吡啶—巴比妥酸的方法改进试验；测氰的吡淀—吡唑淋酮的方法条件试验；真空分离—气相色谱法直接测定水中总溶解气体和溶解氧、溶解氮的试验；硫化物、硝酸盐、氮紫外法三方法的试验；武汉江段鱼体残留农药六六六、滴滴涕量测定的分析研究；武汉江段鱼体残留挥发酚量测定的分析研究；氨基二乙苯胺吡啶法补充验证试验；硫酸根、磷酸根的氟离子选择电极法测定与离子色谱法比较试验；酚、氰、汞、砷、铬的分析试验；铜、铅、锌、镉、砷、汞的试验及水样保存方法的试验。

③其他成果：主要工业污染物排污系数研究；水样保存研究；沉降物化学研究；长江水体中 COD 样品预处理方法研究；快速的微生物毒性试验方法研究。

80 年代以后，流域监测中心多次派人赴英、加、日等国进修考察水质监测技术，并与美国地质调查局开展了技术合作与交流，引进了美方的非参数趋势分析技术与 Minitab 软件，提高了水质监测资料的处理应用水平。另与美国合作进行了“沉降物化学”的课题研究。

80 年代中期，还对水生生物监测、底质分析等做了大量研究工作，取得一批成果。

4. 专项调查监测

1977 年，根据国务院转发的国家计划委员会关于第一次全国环境保护会议的情况报告和《关于保护和改善环境的若干规定（试行草案）》，国务院环境保护领导小组办公室和水利电力部环境保护办公室指示长江水保局对长江流域污染源进行一次普遍调查。6 月，长江水保局提出《关于进行长江流域污染情况调查的报告》。1979 年 1 月，正式向国务院环境保护领导小组和水利电力部报送了《长江水源污染现状》。该报告以沿江主要城镇为对象，在广泛收集有关资料和调查的基础上，经过资料整理、核实和统计分析后编写而成。

1978 年，长江水保局按照中央有关文件精神，在沿江各省环境保护、卫生、水文等部门的配合下，组织有关单位开展长江干流污染负荷调查。这次调查是在以往有关调查监测工作的基础上进行的，主要查清当时直接进入长江干流污染物质的种类、数量、主要污染源，以及长江水质状况。总共调查了长江 22 个江段，990 余千米，223 个排污口，47 条大小支流，取得 2 万多个数据。

5. 质量控制工作

1985 年开始，水质监测工作开始全面、规范地实行监测成果的质量控制。水利电力部水文局统一组织制作标样，用其已知含量与各化验室、化验员的分析结果进行比较验证，并对化验室实行检查评定制度，取得显著的效果，成果质量明显提高。这种质量控制制度一直是长江流域水环境监测成果质量的重要保障。

6. 资料分析与利用

为了掌握流域水质状况和动态变化，长江流域多次开展了流域性资料分析评价工作。在水利部统一部署下，于 1961—1962 年进行了首次河流天然水化学特性分析，中国水利水电科学研究院水文研究所根据全国未受污染水样的水化学分析资料，绘制了中国河水矿化度和河水总硬度图，并按主要溶解盐划定河水的水化学类型，编制了《中国水文图集》。

80 年代，开展了第一次全国水资源评价。其中的水质评价部分，使用了水利部门的大量水质资料，是对水质监测工作的大检阅和促进。1979 年 10 月，水利部布置全国水资源评价，自 1980 年 1 月开始，拟订统一工作大纲，分省份流域调查评价，再进行全国汇总。1980—1984年参加了全国河流的水质评价，长江流域及流域内各省（自治区、直辖市）也同步开展了评价分析工作。1981年12月，水质评价成果列入《中国水资源初步评价》。

1981—1983年，在进行全国水资源评价时，由南京水文水资源研究所根据1957—1982年的水化学观测资料，作了第二次全国河流水化学特性分析，绘制了中国河水矿化度图、河水总硬度图、河流水化学类型图和河流多年平均年离子径流模数图。计算了全国各河平均年离子径流量，并分析了各主要河流的水化学成分的年内、年际变化。各流域和地方的《水文图集》和《水资源评价》中也都附有河流水化学分析成果。1984年3月，水质评价最终成果编著成《全国地表水水质评价》一书在内部刊印，其主要成果列入《中国水资源评价》的有关章节中。

在水质资料的利用方面，1975年3月，长办以长革水〔1975〕字第32号文向水利电力部报送了《关于我办开展长江水源保护水质污染监测工作情况的报告》，该报告记载："我办于1956年开展长江水质分析工作（天然水化学分析），整编的资料，从1962年起，逐年刊入《水文年鉴》中，1965年以前开展水质分析的有58个站，测次最多的达五六十次，甚至百次。1965年后，根据《水化学成分测验规范》规定，对连续五年以上的水化学资料进行了综合分析，发现长江流域天然水化学成分在年内、年际及沿程变化都较稳定。经请示水利电力部，即调整为20个站，其中干流8个站，支流湖泊10个站，丹江、陆水各1个站，测次全年为12～15次。"

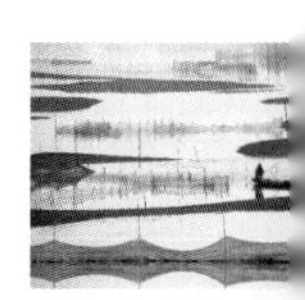

在水文部门开展水质监测工作过程中，一直注意及时发挥已有资料的作用。水质资料为全国水质评价和开展2000年水质预测，发挥了重要作用。80年代，每年发布的《水文公报》，均含水质部分。1989年4月起，水利部水文司组织全国146个重点水质站提供信息，逐月发布《水质通报》，及时向有关部门及社会提供使用，并为再次水资源评价作资料准备。

第三节　监测体系建设

从20世纪80年代末期到21世纪初，长江水环境监测主要是监测站网的调整与充实，监测能力的提升，并对以往积累的监测数据进行整理，建立数据库；开展近岸水域调查，进行微量有毒有机物检测；参与长江流域综合规划、水资源保护规划等的编制，取得了一系列成果。可以说，这个阶段是长江流域水质监测发展最快的时期，为后续的提升奠定了重要基础。

一、调整与充实水质监测站网

进入20世纪90年代，随着改革开放的不断深入，国家经济发展进入一个崭新的时期，水污染形势也伴随着经济的发展日益突出，水环境遭受严峻的挑战。水质监测工作如何适应新的形势、满足管理的需要成为这一时期的首要任务。

1991年3月，水利部、国家环保局印发水人劳〔1991〕18号文，将原水电部、城乡建设环境保护部长江水资源保护局更名为水利部、国家环境保护局长江流域水资源保护局。7月，水利部印发水文〔1991〕8号文，将流域水环境监测单位的名称统一为“×× 流域水环境监测中心”。长江水质监测中心站更名为长江流域水环境监测中心（以下简称“流域监测中心”）。各地方水质监测中心站也更名为水环境监测中心。该名称一直延续到2018年上半年。

长江水保局作为长江流域水资源保护工作的主管部门和长江流域水环境监测网的组长单位，以流域监测中心为技术支撑，组织全流域按照国家统一的监测技术规定，对水质、底质与水生生物等进行了全面的监测。

至1992年，长江干支流已有551个监测站，分别在680个监测断面上对水质进行监测，其中干流有水质监测站27个。监测站的水质监测与水文监测同步，并且是按流域进行的。断面采样仪器设备齐全，开展了30多项常规监测项目，并逐年对水质监测资料进行分析。在长江干流及主要支流，工矿企业集中的河段以及需要重点保护的水域（如重点城市、大型湖库等）均设有控制断面，基本可以掌握和了解长江水系水质状况，分析水质变化的趋势。

80年代，由于国家机构调整和管理架构的变化，形成的长江干流水质监测站网也相应进行了调整。1994年5月，长江委和太湖流域管理局在上海共同主持召开了长江流域与太湖流域水环境监测工作会议。这次会议对长江流域水资源保护与水环境监测发展具有重要意义。会议系统总结了20世纪70年代以来两个流域的水环境监测工作经验，指出要进一步完善和强化长江及太湖流域水环境监测网络，充分发挥水利部门水质水量统一管理及本部门技术和组织系统的整体优势。会议通过了《长江流域水环境监测网管理办法》《太湖流域水环境监测网管理办法》。同年，根据水利部水文司《关于做好水环境（水质）监测站网优化调整工作的通知》精神，长江水保局组织编制了《长江流域水环境监测站网优化报告》《关于尽快调整长江干流水环境监测站与监测断面的报告》和《长江流域水环境监测站网“九五”规划报告》，一并提交水利部水文局。

上海会议后，长江流域水环境监测网持续运行，成为流域资料信息汇总、技术交流、人员培训和质量控制的重要平台，每年定期召开监测网工作会议，每次都有一个主题，成为流域水环境监测工作的一面旗帜。

2000年，为履行水利部“三定”规定职责，满足统一保护和管理水资源的要求，流域监测中心按照水利部《关于做好全国水质监测规划编制工作的通知》（水文质〔2000〕42号）的要求，结合长江片水质监测现状和远期发展要求，组织开展了《长江片水质监测规划》的编制。

为了做好监测规划工作，流域监测中心编制了《长江片水质监测规划工作大纲》和《长江片水质监测规划技术细则》，2000年8月，在上海召开“长江流域水环境监测网工作会议”，对上述文件进行了认真的研究和讨论。

监测规划的原则分两个部分，一是在站网建设方面：①遵循以流域为单元进行统一规划的原则，综合考虑上下游和各区域间的关系，将地方站网规划与流域站网规划相结合，统筹兼顾；②遵循充分利用现有资源、避免重复建设的原则，充分利用现有水质监测站网和水文站网，建立与完善地表水监测站网、地下水监测站网、大气降水监测站网，避免不必要的重复建设；③遵循满足水资源保护与管理的基本要求的原则，以掌握流域和省（自治区、直辖市）水资源质量的时空变化和动态变化为主要目的，为水资源保护与管理及水资源开发利用决策提供科学依据；④遵循与本地区实际情况相结合，突出重点的原则，结合本地区实际情况和水污染特点等，针对突出问题因地制宜地建立自动监测、动态监测系统，满足水资源保护与管理部门实时掌握水质信息的要求；⑤遵循全面规划、分步实施的原则，结合流域及本地区经济社会现状与发展需求，对本地区地表水监测站网、地下水监测站网、大气降水监测站网进行全面规划，分步实施。

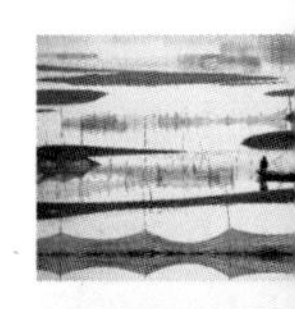

二是在能力建设方面：①遵循与水资源保护管理相适应的原则，使能力建设与各类监测站网的分布状况有机结合，能力建设与水资源保护管理相适应，充分体现监测为管理服务，管理依靠监测的宗旨；②遵循以提高各类水质监测信息采集能力为核心的原则，按实验室建设标准和规范进行实验室基础设施、仪器设备以及信息系统建设，提高各级水环境监测中心的测试能力、测试精度、信息传输与处理水平；③遵循以满足快速、准确、高效的应急监测要求的原则，建立快速、准确、高效的应急监测系统和水质信息传递与管理系统，能在较复杂的环境条件下完成应急监测任务，并及时传递、处理水质监测信息，满足长期、中期、短期水资源管理决策、调度和指挥的实时要求；④遵循统一规划、分期实施的原则，使能力建设与所承担的监测任务相匹配，常规监测（地表水、地下水、大气降水监测）与生物监测、污染物监测以及沉降物监测等有机结合，统一规划，分期实施，并与国内外监测技术水平的发展相适应。

2005年11月，《长江片水质监测规划》通过了水利部水文局组织的审查。这次规划将流域站网规划与地方站网规划相结合，对地表水、地下水、大气降水监测站点进行了全面规划，是长江流域第一部综合性水质监测规划。在长江流域及西南诸河1000条河流、64个主要湖泊和470座大型重要水库上，共规划地表水水质监测站4176个，这些监测站主要由水功能区水质监测站、水资源质量监测站、饮用水水源地水质监测站、入河排污口水质监测站和省（国）界水体水质监测站等组成；同时在长江流域及西南诸河范围内规划了地下水水质监测站点768个，降水水质监测站点650个。这次规划还第一次将监测能力建设、技术培训、信息系统建设与监测站点规划同步考虑，成为建设和完善长江流域（片）水环境监测能力与技术队伍，加快水质监测事业向规范化、科学化、现代化方向发展的重要依据。

1. 省界水体监测

省界水体水质监测是《水污染防治法》赋予流域管理机构的重要职责，其监测成果对于区分责任、协调省级水事纠纷具有重要意义。1997年12月，长江水保局在广西桂林主持召开的1997年度长江流域水环境监测网工作会议上，就长江流域省界水体水环境监测工作进行了认真的研究和讨论。会议认为，省界水体水环境监测工作是法律赋予流域水资源保护机构的职责，为做好此项工作，应充分发挥流域监测站网整体优势和水质水量并重的优势，提高流域水环境监测资料的时效性。另外，应尽快开展长江流域省界水体水环境质量状况调查，做到有的放矢。省界水体监测首先应突出重点区域、水环境敏感区和水污染区域的监测，有计划、有目的地分期分批实施。

流域监测中心在会上提出了《长江流域省界水体水环境状况调查实施方案》。主要包括：调查依据、目的和实施办法；省界水体的界定；调查内容及要求；质量控制；调查成果完成及寄送要求等。

1998年，长江水保局根据《中华人民共和国水污染防治法》第18条规定，要求流域监测中心组织开展长江流域省界河流水体水环境监测工作。自1998年起，按季度定期对长江流域省界河流水体水环境状况进行调查与监测。同年，流域监测中心会同长江流域水环境监测网有关成员单位，在流域内的青海、云南、贵州、四川、重庆、湖北、湖南、江西、陕西、甘肃、广西、河南、安徽、江苏、上海等15个省（自治区）的25条主要跨省界河流的35个河段全面开展调查监测。

监测网成员单位按照实施方案与技术要求，完成了基本情况调查，提交了调查报告、图表与照片。按省界站点建设规划，落实了长江流域省界水体监测断面的具体位置；基本掌握了监测断面所在地的经济与社会状况、交通情况、污染源分布、取退水位置、水环境质量及主要污染因子等基本情况，为进一步开展省界水体监测打下良好基础。

省界水体的监测项目有：水温、pH 值、悬浮物、溶解氧、高锰酸盐指数、生化需氧量、氨氮、硝酸盐氮、亚硝酸盐氮、总磷、挥发酚、氰化物、总铜、总铅、总镉、总砷、总汞、总大肠菌群、石油类等共 20 个。监测频次为：长江干流断面每月监测 1 次，其余断面丰、平、枯水期各 1 次。

同时，从 1998 年 4 月起，流域监测中心对监测资料进行汇集、审核、统计，并采用《地面水环境质量标准》进行评价，编制了《长江流域省界水体水质状况简报》，发送到水利部、国家环保总局等主管单位和相关省市政府部门；编写的《1998 年长江流域省界水体水质评价年报》，其主要内容纳入《1998 年长江流域地表水资源质量年报》与《1998 年全国地表水资源质量年报》中。

2. 水质监督巡测

水质监督巡测是利用水质监测船，每年进行区域范围内水质的监督性监测。巡测目的是弥补固定监测在时空分布上的不足，比对及复核监测成果，增强流域内数据可比性，是流域水环境监测网的有效补充。

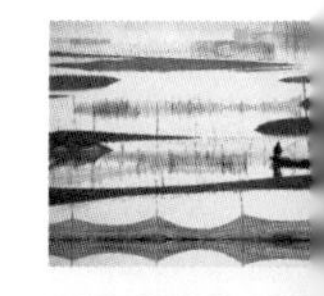

为全面履行流域管理机构的水质监督管理职责，加强水质监测工作，掌握长江干流、主要支流入江口及三峡水库等重要水域的水质状况，自 2000 年起，流域监测中心利用“长江水环监 2000”监测船，每年 3—4 月、8—9 月分两次开展长江干流重庆（宜宾）至上海江段、三峡水库库区、主要支流入江口的监督巡测工作。除对常规水质监测断面水质情况进行复核监测外，还根据监督管理要求，对长江干流重要水功能区、水源地、入河排污口等开展监测。按照监督巡测工作计划安排，每次监督巡测河段约 2300 千米，监测近 150 个断面，涉及重庆、武汉、南京、上海等特大型城市，以及万州、奉节、宜昌、黄石、九江、安庆、马鞍山、南通等近 40 个中小城市。监测水域除长江干流外，还包括三峡水库、库区主要支流、嘉陵江、乌江、汉江、洞庭湖、鄱阳湖等主要支流水系入江口水域。监测断面设置类型包括常规断面、水功能区水质监测断面、饮用水水源地水质监测断面和入河排污口水质监测断面等。获取了长江水质、水生生物、沉积物等大量监测数据，为流域水资源管理提供了重要的技术支撑。

二、提升监测能力

70 年来，长江委始终重视能力建设，特别是在水质监测方面，不但注重人员队伍的建设，在监测能力的提升方面更是加大投入，始终保持长江流域的水质监测设备处于一流状态。

在资质方面，1992 年 7 月，流域监测中心获水利部颁发的水文水资源调查评价甲字第026号甲级证书，这是水利部颁发的全国首批水资源调查评价证书。1992年，中心实验室被水利部评为“全优分析室”；1994年，通过国家计量认证，成为水利系统最早通过国家计量认证的检测单位之一；1994年，被湖北省地质矿产委员会指定为湖北省唯一的矿泉水外检单位。其管理与技术水平还多次受到来访的国内外专家的称赞。

在移动监测设备方面，20世纪70、80年代的“长清”号和“长清”2号运行多年，已不能适应监测工作快速、灵活等需要。为加强长江水资源保护工作，快速、准确地进行长江水环境监测，监督、监测入河排污状况，对省界水体、重点污染河段及水污染事故实行动态监测，开展了长江水资源保护科学研究，在水利部的支持下，长江委以长计〔1998〕487号文下达部属水利财政预算内专项资金（国债资金）计划，批准长江水保局建造一艘新的长江水质监测船，取名“长江水环监2000”。

“长江水环监2000”监测船由长江船舶设计院设计，江新造船厂建造。监测船排水量92吨，船长37.5米，宽6米，型深2.5米，吃水1.2米，船速近30千米每小时，配有雷达和卫星定位仪等先进的导航设备，主机为两台NTA855-M350型康明斯柴油机（额定功率为237千瓦×2），船员6人，乘员12人。该船还配备了4人座监测水艇。其航行区间覆盖了自宜昌至上海的长江干流，以及支流与湖泊等水体。

“长江水环监2000”监测船上设有两间实验室，总面积40平方米。配备有冷藏及冷冻样品存储柜，装备了国内一流的自动采样装置，可采集100米水深范围内的水质、水生生物及底质样品，适用于对三峡等大型水库的监测。此外，监测船配备有测距仪、定位系统、多普勒流速仪等测量装置，还配有便携实验室系列、微波消解仪等仪器和设备。根据工作需要，另可配备测油仪、气相及液相色谱仪，有机碳分析仪等，是当时我国内河最先进的水环境监测船。

“长江水环监2000”于2000年1月开工，10月完工。2000年11月初，在武汉举行了监测船运行及交接仪式，水利部、长江委、湖北省水利厅、湖北省环保局、长江海事局、武汉市环保局、武汉市水利局、武汉市一元路小学以及监测船设计和建造方代表和长江水保局的代表出席了典礼。

2003年，针对突发水污染事件频发的情势，为了快速、准确地对重点污染河段、水污染事故实行动态监测，水利部划拨专项资金建造了“长江水环境监督”监测车。移动监测车配置的移动实验室，可乘载5名应急监测人员。同时期，各地方水环境监测中心也陆续配置了移动实验室，用于应急监测，把检测工作延展到实验室之外，节省采送样时间，提高了监测效率。

三、整汇编监测成果，建设流域数据库

长江流域自1957年开始，自太湖区（1957年）、鄱阳湖区（1958年）、长江下游干流区、洞庭湖区（1959年）等分区段陆续开展水化学监测成果汇总刊印工作，并纳入水文年鉴的刊印计划中。1956—1985年，长江流域总计刊印水化学（河湖）3898站年，为后来的水质监测成果整汇编刊印工作奠定了良好的基础。

自20世纪70年代以来，长江流域水质监测断面快速增加，监测频次不断提高，监测项目也逐步丰富起来，水质监测成果迅速累积，80年代末至90年代初，水质数据累计已达800万个。长期以来，人工数据统计分析已不能适应时代发展的需要，对数据的整理和利用的要求，也由人工填报、审核向计算机存储、计算发展。依托长江流域水环境监测站网，长江流域范围内早已实现信息共享。随着信息化的发展，流域监测中心启动了长江流域水环境信息数据库的建设。

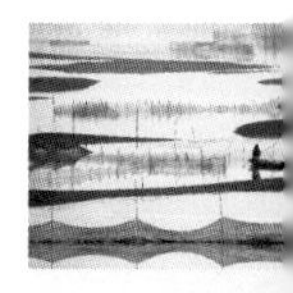

按水电部规定，自1985年起，河湖水化学资料以水质专册单独刊印，由长江水保局负责汇刊。1986年，长江水保局在武汉召开了首次流域水质监测网监测资料整汇编工作会议，全面收集汇总1977年以来流域水质监测成果，组织流域内各监测单位技术骨干开展水质资料交叉互审和整编汇编工作。

由于监测断面多，数据量大，人工进行数据统计分析工作遇到前所未有的困难，投入人员多，但效率低、周期长、错误率高。1988年，长江水保局组织技术人员进行科研攻关，着手在当时最为先进的第一代IBM PC/XT微机上开发水质资料整汇编程序，1989年，基于DBASEIII数据库和BASIC语言的DOS环境下的微机版水质数据整汇编程序完成，投入长江流域水质数据库建库工作。程序完成后，将5～6人6个月时间才能完成的1年监测数据的统计分析，缩短为24个小时，极大地解放了劳动生产力。

至1992年底，完成全流域1977—1990年全部水质监测数据的校核、录入和成果刊印工作，形成了较为完整的流域水质数据库。其后，由于经费和管理要求变化等原因，流域监测成果刊印工作终止，未再继续。

每年度水质监测成果整编完成后，刊印200册，除留存外，其余均向水利部水文局、各省市水文局（总站）、水环境监测中心和流域水文机构及其所属水环境监测中心赠送，这是网络化之前信息共享的主要方式和途径。

1990年，收录的712个水质监测断面（含太湖流域）的资料中，有268个监测断面为水文断面，占汇总刊印水质断面总数的37.6%。

1994年，基于Windows的FoxPro环境下的水质数据库和水质评价系统开发完成，

开始应用在水利系统各流域水环境监测中心的年报统计工作。其时，由于386计算机的使用，运行速度提高，内存、硬盘容量增加，完成长江流域全部监测断面一个年度水质数据的统计评价时间提高到了10分钟以内。但由于基础能力普遍薄弱，在2000年编制《长江片水质监测规划》时，流域各级水环境监测中心共有各种计算机44台，其中奔腾II型（PII）以上的计算机只有13台（29.5%），多数省级监测中心还在使用386、486等性能较低的计算机，而77个地市级水环境监测中心甚至没达到每个中心有一台计算机的水平，手工作业仍然是数据分析的主要手段，数据信息汇总时效难以得到有效保证。

2000年，流域监测中心以新的《水环境监测规范》（SL 219—98）为依据，以水质整汇编程序和FoxPro环境下的水质数据库和水质评价系统为原型，结合网络技术、地理信息系统（GIS）和组件技术，开发完成了新一代的水环境信息管理系统，用于水质监测数据的存储分析与评价，实现了可视化的数据查询、成果统计分析和地理位置、统计图表展示，数据结构扩展能力也得到了改进，在常规的地表水监测基础上，可以管理水源地、入河排污口、大气、噪声类的监测数据，并能根据需要及时增加分类和监测项目。同年，流域监测中心在武汉举办了系统应用培训班，在流域内各级水环境监测中心推广使用，并向各省级水环境监测中心配套赠送了当时最为先进的计算机和打印机，提升了各地水环境监测水质数据汇总和分析评价能力，取得较好效果，水质数据报送时间大大缩短，报送质量显著提高。

计算机和网络技术的发展为水质评价提供了快速、准确、可靠的支撑，使得统计、评价和分析效率由80年代按月计算，90年代按天计算，在21世纪初期实现了按分钟计算。自2002年1月起，长江水保局经上级批准，通过有关新闻媒体，按月向社会发布《长江水资源质量公报》。

四、水质监测科学研究

1. 水环境监测规范的制定

由于管理规范性要求越来越高，加之监测技术的不断进步，质量控制措施越来越严格，然而水质恶化、水污染情况却日益严重，监测范围不断扩展，原有的《水质监测规范》（SD 127—84）不再能够满足水质监测工作的需要。1996年，受水利部委托，流域监测中心主持开展了《水质监测规范》的修订，新的规范明确为《水环境监测规范》，在内涵和外延上做出了重大变化。新的《水环境监测规范》主要包括：水质站（网）及采样断面、井、点的布设原则和方法；地表水、地下水、大气降水、水体沉降物、生物、水污染监测与调查以及实验室质量控制、数据处理与资料整汇编的主要技术内容、要求与指标；水环境监测采样、样品保存、监测项目与分析方法。

除了更名为《水环境监测规范》，以及扩大了适用范围外，对《水质监测规范》进行修订的主要内容还包括：对规范结构进行了较大调整，将原水质监测改为地表水监测，新增了地下水、大气降水、水体沉降物、生物监测以及水污染监测部分，补充了相应的内容；原实验室分析质量控制部分增加了有关计量认证的要求，提出了适用于日常分析的质量控制允许差指标；对原污染源调查部分进行了较大修改，新增了入河排污口监测与调查、水污染事故调查和水污染动态监测内容；取消了原规范中资料刊印和有关监测管理方面的内容。1998 年，《水环境监测规范》（SL 219—98）由水利部颁布实施。

2. 长江干流近岸水域水质调查监测和长江干流入河排污口调查

长江是中华民族的母亲河，养育了中国 1/3 的人口，创造了全国 1/3 的 GDP，长江干流沿岸分布着众多的大中城市和工业企业。20 世纪 80 年代以后，由于废污水排放量不断增加，在长江干流岸边特别是城市江段出现不同程度的污染带。为全面掌握长江干流沿岸污染带分布状况与分布特征，长江水保局提出了岸边污染带调查计划，水利部水文司在 1991 年下达了“长江干流主要城市江段近岸水域水环境质量状况调查与评价”任务，要求长江水保局组织沿江各省（自治区、直辖市）水利部门，通过实地监测与调查，对长江干流近岸水域质量状况作出全面、客观的评价。

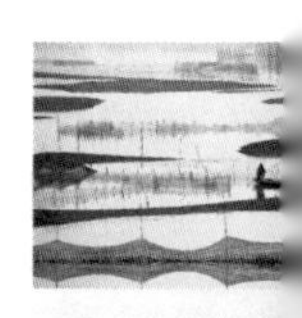

1991 年 4—5 月和 1992 年初，流域监测中心负责组织，长江委水文局所属水环境监测中心和分布于长江干流沿岸的各省（市）水环境监测中心共同参与的长江干流近岸水域水质调查监测，分别在平水期和枯水期，对长江干流攀枝花至上海等 21 个主要城市江段近岸水域开展了水质监测调查工作。1993 年，完成了水环境质量评价工作，1994 年，编制完成了《长江干流主要城市江段近岸水域水环境质量状况的研究》报告。

这次调查是长江水资源保护史上第一次对长江干流主要城市江段近岸水域水环境质量状况进行的大规模、全面系统的调查监测。结果表明，长江干流城市江段岸边污染带长达 560 多千米。此外，在这次调查中，还进行了长江干流近岸水域沉降物中金属元素含量水平及污染现状调查评价和微量有机物污染现状调查评价等。

1992 年，长江水保局报请长江委，向水利部申请开展长江干流入江排污口的调查，以便查清长江流域内各城镇入江排污口的位置、数量、污水量和污染物入江量，掌握其排放规律及对河流水质的影响，并建立健全长江流域水质资料档案。水利部批复同意上述工作计划。由长江水保局牵头，会同长委水文局等单位共同完成长江干流入江排污口调查工作。调查范围为长江干流攀枝花（渡口）至上海沿江 21 个主要城市江段。

1992—1993年，枯水期重点调查了上海、南京、武汉、重庆、攀枝花等江段入江排污口。此外，对支流口也进行了水质、水量同步监测。1994年，编写完成了《长江干流入江排污口调查评价报告》。

2002年，继1992年首次开展长江流域近岸水域水环境质量状况调查后，长江水保局再次启动了新一轮的调查监测工作。这次调查在长江攀枝花至上海全长3600千米的干流上选择了40个主要城市江段，对长江干流近岸水域水质、底质、入江排污口和微量有机物进行了一次大规模、全面的监测与调查分析，形成了《长江干流主要城市江段近岸水域水环境质量状况调查报告》及《长江干流主要城市江段近岸污染带分布图集》。调查结果表明，长江干流40个主要城市江段岸边污染带总长已超过600千米。长江干流主要城市江段近岸水域污染严重，主要污染物氨氮、挥发酚及综合性耗氧有机污染物的排放未得到有效控制，部分江段重金属铅污染有所加重；其中以南京、武汉、上海、重庆等大城市江段污染最为严重；近岸水体中微量有机物种类比较多，共检测出有机化合物11大类343种，其中7种被列入我国环境优先控制污染物“黑名单”，有机磷农药在各江段被普遍检出，具有较强的致癌、致畸和致突变效应的多环芳烃与杂环类有机物也占有一定比重。

五、洪水灾害事件应对

水质监测的作用就是耳目和哨兵，是先遣队和侦察兵，能够及时发现水质问题，应对突发水质状况。监测工作的影响力就是由长期奋战在水质监测第一线的广大技术人员通过不懈的努力，一点一点积累起来，一点一点扩散开来，默默地服务于经济建设和人民生活，维护江河清澜。

从80年代开始，水质监测工作者在日常监测之外，充分发挥水利系统水利工程多、水文站点多、覆盖面广、信息传递快的优势，以监测网为平台，形成了上下游联动，流域中心与区域中心相互配合的动态监测机制，在应对各种突发性水污染事件中发挥了重要作用。

1998年6月中旬开始，长江发生了全流域性特大洪水，洪水水位高，持续时间长，涉及面广。长江中下游地区大部分水文站最高水位都接近或超过了历史最高水位。局部地区出现了溃漫等洪灾，给国民经济造成了巨大损失，对长江水环境带来了较大影响。

流域监测中心按水利部水文司〔1998〕环便字第12号函要求，组织长江委水文局所属水环境监测中心和受灾最重的江西、湖南、湖北三省等水环境监测中心克服汛情危险、交通不便、经费欠缺等各种困难，迅速开展了洪水淹没区的水质监测与调查，掌握了长江流域洪水期间水质状况，为长江水资源保护、规划、科研提供了基础资料，为各级政府及水行政主管部门管理水资源提供了必要的依据。各地方也主动作为，派出一支支监测突击队，前往灾区一线，把水质信息传递到上级部门。

除了在长江干支流开展断面加密监测，还组织人员投入到救灾第一线，监测水质状况，掌握和分析水质变化特点，为保障用水安全提供监测信息和对策建议。针对洪水期受大暴雨冲刷，面源污染物质来量增大，有机污染物与重金属类污染物浓度明显增大的情况，提出了需要重点关注的城市江段和预警区域。又通过对干支流流量、水位和水中悬浮物浓度增高的分析，以准确可靠的数据验证了水量大、泥沙含量高对污染物有较强的吸附和稀释降解作用，干流水质不会发生重大变化的预测。监测人员还冒着生命危险，深入到洪灾区和淹没区，在地势低洼的湖区和垸圩采集水样，分析水文情势，在水流缓、退水慢的人口密集区和工农业区加密观测，区分检测污染物种类，协助地方开展饮用水源的选择，消除生活垃圾漂浮物及死亡畜禽、淹没植被带来的有机污染、微生物污染，避免农药、化肥、化工原料造成的中毒事件发生。还在灾后重建过程中提出加强血吸虫疫病流行区监测的建议，减轻因五氯酚灭螺对长江流域中下游部分地区水环境带来的不利影响。

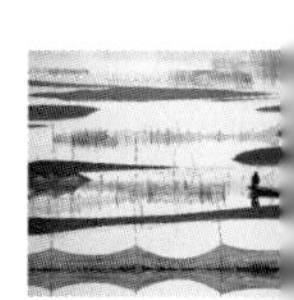

第四节　高标准提升监测能力

长江流域水环境监测网作为长江流域片成员单位合作的平台，根据监测站点分布广泛的特点，加强协作沟通，发挥整体优势，完善站点布局。加强流域内突发性污染事故应急监测能力建设，提高重大水污染事件的快速反应能力和信息沟通渠道。每年召开一次长江流域片站网工作会议，统筹协调流域水质监测工作，各成员单位相互交流工作经验，商讨提高监测工作质量和为水资源保护工作提供技术支撑的对策措施。会议主导作用由前期的水质资料整汇编转变为围绕各阶段水资源保护工作重点，统一流域水质监测工作思路与监测技术要求，组织开展大规模跨行政区水质监测与专项调查工作，以及交流监测工作经验等，每次会议均设一个主题，并对监测工作先进单位进行表彰。

一、发展与完善监测站网

进入 21 世纪以来，得益于国家对环境保护工作的高度重视，水资源保护工作与时俱进，水质监测工作日新月异，长江流域水环境监测站网不断壮大，成员单位包括 1 个流域中心、8 个流域分中心、20 个省级中心及近 100 个地市分中心。监测工作已由最初以水质监测为主逐步拓展到包括水质、水量、水生生物、底质等在内的水生态环境各相关要素的监测，监测对象覆盖了省国界、水功能区、入河排污口、饮用水源地、地下水、水生态，为长江流域水资源与生态环境保护提供了有力的技术支撑。

2005年，《长江片水质监测规划》通过水利部水文局的审查。长江流域水环境监测站网依据规划逐步实施。在地表水监测方面，除了省界站点进一步落实外，保障用水安全的水功能区、饮用水源地和入河排污口监测工作全面铺开，以藻类为代表的水生态也在监测中得到推广和应用。2010年后，地下水监测也在流域内重要区域开展起来。

2011年，长江流域提前实现了《长江片水质监测规划》设定的到2015年完成170个省界断面的设置任务，同时实现了长江委审批的入河排污口全覆盖监测。

国家、流域、省地三级监测网络的形成，实现了长江流域水环境水生态的全面监控。在监测模式上，依托长江流域水环境监测网，立足于常规监测，探索重点区域和重要领域的协作机制，建立起点、线、面相结合，空间布局清晰的新型监测网络。

为了加强重要水域水质监测，同时也为了提高地方水环境监测单位的能力建设，探索流域地方共建共管的水质监测模式，2011年11月，长江水保局与江西省水利厅共建共管的鄱阳湖蛇山岛监测基地正式投运。该基地作为双方在鄱阳湖合作开展水资源水环境监测及研究工作的实验基地，为完善流域水环境监控体系探索了新途径。

2012年，为加强边远地区水质监测工作，提升监测效率和应急监测能力，长江委贯彻落实水利部的部署，开展了流域与区域水环境监测实验室共建共管工作。提高省（国）界水体、重要水功能区、入河排污口监测覆盖率，是实施最严格水资源管理制度在机制创新上的一次有益尝试。通过流域机构与省区的共建共管，共享监测资源，可实现双方的优势互补，避免重复建设，有效促进流域与省区的水资源监控能力的整体提高，构建流域与区域相结合的水环境监测体系，实现流域机构与省区水环境监测的共享和共赢。

2012年初，长江水保局在统筹规划、遴选认定的基础上，共筛选出拟开展共建的四川阿坝分中心，云南丽江分中心、德宏分中心、保山分中心、版纳分中心，陕西汉中分中心，江西赣州分中心，西藏林芝分中心、昌都分中心、日喀则分中心、山南分中心、新疆和田分中心12个地级实验室。自2012年7月开始，陆续完成了对云南、陕西、四川、西藏、江西等省区拟共建实验室的调研、协商，确立了“共建、共管、共享、共赢”的方针，启动了实验室共建共管工作。2012年12月，长江水保局与云南省水利厅在昆明市共同签署了《水环境监测实验室共建共管工作合作意向书》。次日，流域监测中心与云南省水文水资源局在丽江签署了《实验室共建共管协议书》；

长江水保局、云南省水利厅、流域中心、云南省水文水资源局共同在丽江水环境监测分中心举行了揭牌仪式。这是长江水保局与省区开展共建工作以来揭牌成立的第一个水环境监测共建实验室，标志着流域与区域共建水环境实验室工作跨入实质性阶段，具有里程碑意义。

自 2013 年 1 月，长江水保局与陕西、西藏、江西、四川、新疆等省区水利厅分别签署了《实验室共建共管合作意向书》，流域中心与上述省区水文水资源（勘测）局签署了《工作协议书》。截至 2018 年底，已完成与云南、陕西、四川、江西、西藏、新疆等省区 12 个水质监测实验室共建工作，并为共建实验室配备便携式多参数监测仪、气相色谱仪等仪器设备 122 台套。同年 11 月，为加强共建共管实验室管理，流域监测中心在云南昆明市组织召开“2016 年度长江流域及西南诸河共建共管实验室工作会议”，讨论通过了《长江流域水环境监测共建共管实验室管理办法》和《长江流域水环境监测共建共管实验室质量管理办法》，进一步促进了流域共建共管实验室的规范化管理。

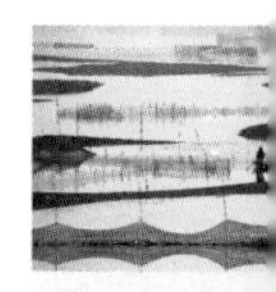

二、监测范围全面覆盖

1. 省界水体全覆盖监测

我国的《水污染防治法》第二十六条明确规定，流域水资源保护机构负责监测其所在流域的省界水体的水环境质量状况。长江流域省界水体监测工作开始于 1997 年，监测断面只有 12 个；1998 年增加到 33 个省界断面。其后根据管理要求逐渐扩大了省界断面监测范围，至 2011 年已经实现了规划的 170 个省界断面的全覆盖监测。2010 年，按照水利部《关于开展省界缓冲区水质监测断面复核和监测规范化工作的通知》（办资源〔2010〕83 号），长江水保局组织了长江流域片省界（缓冲区）监测断面复核工作。省界水体水质状况按月向社会公开发布，保障了社会公众的知情权，加强了舆论监督，获得了良好的社会效益。特别是最严格水资源管理制度实施后，省界水体监测评价结果成为“三条红线”考核的重要内容之一。

长江流域水功能区水质监测始于 2006 年，限于当时的监测能力，仅开展了包括省界缓冲区在内的 259 个重要水功能区的监测，基本实现按月监测，监测项目为《地表水环境质量标准》（GB 3838—2002）规定的基本参数。2011 年，国务院批复全国重要江河湖泊水功能区划成果后，开始逐年增加水功能区监测数量，到 2018 年底，长江流域重要水功能区监测比例已超过 90%，监测评价成果纳入《长江水资源质量公报》，按月向社会公开发布。

此外，长江水保局根据《水利部办公厅关于印发全国重要江河湖泊水功能区水质达标评价技术方案的通知》（办资〔2014〕54号）有关技术要求，组织编制了《长江流域及西南诸河重要江河湖泊水功能区水质达标评价技术细则》。2015年开始，流域管理机构对地方负责监测的水功能区进行监督性比测。水功能区水质状况除纳入《长江水资源质量公报》外，还提供给国家有关部门，作为对地方进行年度考核的依据。

2. 长江干流潜在污染源调查

2007年，为全面了解和掌握对长江水质安全可能造成威胁的企业分布情况，长江水保局组织流域相关省市的有关单位，开展了长江沿岸潜在危险源的调查工作。调查的重点是长江干流沿岸化工园区、重化工企业、危化码头等，四川、重庆、湖北、江西、安徽等省（市）水利厅（局）协助组织与协调，各省（市）水文局承担各自范围内的具体调查工作。9月，又启动了"五市三区"入河排污口的调查工作。范围为长江干流沿岸五个重点城市，即攀枝花、重庆、武汉、南京、上海；三个特定水资源保护区域，即三峡库区、丹江口水库和长江口区。五个重点城市以直接排入长江和一级支流的主城区排污口为主，三峡库区、丹江口水库和长江口区以直接入河排污口为主。此次共调查监测585个入河排污口。通过调查获取了排污口的各类有效信息，如分布、位置、数量、排放量、主要污染物及浓度等。进一步核实已有信息，为后续的监督管理和编制入河排污口布设规划打下基础。更重要的是，为水功能区纳污总量控制、入河排污口监督管理、流域水污染防治规划制定等提供了依据。

3. 省界缓冲区入河排污口调查

2008年，为贯彻落实水利部《关于加强省界缓冲区水资源保护和管理工作的通知》（办资源〔2006〕131号）精神，进一步加强长江流域省界缓冲区的水资源保护与管理工作，长江水保局首次全面开展了长江流域省界缓冲区的确界、入河排污口调查、水质监测站点普查工作，四川、重庆、湖北、江苏、湖南、安徽、江西等省（市）水利厅（局）协助组织与协调，四川、重庆、湖北、湖南、安徽等省（市）水文水资源局以及上海局、丹江口局等承担具体调查工作。2010年，再次开展了对水资源综合规划中新增省界缓冲区的确界和入河排污口调查工作。形成了《长江流域省界缓冲区入河排污口调查及监测站点普查报告》，为省界缓冲区监督管理和长江流域水资源保护综合管理系统建设提供了重要依据。此后，根据这次调查成果，长江水保局会同有关地方水行政主管部门共同确认，调整了部分监测站点的位置，使监测信息能够更加客观地反映省界水体的水质状况。

4. 饮用水水源地水质监测

保障饮水安全是建设以人为本，构建社会主义和谐社会的客观需要，是维护和改善民生的实质性举措，是保障经济社会又好又快发展的重要条件，水利部对此高度重视。为贯彻水利部精神，长江委组织昆明、贵阳、重庆、武汉、南昌、长沙、合肥、南京等8个重点城市，于1999年4月，开展了重点城市供水水源地水资源质量监测与旬报发布工作。2000年，为进一步推动和加强长江流域内重点城市供水水源地保护工作，长江委发出《关于加强城市主要供水水源地水资源质量状况旬报工作的通知》，进一步推动了此项工作的开展。此后，对流域内昆明、贵阳、成都、重庆、襄樊、宜昌、武汉、长沙、九江、南昌、景德镇、宜春、合肥、芜湖、南京、上海共16个重点城市的43个供水水源地水资源质量每月进行评价与公布。根据水源地水质监测结果，各省市水环境监测中心均编制了《供水水源地水质旬报》，部分城市的旬报在当地有关媒体上公布，取得了积极效果。

三、不断扩展检测项目

三峡水库于2008年开始175米试验性蓄水。为了掌握库区重要饮用水水源地的水质状况及试验性蓄水对库区水环境的影响情况，2010年，受三峡公司委托，长江水保局组织在三峡库区对重要饮用水水源地开展了水质安全评价调查工作，首次从常规水质指标、微量有机物、藻毒素等方面，综合评价了库区饮用水水源地安全状况，为饮用水源地污染防治和管理工作提供支持。调查对象为9个重点城市饮用水源地。借此契机，积极探索和应用微量有毒有机物监测技术方法。2012年，首次在南水北调水源区丹江口水库实施了饮用水水源地109项的水质项目检测，全面分析了饮用水水源地水质常规水质指标、痕量金属和微量有毒有机物的浓度和分布。2014年12月，南水北调中线工程正式通水，北京、天津、河北、河南4个省市沿线约6000万人喝上了水质优良的丹江水。为客观、全面、及时地反映中线工程供水水质状况，及时掌握通水期间库区水质的变化情况，为通水期水源地水环境保护工作提供决策依据，流域监测中心分别于2014年11月（通水前）和2015年6月（通水后）开展了水源地109项全指标监测，包括《地表水环境质量标准》（GB 3838—2002）的24个基本项目、5个补充项目和80个特定项目。此后，又将109项检测应用于陆水水库以及长江干流万州、武汉、南京等部分城市重要饮用水源地水质监测，为水源地管理和保护提供了坚实基础。

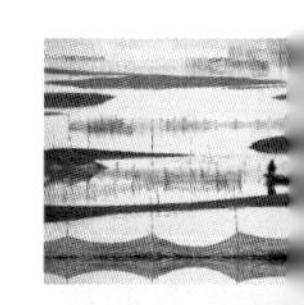

1. 地下水监测

地下水作为水资源的重要组成部分，是城乡生活和工农业生产用水的重要供水水源。随着我国经济社会的快速发展，地下水问题日益突出，特别是地下水污染状况不断加剧，严重影响了地下水资源的开发、利用，危及生态安全和广大人民群众健康。为贯彻落实水利部办公厅《关于开展流域地下水水质监测工作的通知》（办水文〔2013〕235号）要求，根据水利部水文局2013年12月召开的流域地下水水质监测工作会议精神，2014年，流域监测中心开始组织河南、湖北、江苏3省水环境监测机构开展重点地区地下水水质监测工作。通过与长江委水文局及相关地方水文机构进行沟通和协商，长江水保局印发了《长江流域重点地区地下水水质监测方案》（水保函〔2014〕5号）。为保障本项目规范、有序地实施，在该方案中还以附件的形式对现场采送样技术要求、样品保存、实验室分析方法、报表填报格式、质量控制等技术要素进行了统一要求。同时，考虑地下水水质监测工作首次在流域水利系统内开展，部分地方监测机构基础薄弱，2014年2月，流域监测中心在武汉组织开展了流域地下水水质监测技术专项培训，为开展流域地下水水质监测工作奠定了技术基础。

流域监测中心具体负责和组织开展长江流域重点地区地下水水质监测工作，按要求在河南、湖北、江苏三省设置了35个流域控制性代表站点，与相关单位协作，开展水质采样、监测和数据汇总与评价工作。其中河南省19个监测点，湖北省11个监测点，江苏省5个监测点。按照《地下水质量标准》（GB/T 14848—93）规定，监测项目包括pH值、氨氮、硝酸盐氮、亚硝酸盐氮、挥发酚、氰化物、砷、汞、六价铬、总硬度、铅、氟化物、镉、铁、锰、溶解性总固体、高锰酸盐指数、硫酸盐、氯化物、总大肠菌群等20项必测项目；部分站点根据实际情况，增加色、嗅和味、浑浊度、肉眼可见物、铜、锌、钼、钴、阴离子表面活性剂、碘化物、硒、铍、钡、镍、滴滴涕、六六六、细菌总数、总α放射性、总β放射性等19项选测项目。2014年2月下旬，由流域监测中心牵头，汉江水环境监测中心、荆江水环境监测中心、长江中游水环境监测中心、长江下游水环境监测中心，与三省水文部门协作，共同完成了地下水查勘、采样及分析工作，编写了4期《长江流域重点地区地下水水质监测报告》，取得监测数据2692个。此后，于2015年和2016年均组织开展了长江流域重点地区地下水水质监测工作，为地下水资源管理与保护提供了重要技术支撑。

2. 水生态监测

水生态监测是从生态系统完整性的角度出发，利用物理、化学、水文、生态学等技术手段，对生态环境中的不同要素、生物与环境之间的相互关系、生态系统结构和功能进行监测，为评价水生态环境质量、保护与修复生态环境、合理利用自然资源提供依据。长江的水生态监测工作起步较早，早期除了主要开展的水化学水质监测工作外，在20世纪90年代还开始了藻类、底栖生物、沉积物、鱼体残毒以及蚕豆根尖毒性等监测工作，进行了相关生态监测技术探索。

2008年起，水利部水文局委托流域监测中心连续三年承担对试点单位的藻类监测培训和技术指导，以促进试点工作的规范化和科学化。历时三年，全国共有20余个省市的近 100 名学员参加培训，掌握了淡水藻类的分类、鉴定的基本知识，能够独立开展藻类监测工作。2013 年，水利部水文局召开水生态监测工作座谈会，将长江流域确定为全国水文系统水生态监测试点流域。流域监测中心按水利部水文局指示，积极推进以藻类监测为代表的水生态监测工作，扩大监测覆盖面。举办、承办藻类监测技术培训班 10 余期，选派技术人员进行藻类监测技术指导与交流。开展上岗培训，制定相关规程规范，并牵头开展了西部典型湖库藻类生态调查。到 2016 年底，藻类监测试点区域已涵盖全国 20 余个省市，试点单位 28 个，试点水域 40 个，形成了横越东西，纵贯南北的全国性藻类监测网络，为满足新时期水利事业的新要求打下了良好的基础。

流域监测中心技术人员还结合长期藻类监测工作经验，编著出版了《中国内陆水域常见藻类图谱》一书。在每年水华易发期派出监测人员对三峡库区、丹江口水库及支流等敏感水域开展富营养化调查监测工作，以及龙河水生态试点监测工作，初步掌握了水华发生规律，为进一步开展研究奠定了基础。2013 年，流域监测中心启动了《内陆水域浮游植物监测技术规程》标准制定工作，2015 年编制完成并通过审定，2016 年水利部发布实施。该技术规程为藻类监测工作的规范化和科学化提供了重要技术支撑。

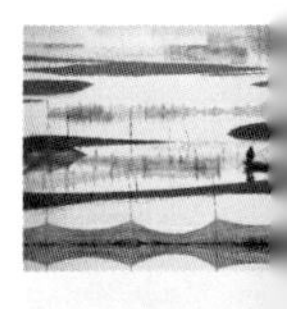

四、快速提升监测能力

随着三峡工程开始初期蓄水运行，库区水质变化成为公众关心的焦点。为了掌握水库蓄水的水质变化情况，水质自动监测站建设也提上了日程。2006 年 8 月，建成的当时处于国内领先水平的兰陵溪三峡水库水质自动监测实验站投入试运行，该站是三峡库区第一个水质自动监测站，用于连续在线监测库首水质变化状况。2012 年，建成的丹江口水库凉水河站成为长江流域水质自动监测网的示范站点。此外，还在长江干流及一些重要支流的省界水体陆续建成了一批水质自动监测站，可以在长江流域水资源保护综合管理系统上实时了解这些水域的水质变化情况。

水环境监测能力直接关系到其监测成果的准确性、时效性和客观性。70 年来，长江水环境监测工作走过了艰苦创业、锐意进取、不断创新的岁月，通过加强自身建设，硬件与软件设施有了很大的改善，监测手段从单一的固定监测逐步转向固定监测、移动监测和自动监测相结合，监测内容也从简单的水化学监测逐步发展到复杂的水质监测、水污染监测，再进一步发展到包括沉积物监测、微量有毒有机物监测和生物监测等在内的综合监测。尤其是近些年，长江流域水环境监测技术装备得到了较大改善，监测队伍整体素质也明显提高，水环境监测能力提升显著。长江水环境监测实验室已成为国内水利行业领先的实验室之一。

经过40年的发展，流域监测中心在水环境监测领域具有了较强的综合检测能力，是全国首批获得国家质量技术监督局颁发“计量水环境认证合格证书”（证书编号：2015001109F）的单位之一，拥有水文水资源调查评价甲级资质（证书编号：水文证甲字第171308号），具有在全国范围内向社会提供第三方公正检测数据的资格，能够在全国范围内开展水质监测、水质预测预报、水文水资源调查评价工作。可以检测水、固体、环境空气、噪声和水生生物等五大类，共计195项检测参数，综合检测能力在水利系统内位于前列。

水环境监测实验室建设是监测能力建设的重要内容之一，经过70年的建设和发展，监测中心实验室已拥有检测用房面积2240平方米，其中控温面积500平方米，固定资产近6000万元，分别设有无机前处理、有机前处理、原子吸收、比色、放射室等。现具有齐全、先进的各类水文水资源监测仪器和相关辅助设备200多台套，包括：气相色谱/质谱仪、气相色谱仪、便携式气相色谱仪、总有机碳分析仪、液相色谱仪、液相色谱/质谱仪、离子色谱仪、BOD测定仪、多参数仪、流动注射分析仪、原子吸收分光光度计、双道原子荧光分光光度计、电感耦合等离子发射光谱仪及质谱仪、生物毒性检测仪、Sontek多普勒流速仪等国内外大中型先进仪器设备。在先进仪器和技术使用方面，长江水环境监测一直走在前列。2011年，引进和使用水利系统第一台高端电子显微镜；2016年，建设了水利系统独家二噁英实验室，这些均为长江水资源监测工作提供了良好的技术手段。

——长江三峡水库兰陵溪水质自动监测站。为了实时监控长江重要水体水质状况，保障供用水安全，长江水保局于2006年建成了长江干流（三峡库区）上第一个水质远程自动监控站——三峡兰陵溪水质自动监测站。该站以在线自动分析仪器为核心，结合现代自动监测技术、自动控制技术、计算机应用技术组成一个综合性的实时自动监控系统。监测项目包括水温、pH值、溶解氧、浊度、电导率、高锰酸盐指数、氨氮、总磷、总氮以及叶绿素、藻蓝素共11项；同时配备了视频监控系统，可实时向监控中心传输现场视频信息。三峡兰陵溪水质自动监测站的建成与运行，进一步加强了三峡库区水质监测工作，提高了水质监测现代化水平，促进了库区水污染预警预报工作的开展，并为库区的水资源保护和管理提供科学依据，为流域重点水域的水资源管理提供服务。

——丹江口水库凉水河省界水质自动监测站。2012年建成的丹江口水库凉水河站是长江流域水质自动监测网的示范站点，也是水质在线监测新技术合作研究与开发应用的实验基地。该站设在河南和湖北两省的交界断面，可以直接监测进入丹江口水库陶岔取水口范围的水质，是当前我国在线监测指标较为齐全、整体水平较为先进的水环境自动监测站，能够对水质基本项目、微量有毒有机物、综合毒性、水文指标及气象指标等 40 多项进行实时在线监控预警，并将相关监测结果定时传输至长江流域水资源保护监控中心，为保障南水北调中线工程水源地水质安全提供有力的技术支撑。

凉水河水质自动监测站采用模块化理念设计，系统由取水单元、配水单元（含水样预处理）、留样单元、检测分析单元、废液处理单元、辅助单元、数据采集与传输单元、控制单元组成；安装了氨氮、重金属、总砷、六价铬、高锰酸盐指数、总汞、总磷、总氮、总氰化物、氟化物、常规五参数、有机物，以及基于发光菌、藻类、溞类、鱼类为指示生物的生物综合毒性在线监测分析仪等 10 多套先进在线监测仪器设备，具备综合毒性定性判断和水温、溶解氧、浊度、电导率、pH 值、高锰酸盐指数、氨氮、总磷、总氮、总铅、总镉、六价铬、总锌、氰化物、氟化物、砷、叶绿素、二氯甲烷、苯乙烯、苯、风向、风速、雨量等 45 项水质指标和气象指标监测分析能力；系统具备完善的质量控制与保障体系，实现无人值守和远程管理，及时预报预警。凉水河水质自动监测站参数齐全，设备先进，可谓水质自动监测的超级站。

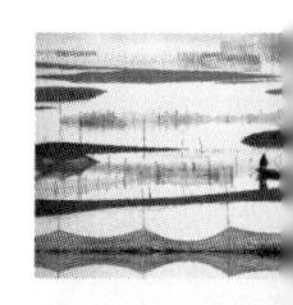

截至 2016 年底，在水利部和长江委的大力支持下，在流域内有关省（市）的协助下，共建成 10 多座省界水体水质自动监测站。这些自动站分别是丹江口库区鄂豫省界凉水河站、长江干流滇川省界格里坪站、川渝省界朱沱站、皖苏省界马鞍山（左）站、皖苏省界马鞍山（右）站、湘鄂省界城陵矶站、嘉陵江川渝省界武胜站、乌江黔渝省界鹿角沱站、汉江陕鄂省界白河站、丹江陕豫省界荆紫关站、湘江桂湘省界庙头站、沅江黔湘省界瓮洞站和舞水黔湘省界崇滩站等。基本参数包括水温、电导率、pH 值、溶解氧、浊度、氨氮、总磷、高锰酸盐指数等，其他参数可根据各自动监测站所测断面的水体污染特征、目标水质要求、所在水功能区的功能要求等具体情况，选测综合毒性、有机物污染、总氮等参数，其中鄂豫省界凉水河水质自动监测站可监测 40 多项参数。自动站每 4 小时向长江流域水资源保护监控中心和数据中心发送一次数据信息。重点省界水质自动监测站的建设，提高了流域管理机构对重要省界（缓冲区）的监督监控能力，在水质评价、水质预警预报、水体水污染事故快速反应等方面发挥了重要作用，为管理和决策部门提供了有力的数据支撑。

为进一步加强长江上游、三峡水库、丹江口水库等重要水域水资源保护监测工作，提高长江水环境监测与监督能力，2011 年又配备了“水政监 2011 号”水政监察船，专为丹江口库区的水政执法监督和水质监测服务；2016 年再次获批建设一艘水环境监测船，2017 年正式投入使用，极大地提高了长江流域水质监测能力和水平。该监测船往返于重庆（宜宾）至上海，对长江干流和主要支流、入河排污口、水功能区、重要饮用水水源地等水体水质进行监测和巡测，为水资源保护的监督管理提供支撑服务。

——移动监测车。为了应对突发水污染事件的应急水质监测，长江委很早就配置了移动监测车，并配备了简易试验室。限于当时资金、技术等条件，车体较小，应急监测仪器配置不全，后勤保障以及应急现场保障指挥等功能不足，不能满足长江流域广袤水域和复杂条件以及多种可能的水污染事件的应急监测需要。为此，2011年，水利部再次划拨专项资金建造了一座新的移动实验室。移动实验室由福特E450房车改造而成，车长9.6米，宽2.5米，高3.5米，可乘载9名监测人员，能根据不同污染物检测需要配置相应的分析仪器，可在野外现场完成水质采样、处理和分析。2013年，又配备了拖挂式移动实验室，进一步增强了移动应急监测能力。

2010年，监测中心开始使用水利部统一研制的水资源质量信息共享服务系统。2015年，为规范化、科学化管理大量的水质监测数据，流域监测中心在现有数据库基础上，改进和完善了长江流域水环境数据库，已实现历史数据的迁移，并实现了当前数据的及时入库。

五、全面开展流域质量控制与管理

长江流域水环境监测网的管理主要体现在以下四个方面：一是工作协作，发挥流域监测网整体优势；二是质量控制，保证数据的准确性和可比性；三是信息共享，建立流域水环境信息中心；四是技术培训，提高流域内监测技术水平。

长江水保局成立之初，就十分重视水质监测的质量控制。1986年，基本建立了长江水质监测网成员单位的水质监测质量控制体系。流域监测中心根据流域内实际情况，通过分期分批分发质控样品，对监测网内成员单位实施考核。2010年，水利部水文局和水资源司联合印发《水质监测质量管理监督检查考核评定办法》等7项质量管理制度和《加强水质监测质量管理工作的实施方案》，流域监测中心按照要求和部署，完善了质量管理体系。岗位技术培训和考核、质量控制、质量监督检查和评定等工作进展顺利。为保证水质监测质量，流域监测中心对站网成员单位和中心内部实验室的质量管理开展了大量的工作。每年年初，制定流域监测质量管理工作计划，并上报水利部水文局。质控手段包括盲样考核、实验室比对、能力验证等方式。质控考核基本覆盖流域内西藏、青海、贵州、四川等17个省中心及部分分中心、流域机构所属8个分中心的全部实验室。此外，日常工作中遇到异常监测数据，还及时组织开展现场调研、座谈，实现对样品采集、保存和运输、检测过程等环节的把控，确保流域水环境监测成果的准确可靠。

自2011年开始，流域监测中心受水利部水文局委托，负责湖北、湖南、江西、四川、重庆、西藏等省（自治区、直辖市）水文局，长江委水文局上游、三峡、中游、下游、长江口、荆江和汉江7个中心和上海分中心等14个单位的水质监测从业人员的上岗考核和换证工作，统一了上岗证证书。

为监测网成员单位进行技术培训是监测中心的主要职能之一。多年来，流域监测中心除注重自身人员的技术培训外，还对监测网成员单位进行培训，承担水利部水文局布置的其他培训任务。培训方式既有专项的监测技术培训，又有现场指导培训，还有针对监测网成员单位需求开展的个性化培训。2004年，开展长江流域片首期水体细菌学检验培训；2006年，派出教学组赴西藏开展水环境监测技术培训；2008—2010年，连续三年举办三期全国水利系统藻类监测技术培训等。近五年，流域监测中心每年根据监测工作情况和各单位需求，面向全国和流域组织开办监测技术培训班，累计培训学员超过200人次，培训项目既有常规的金属、有毒项目，也有水生生物、微量有毒有机物项目。由于培训方式灵活，学习内容广泛，培训效果良好，受到学员和派出单位的好评。

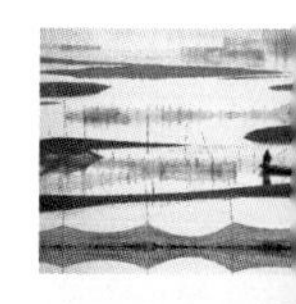

质量管理是水质监测工作的重要组成部分，也是做好水质监测工作的重要保障。水质监测质量管理是指在水质监测的全过程中，为保证监测数据的代表性、可靠性、可比性、系统性和科学性所实施的全部质量保证、质量控制、质量监督检查、质量评定等措施。流域监测中心每年负责组织长江流域、西南诸河范围的质控考核，涉及西藏、青海、贵州、四川、重庆等17个省（自治区、直辖市）监测中心及其分中心，长江委水文局7个中心及其所属的5个分中心，流域上海分中心等89个实验室。

2010年，为全面加强水利系统水质监测质量管理工作，水利部下发了《关于加强水质监测质量管理工作的通知》（水文〔2010〕169号）、《加强水质监测质量管理工作的实施方案》（水文质〔2010〕143号）以及《关于印发〈水质监测质量管理监督检查考核评定办法〉等七项制度的通知》（水文质〔2011〕8号），在全国水利系统组织开展了水质监测质量管理专项工作。

按照要求和工作分工，流域监测中心负责流域内西藏、四川、重庆、湖南、湖北和江西等6个省（自治区、直辖市）和长江委所属7个水环境监测中心的七项制度检查、考评工作，将水质监测质量管理工作的全过程纳入制度化管理轨道，分别从监督检查考评、人员培训上岗考核、实验室质量控制考核、比对试验、实验室能力验证、重点水功能区监测质量、水质监测仪器设备、水质自动监测站、移动实验室等方面，对水质监测质量进行全面的规范与管理。2013年，新修订的《水环境监测规范》（SL 219—2013）颁布实施，与七项制度的执行相互补充，完善了对质量管理过程的监督，在管理细节上得到加强，并把检测人员安全管理放到突出位置。

此次质量管理七项制度的实施，对流域水质监测质量管理工作产生了长期而深远的影响，全面提升了流域质量管理的水平，通过自查、检查，把细节决定成败的理念贯彻到实验室质量管理的方方面面，提高了各地方实验室发现问题、解决问题的能力；通过互查、交流，促进了实验室之间的相互帮助、相互学习，共同提高；通过人员培训和技术指导，进一步统一和完善了流域监测技术体系，提升了检测人员的个人检测技能水平。各监测中心进一步完善了实验室质量管理制度，大力推进了实验室管理、评价、采样、检测人员的培训和考核工作，质量意识已经深入人心，质量管理制度的推行也由初期的被动接收发展到当前的“因我需要所以开展”，有效发挥了水质监测的技术支撑作用。

在2011—2015年为期5年的第一轮次七项制度实施过程中，流域监测中心全面承担起流域水环境监测行业管理和技术中心的责任，对所负责的水环境监测（分）中心进行了全面检查和考核，并面向长江流域和其他培训需求的单位，组织开展业务培训，累计举办监测技术培训班24期，培训监测技术人员2660余人次，组织上岗考核1159人次。培训涉及气相色谱、分光光度计、水生态、硫化物、便携式仪器操作、《水环境监测规范》（SL 219）宣贯、计算机应用、实验室安全知识、《水利质量检测机构计量认证评审准则》（SL 309—2013）等。培训内容之广泛，培训规模之大，上岗考核人数之多，在长江流域水质监测工作历史上绝无仅有。从理论上、实际操作上、新技术应用上，全面提升了流域水质监测质量管理工作的水平和检测人员的业务技能和技术水平。

在总结第一轮水质监测质量管理七项制度的基础上，2015年6月，水利部修订了《水质监测质量管理监督检查考核评定办法》等七项制度，并开展了第二轮的监督检查，使质量管理工作得到进一步深化。

六、重点区域和专项水质监测

70年来，长江委组织有关部门和单位除了承担常规水质监测外，还主动承担重点水域和一些专项水质监测工作，取得了一大批成果。既为相关工程提供了服务，同时也开展有偿服务，弥补了监测经费的不足。

1. 三峡工程生态与环境监测

三峡工程在论证和后续准备阶段，长江水保局就开始了三峡工程生态与环境监测。20世纪90年代，长江水保局主持编制了《三峡工程生态与环境监测系统实施规划》，并据此建立了由不同行业、不同部门参与的具有强大功能的三峡工程生态与环境监测系统。水文水质同步监测子系统和三峡工程施工区环境监测子系统即是其中重要的两个子系统。这两个子系统从 1995 年开始实施监测，至 2016 年底已有 22 年的历史，监测工作的主要承担单位是流域监测中心等单位。除这两个子系统的监测工作外，流域监测中心还开展了大量的专项监测，如三峡工程大江截流期水环境监测、三峡工程 135 米蓄水期水环境监测、三峡工程 156 米蓄水期水环境监测、三峡工程 175 米试验性蓄水期水环境监测、三峡库区支流富营养化调查与监测、三峡库区重大潜在污染源调查、库区支流香溪河氮磷时空分布调查、三峡工程施工区污染源强调查等。监测及其相关的研究成果为三峡库区水环境保护管理与决策提供了强有力的支撑。

（1）三峡工程水文水质监测子系统

三峡工程生态与环境监测系统是针对三峡工程所建立的跨地区、跨部门、多学科的综合监测系统，对三峡工程相关生态与环境问题开展全过程跟踪监测，包括水文水质子系统、污染源子系统、鱼类及水生生物监测子系统、陆生动植物子系统、局地气候子系统、农业生态与环境子系统、河口生态与环境监测子系统、人群健康子系统等。在 2008 年监测系统调整前，水文水质子系统下设水文水质同步监测重点站、污染带及城市江段水质监测重点站、地下水监测重点站；监测系统调整后，水文水质子系统下设干流水文水质同步监测重点站、重点支流水质监测重点站、典型排污口污染带监测重点站、泥沙监测重点站。

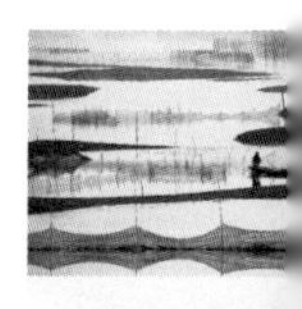

水文水质同步监测重点站从 1996 年开始，对库区长江干流、支流入江口及下游等水域每月进行水质监测。2001 年之前，水文水质同步监测重点站共设置 9 个监测断面，干流断面 7 个，分别为寸滩、清溪场、沱口、官渡口、南津关、汉口 37 码头（以下简称“汉口”）和吴淞口下 23 千米；支流断面 2 个，分别为嘉陵江临江门及乌江武隆。2002 年，增加了朱沱、铜罐驿 2 个干流断面和嘉陵江北碚 1 个支流断面，共 12 个监测断面。2004 年，增加了御临河口、小江河口、大宁河口和香溪河口 4 个支流断面。至此，水文水质同步监测重点站共设置 16 个监测断面，包括 9 个干流断面，7 个支流断面。

监测内容包括水文、水质、底质和水生生物等。水文要素有水位、流量、平均流速。水质参数包括水温、pH 值、氧化还原电位、电导率、悬浮物、总硬度、总碱度、高锰酸盐指数、总磷、铜、铅、镉、砷、汞、挥发酚、六价铬、石油类、粪大肠菌群、细菌总数等。底质参数包括总铜、总铅、总镉、总锰、总磷、总砷、总汞、总钾、有机质、有机氯农药及有机磷农药等。水生生物包括浮游植物、浮游动物、固着藻类和底栖动物。

监测频次依据监测内容有所不同。水质监测频次为：除吴淞口下断面外，其余断

面均每月监测1次。吴淞口下断面监测在单月进行，每次同时监测涨潮期与落潮期的水质。底质监测分别在1月（枯水期）和7月（丰水期）进行。水生生物按季度每年监测4次。

监测成果以月报、季报和年报的形式发布。

水文水质监测子系统从开始运行至今，获取了长江干流和支流监测数据约200万个，依据这些数据在《Water science and technology》《环境科学学报》《长江流域资源与环境》《人民长江》等国内外著名期刊发表了20余篇论文，编制出版了《三峡库区水环境研究》专著，编写了《长江三峡工程生态与环境监测水环境主题分析报告》蓝皮书。监测成果为三峡工程建设及运行过程中环境与资源管理以及领导部门决策提供了科学依据和技术支撑，为三峡工程生态环境管理、三峡库区生态环境保护发挥了重要作用。

（2）三峡工程蓄水期动态监测

——135米蓄水期动态监测。2003年6月1日，三峡水库下闸蓄水，至6月10日蓄水至135米，水文情势发生了显著变化，库区江段水深增加，流速减缓。为掌握蓄水期库区的水环境变化状况，研究蓄水对库区水环境的影响，进而为三峡水库运行初期的水资源保护工作提供依据，长江水保局组织有关技术人员，利用“长江水环监2000”监测船，在135米蓄水前（4月18—26日）、蓄水过程中（5月26日至6月15日）和蓄水后（7月17—25日）对回水范围内的库区干流及主要支流的水环境状况进行了调查监测。蓄水前的调查监测是为了获取库区水体全面、准确的环境本底数据，为后期水库蓄水的水环境变化研究奠定基础。在蓄水进程中，利用监测船对大坝至回水末端范围内干流和主要支流水质及部分支流库湾水生生物进行了5次往返动态监测。水库实现135米蓄水位后，对回水末端（涪陵）至大坝的干流和支流水质进行了监测。共采集627个水样、214个生物样品、20个底质样品和45个放射性样品，在较短的时间内完成了样品的测试工作，共获取约20000个监测数据，尤其是蓄水进程中首次发现了香溪河、大宁河、梅溪河所出现的“水华”现象。通过对所获取数据及所发现水质问题的系统、全面分析和研究，形成了《三峡水库蓄水期水库水环境质量变化状况调查及放射性等本底补充调查报告》。报告全面评估了水库首次蓄水前后各环境要素的变化，探讨了三峡水库135米蓄水对库区干流和主要支流水环境质量的影响，掌握了蓄水全过程中的水质变化情况及淹没浸出物对水库水质的影响，蓄水前后水体中有机农药含量的变化情况，水生生物种群、数量的变化情况，库区9条支流富营养化水平的变化及成因，并进行了机理研究。

同时，三峡工程首次蓄水后所观测到的部分支流库湾的水华现象引起了国内外的高度关注。之后，很多部门、高校和科研机构都以各种形式开展了对三峡水库支流富营养化的调查或研究工作。长江水保局组织开展了“三峡库区支流富营养化调查”“三峡水库不同蓄水位支流库湾富营养化状况调查”等；相关专家学者在国内外期刊上发表了大量关于三峡库区支流库湾富营养化和水华的论文。

在“三峡水库135米蓄水前后水环境质量变化及水样不同处理方式对水质参数监测值的影响”的项目研究中，取得的主要成果有：对蓄水前后三峡库区约500千米范围内干支流水质变化情况进行了监测和研究，对蓄水进程中的水质实施动态监测，及时掌握蓄水淹没浸出等因素对水质的影响；及时发现了蓄水位抬高后部分支流回水区的水华现象并进行了机理研究；研究了水样不同处理方式对水质参数监测值的影响及制约因素，解决了地表水环境质量标准（GB 3838—2002）实施前后水质参数监测值的可比性技术难题。这是国内和国际范围首次对大型水利工程蓄水全过程中的水质进行跟踪监测。其成果不仅为三峡水库环境保护决策提供了依据，对水环境学科的发展也具有很大贡献。

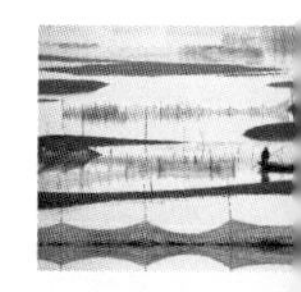

——156米蓄水期动态监测。156米蓄水是三峡工程继2003年6月首次蓄水成库后又一次大幅度抬升水位。此次蓄水自2006年9月20日晚10时开始，起蓄水位135.50米，至10月27日成功实现蓄水目标（上午9时50分水库水位达155.39米），进入正常的运行调度状态，整个蓄水过程历时37天，累计抬升水位19.89米，累计蓄水量约105亿立方米。蓄水156米高程，意味着三峡工程由围堰挡水发电期转入水库初期运行期，防洪、发电、航运三大效益得到全面发挥，在三峡工程建设史上具有里程碑意义。

为及时掌握蓄水期间库区干支流水环境质量变化状况，做好库区水质保护与管理工作，长江水保局组织有关技术人员，开展了“三峡水库156米蓄水期水库水环境质量变化状况调查”。流域监测中心会同长江委水文局水质处组织开展了上游水环境监测中心和三峡水环境监测中心对蓄水前、蓄水过程中和蓄水后库区回水范围内干流和主要支流的水质、水生生物和底质开展监测，并在整个蓄水期间编制了8期《三峡水库156米蓄水期库区水质状况快报》。这次调查共获取监测数据约30000个，形成了《三峡水库156米蓄水期水库水环境质量变化状况调查报告》。

三峡水库156米蓄水历时37天，整体蓄水进程较为缓慢。根据蓄水期水环境质量监测结果及现场动态巡测发现，库区水体在156米蓄水期间存在石油类、总磷等污染，部分支流出现了富营养化，个别支流局部水域水体发黑，有的库湾、支流口水域有网箱养鱼。掌握了蓄水过程中漂浮物的出现规律，一般情况下江面漂浮物较为分散，在水位抬升较快或暴雨过后，短时间内易产生大量漂浮物；零星漂浮物会逐渐汇集到

近坝水域某一区域，形成大量的堆集，妨碍航道。为更好地保护三峡库区生态环境，流域监测中心提出了一系列有针对性的建议：进一步加强库区污染防治；加强水环境监测及科研工作；及时进行蓄水前的库区清理工作；严格控制网箱养鱼。针对江面漂浮物特点，采用不同的清理措施，漂浮物分散时宜采用人工作业的小船进行分散式打捞；短时出现大量漂浮物的，需同时投入中型的机械打捞船，在近坝水域大量堆集并妨碍航道的，宜采用大型机械打捞船。相关建议的提出为库区水环境保护发挥了重要作用。

——175米蓄水期动态监测。2008年汛后，三峡工程开始了针对175米目标蓄水位的试验性蓄水，自9月28日零时开始，至11月4日22时30分，坝上水位达到高程172.3米，蓄水过程正式结束。此次试验性蓄水过程的蓄水量达193.1亿立方米，蓄水过程中三峡水库最高水位达172.8米。

为掌握试验性蓄水期间库区的水环境变化状况，研究试验性蓄水对库区水环境的影响，进而为三峡水库运行初期的水资源保护工作提供依据，流域监测中心会同长江委水文局所属上游水环境监测中心和三峡水环境监测中心，在试验性蓄水前、蓄水过程中和蓄水后对库区回水范围内的干流和主要支流的水质、水生生物和底质开展了全面、系统的监测工作，并适时编制上报多份水质快报，及时、准确地反映了试验性蓄水不同阶段的水环境特征。这次监测共获取相关数据20000余个，总结形成了《三峡水库2008年试验性蓄水期水环境质量状况调查报告》。在对库区干支流进行监测结果进行分析的基础上，提出了进一步加大污染防治和消减排放量、继续加强水环境监测、开展三峡水库水环境评价体系研究、加强突发污染事故防控工作、加强水环境预警预报能力建设等建议。

2009—2018年，三峡水库每年都进行了试验性蓄水，并于2010年首次实现了175米目标蓄水位。针对每次试验性蓄水，流域监测中心均进行了试验性蓄水期的三峡水库水环境监测工作，并编制水环境质量调查报告。

2. 丹江口库区水质专项监测

丹江口水库坐落于汉江上游下段，地处鄂西北、豫西南交界处的大巴山、秦岭与江汉平原过渡地带，属丘陵盆地型水库。大坝位于汉江与丹江汇合处以下800米的湖北省丹江口市，控制流域面积9.52万平方千米，占汉江流域集水面积的60%。丹江口水库正常蓄水位170米，相应库容290.5亿立方米，死库容76.5亿～126.9亿立方米。丹江口水库功能主要为防洪、供水、发电、航运等，是南水北调中线工程的水源地，担负着向京津和华北供水的任务，其水质安全问题备受关注。为此，长江委长期以来组织相关单位对水库及上游水体、库区主要支流、重要水功能区进行水质监测，为丹江口库区水资源和水环境保护决策提供有力支撑。

（1）丹江口水库水质监测

丹江口水库设有陶岔、坝上、台子山、浪河口下4个常规监测断面，监测频次为每月1次，监测参数为24项。2012年起，长江水保局每年还在库内开展1次饮用水水源地109项全指标监测，监测断面为白渡滩、太平洋1、太平洋2、台子山、坝上、浪河口、浪河口下、龙口、莫家河等。此外，还定期开展营养状况和水生生物监测。

近年水质监测结果表明，根据常规24项指标（水温、总氮、粪大肠菌群不参评）的水质评价结果为Ⅰ～Ⅱ类，5项水源地补充项目合格，80项特定指标中，71项未检出，9项检出指标的测值远低于标准限值。库内水质符合《丹江口库区及上游水污染防治和水土保持“十二五”规划》中确定的“2014年中线通水前，丹江口水库陶岔取水口水质达到《地表水环境质量标准》（GB 3838—2002）Ⅱ类要求（总氮保持稳定）；2015年末，丹江口水库水质稳定达到《地表水环境质量标准》（GB 3838—2002）Ⅱ类要求（总氮保持稳定）”的水质目标。

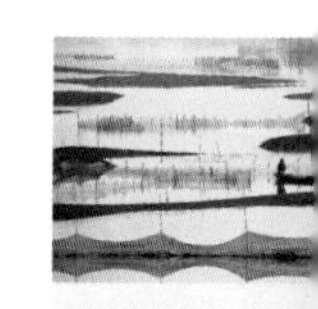

营养状况及水生生物监测结果表明，丹江口水库整体处于中营养状态，局部库湾的氮、磷等营养元素富集程度较高，部分支流入库口如神定河河口、犟河河口、泗河河口、剑河河口，马蹬库湾已接近轻度富营养状态；库区浮游植物种类丰富，优势种群以硅藻、蓝藻、绿藻为主，丹江口水库藻密度较低，主体水域藻类密度在10^6～10^7个每升，主体水域间藻密度差异较小，库湾藻密度较高；底栖动物种类丰富，主要由寡毛类（颤蚓科、仙女虫科）和摇蚊科组成，其中寡毛类密度在全年中占据优势地位，生物量的优势种则为软体动物。

（2）丹江口水库及上游省界水体监测

经水利部审核确定，丹江口库区及上游共有16个省界断面，涉及陕鄂、豫鄂、川渝、川陕、陕豫等省际边界。其中，汉江干流设置了兰滩和白河两个省界断面。

长江委自1997年开始组织开展丹江口水库及上游的省界监测工作。2011年，实现丹江口水库及上游16个省界的全覆盖监测，监测频次为每月1次，监测参数20项。

（3）丹江口水库及上游水功能区监测

根据国务院批复的《全国重要江河湖泊水功能区划（2011—2030年）》，丹江口库区及上游共划定48个水功能区，其中，缓冲区7个，保护区9个，保留区21个，工业用水区9个，渔业用水区1个，过渡区1个。

根据职责，省界缓冲区的监测由流域机构负责，其余水功能区的监测由各省负责。48个水功能区中，已经开展监测的有45个，监测覆盖率为93.8%，省界缓冲区已全部开展监测；水功能区监测频次为2～12次，以每年2次为主，占42%，实现按月监测的水功能区为12个，占25%，省界缓冲区已全部实现按月监测，监测参数20项。

（4）直接入库河流水质监测

为加强丹江口库区主要入库支流的水质管理，长江委自2012年起开展16条直接入库河流的水质监测工作，监测频次为每月2次，监测参数为24项。16条支流分别为汉江、天河、堵河、神定河、犟河、泗河、官山河、剑河、浪河、丹江、淇河、滔河、老鹳河、曲远河、将军河、淘沟河。近年监测结果表明，丹江口水库直接入库河流中，约30%的河流水质状况未达到《丹江口库区及上游水污染防治和水土保持“十二五”规划》中确定的“直接汇入丹江口水库的各主要支流水质不低于Ⅲ类（现状优于Ⅲ类水质的入库河流，以现状水质类别为目标，不得降类）”的水质目标。16条入库河流中，神定河、泗河、犟河等5条河流的现状水质不达标。

七、提升应急监测能力

应急监测是水资源监测的重要方面，既是水利部门的重要职责，也是保障生活、生产、生态用水安全的重要基础。长江流域水系发达，经济发展较快，陆路和水上交通增长很快，突发性水污染事故的威胁日渐增大，水资源保护与供水安全形势严峻。特别是三峡水库、丹江口水库等重要敏感水域，蓄水后库区水文情势发生变化，支流库湾水域还面临着富营养化和水华发生的问题，给用水、调水和水生态带来一定影响。面对长江流域发生的众多突发水污染事件，流域监测中心快速反应，积极行动，参与了流域内发生的葛洲坝库区黄柏河黄磷污染事件、岳阳苯酚沉江事件、万州航空油泄漏事件、云阳运载硫酸沉江事件、陕西丹凤氰化物泄漏事件、沱江污染事件、重庆垫江县英特化工有限公司爆炸事故等近十起水污染事件的应急调查监测工作，为突发水污染事故的处理提供了科学决策依据。面对每一次突发事件，长江水保局突发水污染事件应急工作领导小组都要经过研判，启动应急预案，制定应急相应措施。流域监测中心应急监测小组在接到应急监测任务后，都携带应急监测设备及试剂，第一时间赶赴现场，克服重重困难，圆满完成各项任务。其能力、实力及工作态度受到了有关部门和单位的高度肯定。

1.“汶川地震”饮水安全保障监测

2008年“5·12汶川地震”发生后，长江水保局按照水利部抗震救灾领导小组的统一部署，派出移动监测车和专业技术人员，积极投入饮水安全保障水质监测工作中。长江水保局抗震救灾团队在为期20余天的应急监测工作中，冒着随时可能发生余震和塌方的危险，按照要求，开展都江堰、绵竹、江油、安县、宝兴、汉源、大邑等重灾区成都片区的供水水源地水质应急巡测工作，并承担由其他3个流域中心负责的三个片区水质应急监测数据的汇总及上报工作。在为期20余天的巡测工作中，巡测组在集中式供水水源地和临时安置供水点共采集水样500余个，监测参数包括生物综合毒性测试、氟化物、氰化物等10项，获取准确、可靠的监测数据近5000个，汇总并上报四支监测队伍1000多个水样的1万多个监测数据，没有发生一例错报或漏报。巡测组以科学严谨的监测成果为稳定灾区民心和前方指挥部管理决策提供了技术支撑，得到了灾区人民和水利部抗震救灾领导小组的好评。

2. “玉树地震”应急监测

2010年“4·14玉树地震”发生后，长江水保局立即启动突发事件应急预案，派遣移动监测车和专业技术人员连夜赶赴灾区开展应急监测工作。全体人员深入震区，忍受着强烈的高原缺氧反应，体验着一天四季的气候，克服了生活上的诸多困难，持续200多个小时监测水质，完成了玉树灾区的结古镇及周边8个乡镇65个主要供水水源的应急水质巡测工作，为缓解灾情作出了巨大贡献，以实际行动保障了灾区人民的饮水安全。

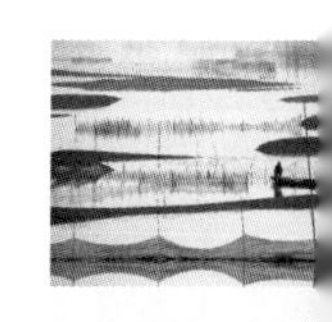

3. 南水北调中线工程通水后的应急监测

南水北调工程是旨在缓解中国华北和西北地区水资源短缺的国家战略性工程，分为东线、中线、西线三条。其中，中线工程从长江最大支流汉江中上游的丹江口水库调水，经长江流域和淮河流域的分水岭南阳方城垭口，经黄淮海平原西部边缘在郑州以西孤柏嘴处穿过黄河，继续沿京广铁路西侧北上，自流到北京、天津。总干渠全长1277千米，为沿线河南、河北、北京、天津等4个省（直辖市）20多座大中城市提供生活和生产用水。2014年6月，南水北调中线干渠开始充水实验；2014年12月，正式通水。

为了及时掌握试通水期间的水质情况，保证试通水期间的水质安全，在南水北调中线水质保护中心的安排部署下，流域监测中心于2014年11月派出水质监测小组对河南辉县至北京段干渠水质进行了为期21天的应急监测。这次水质应急监测对南水北调中线总干渠40个监测断面渠道内的水质进行了现场、连续监测，共采集、检测水样109个，工作区段覆盖从河南辉县到北京惠南庄泵站、天津外环河，监测参数为水温、pH值、溶解氧、氨氮、总磷、总氮、高锰酸盐指数、化学需氧量、石油类、阴离子表面活性剂、六价铬、铜、铅、锌、镉、汞、砷、电导率、浊度和生物综合毒性等20个参数。

2015年2月，流域监测中心应南水北调中线干线建设管理局要求，又启动了营养元素监测及藻类应急监测。对干渠开展系统的水生态调查监测工作，掌握总干渠的水生态现状，分析干渠重点渠段的水生生物群落动态、分布格局及演变趋势；在水华高风险时期开展藻类应急监测工作，监测水体主要营养物质动态，摸清各渠段藻类密度及主要优势藻种，未雨绸缪，防止水华暴发，为总干渠的调度管理提供支撑，确保供水水质安全，也可以为南水北调中线总干渠的水生态保护、水华防治及预警、调度管理等提供技术支撑。

在应急工作中，长江水保局还积极开展各类突发水污染事故的区域协调和跨省协助工作。2010 年 6 月，江西驰邦药业有限公司 1000 多个化学药品原料桶被洪水冲入赣江，可能造成水污染，应江西省水文局的请求，水保局及时组织应急监测人员，协助江西省水文局在青云水库、吴城、星子和湖口等地开展应急监测，现场检测生物综合毒性指标，甲苯等物质，同时将现场不能检测的有毒有机物样品送回中心实验室连夜分析，流域与省区共同圆满地完成了这次应急监测任务。此次应急监测工作充分体现了流域监测中心的技术支持作用，受到江西省水利厅的高度赞扬。

八、生态监测

进入 21 世纪，长江流域生态监测除了常规固定监测站（点）以外，主要是开展水土流失的动态监测。长江委组织编制了长江流域及西南诸河水土流失动态监测规划，开始分期分批对长江流域重点支流和重点区域开展水土流失动态监测。先后完成了三峡库区、丹江口水库水源区等的水土流失动态监测工作。这些成果以公报的形式向社会公布。2007 年，长江委发布了第一份《长江流域水土保持公报》，此后每五年发布一期。该公报全面反映了长江流域水土保持监督管理、监测、治理等方面的情况和重要事件，引起社会各界的关注，在国家宏观决策、经济社会发展和公众信息服务等方面发挥了积极作用。

——《长江水土保持公报（2001—2005 年）》。2007 年发布的我国首部《长江水土保持公报》显示，尽管近 20 年来（20 世纪 80 年代以后）长江流域水土保持成效显著，但尚有 50 多万平方千米的水土流失面积，近 1.5 亿亩坡耕地亟待治理，每年因开发建设等生产活动造成的人为水土流失面积达 1200 多平方千米，生态环境恶化的局面没有得到根本遏制。

根据 2000 年全国第二次水土流失遥感调查，长江流域水土流失面积 53.1 万平方千米，较 80 年代中期全国第一次水土流失遥感调查的 62.2 万平方千米减少了 15%，但仍占流域总面积的 30%。长江流域水土流失以水力侵蚀为主，达 52.4 万平方千米，主要分布在长江上中游的嘉陵江、金沙江下游、三峡库区、丹江口水库水源区和洞庭湖、鄱阳湖水系等重要支流和区域。水土流失产生的后果十分严重，潜在威胁极大。

20 世纪 80 年代以来，特别是 1988 年国务院批准实施长江上中游水土保持重点防治工程以来，长江流域水土流失治理速度不断加快，水土保持工作成效显著。经过近20年的以小流域为单元的山、水、林、田、路综合治理，全流域水土流失趋势发生了由增到减的历史性转折，局部地区生态环境显著改观，部分支流的河流输沙量呈下降趋势。

截至2005年，全流域已累计治理水土流失面积28.4万平方千米。其中，长江上中游水土保持重点防治工程治理水土流失面积9万余平方千米。40多个县实施的水土保持生态修复工程取得了显著成效，长江源头和丹江口水库水源区两大预防保护工程已完成预防保护面积近8000平方千米。长江流域各级水行政主管部门累计审批水土保持方案8.1万个，开展水土保持监督检查3.5万次，对1.9万起开发建设项目造成的水土保持违法案件进行了立案查处，8000多个开发建设项目水土保持设施通过验收。长江流域水土保持监测网络基本建成，三峡库区、丹江口水库水源区、嘉陵江流域、金沙江下游、洞庭湖水系等重要支流和区域水土流失动态监测先后启动，监测覆盖面积达70余万平方千米。

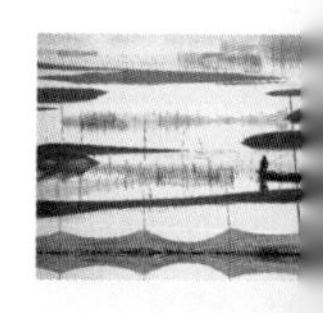

国家重点防治工程进展顺利。长江上游水土保持重点防治工程由最初的6省（直辖市）61个县（市、区）扩大到10省（自治区、直辖市）208个县（市、区），后该工程更名为“长江上中游水土保持重点治理工程”。赣江流域水土保持重点防治工程、中央财政预算内专项资金水土保持重点防治工程等成效显著。国家安排的生态修复工程、长江源头区和丹江口水库水源区水土保持预防保护工程全面实施；滑坡泥石流预警系统进一步完善，预警控制面积达11.3万平方千米。

长江流域水土保持虽取得了明显的成效，但水土流失形势仍不容乐观。每年因水土流失造成耕地退化、石漠化的面积仍高达近百万亩。长江上游地区还有3000多条严重威胁着群众的生命财产安全的泥石流沟。中游红壤丘陵区还有数十万个号称“生态溃疡”的崩岗，仍在淤塞江河、水库、塘堰，压埋农田。每年因开发建设等生产活动造成的人为水土流失面积达1200多平方千米，新增水土流失量约1.5亿吨，生态环境恶化的局面还没有得到根本遏制。

——《长江水土保持公报（2006—2015年）》。通过10多年的预防和治理，长江流域水土流失面积下降到38.46万平方千米，较全国第二次水土流失遥感调查数据减少27.5%，水土流失减少幅度较大。但年均减少幅度并不大，仅为2.75%，治理任务仍然艰巨。

2006—2015年，长江流域累计治理水土流失面积14.73万平方千米，其中，丹江口库区及上游水土保持重点工程、云贵鄂渝水土保持世行贷款/欧盟赠款项目、国家农业综合开发水土保持项目、坡耕地水土流失综合治理工程、国家水土保持重点建设工程、中央预算内水土保持项目等国家水土保持重点工程共治理水土流失面积5.97万平方千米；长江流域各级水行政主管部门共审批生产建设项目水土保持方案7.74万个，开展水土保持监督检查11.49万次，查处水土流失违法案件1.68万起，对2.05万个生产建设项目开展了水土保持设施专项验收。

10年间，长江委先后对丹江口库区及上游、鄱阳湖水系、三峡库区、洞庭湖水系（资水、澧水、沅水）、岷江流域、沱江流域、赤水河流域等区域（水系、支流）开展了水土流失遥感监测。长江流域内全国水土保持监测网络和信息系统一期、二期工程建设完成，共建成1个流域水土保持监测中心站、15个省（自治区、直辖市）水土保持监测总站、54个地（市、州）水土保持监测分站、227个水土保持监测点。开展了国家水土保持重点工程及重点建设项目水土保持监测，实施丹江口库区及上游水污染防治和水土保持规划、南方崩岗防治规划、三峡库区水土保持规划等。在科研和技术推广示范等方面，组织开展或参与并完成了中国南方崩岗调查及防治技术研究、移动式坡面水土流失高精度快速测评系统关键技术研究、南水北调中线工程水源地水土流失与面源污染生态阻控技术研究、水土保持项目管理信息系统开发与应用、水土保持科技示范园建设等，取得了丰硕成果，为长江流域生态建设作出了很大贡献。

九、长江流域水环境监测站网工作会议

长江流域水环境监测站网的建立在整个长江生态建设中的重要性可圈可点。从20世纪50年代中后期开始，长江委即着手建立流域水质监测站网，历经数十年，1986年初步形成了长江流域不同部门、行业组成的水质监测站网，并每年召开一次会议，交流经验。到90年代初期，形成了以流域监测中心为主，包括委内相关单位、省级水利行业的水环境监测中心和部分地市级分中心组成的比较完善的流域水环境监测网络，延续每年一次的站网工作会议，每次会议都有一个主题，大家相互交流、切磋经验，统一标准、统一质量控制，不仅保证了监测成果的质量，也促进了流域水环境监测工作的健康发展。从20多年历次会议的主题可以窥见长江流域资源监测人的坚守和自信。

1. 1994年上海会议

1994年5月，在上海召开了长江流域与太湖流域水环境监测工作会议，该会议在流域的水资源保护与水环境监测发展进程中具有重要意义。会议是在全国水环境不断恶化、水资源保护形势日益严峻的状况下召开的。会议目的是贯彻水利部广东工作会议精神，行使水利部门主管水资源保护的职能，强化长江与太湖流域水环境监测工作，充分发挥水利部门的整体优势，为流域水资源保护与管理工作服务。

来自水利部、冶金部、轻工总会、长江委、太湖流域管理局的有关部门，云南、四川、湖南、湖北、河南、江西、安徽、江苏、浙江、上海等10个省（直辖市）的水利部门，以及流域内各水环境监测中心和水利部水质试验研究中心，松辽、黄河、海河、珠江流域水环境监测中心等单位的代表出席了会议。会议由长江委和太湖流域管理局共同主持。水利部何景副部长在会上作了题为“加强水环境监测工作，为水资源可持续利用而努力”的书面讲话。水利部水文司、河南省水利厅、江苏省水利厅、浙江省水利厅和上海市水利局等单位的代表在大会上作了发言。长江水保局与太湖流域水资源保护局分别作了长江流域与太湖流域水环境监测工作与水质污染状况的汇报。

与会代表一致认为，流域水利部门在水环境监测方面开展了卓有成效的工作，为掌握流域水资源质量与水污染状况，进行水资源保护规划与管理提供了大量基础资料，已成为流域内重要的环境监测力量。但是，近年来流域内水污染呈不断发展趋势，已严重影响人民生活与经济社会发展，保护水资源的任务十分艰巨。水利部作为水行政主管部门，应当对水资源的开发利用和治理保护实施统一管理。保护水资源与水环境，必须既管水质又管水量，量质并重。为了统一流域的水质监测与评价工作，长江委与太湖流域管理局联合召开此次流域水环境监测工作会议是十分必要的，也是很及时的。为了更好地担负起水资源保护的职责，必须在总结经验的基础上，统一认识，进一步完善和强化长江及太湖流域水环境监测网络，充分发挥水利部门水质水量统一管理及本部门技术和组织系统的整体优势，使水环境监测工作在水资源保护与水环境管理中真正发挥基础作用。

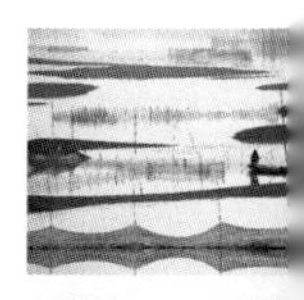

与会代表认真审议并原则通过了《长江流域水环境监测网管理办法》《太湖流域水环境监测网管理办法》，以及《长江流域水环境监测网1994—1995年工作计划》和《太湖流域水环境监测网1995—1996年工作计划》。建议长江委和太湖流域管理局将该办法修改完善后报水利部审批，尽快颁布执行，以作为网内各单位共同遵循的准则。会议建议：

（1）进一步提高流域内水利部门，特别是各级领导和水行政主管部门的水环境监测意识，以及对水环境监测工作重要性与必要性的认识，真正做到把水环境监测当作水行政主管部门必不可少的基础工作来抓。同时，加强宣传工作，向全社会，特别是流域内各地区、各部门、各级领导宣传加强水环境监测和保护水资源的重要性。

（2）在当前市场经济的形势下，流域内各水环境监测中心应本着顾全大局、互惠互利的原则，进一步加强团结协作，增强水利系统的综合实力，充分发挥部门整体优势。水环境监测工作应主动配合水行政监督管理，为流域水资源保护和水环境管理工作服务。

（3）水环境监测属国家基础性公益事业，而目前各单位监测工作经费普遍紧缺。建议水利部、流域及省、市各级主管部门增加水环境监测工作的经费投入，改善监测工作条件。各级水环境监测中心应尽快创造条件通过计量认证，以取得向社会提供公正数据的合法地位。

（4）建议水利部向国家主管部门呼吁，尽快对现行有关水法规进行修改，并制定相应配套实施细则，强化水利部门在水污染检查和处置中的职能，理顺与其他部门的关系，使之与水行政主管部门职责相适应，从法律上确立水利部门的地位，对水资源与水环境实施统一的保护与管理。

2. 1995 年贵阳会议

为贯彻上海会议精神，1995 年 6 月底在贵州贵阳召开了长江流域水环境监测工作会议，就长江流域水环境监测网面临的形势，如何加强长江流域水环境监测网的建设等方面进行了细致深入的讨论和研究。并着重就监测网规划与建设问题征求网内成员单位的意见与建议。

会议认为，长江流域现有水环境监测网虽然在开展水环境保护与科学研究方面发挥了很大作用，但也存在一些问题：如监测网的分级管理虽早已形成，却还很不完善；网内许多极为重要的测站至今还没有配置计算机，直接影响了监测数据的传递速度与准确性，降低了资料的使用价值；原有站网中包含的部分环境保护部门设置的测站，由于技术管理不协调，监测质量难以控制；布设的测站与断面不尽合理，有的河流测站布设过密，而有的流程长的一级支流却只在河口设置一个站，不能有效地监控整个河流的水质情况；干流所设置的断面不能充分反映与城镇工农业生产及生活用水密切相关的岸边水域的水质状况，等等。会议对加强监测网的建设提出如下建议：

（1）全网监测业务实行分级管理体系，各级水环境监测中心在各自划定的管理范围内，行使监测业务管理和组织监测活动，开展工作。

（2）在满足决策需要的信息量规定水平的条件下，以站网基建投资和运行费用最少为原则，不断调整与优化全网站网。

（3）加强全网监测能力的建设，提高监测技术人员与管理人员的业务水平和能力。

（4）拓宽与加深全网业务范围，在完成常规监测，收集和积累水环境基本资料，掌握变化动态，及时提供全流域水环境质量评价和趋势分析报告的基础上，开展取水口水源监测、排污口监督监测和早期警报性监测等工作。

（5）强化全网信息传递系统的建设，按照规划要求，为各级站配置设备，构成全网信息网络系统，及时通报各自辖区的水环境事件，及时采取对策。

（6）搞好全网质量保证体系的建设，全网实行分级质量管理体系，保证出具的监测资料准确可靠。

（7）健全全网经费支持系统，支持全网各级监测站积极走向市场，寻找经费和项目。

会议拟订了长江流域水环境监测站网“九五”规划，力求使投入的资金和收集的资料充分发挥作用，并能根据水环境控制要求合理分布，以掌握河流、湖库水体质量状况及其变化趋势。规划还对长江流域级水质站、水质断面布设作了原则性的规定。

3. 1996 年武汉会议

1996 年 12 月上旬，在湖北武汉召开了该年度长江流域水环境监测网工作会议。来自流域内云南、贵州、江西、河南、安徽、江苏等 12 个省水环境监测中心，太湖流域水资源保护局、丹江口工程管理局，以及长江委水政水资源局、长江委水文局及所属监测中心、长江流域水环境监测中心及所属上海分中心等单位的代表参加了会议。长江流域水环境监测中心向会议报告了流域站网“八五”工作总结，提出了“九五”规划及近期工作要点。长江委水政水资源局介绍了长江流域取水许可管理工作开展情况；湖北、贵州水环境监测中心代表介绍了为取水许可管理服务的经验。

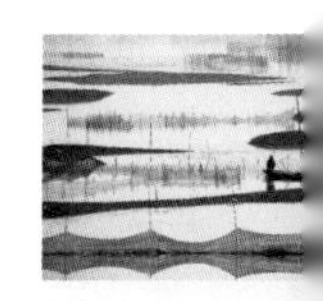

长江委主任黎安田强调，国务院早在 1994 年确立的水利部“三定方案”中就已经明确了水资源保护是各级水行政主管部门的一项重要职责。长期以来，流域内各级水利部门自觉地担负起了保护长江的重任，如长江委早在 50 年代就开展了长江的水质化验工作，70 年代发展为定期的水质监测。在水利部领导与支持下，长江委又与流域内各省水利部门共同努力，组建了长江流域水质监测站网，通过不断规范和完善，基本覆盖了长江流域的主要地表水体。通过近 20 年的工作，积累了大量的基础资料，在长江流域的水资源保护和管理中发挥了重要的作用。

水环境监测和评价工作基本是政府行为，具有社会公益性。监测资料和评价报告，主要服务于各级政府的管理和决策。水环境信息的收集，要靠监测网络中全体成员在标准化条件下的共同努力。长江是我国最大流域，战线长，任务重，更需要沿江各水环境监测机构的合作和支持。当前，水利部门的水环境监测工作正处于技术激烈竞争的环境中，强化行业管理，发挥整体优势显得特别重要，各单位必须一方面积极努力地完成水利部门规定的监测任务，凡是《通报》《年报》《公报》《简报》等政府行为所需的监测资料，应当及时上报；另一方面要充分利用系统的优势和工作的有利条件，积极开展有偿服务，弥补经费之不足。各单位的领导一定要对此引起足够重视，正确处理好两者关系，无论是流域机构的水环境监测中心，还是地方的水环境监测中心，都应当本着识大体、顾大局，团结协作，互相支持，互惠互利，共同发展的精神，处理好各种关系，建树水利行业的好形象、好风气。把长江流域水环境监测网络，建成全国最大最好的监测网络，在水利部门的水环境监测评价工作迈向 21 世纪的进程中作出新贡献。

会议还总结了 1994 年上海“长江流域与太湖流域水环境监测工作会议”以来监测网开展的工作经验，对 1995 年流域水环境监测资料进行了汇编，并召开了监测网领导小组会议，明确了组长、副组长单位，领导小组分析了监测网面临的形势与任务。为配合水行政管理与水资源保护，会议明确了“九五”期间监测网的工作重点及近期的主要任务：

（1）保护好长江水资源关系到我国经济社会可持续发展，是长江流域水行政管理部门的重要职责。监测网各成员单位在通过国家级计量认证后应紧密围绕水资源保护工作的要求，积极配合水行政主管部门，发挥自身的人员、设备、技术优势，做好监测服务工作，当好耳目与哨兵，并努力开拓市场，为社会提供有偿服务。各级水行政管理部门在开展取水许可管理工作中，应充分发挥水利系统水环境监测中心的作用。

（2）长江流域水环境监测网担负着为长江流域水行政管理和水资源管理与保护服务的重要职责，只有充分发挥水利系统在流域管理水质水量并重，以及人员、技术、采样、监测网络等方面的综合优势，才能在激烈的市场竞争中立于不败之地。

（3）根据 1994 年水利部颁布的《长江流域水环境监测网管理办法》，经过领导小组酝酿商定，监测网领导小组由组长单位长江流域水资源保护局，副组长单位四川、湖北、安徽水环境监测中心、长江委水文局、长江委水政水资源局等共同组成。办公室设在流域监测中心。

（4）今后原则上每年召开一次全网工作会议，以便及时讨论并决定有关监测网工作的重大事项。

（5）为了加强水环境监测网的宣传工作，完善信息报道网，决定成立以各单位联络员为成员的信息报道网，以《长江水资源保护简报》作为网刊，不定期报道监测网活动。希望各成员单位通过广播、电视、报纸等，加大宣传力度，及时、迅速、准确地报道宣传水利部门在水环境水资源保护方面开展的工作。

4. 1997 年桂林会议

1997 年 12 月下旬，在广西桂林召开了该年度长江流域水环境监测网工作会议。这是长江流域水环境监测网领导小组主持召开的第一次监测网工作会议。来自流域内青海、甘肃、陕西、四川、云南、贵州、重庆、湖北、湖南、河南、广西、江西、安徽、江苏 14 个省（自治区、直辖市）水文水资源（勘测）局、水环境监测中心，丹江口工程管理局、长江委水政水资源局、长江委水文局及所属 5 个水环境监测中心，长江水保局及上海分局、长江流域水环境监测中心及上海分中心等单位的代表参加了会议。

会议肯定了1997年监测网的工作，并对1998年监测网工作计划表示赞同。会议认为：1997年，在水环境监测网领导小组的领导下，监测网工作开始走上正轨并开展了许多卓有成效的工作。有的成员单位除按时保质完成常规监测任务外，还开展了取水许可水质监测与入河排污口调查登记及监测工作，有的成员单位开展了水质建档工作，部分成员单位还开展了突发性污染事故监测、承担了长江三峡工程生态与环境监测系统水质子系统和三峡工程施工区的监测等，这些工作的开展为监测网工作提供了有益的经验。

会议认为，自1994年以来，在各成员单位大力支持与配合下，监测网办公室就长江流域水环境监测站网优化调整做了大量细致的工作，建议该会议提出的站网方案经适当修改、补充和完善后，尽快上报水利部水文司。

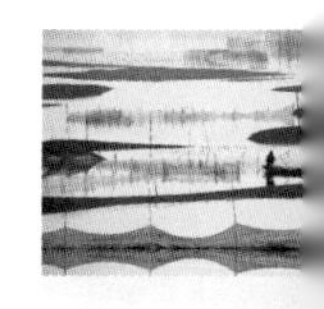

会议认为，省界水体水环境监测工作是法律赋予流域水资源保护机构的职责，为做好此项工作，应充分发挥流域监测站网整体优势和水质水量并重的优势，提高流域水环境监测资料的时效性；流域监测中心提出的《长江流域省界水体水环境监测实施方案》可行，但部分监测站点需再与有关省、市、区协商后进行调整、补充和完善。

会议还就开展“长江流域城镇水源地水质状况研究”进行了认真讨论，一致认为该工作是一项极为重要的基础工作，应尽快组织实施，并希望根据讨论意见，尽快完成该实施方案的修改与完善工作，以使各单位按统一要求制定各省的实施计划。

5. 1998年无锡会议

1998年12月上旬，在江苏无锡召开了该年度长江流域水环境监测网工作会议。参加会议的有流域内西藏、青海、甘肃、陕西、四川、云南、贵州、重庆、湖北、湖南、河南、江西、安徽、江苏等14个省（自治区、直辖市）水文水资源（勘测）局、水环境监测中心，太湖流域水环境监测中心，长江委水文局及所属5个水环境监测中心，长江流域水资源保护局及上海分局、长江流域水环境监测中心及上海分中心等单位的代表。会议由该监测网领导小组主持。监测网办公室作了本年度工作总结，并提出了1999年监测网工作计划。

该会议是在水利部新“三定”方案颁布后召开的，会议围绕贯彻执行水利部职能中水资源保护职责，进一步推动水环境监测为水行政管理与水资源保护工作服务，做好长江流域水环境监测工作等中心议题，进行了广泛而强烈的讨论，达成如下共识：

（1）水利部“三定”方案中，明确了水利部门统一管理和保护水资源的职责，其中包括监测江河湖库的水量水质。这是水利部门水环境监测工作面临的机遇与挑战，长江流域水环境监测网各成员单位应积极主动地把握机遇，努力为水行政管理与水资源保护和管理工作服务，各级水行政部门在管理工作中也应充分依靠和发挥水利系统水环境监测队伍的重要作用。

（2）会议肯定了1998年监测网办公室的工作。根据1997年在桂林会议商定的结果，监测网成员单位配合长江水保局克服了各种困难，开展了长江流域省界水体水质监测与调查工作。特别是在1998年全流域大洪水的情况下，监测网办公室按水利部指示，组织湖南、湖北、江西、安徽等省水环境监测中心与流域水环境监测中心一起对流域内主要的洪水淹没区进行了水质监测，为当地政府救灾防疫工作提供了第一手的资料，同时也扩大了监测网的影响。

（3）与会代表分析了长江流域水利系统水环境监测中心面临的形势与任务。一致认为，水环境监测是开展水行政管理与水资源保护管理的基础工作，亟待加强。水利部门水环境监测面临着任务繁重，但工作经费不足的困难，除了吁请加大投入的同时，建议水利部主管部门从政策与法规上统筹考虑，解决好水环境监测工作的经费渠道，从已收取的水资源费以及水利基金和水利工程费用中明确划取一定的比例，用于水环境监测工作，以保证水环境监测工作的正常运行。各水环境监测单位应从为水行政管理工作服务的过程中创造社会价值和经济效益，并努力依靠自身优势，积极开拓市场。

（4）为了更好地履行水行政主管部门的职责，全面掌握长江流域水资源质量状况，1999年，监测网将在继续开展长江流域地表水体常规水环境监测的同时，配合流域水资源保护机构，做好省界断面水体质量监测工作，并由监测网办公室组织开展长江流域县以上城镇水源地水质状况调查监测工作。希望水利部尽快下达此项任务，并从政策、经费上给予必要的支持，以尽早启动此项工作。网办公室将加强网内监测质量管理与技术培训工作，以保证和提高监测成果的质量与技术水平。

（5）为加强流域监测网的领导，经该网领导小组提议，全体成员单位一致通过，决定增补湖南省水文水资源局为监测网副组长单位。

6. 1999年昆明会议

1999年10月下旬，在云南昆明召开了该年度长江流域水环境监测网工作会议。来自流域内西藏、青海、甘肃、陕西、四川、云南、贵州、重庆、湖北、湖南、河南、广西、江西、安徽、江苏等15个省（自治区、直辖市）水文水资源（勘测）局、水环境监测中心，长江委水文局及所属5个水环境监测中心、长江流域水资源保护局、长江流域水环境监测中心及上海分中心等单位的代表参加了会议。

会议由监测网领导小组主持。监测网办公室就《长江流域省界水体水环境监测站点规划报告》有关内容作了说明；云南、湖南、安徽、江苏、长江委上游水环境监测中心等5个单位的代表分别在大会上就“城市供水水源地监测”介绍了各自的工作经验。

与会代表就流域省界水体水环境监测站点规划、城市水源地水质监测技术及监测网下年度工作等进行了认真讨论。会议期间还对1998年度流域水环境监测资料进行了汇编。会议形成了如下意见：

（1）长江流域省界水体水环境监测。监测网办公室提出的《长江流域省界水体水环境监测站点规划报告》，站点设置、布局较为合理，重点突出，能较全面地反映流域省界水体水质状况。望编制单位进一步对报告中站点布设、监测技术要求等进一步修改完善，并及时报水利部。与会代表一致表示：将积极配合流域水资源保护机构，尽力尽责完成省界水体水环境监测工作。

（2）积极开展城市水源地水质监测。供水水源地水质管理是水行政主管部门统一管理和保护水资源的重要工作之一，开展城市水源地水资源质量监测意义重大。流域内已有昆明、贵阳、重庆、长沙、南昌、武汉、南京、合肥8个城市开展了水源地监测，希望流域内各大中城市水行政管理部门与监测部门积极配合，创造条件，按水利部要求尽快开展水源地水质监测工作。会议还对水源地水质监测有关监测技术和评价方法等技术问题进行了讨论，并建议在总结前一阶段工作的基础上，根据各地具体情况对监测项目进行必要的调整。

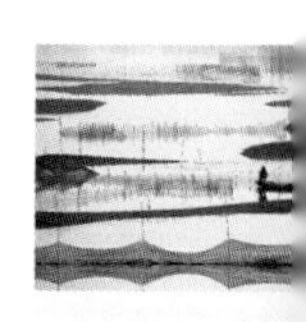

（3）加强质量管理。会议指出，质量是水环境监测工作的生命线，应常抓不懈。各监测单位在省界水体水质监测、城市水源地水质监测以及其他监测等工作中，应加强质量管理，严格执行质量控制与质量管理程序，保证监测数据准确、公正、可靠和及时。

（4）加大经费投入、加快监测仪器设备更新改造。与会代表认为：当前长江流域各地普遍存在水环境监测工作经费严重不足和监测仪器设备严重老化的状况，与国务院“三定方案”所赋予水利部门水环境监测与水资源保护管理职责差距较大，会议吁请国家有关部门和各级地方政府与水利厅（局）加大水环境监测工作经费的投入力度，加快仪器设备更新改造步伐，以适应21世纪水环境监测工作的需要。

7. 2000年上海会议

2000年8月下旬，在上海召开了该年度长江流域水环境监测网工作会议。水利部水文局，青海、西藏、云南、重庆、贵州、四川、甘肃、陕西、河南、广西、湖南、湖北、江西、安徽、江苏等17个省（自治区、直辖市）的水文水资源（勘测）局、水环境监测中心，长江委水政水资源局、长江委水文局及所属7个水环境监测中心、长江流域水资源保护局、长江流域水环境监测中心及上海分中心等单位的代表参加了会议。

会议由长江流域水环境监测网领导小组主持。该网办公室就提交会议讨论的《水质监测规划工作大纲》《水质监测规划技术细则》和《水利部水环境信息管理系统》作了说明。与会代表交流了1999年昆明会议以来的水环境监测工作经验，对3个会议文件进行了认真讨论。会议期间对1990年监测资料进行了整编，与会代表充分肯定了提交会议的《工作大纲》和《技术细则》，认为这两个文件符合水利部《关于做好全国水质监测规划编制工作的通知》精神和长江片实际情况。同时，代表们对规划编制提出了许多建设性的意见和建议。

会议要求各地抓紧做好本地区水质监测规划的编制工作，力争10月底前将规划成果报送长江流域水环境监测中心。会议明确，跨流域的省份，只需提交长江片部分的成果报告。

会议认为，该网办公室开发研制的“水利部水环境信息管理系统”能够及时反映水环境质量信息，应尽快在网内推广，并在推广过程中解决好网内信息资源共享的问题。会议商定，拟在2000年10月份举办“信息管理系统推广研讨班”，力争在2001年上半年建成长江片及各省（直辖市、自治区）水环境信息管理系统。

会议认为，当前长江流域水污染事故频发，公众和各级政府对此极为关注，因此，进一步完善长江片水污染事故报告制度十分必要，同时，还应建立水污染事故应急监测制度、水污染事故应急监测基金。

会议认为，水质监测是水利部“三定”规定的重要职责之一。各地正处于事业单位改革阶段，建议各地参照云南、江西经验，尽快完善并确立各级水环境监测中心机构的合法地位，并请水利部给予支持。

另外，国家环境保护局自1993年成立“长江暨三峡生态环境监测网”以来，曾先后多次在北京、上海、宜昌和南京等地召开各类技术研讨会和网络工作年会，对该监测网的顺利发展和监测工作的全面开展，起到推动作用。

8. 2002年杭州会议

2002年6月下旬，在浙江杭州召开了该年度长江流域水环境监测网工作会议。来自流域内青海、甘肃、陕西、四川、云南、重庆、湖北、湖南、河南、广西、江西、安徽、江苏、浙江、上海等15个省（自治区、直辖市）水文水资源（勘测）局、水环境监测中心，长江委水文局及所属6个水环境监测中心、三峡工程开发总公司、长江流域水资源保护局、长江流域水环境监测中心及上海分中心等单位的代表参加了会议。

会议由监测网领导小组主持，监测网办公室汇报了近年来监测网工作情况和流域省界水体水环境监测工作开展情况，以及2002—2003年工作计划。

会议期间，与会代表讨论了监测网办公室提交的《长江流域水环境监测网管理办法（讨论稿）》，交流了水环境信息管理系统应用情况，贵州省水环境监测中心向大会提交了对该系统的使用经验总结材料。会议期间对2000—2001年流域水环境监测资料进行了汇编。会议达成以下共识：

（1）关于流域监测网工作总结与工作计划。与会代表充分肯定了网办公室对流域监测网工作的总结，一致认为监测网工作总结全面，对存在的问题分析恰当，并对报告中提出的2002—2003年监测网工作计划表示赞同。会议认为，我国水资源保护形势严峻，水利部以及部水文局领导有关水质监测工作的讲话十分重要，是新形势下对监测部门提出的新任务与新要求，对水环境监测工作具有重要的指导意义。要结合长江流域水环境监测工作的实际，在按时保质完成常规监测任务的基础上，重点加强省界水体、重要供水水源地、入河排污口、大型湖库等水质监测及突发性水污染事故的监测工作；要进一步加强流域监测网的建设与管理，充分发挥水利部门的整体优势。会议代表普遍反映，水质监测是水利部“三定”规定的重要职责之一，但目前监测仪器设备老化、工作经费不足，已严重制约了监测工作的开展和监测事业的发展，解决监测经费渠道已迫在眉睫。建议水利部组织专班，就各地水质监测经费渠道及落实情况进行专项调查。

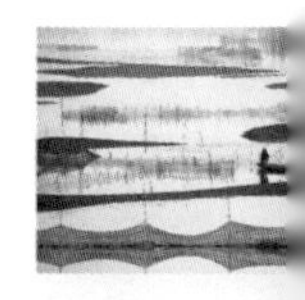

（2）关于《长江流域水环境监测网管理办法》的修订。会议认为，1994年制定的《长江流域水环境监测网管理办法》对监测网的运行发挥了重要作用，使水利部门的整体优势得到了充分发挥。随着水资源管理与保护对水质监测工作的新要求，应按水利部有关文件精神对该管理办法进行修改和补充。会议代表对该管理办法修改稿进行了认真的讨论，并原则同意。建议进一步完善后，予以颁布实施，以充分发挥监测信息的作用，扩大监测网的影响。

（3）关于质量管理。会议一致认为，质量是水环境监测工作的生命线，应常抓不懈，各监测单位在常规监测、省界水体水质监测、城市水源地水质监测以及其他监测工作中，应进一步加强质量管理，严格执行质量控制与质量管理程序，确保监测数据的准确、公正与可靠。

（4）关于水环境信息管理系统。会议代表对“水环境信息管理系统”的应用情况进行了讨论。普遍认为，从一年多的试用情况来看，该系统整体构思良好，使用方便快捷，明显提高了工作效率。但由于各种原因，该系统的推广工作出现滞后状况。会议认为，信息化是当前社会的发展方向，建立水环境信息管理系统工作十分重要，有关地区应当重视该项工作，尽快建立本地区的水环境信息数据库，并实现信息的快速传递。流域监测中心应当加强该系统应用的指导工作，并根据反馈的意见对该系统进行完善。争取尽快建立起全长江流域的水环境信息系统，为水资源保护管理服务。

（5）关于地表水环境质量标准问题。会议认为，《地表水环境质量标准》（GB 3838—2002）已由国家颁布并于2002年6月1日起执行。但目前执行该标准有不少问题，一是新标准有关样品采集后处理的方法缺乏论证，不适用长江流域实际情况，如果按此执行，既无可比性，还会造成分析结果的混乱。二是在今后水资源质量《公报》《简报》和《月报》中，如何采用评价标准，水利部主管部门应明确统一的要求。此外，由于新标准的执行时间为6月1日，将会导致年度资料的评价、趋势分析不一致。三是新标准中某些重要项目水质类别标准值的放宽，势必会出现水质评价结果合格，而实际水质状况进一步恶化的情况。

对此，建议水利部有关主管部门应尽快研究，并向国家有关部门反映，同时对新标准的应用作出明确要求。会议决定，在未接到通知前，流域网内水质监测评价同时采用两套标准分别评价。

会议认为，当前长江流域经济社会发展迅速，随着三峡工程即将蓄水，南水北调工程即将实施，长江流域水资源保护任务繁重，长江流域水环境监测工作面临一个重要的机遇。会议要求监测网各成员单位要认真贯彻水利部对水环境监测工作的要求，继续发挥流域监测网的整体优势，加强服务意识，积极为水资源保护监督管理提供基础信息，为21世纪长江流域的可持续发展作出应有的贡献。

9. 2003年福州会议

2003年12月上旬，在福建福州召开了该年度长江流域水环境监测网工作会议，来自长江流域、西南诸河流域的青海、西藏、新疆、甘肃、陕西、云南、贵州、四川、重庆、湖北、湖南、河南、广西、福建、江西、安徽、江苏、上海等18个省（自治区、直辖市）水文水资源（勘测）局、水环境监测中心，长江委水政水资源局、长江委水文局及所属水环境监测中心、三峡工程开发总公司环保中心、长江流域水资源保护局、长江流域水环境监测中心等单位的代表参加了会议。

会议由监测网领导小组主持，长江流域水环境监测网办公室报告了2002—2003年监测网工作情况以及2004年工作计划，江苏省水文水资源勘测局就开展水功能区水质监测经验作了介绍。

会议期间，与会代表就2004年监测网的工作计划、开展长江片水功能区水质监测工作及监测网技术交流与培训工作进行了广泛讨论，就有关问题达成以下共识：

（1）会议一致认为，自1986年以来每年召开监测网年度工作会议十分必要，通过会议既交流了经验、互通了信息，同时也增进了了解。会议认为，2003年监测网工作总结内容较为全面，对存在的问题分析恰当，对网办公室提出的 2004 年监测网工作计划表示赞同。

（2）会议认为，开展水功能区管理是新《水法》明确赋予水行政主管部门的重要职责，是当前水资源保护的重点工作。长江流域各水环境监测中心应当以此为契机，积极配合水资源保护监督管理的需要，开展水功能区水质监测工作。流域中心应尽快编制水功能区水质监测技术规定等文件，统一长江流域水功能区监测的技术要求，使水功能区水质监测结果更具有代表性、合理性。要配合入河排污口调查登记工作，开展入河排污口监测工作，为各级水行政主管部门开展水资源保护管理工作提供强有力的技术支撑。

（3）会议认为，应继续开展监测网分析质量控制和分析比对实验，提高监测成果质量。要加强长江流域水质监测技术交流与培训，提高长江流域水质监测整体技术水平。同时，应根据监测网工作实际需要，逐步开展包含新项目监测、新仪器使用、新标准宣贯及操作技能等交流与培训，在形式上应注重效果。

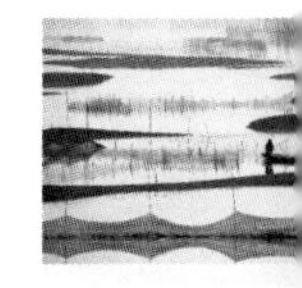

（4）代表们反映水利系统监测实验室与环保等行业相比，仪器设备陈旧、经费紧张、分析技术人员缺乏，已不能适应新形势对水质监测工作的需要，希望主管部门能够充分重视，加大投入力度，加强监测能力建设。

（5）当前长江流域经济社会发展迅速，随着三峡工程蓄水，南水北调工程的实施，长江流域水资源保护任务十分繁重，水环境监测工作面临重要挑战。监测网各成员单位要认真贯彻水利部对水环境监测工作的要求，加强水质水量的统一监测，加强流域网内的合作，提高水质信息的科学性、权威性和时效性，为流域水资源保护监督管理提供及时可靠的信息，为 21 世纪长江流域的可持续发展作出应有的贡献。

10. 2004 年南京会议

2004 年 12 月下旬，在江苏南京召开了该年度长江流域水环境监测网工作会议，来自长江流域、西南诸河流域的青海、西藏、新疆、甘肃、陕西、云南、贵州、四川、重庆、湖北、湖南、河南、广西、福建、江西、安徽、江苏、浙江、上海等 19 个省（自治区、直辖市）水文水资源（勘测）局、水环境监测中心，长江委水文局及所属水环境监测中心、长江流域水资源保护局、长江流域水环境监测中心等单位的代表参加了会议。

会议由监测网领导小组主持，长江流域水环境监测网办公室报告了 2003—2004 年监测网工作以及 2005 年工作计划；四川省水环境监测中心介绍了沱江突发水污染事故监测经验。会议对 2004 年应急监测先进单位及监测成果和质量控制先进单位进行了表彰。

会议期间，与会代表就 2005 年监测网的工作计划、长江流域及西南诸河重点水功能区水质监测评价大纲及长江流域突发性污染事故监测方案进行了广泛讨论，达成以下共识：

（1）2004年，监测网在贯彻水利部治水新思路，实施《长江近期水资源保护工作的若干意见》，配合水资源综合规划编制等方面开展了卓有成效的工作，工作总结客观全面，提出的2005年计划基本可行。

（2）开展水功能区管理是新《水法》明确赋予水行政主管部门的重要职责，是当前水资源保护的重点工作。与会代表对会议提交的水功能区监测工作大纲进行了认真的讨论，会议要求各个成员单位应结合本地区的情况，提出修改完善方案的意见，尽快反馈给该监测网办公室，并尽早启动重点水功能区水质监测工作，更好地为水资源保护和管理服务。

（3）鉴于近年来长江流域污染事故时有发生，对用水安全构成严重威胁。各成员单位应进一步加强突发性污染事故监测工作，制定应急监测方案，配置必要的应急监测设备，提高突发性事故监测能力和快速反应能力，以适应新形势下水资源保护和管理的要求。

（4）水环境监测必须为水资源保护管理服务，当前重点要做好水功能区、入河排污口、省界水体和饮用水水源地的监测，为水资源保护管理提供有力的技术支撑。要充分发挥水利系统监测站点分布广泛的优势，提高监测信息的传报速度及监测结果的准确性和时效性，向外界展示监测网的整体实力，扩大影响。

（5）2004年，流域监制中心举办的水体细菌学检测培训班十分成功，为成员单位提供了良好的技术交流平台，对提高监测网整体水平有重要的作用。建议今后流域监制中心结合监测工作实际需要，继续开展包括设备维护、叶绿素a及水体纳污能力核算等的培训和交流，为各级水环境监测中心提供有力的技术支持和指导。

（6）与会代表反映，水功能区监测和应急监测能力改善涉及必要的工作经费，希望水利部、长江委及各地水行政主管部门加大对水环境监测工作的支持力度，特别是对西部欠发达地区的支持。

11. 2005年西安会议

2005年9月下旬，在陕西西安召开了该年度长江流域水环境监测网工作会议，来自长江流域（片）的青海、西藏、甘肃、陕西、云南、贵州、四川、重庆、湖北、湖南、河南、广西、江西、安徽、江苏、浙江、上海等17个省（自治区、直辖市）水文水资源（勘测）局、水环境监测中心，陕西省水利厅、长江委水政水资源局、长江委水文局及所属水环境监测中心、长江流域水资源保护局、长江流域水环境监测中心及其分中心等单位的代表参加了会议。

长江流域水环境监测网办公室报告了2005年监测网工作情况以及下一步工作重点，并对2005年水功能区监测先进单位、监测成果与质量控制先进单位、应急监测先进单位进行了表彰。

会议期间，与会代表就监测网下一阶段的工作重点、《长江流域（片）重点水域水功能区水质监测与评价技术规定》及《长江流域（片）水质监测站网普查工作方案》进行了广泛讨论，就有关问题达成以下共识：

（1）目前，水质监测工作面临着非常好的机遇，各监测单位应不失时机地做好水质监测工作，加强管理，充分认识监测工作的重要性，按照水利部“以水资源的可持续利用支持经济社会的可持续发展”的治水新思路和做好水资源保护工作的有关指示精神，做好“五个转变”：一是水质监测工作由为防汛工作服务，转变为在做好防汛工作的同时，为水资源管理工作服务；二是由常规性的日常监测，向监督性监测转变；三是由水量监测向水量、水质同步监测转变；四是由分工负责，向联合协作转变；五是在监测理念上，由防止水对人的侵害，向防止人对水的侵害转变。同时，要充分认识水质水量同步监测的重要性，树立“两个离不开”思想，即水资源管理离不开监测部门的基础数据作支撑，而监测部门的监测数据如果不能应用到水资源管理工作中，监测就会失去其意义。

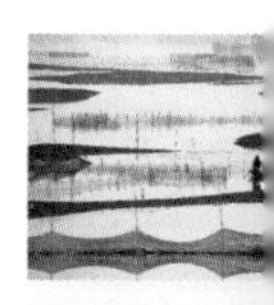

（2）监测工作总的形势较好，各级领导对水质监测工作的重视程度在不断提高，投入也逐步加大。虽然水利系统的水质监测工作起步早，但起点低，发展慢，随着人们生活水平的不断提高，对所生活的环境要求也越来越高，如何为清洁、节约、安全的环境当好耳目和哨兵，是摆在当前的一项艰巨任务，也是水质监测工作者的神圣职责。因此，根据目前的环境状况和形势，水质监测工作的重点是加强饮水安全监测、水功能区监测、入河排污口监测和生态安全监测等，充分发挥水利系统的优势，形成合力，为水资源的可持续利用提供依据，为水资源管理和保护做好技术支撑。

（3）监测能力的强弱直接关系到监测成果的质量及实效性的高低。因此，应进一步加强水质监测能力建设，国家、地方一起努力，从补足监测项目不全、分析仪器精度不高入手，流域中心、省中心和地市中心按不同的配置标准，补缺配齐常规仪器设备，改善环境条件，增强水质信息采集和传输能力，在确保常规项目监测需要的同时，逐步提高现场监测和快速反应能力，逐步提高仪器设备档次，做到测得快、测得准。同时应重视人员培训，加大培训力度，为水环境监测打造一支高质量、高素质的监测队伍，以满足水质监测业务不断发展的需要。

（4）2005年，监测网的工作总结较为全面地概括了该年度省界水体监测、水功能区监测、近岸水域调查、公报年报编制、应急监测、监测质量控制等六个方面的工作，既对取得的成绩进行了较好的总结，也客观地指出了在开展水功能区监测、监测成果报送及质量控制等方面存在的不足。各单位应当发扬成绩，总结经验，认真改进工作中存在的问题，提高监测成果质量和监测成果时效，使水环境监测事业协调发展。

（5）应加强水功能区监测，以水功能区管理需要指导水质监测工作。目前，尚未开展水功能区水质监测工作的地区，应有计划有步骤地启动重点水功能区水质监测工作；已开展水功能区水质监测的地区，应逐步拓宽监测范围；流域中心应加强水功能区水质监测技术、监测方法的研究。监测网办公室应按照各单位提出的《长江流域片重点水功能区监测与评价技术规定》修改意见进行修改完善，尽快部署监测工作和编制《长江流域片重点水功能区水资源质量通报》。

（6）监测网办公室组织开展长江流域片水质监测站网普查是及时的，所提出的工作方案较为全面，对于落实《全国水质监测规划》所确立的水质监测站网建设目标和建设内容，及时掌握站点变化信息，满足水资源保护和管理的需要是十分必要的。监测网办公室要做好普查的组织和汇总工作，各级水环境监测中心应高度重视，按照要求认真编写普查报告，为做好“十一五”水质监测工作、推动流域水环境监测信息化建设及后期水质监测站网建设提供依据。

12. 2006年西宁会议

2006年8月下旬，在青海西宁召开了该年度长江流域水环境监测网工作会议，来自长江流域（片）的新疆、青海、甘肃、陕西、云南、贵州、四川、重庆、湖北、湖南、河南、广西、江西、安徽、江苏、浙江、上海、广东等18个省（自治区、直辖市）水文水资源（勘测）局、水环境监测中心（分中心），长江委水文局及所属水环境监测中心、长江流域水资源保护局、长江流域水环境监测中心等单位的代表参加了会议。

会议总结和回顾了监测网“十五”期间的各项监测工作，部署了“十一五”工作计划，安排了下一年度工作重点。长江流域水环境监测网办公室作了题为“加强技术协作，提高支撑能力，全面做好‘十一五’水质监测工作”的监测网工作报告。会议对2005—2006年陕西省水环境监测中心、长江委水文局上游水环境监测中心等应急监测先进单位，以及青海、四川、上海、长江委水文局三峡水环境监测中心等监测成果和质量控制先进单位进行了表彰。长江委水文局，江西、安徽、江苏、四川、陕西等单位就水功能区水质监测和应急监测工作经验在大会上作了交流发言。

会议期间，与会代表就2006年监测网的工作重点、长江流域及西南诸河水功能区水质监测与评价技术及加强长江流域（片）各单位间应急监测的互动与协调进行了广泛交流和讨论，就有关问题达成以下共识：

（1）“十五”期间，各级水环境监测中心在常规监测工作的基础上，积极开展了省界水体监测、水功能区水质监测、入河排污口水质监测、突发性污染事故监测；完成了长江片水质监测规划的编制；按要求定期为上级部门编制了水资源质量评价《月报》《季报》和《年报》；开展了有毒有机物监测和有关科研工作，为长江流域的水资源保护与监督管理提供了技术支撑；但在水质监测成果报送等方面存在着一些不足。“十一五”期间，要围绕供水安全保障和水功能区监测工作，不断创新，实现由常规水质监测工作为主逐步转向以水功能区监测为主的转型，建立和完善各类监测站网，建立健全水质信息服务体系，发挥水利系统整体优势，全面提升监测能力和服务水平。下年度工作重点是继续抓好水功能区监测、评价和供水安全保障工作，为水行政主管部门提供快速、有效的技术支持和服务。

（2）要按计划、有步骤、有重点地稳步推进长江流域及西南诸河水功能区水质监测工作，进一步规范和加强流域水功能区管理制度建设，完善水功能区分级管理，开展水功能区水质监测技术、评价技术的研究，不断探索和完善水功能区水质监测工作。

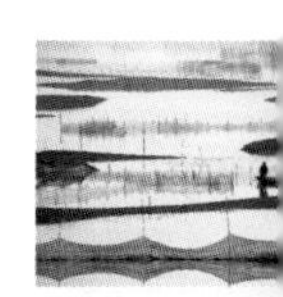

（3）针对近年来长江流域突发性水污染事故频发的问题，与会代表一致认为，要加强突发性水污染事故应急监测机制的建设，建立以流域机构为主，流域与省、省与省之间相互协作、密切配合的应急监测联动机制，做好突发水污染事故的水质预警预报，充分发挥水利系统水质水量同步监测的优势。

（4）要继续加强长江片监测能力建设，抓住有利机遇多渠道筹措资金，推进流域整体监测能力的提高，特别是应急监测能力的提高。加大人员技术培训力度，为水环境监测打造一支质量过硬的监测队伍。加强信息沟通和信息传递水平，开发长江流域水环境监测网网站，使流域监测网工作更上一层楼。为“维护健康长江，促进人水和谐”做好技术支撑和服务。

13. 2007 年成都会议

2007 年 10 月中旬，在四川成都召开了该年度长江流域水环境监测网工作会议，来自长江流域（片）的新疆、西藏、青海、云南、贵州、四川、重庆、甘肃、陕西、河南、湖北、湖南、广西、江西、安徽、江苏、浙江、上海等 18 个省（自治区、直辖市）水文水资源（勘测）局、水环境监测中心（分中心），长江委水文局及所属水环境监测中心、长江流域水资源保护局、长江流域水环境监测中心等单位的代表参加了会议。

会议总结了长江流域水环境监测网 2007 年度各项工作，部署了 2008 年度主要工作任务。监测网办公室作了题为“夯实监测基础，加强协同联动，开创水质监测工作新局面”的工作报告。会议对 2007 年度贵州、湖南、江西、安徽省水环境监测中心、长江委水文局中游水环境监测中心等应急监测先进单位，以及云南、四川、重庆、长江委水文局三峡水环境监测中心等监测成果质量先进单位进行了表彰。长江流域水资源保护局监督管理处就《长江流域水资源保护局应急预案》作了介绍和案例分析。

会议期间，与会代表就2008年度监测网工作重点进行了讨论，交流了工作经验，考察了岷沱江流域水源地监测站网，并就有关问题达成以下共识：

（1）近年来，各级水环境监测中心开展了大量卓有成效的工作，初步实现了从水资源的常规监测向水功能区监测、饮用水源地监测、入河排污口监测等监督管理为主的转变，监测能力和监测水平有了较大的提高，服务领域进一步扩大，为长江流域的水资源保护和管理提供了重要的技术支撑和优质服务。今后工作中，要继续围绕省（国）界、水功能区管理和保障饮用水安全做好水质监测工作。

（2）2007年度应急监测工作取得了很大的成绩，为保障饮用水安全提供了良好的技术支撑。今后要继续做好应急监测工作，进一步完善应急监测预案，落实信息报送制度，加强应急监测的能力建设，建立以流域机构为主，各成员单位间相互协作、密切配合、信息通畅的应急监测联动机制，并建议在2008年度由流域中心组织开展一次应急联动监测演练。

（3）监测成果质量和时效是监测工作的价值体现。要进一步加强水质测报工作，克服监测能力不足的困难，规范监测成果，提高监测成果的时效性，加快资料报送与报告编制的速度，为各级政府部门提供准确、可靠、快速的成果信息。

（4）随着监测工作任务的增加，新仪器新设备大量使用，如何提高人员素质已成为当前亟待解决的关键问题。建议流域监测网要采用多种形式开展技术培训工作，加强新仪器、新方法的应用和操作环节技术要点的培训，全面提高流域监测技术的整体水平。

（5）希望流域中心要加快流域监测网网站建设，利用流域网站的平台，加强单位间的联系，宣传水质监测工作的成效，把各省区的工作经验、工作动态和遇到的技术难题通过网站这一平台得以交流和解决，充分发挥流域的作用和地方的优势。

14. 2008年南昌会议

2008年12月上旬，在江西南昌召开了该年度长江流域水环境监测网工作会议，来自长江流域片的新疆、西藏、青海、云南、贵州、四川、重庆、甘肃、陕西、河南、湖北、湖南、广西、江西、安徽、江苏、浙江、上海等18个省（自治区、直辖市）水文水资源（勘测）局、水环境监测中心（分中心），长江委水文局及所属7个水环境监测中心、长江流域水资源保护局及所属的上海局、丹江口局和长江流域水环境监测中心等单位的代表参加了会议。

会议总结了长江流域水环境监测网2008年度的各项工作，部署了2009年度的工作重点。监测网办公室作了题为“科学发展稳步迈进，积极探索不断拓展，推动流域水质监测新技术应用与创新”的工作报告。四川、江苏、湖南和江西4省水环境监测中心作了大会交流发言。会议对2008年度监测成果质量先进单位及应急监测先进单位进行了表彰。

会议期间，与会代表就2009年度监测网工作重点进行了讨论，考察了鄱阳湖流域水质监测站网建设，并就有关问题达成以下共识：

（1）2008年，各级水环境监测中心围绕“夯实监测基础，加强协同联动，开创水质监测工作新局面”这一主题，开展了大量卓有成效的工作，为长江流域的水资源保护和管理提供了重要的技术支撑和优质服务。

（2）各单位要紧密围绕省（国）界、水功能区和用水安全保障做好水质监测工作，切实履行法律赋予的职责。加强应急监测能力建设，建立相互协作、密切配合、信息通畅的应急监测联动机制，组织开展应急联动监测演练，提升应对突发水污染事件的应急监测水平。

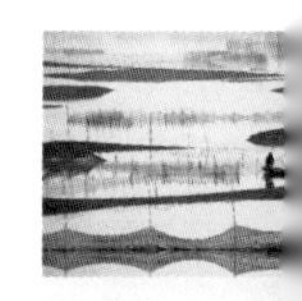

（3）在流域内全面开展水生态（藻类）监测是十分必要的。希望流域中心为各地开展水生态监测提供技术指导和帮助，以拓展水质监测领域，为制定相关标准和规程规范奠定基础。

（4）各级水环境监测中心要抓住机遇，认真研究，制定发展规划，加强人才培养，做好项目储备。组织开展形式多样的培训与交流，进一步增强监测能力。

（5）流域中心要加快监测网网站建设，建立水资源质量信息管理系统，搭建信息交流平台，建立信息共享机制，充分发挥流域监测网的整体优势。

15. 2009年兰州会议

2009年9月中旬，在甘肃兰州召开了该年度长江流域水环境监测网工作会议，来自长江流域（片）的新疆、西藏、青海、云南、贵州、四川、重庆、甘肃、陕西、河南、湖北、湖南、广西、江西、安徽、江苏、浙江、上海等18个省（自治区、直辖市）水文水资源（勘测）局、水环境监测中心（分中心），长江委水文局及所属的三峡、长江口水环境监测中心，长江流域水资源保护局及所属的上海局、丹江口局和长江流域水环境监测中心等单位的代表参加了会议。

会议总结了2008年长江流域水环境监测网工作会议以来的各项工作，部署了下一阶段工作重点。监测网办公室作了题为“加强能力建设，提高管理水平，为实行最严格水资源管理制度提供技术保障”的工作报告。甘肃、云南、安徽和长江委水文局三峡水环境监测中心作了大会交流发言。会议对2009年度监测成果质量先进单位进行了表彰。

会议期间，与会代表对如何做好水环境监测工作，为实行最严格水资源管理制度提供技术保障，以及完善长江流域水环境监测网网站建设和管理等内容进行了广泛讨论，并参观了甘肃省水环境监测中心和酒泉分中心，考察了甘肃省水环境监测站网建设，并就以下问题达成共识：

（1）会议充分肯定了监测网2009年的工作成绩。在长江流域水环境监测网各成员单位的努力和大力支持下，长江流域水环境监测工作稳步向前，监测范围继续扩大，监测能力进一步提升，监测工作成效显著，在维护河流健康，保障供水安全等方面发挥了重要作用，圆满地完成了各项工作任务，为水资源管理和保护提供了大量的基础信息和分析成果，及时为各级政府决策提供了科学依据和良好的技术服务。

（2）会议明确了近期工作重点。会议指出，长江流域各级水环境监测中心要进一步加强水环境监测和应急响应，做好能力建设、人员培训和规划工作，加快以水功能区、省界监测和饮水安全保障为重点的监测站点建设，全面做好入河排污口监督监测，为“实行最严格水资源管理制度”提供技术服务和技术保障。

（3）会议通过了《长江流域水环境监测网网站管理办法》。会议认为，该办法的出台很有必要，标志着长江流域水环境监测站网信息交流平台已初步建立，各级水环境中心要同心协力，共同努力把该网站建设好。要统筹规划，加快流域水环境信息化工作步伐，推进流域水环境监测信息化建设，为开展水资源保护与管理提供更为快捷、准确的信息服务。

（4）会议提出了几点建议。流域中心要加强水质资料整汇编和评价体系等相关技术标准和规范的调研。要加大监测技术的培训力度，采取多种方式开展监测技术培训，大力提高水环境监测的专业技能，拓展监测领域，推动流域水环境监测技术的整体发展；各级水环境监测中心要努力抓好各项监测工作着力点，畅通经费渠道，使长江流域水环境监测工作又好又快地发展。

16. 2010年宜昌会议

2010年9月中旬，在湖北宜昌召开了该年度长江流域水环境监测网工作会议，来自长江流域（片）的新疆、西藏、青海、云南、贵州、四川、重庆、陕西、河南、湖北、湖南、广东、广西、江西、安徽、江苏、浙江、上海等18个省（自治区、直辖市）水文水资源（勘测）局、水环境监测中心（分中心），长江委水文局及所属水环境监测中心、湖北省所属各水文水资源勘测局、长江流域水资源保护局及所属的上海局和长江流域水环境监测中心等单位的代表参加了会议。

会议总结了2009年长江流域水环境监测网工作会议以来的主要工作，明确了下一阶段工作重点。监测网办公室作了题为“强化水质监测质量管理，保障数据公正准确可靠，为实行最严格水资源管理制度提供科学依据”的工作报告。青海、四川、陕西、湖北和长江委水文局长江口水环境监测中心作了大会交流发言。会议对2010年度监测成果质量和应急监测先进单位进行了表彰。

会议期间，与会代表就如何落实水利部《关于加强水质监测质量管理工作的通知》（水文〔2010〕169号）和《关于印发加强水质监测质量管理工作的实施方案的通知》（水文质〔2010〕143号）的要求和部署，开展制度建设、持证上岗和考核评比等内容进行了广泛讨论，考察了湖北省水环境监测站网建设，并就以下问题达成共识：

（1）会议充分肯定了监测网2009年以来的工作成绩。在国家和地方政府的大力支持和监测网各成员单位的努力下，长江流域水环境监测工作稳步向前，实验室装备明显改善，人员素质进一步提高，水质监测整体实力显著提升，监测领域不断扩大，同时积极投身应急监测工作，先后参与了青海玉树地震、舟曲、汶川泥石流和鄱阳湖洪灾等灾区水质监测，圆满地完成了各项工作任务，在维护河流健康，保障供水安全等方面发挥了重要作用，及时为各级政府决策提供了科学依据和良好的技术服务，工作成效十分显著。

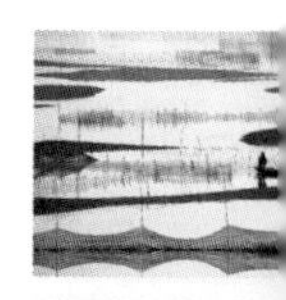

（2）会议明确了近期工作重点。会议指出，围绕实行最严格水资源管理制度，各级水环境监测中心要加强监测质量管理和制度建设，做好水利部《加强水质监测质量管理工作的实施方案》的落实工作；做好省界（缓冲区）复核工作，加大省界（缓冲区）和入河排污口监测管理力度；继续保持人员培训力度，多层次开展技术交流，组织流域监测技术交流会议；推进信息共享服务系统建设，实现数据报送和评价分析标准化。

（3）会议讨论了《长江流域水环境监测网水质监测成果质量考核评比办法》。会议认为，该办法的提出，对于增强水质监测单位的责任意识、质量意识，量化水质监测质量管理，减少和消除水质监测成果测报过程中的问题，保证监测成果质量和时效具有重要作用。建议监测网办公室根据各单位意见，对考核评比办法做进一步细化完善后组织实施。

（4）会议提出了几点建议。流域中心要加强新仪器新设备的培训，推动流域水环境监测新技术的发展。适时组织开展应急监测演练，提高监测单位间的协同监测水平。各级水行政主管部门要继续加大监测能力建设的投入，使监测能力与所承担的监测任务相适应。

17. 2011年丽江会议

2011年7月底，在云南丽江召开了该年度长江流域水环境监测网工作会议，来自长江流域（片）的新疆、西藏、青海、云南、甘肃、贵州、四川、重庆、陕西、河南、湖北、湖南、广东、广西、江西、安徽、上海等17个省（自治区、直辖市）水文水资源（勘测）局、水环境监测中心（分中心），长江委水文局及所属水环境监测中心、云南省丽江水文水资源勘测局、长江流域水资源保护局及所属的上海局和长江流域水环境监测中心等单位的代表参加了会议。

会议总结了2010年长江流域水环境监测网工作会议以来的主要工作，明确了下一阶段工作重点。监测网办公室作了题为“贯彻质量管理制度，加强水功能区监测，为实施最严格水资源管理制度做好服务”的工作报告。云南、江西、上海和长江委水文局作了大会交流发言。会议对2011年度监测成果质量和应急监测先进单位进行了表彰。

会议期间，与会代表就加强水质监测质量管理、落实质量管理制度、加强水功能区监测以及水质监测工作如何为实行最严格水资源管理制度服务等内容进行了广泛讨论，考察了云南省水环境监测站网建设，并就以下问题达成共识：

（1）会议充分肯定了监测网2010年以来的工作成绩。在国家和地方政府的大力支持和监测网各成员单位的努力下，长江流域水环境监测工作取得良好成绩，实验室质量管理制度建设、人员培训与考核、能力比对实验等稳步推进，监测能力得到提高。实现流域内全部170个省界监测断面的全覆盖监测，基本完成省界缓冲区复核，水功能区监测覆盖面进一步提高，藻类试点监测工作逐步向常态化和规范化推进；应急监测反应能力得到提升，在应对“水华”、饮用水安全保障等应急监测中均有良好的表现。这些成绩，充分说明流域内监测机构为实行最严格水资源管理制度提供技术支撑、为各级政府和社会提供服务的能力得到显著提高。

（2）会议明确了近期工作重点。会议指出，中央1号文件明确的建立“三条红线”，实行最严格水资源管理制度的决定，为加强长江流域水资源管理和保护指明了方向，明确了路径，注入了活力。在新的形势下，各级监测机构工作重点应当调整到贯彻和落实中央1号文件以及中央水利工作会议重要精神、提升服务能力上来。强化水功能区监测、提高重要水功能区监测覆盖率，为实行最严格水资源制度提供强有力的技术支撑；要转变工作思路、抓住机遇，加强实验室能力建设和人才队伍建设；强化质量管理、推进培训和考核工作；加强协作、携手共进，充分发挥流域监测站网的作用；加强水质监测成果发布时效性管理，提升服务水平。

18. 2012年长沙会议

2012年10月中旬，在湖南长沙召开了本年度长江流域水环境监测网工作会议，来自长江流域（片）西藏、青海、新疆、云南、贵州、四川、重庆、甘肃、陕西、河南、湖北、湖南、广西、江西、安徽、江苏、浙江、上海等18个省（自治区、直辖市）

水文水资源（勘测）局、水文总站、水环境（资源）监测中心（分中心），长江委水文局及所属三峡、汉江、下游、长江口水环境监测中心，长江流域水资源保护局及所属上海局、长江流域水环境监测中心等单位的代表参加了会议。

监测网办公室作了题为“突出重点　夯实基础　积极探索　乘势而上　进一步提升水环境监测工作服务能力和水平”的工作报告，总结了2011年长江流域水环境监测网工作会议以来的工作，明确了下一阶段工作重点。四川省、湖北省、湖南省、长江委水文局下游水环境监测中心等单位的代表作了大会交流发言。会议还对2012年度监测成果质量和应急监测先进单位进行了表彰。

会议期间，与会代表就新形势下加强四个监测体系建设，开展实验室共建共管，推动流域水环境监测信息平台建设等方面进行了深入的讨论，并考察了湖南省水环境监测站网建设，达成如下共识：

（1）会议充分肯定了监测网2011年以来的工作成绩，各级水环境监测中心认真落实2011年中央1号文件和2012年国发3号文件精神，结合实际需要，保质保量地完成了各项水质监测任务；继续加强能力建设，提升了实验室检测能力和远程监控能力；深化质量管理，加强培训和考核，促进水质监测规范化管理；积极开展应急监测，为各级政府和社会提供服务的能力和水平显著增强。实验室共建共管工作顺利推进，流域与省区实验室建设新模式正在形成。

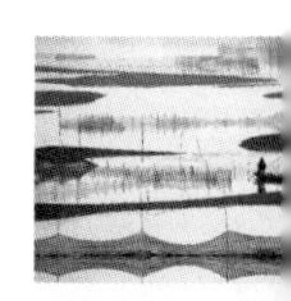

（2）各级水环境监测机构要积极推进重要水功能区监测体系、入河排污口计量监测体系、保障饮水安全应急监测体系和河湖健康评估监测体系等四个体系建设，为开展水资源保护与管理提供更有力的支撑。

（3）各级水环境监测中心要继续巩固质量管理制度实施成效，将质量管理工作规范化和常态化，确保监测成果的准确性，提升水环境监测的科学性和公信力。

（4）流域机构要积极推进实验室共建共管工作，提升共建实验室监测能力，尽早发挥共建实验室作用,为实现水利部提出的省界及水功能区监测目标奠定坚实基础。

（5）着力推动水环境监测信息平台建设，在流域内实现数据上报格式规范统一。流域监测网办公室要按照会议要求，尽快修订完善数据上报表格讨论稿，力争在2013年完成该上报平台的建设并在流域内投入应用。

（6）会议提出了几点建议：一是要进一步推进共建共管实验室建设，扩大实验室共建共管范围；二是流域中心要继续加大组织培训工作力度，扩大培训范围，并通过多种形式组织技术交流活动，促进监测技术水平的提高；三是各级水环境监测机构要积极推动以水功能区为代表的监测规范、技术标准的研究；四是各级水环境监测机构要共同努力，使人员和经费投入能满足日益增长的监测工作的需要。

19. 2013年合肥会议

2013年10月下旬，在安徽合肥召开了该年度长江流域水环境监测网工作会议，来自长江流域（片）的西藏、青海、新疆、云南、贵州、四川、重庆、甘肃、陕西、河南、湖北、湖南、广西、江西、福建、安徽、江苏、上海等18个省（自治区、直辖市）水文水资源（勘测）局、水环境（资源）监测中心（分中心），长江委水文局及所属上游、长江口水环境监测中心，长江流域水资源保护局及所属的上海局、丹江口局、长江流域水环境监测中心等单位的代表参加了会议。

会议总结了2012年长江流域水环境监测网工作会议以来的主要工作，明确了下一阶段的工作重点。监测网办公室作了题为“巩固质量管理成效，提升支撑能力和水平，推进生态文明建设”的工作报告。四川、安徽、江苏和长江委水文局上游水环境监测中心作了大会交流发言。会议对2013年度监测成果质量和应急监测先进单位进行了表彰并参观了安徽省水环境监测中心。

会议期间，与会代表围绕实行最严格水资源管理制度对监测工作的需求，就加强水功能区监测、强化质量管理、推进流域水环境监测信息化建设等方面进行了广泛的讨论，并就以下问题达成共识：

（1）会议充分肯定了监测网2012年以来的工作成绩。2012年以来，在各级政府的大力支持和监测网各成员单位的共同努力下，长江流域水环境监测工作取得良好成绩，流域片水功能区监测工作得到全面推进，水功能区监测覆盖率快速提高；保障饮水安全应急监测体系逐步完善，应急监测能力进步明显；以藻类监测为代表的生态监测工作逐步向常态化和规范化推进，监测范围逐年扩大；水质监测质量管理初现成效，实验室质量监督管理制度建设、人员培训等工作稳步推进，监测能力建设持续加强；实验室共建共管工作得以稳步推进；一年来流域片水质监测的良好发展与推进，为实行最严格水资源管理制度提供技术支撑、为各级政府和社会提供服务的能力得到显著提升。

（2）会议明确了近期工作重点：一是在新的形势下，各级监测机构工作重点应当紧密围绕实行最严格水资源管理制度对水资源监测工作提出的需求，继续加强能力建设，提升检测能力水平，完善监测体系，为水生态文明建设奠定良好基础；二是各单位要进一步深化质量管理工作，加强人员培训和技能考核，促进水质监测工作规范化管理；三是各单位要加强成果管理和信息化建设，提高监测成果的时效性、准确性、合理性，为重要江河湖泊水功能区考核打好基础。

（3）会议提出了几点建议：一是流域机构要继续推进共建共管实验室建设工作，并与相关省区研究制定共建实验室管理办法；二是流域中心要继续加大培训工作力度，积极组织技术交流活动，并使交流活动常态化；三是各单位要高度重视相关规划中水质监测部分的编制工作，为水质监测将来的发展奠定基础。

20. 2014 年南昌会议

2014 年 10 月底，在江西南昌召开了该年度长江流域水环境监测网工作会议，来自长江流域（片）的青海、西藏、新疆、云南、四川、重庆、贵州、甘肃、陕西、河南、广西、广东、湖北、湖南、江西、安徽、江苏、上海、浙江、福建等 20 个省（自治区、直辖市）水文水资源（勘测）局、水环境（资源）监测中心（分中心），长江委水文局及所属上游水环境监测中心，长江流域水资源保护局及所属的上海局、丹江口局、长江流域水环境监测中心等单位的代表参加了会议。

会议总结了 2013 年长江流域水环境监测网工作会议以来的主要工作，明确了下一阶段工作的重点和要求。监测网办公室作了题为“抓住机遇　迎接挑战　推动水环境监测工作再上新台阶”的工作报告。江西、湖北、重庆和江苏等单位的代表作了大会交流发言。大会最后对 2014 年度监测成果质量和应急监测先进单位进行了表彰。

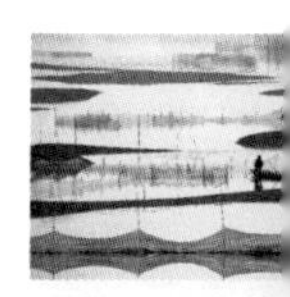

会议期间，与会代表围绕实施最严格水资源管理制度对监测工作的要求，就“水功能区监测及质量管理经验”“实验室信息管理如何开展”“对流域机构在质量管理方面的要求和期望”等方面进行了广泛的讨论，达成如下共识：

（1）2013 年以来，长江流域水环境监测工作成绩显著，主要体现在：流域片重要水功能区监测覆盖率已达 85%，较 2012 年度提高 17%；部分省区对饮用水水源地开展了地表水 109 项的全指标监测；水生态监测范围逐步扩大，并向常态化和规范化推进；流域与省区应急监测联动机制逐步完善；流域片近 80% 实验室在 2011—2013 年度水利部七项质量管理制度监督检查中获评优良以上等级；水质监测技术培训工作稳步推进；水资源保护监测规划工作已获得阶段性成果。

（2）流域监测站网成员单位之间要加强协作，紧密围绕实施最严格水资源管理制度对水资源监测工作提出的新要求，进一步从提高监测能力、优化监测站网布局、严控监测质量等方面发力，提升成果质量，确保数据信息完整性，为水功能区达标考核奠定良好基础。

（3）各单位要进一步加强实验室监测能力建设与人员技术培训工作，提高水质监测水平，满足形势发展需要。流域中心要以更加多样的形式加大水质监测技术培训工作力度，积极组织技术交流活动，促使交流活动常态化。

（4）各单位应进一步推进实验室信息化建设，不断提升水质监测的信息化水平，为各级管理部门提供及时可靠的决策依据。

21. 2015 年上海会议

2015 年 10 月底，在上海召开了该年度长江流域水环境监测网工作会议，来自长

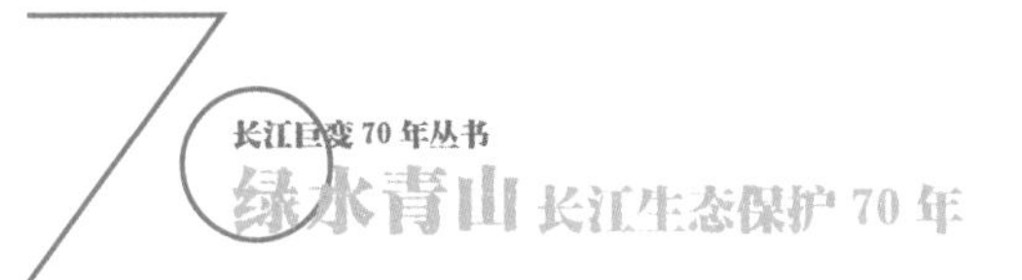

江流域片的新疆、青海、西藏、云南、四川、重庆、贵州、甘肃、湖北、湖南、江西、陕西、河南、广西、广东、安徽、江苏、浙江、上海等19个省（自治区、直辖市）水文水资源（勘测）局、水环境（资源）监测中心（分中心），长江委水文局及所属中游、长江口水环境监测中心，长江流域水资源保护局及所属的上海局、丹江口局、长江流域水环境监测中心等单位的代表参加了会议。

会议总结了2014年长江流域水环境监测网工作会议以来的主要工作，明确了下一阶段工作重点和要求。监测网办公室作了题为“紧随时代脉搏　强化生态监测　为水资源管理提供良好服务”的工作报告。云南、湖南、长江委水文局中游局和上海分中心等单位作了大会交流发言。大会对2015年度监测工作先进单位进行了表彰。

会议期间，与会代表围绕贯彻落实最严格水资源管理制度，就水功能区监测评价、质量管理、技术培训交流等方面工作展开了广泛的讨论，达成如下共识：

（1）水环境监测是水资源管理与保护的坚实基础和重要支撑，2014年以来，流域片水环境监测工作成绩显著：监测网各成员单位积极组织了重要水功能区监测工作，为流域水功能区达标考核提供了坚实的技术支撑；饮用水水源地、地下水、入河排污口、水生态监测工作积极、稳步推进；应急监测和应急演练工作卓有成效；质量管理制度建设进一步深入，人员培训考核机制得以完善、实验室质量控制考核与能力验证稳步推进；通过水资源监控体系建设，流域片各监测机构检测能力有较大提升。

（2）监测网各成员单位要全力推进水功能区监测工作。按水利部工作部署，制定和落实好2016年重要水功能区监测方案，进一步优化调整水功能区监测断面，增加监测参数和频次，强化监测质量控制，同时做好水功能区内入河排污口监测工作，为最严格水资源管理制度纳污红线达标考核奠定良好的基础。

（3）监测网各成员单位要积极推进水生态监测与评价工作。在藻类监测试点工作的基础上，总结经验，不断拓展水生态监测范围和内容，构建水生态监测的标准和评价体系，推动流域水生态文明建设。

（4）监测网各成员单位要加强检测能力和人员队伍建设，流域机构要进一步做好监测技术培训，不断提升流域整体监测水平，为新形势下水资源保护与管理提供良好服务。

（5）流域机构要充分发挥水环境监测网的桥梁作用，促进流域与省区、省区与省区的合作交流；顺应时代要求和技术进步，在现有监测网平台基础上，构建长江流域水环境监测信息网。

22. 2016年西安会议

2016年10月下旬，在陕西西安召开了该年度长江流域水环境监测网工作会议，来自长江流域（片）的青海、云南、贵州、四川、重庆、甘肃、陕西、河南、广西、湖北、湖南、江西、安徽、江苏、上海、浙江、福建、广东、新疆等19个省（自治区、直辖市）水文水资源（勘测）局、水环境（资源）监测中心（分中心），长江委水文局及所属汉江水环境监测中心，长江流域水资源保护局及所属的上海局、丹江口局、长江流域水环境监测中心等单位的代表参加了会议。

会议总结了2015年长江流域水环境监测网工作会议以来的主要工作，明确了下一阶段的工作重点和要求。监测网办公室作了题为“夯实监测基础　强化信息管理　为流域水生态文明建设提供良好支撑”的工作报告。云南、湖南、安徽、江苏、陕西等单位结合工作就信息化建设、能力建设、入河排污口管理、水生态建设、应急监测等方面作了大会交流发言。大会对2015年度监测工作先进单位进行了表彰。

会议期间，与会代表围绕贯彻落实最严格水资源管理制度，就水功能区达标考核、入河排污口监管、信息化建设展开了广泛的讨论，达成如下共识：

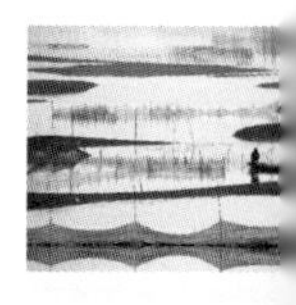

（1）水环境监测工作是水资源保护的重要基础，在流域水资源保护与管理中发挥了重要作用。2015年度，各省区在贯彻落实最严格水资源管理制度方面又添佳绩，在水功能区监测、水生态监测、应急监测、监测能力建设等方面取得了明显进步，为开展水功能区限制纳污红线考核提供了有力支撑，为流域生态文明建设奠定了良好基础。

（2）监测网各成员单位应深化监测工作，结合自身职责，以水功能区监测为核心，紧密结合水功能区限制纳污红线考核评估工作，通过站网规划和建设，提高水功能区监测覆盖率，优化监测站点，丰富监测内容，进一步提升水环境监测在落实最严格水资源管理工作的作用和地位。

（3）监测网各成员单位要大力加强入河排污口监测工作。认真贯彻落实“创新、协调、绿色、开放、共享”发展理念，推进城镇污水处理厂、化工园区、大型企业等重要入河排污口的水质水量监测，为水功能区的纳污限排做好技术支撑。

（4）监测网各成员单位要积极推进水环境监测与评价信息化建设，加快建设水质采样系统、分析评价系统、综合展示和管理系统，提高水质信息的准确性、时效性，不断提升水质监测部门的信息化水平，以全面提升服务能力。

（5）流域机构要大力加强大型仪器设备和检测人员培训，提升流域水环境监测能力的整体水平。

23. 2017年贵阳会议

2017年10月中旬，在贵州贵阳召开了该年度长江流域水环境监测网工作会议，来自水利部水文局，长江流域（片）的青海、西藏、云南、贵州、四川、重庆、甘肃、陕西、河南、广西、湖北、湖南、江西、安徽、江苏、上海、福建、广东、新疆等19个省（自治区、直辖市）水文水资源（勘测）局、水环境（资源）监测中心（分中心），长江委水文局及所属7个水环境监测中心，长江流域水资源保护局及所属的上海局、丹江口局、长江流域水环境监测中心等单位的代表参加了会议。

会议回顾了长江流域水环境监测网40年来的发展历程、总结了2016年度长江流域水环境监测网工作会议以来的主要工作，提出了下一阶段的工作重点。监测网办公室作了题为“抢抓新机遇　共谋大发展　为推动长江大保护提供有力支撑”的工作报告。贵州、甘肃、江西、长江委水文局三峡水环境监测中心、长江流域水环境监测中心等单位作了大会交流发言。大会对2017年度水环境监测工作先进单位进行了表彰。

与会代表围绕贯彻落实最严格水资源管理制度、水生态文明建设及“河长制”等工作要求，就入河排污口监测、水生态监测和饮用水水源地全指标监测的现状、存在的问题及下一步工作重点展开了广泛而深入的讨论，形成如下共识：

（1）40年来，长江流域水环境监测站网不断发展壮大，成员单位现已包括1个流域中心、8个流域分中心、20个省级中心及百余个地市分中心，监测内容已由最初以水质监测为主逐步拓展到包括水质、水量、水生生物、底质等在内的水生态环境各相关要素的监测，监测对象已涵盖水功能区、省（市/国）界、入河排污口、饮用水水源地、地下水等方面，为长江流域水资源保护提供了有力的技术支撑。

（2）2016年以来，监测网各成员单位充分履职，在水功能区监测、入河排污口监测、地下水监测、水生态监测、应急监测、监测能力建设以及信息化建设等诸多方面开展了大量工作，发挥了重要作用，取得了显著成效，有力地支撑了长江流域水资源保护与管理，为流域生态文明建设和长江大保护奠定了良好基础。

（3）由于受监测能力、人员、经费等方面的限制，长江流域水环境监测仍存在一定的短板。入河排污口监测工作仍然较为滞后；水生态监测工作主要以水质、水量、藻类监测为主，其他水生生物及生境指标监测开展较少；饮用水水源地全指标监测尚未全面系统开展等。各成员单位应结合自身实际，积极创造条件，加强能力建设，争取经费支持，加大人员培训，尽快补足短板，更加全面地支撑长江流域水资源保护与管理。流域机构要进一步做好监测技术培训和指导工作。

（4）水利部门长期开展水环境监测工作，是国家生态环境监测数据产生的主要部门之一，在新一轮的国家生态环境监测网络中应担负重要职责。建议水利部加强与环保部沟通协商，明确水利部在国家生态环境监测网络中的事权、责任、地位，提前谋划，加强沟通，加快促进水环境监测站网纳入国家生态环境监测网络体系。

第五章

环评把好防线

环境影响评价是指对拟议中的人类的重要决策和开发建设活动，可能对环境产生的物理性、化学性或生物性的作用及其造成的环境变化和对人类健康和福利的可能影响进行系统的分析和评估，并提出减少这些影响的对策措施。

流域或区域规划和建设项目环境影响评价是判断工程可行性的重要依据，是维护和改善生态环境的重要保障。现代水利工程在发挥防洪、发电、航运、灌溉、供水、生态等效益的同时，对工程所在地、上下游、河口乃至全流域的自然环境和社会环境也可能产生一定影响。为客观评价工程可能对自然环境和社会环境的影响，提出使有利影响得到充分发挥、不利影响得到减免的措施，为工程方案决策提供依据，在水工程可行性研究阶段必须进行环境影响评价，在规划阶段进行战略环境影响评价。

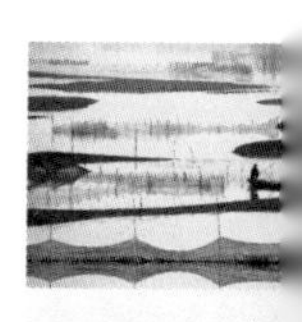

长江流域水工程环境影响评价工作的起步与推进基本和我国环境影响评价制度的建立与完善同步。随着我国建设项目环境保护工作的不断深入，水工程环境保护设计、施工环境监理、竣工环境保护验收等后续工作也全面展开。本章主要回顾我国环境影响评价的发展历程及长江委的发展情况，以最能体现长江委发展的三峡工程为代表，系统说明三峡工程不同阶段和论证过程中的环境影响研究及评价、环境保护设计及保护措施落实等情况，展示长江委对环境影响评价研究与发展及保护的重视。此外，对长江委开展的其他重点工程和典型规划等环评情况仅作简要介绍。

第一节　环境影响评价建章立制

环境影响评价制度自1970年在美国首次出现以来，世界上绝大多数国家陆续建立了自己的环境影响评价制度。由于各个国家政治制度、经济水平、文化传统等方面的差异，相应的环境影响评价制度的特点也不尽相同。在一些国家，环境影响评价的对象、范围、程序、方法等方面都有许多变化，出现了一些新的特点。可概括为六个方面：①评价对象由对单个建设项目的环境影响评价转化为对大型综合项目的累积影响评价，由对工程的影响评价扩展到对政府政策的影响评价，即战略影响评价。对于资源开发、能源利用等方面的环境影响给以越来越多的关注，对评价的理解由单纯的环境污染评价扩大到对整体的生态环境影响评价。②评价的范围由单纯考虑对自然因素的影响发展到包括经济和社会影响在内的全面环境影响，出现了一些新的环境影响评价形式，如环境风险评价、视觉影响评价、健康影响评价、社会影响评价等，并越来越受到了人们的重视。③评价的程序由不系统、非正式的状况向系统化、规范化转变，形成了包括环境筛选（初步评价）、确定范围、预测评价和监督、监测等完整的工作程序。初步评价和确定范围减少了评价的时间和费用，评价预测方法的研究提高了预测结果的精确性，监督、监测作为评价的必要环节，对于检验预测结果、改进管理措施具有重要作用。④评价的方法由各种单一型方法发展到以适应性方法为代表的综合性方法， 并且广泛应用了计算机模拟和系统控制理论，从而更加客观地反映了现实情况，提高了评价的科学性。⑤各种评价制度的优点互相融合，表现出灵活性与强制性的统一，法律形式的评价制度增加了规定的弹性，政策形式的评价制度的强制性得到加强。⑥环境影响评价与规划相结合，并纳入环境规划之中，环境规划部门与环境评价部门的联系与合作大大加强，环境评价、规划、管理成为一个系列化的整体。

几十年来，环境影响评价制度的理论、概念不断完善，评价对象日渐拓宽，评价方法也趋向多样化。对环境影响评价的原则、内容、影响因子筛选、评价方法等方面基本建立起较为完善的技术标准体系。环境影响评价制度在协调经济发展与保护环境方面的关系上发挥了重要的作用。

一、我国的环境影响评价制度的建立

我国环境影响评价经历了工程——计划（项目规划）——政策的发展历程，即从最初单纯的工程项目环境影响评价，发展到工程项目环境影响评价、区域开发环境影响评价和战略影响评价同时兼顾的全面的环境影响评价体系。环境影响评价的方法和程序也在发展中不断地得以完善。

我国的环境影响评价是在借鉴国外经验的基础上，结合我国实际情况逐步发展起来的。1973 年 8 月，以北京召开的第一次全国环境保护会议为标志，揭开了中国环境保护事业的序幕。会议通过的“全面规划、合理布局、综合利用、化害为利、依靠群众、大家动手、保护环境、造福人民”的环境保护工作方针，已初步孕育了环境影响评价的思想。这一阶段是我国环境保护的创业时期。1979 年，《中华人民共和国环境保护法（试行）》颁布实施，其中规定扩建、改建、新建工程必须提出环境影响报告书，意味着我国开始正式实施环境影响评价的制度。

环境影响评价制度确立后，相继颁布的各项环境保护法律法规，不断对环境影响评价进行规范，并通过部门行政规章，逐步明确了环境影响评价的内容、范围和程序，环境影响评价的技术方法也不断完善。

在环境影响评价制度的实施过程中，国家有关部门组织对环境影响评价的理论和方法进行探讨，并以环境保护法为依据，颁布了许多关于环境影响评价的法规或规范性文件。1981 年颁布了《基本建设项目环境保护管理办法》，对环境影响评价的适用范围、评价内容、工作程序等都作了较为明确的规定。1987 年 3 月，颁布了《 建设项目环境保护设计规定》。1988 年 3 月，国家环境保护局下发了《关于建设项目环境管理若干问题的意见》。1989 年 5 月，颁布了《建设项目环境影响评价收费标准的原则方法》。1989 年 9 月，颁布了《建设项目环境影响评价证书管理办法》。这一系列规范性文件的颁布初步建立了环境影响评价制度的实施、管理体系。同时，这一阶段颁布的《中华人民共和国海洋环境保护法》（1982 年）、《中华人民共和国水污染防治法》（1984 年）和《中华人民共和国大气污染防治法》（1987 年），都对相关内容的环境影响评价作了明确规定。

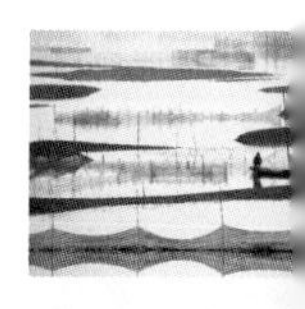

从 1989 年 12 月通过《中华人民共和国环境保护法》到 1998 年国务院颁布《建设项目环境保护管理条例》，使建设项目环境影响评价得到进一步强化和完善。

20 世纪 90 年代，我国先后接受亚洲开发银行和世界银行对环境影响评价培训的技术援助项目，为我国的环境影响评价与国际社会接轨奠定了基础。1990 年 6 月，国家环境保护局颁布了《建设项目环境保护管理程序》。1995 以后，对建设项目的环境影响进行分类管理，分为编制环境影响报告书、编制环境影响报告表和填报环境影响登记表三类。1998 年 11 月，国务院第十次常务会议通过了《建设项目环境保护管理条例》，并发布实施。该条例对环境影响评价的分类、适用范围、程序、环境影响报告书的内容以及相应的法律责任等都作了明确规定。我国的环境影响评价制度进一步得到完善。

1999 年 1 月，第三次全国建设项目环境保护管理工作会议在北京召开，主要内容是研究贯彻落实《建设项目环境保护管理条例》，进一步把我国的环境影响评价制度推向了一个新阶段。3 月，国家环境保护总局令第 2 号，公布《建设项目环境影响评价资格证书管理办法》，对评价单位的资质进行了规定。4 月，国家环境保护总局印发了《关于执行建设项目环境影响评价制度有关问题的通知》（环发〔1999〕107 号），对《建设项目环境保护管理条例》中涉及的环境影响评价程序、审批及评价资格等问题进一步予以明确。

在此期间，国家环境保护总局还印发了《关于贯彻实施〈建设项目环境保护管理条例〉的通知》，加强了国家和地方建设项目环境影响评价制度执行情况的检查，环境影响评价制度进一步得到强化 。

2002年10月，第九届全国人大常委会通过了《中华人民共和国环境影响评价法》，并于2003年9月1日起正式实施。环境影响评价从项目环境影响评价进入到规划环境影响评价，意味着环境影响评价制度的发展有了质的飞跃。

国家环境保护总局依照法律的规定，初步建立了环境影响评价基础数据库；颁布了《规划环境影响评价技术导则（试行）》，明确了规划环境影响评价的基本内容、工作程序、指标体系及评价方法等；制定了《专项规划环境影响报告书审查办法》（国家环保总局令第18号）、《环境影响评价审查专家库管理办法》（国家环保总局令第16号）；设立了国家环境影响评价审查专家库。

为了加强环境影响评价管理，确保环境影响评价质量，2004年2月，人事部、国家环境保护总局决定在全国环境影响评价行业建立环境影响评价工程师职业资格制度，对环境影响评价这门科学和技术以及从业者提出了更高的要求。

二、长江流域的环境影响评价工作

长江委从1976年成立长江水保局起，就十分重视水工程建设的环境影响。1978年初，长江水资源保护科学研究所成立，所属第三研究室即着手开展大型水利工程的环境影响研究，经过一系列探索，在环境影响评价的基本内容、工作程序步骤、评价方法及工作组织等方面作出了突出贡献，并有效推动了我国大型水利工程环境影响评价的规范化和标准化。

长江水保局是长江委内专事流域水资源保护工作的单位，成立之初就把大型水利工程的环境影响评价研究放在重要位置。1978年3月，受国务院环境保护领导小组办公室委托，在湖北武汉召开了长江水源保护科研规划会议，讨论拟定了《长江水资源保护科研规划纲要（初稿）》，将“大型水利工程对环境影响研究”列为重点课题之一。1979年，制定了《长江水源保护科研计划（1979—1985年）》，把大型水利工程兴建对环境影响的研究列为专题；1980年，制定了《1981—1990年十年规划》，大型水利工程环境影响预评价为该规划主要内容之一。全国40多个科研院所和大专院校参与了此项研究。

1981年10月，中国水利学会在湖北武汉召开环境水利研究会成立大会，并举办了环境水利研讨班，长江水保局是主要承办单位。全国各省（自治区、直辖市）水利水电厅（局）、各流域水资源保护机构、部属设计院、有关工程局、科研院所、大专院校的专家代表，共同探讨研究水利工程对环境影响及对策问题；总结了国内外环境影响评价经验教训和最新动态；对大中型水利工程环境影响评价的基本内容、环境影响评价的程序与步骤、环境影响评价方法等进行了较全面研究。

我国早期的环境影响评价处于探索阶段，缺乏规程规范、技术标准，环境保护基本理论、技术方法，很多工作在摸索中逐渐完善和成熟。1979 年，长江水保局以三峡工程环境影响研究为重点，收集国内外有关水利工程开发建设项目环境影响研究与评价资料，进行了多学科的综合研究；选择同类型水库，水文条件和水利枢纽的功能、调节性能类似、工程地理位置接近和具有一定运行经验的工程进行类比分析；通过影响机制类比、数学模式类比、生境条件类比和生态性类比等方法进行了全面分析研究。

这一时期的主要工作包括翻译国外有关大型水利工程环境影响案例，编印《国外大型水利工程环境影响译文集》（1981 年）；提出《丹江口水利枢纽对环境影响的初步调查报告》（1980 年）、《葛洲坝水利枢纽兴建对环境影响的初步探讨》（1981 年）等成果。通过对这些工程进行的回顾性评价，为三峡工程环境影响研究提供参考。

《长江三峡地区水利枢纽兴建后土壤环境的变化及其预测研究》为国家重点科研项目第 117 项中第 2 分项的重要组成部分。在长江委的领导下，长江水保局组织北京师范大学、华东师范大学等 12 所高等院校，联合组成“长江流域土壤生态研究协作组”，通过实地调查与研究，于 1982 年 12 月，提出《葛洲坝水库兴建后土壤环境的变化与影响》研究报告。

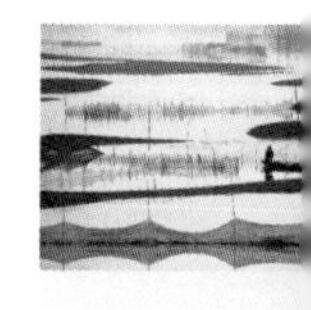

根据三峡水利枢纽设计工作安排和环境保护要求，长江水保局陆续组织开展了不同蓄水位方案（150 ~ 200 米）的环境影响评价及专题研究。在三峡工程水库淹没、水文情势、小气候、库岸稳定、地震、泥沙、水质、水生生物、人群健康影响及对策等诸多方面取得一大批成果。1982 年，提出《三峡建坝环境影响（200 米方案）》。1983 年 3 月，长办组织编制完成《三峡水利枢纽（150 米方案）可行性研究报告》，第八章即为“三峡建坝对环境的影响”。在三峡水利枢纽（150 米方案）初步设计阶段，长江委又组织有关科研院所、高等院校完成水质、土壤环境、陆生植物、陆生动物、人群健康、局地气候等专题研究报告。在此基础上，1985 年，编制完成《三峡水利枢纽环境影响报告书（150 米方案）》。

为了贯彻落实建设项目环境影响评价制度，规范我国建设项目环境影响评价工作，1981 年 5 月，由国家计划委员会、国家建设委员会、国家经济委员会、国务院环境保护领导小组联合颁布《基本建设项目环境管理办法》。在水利水电工程环境影响评价方面，水利电力部于 1982 年颁布了《关于水利工程环境影响评价的若干规定（草案）》；1984 年，水利电力部水利水电勘测规划设计院委托成都勘测设计院牵头，长江水保局、中南勘测设计院、葛洲坝水电工程学院参加，编制了《水利水电工程环境影响评价规范》，1988 年 12 月，经水利部和能源部批准颁布试行，

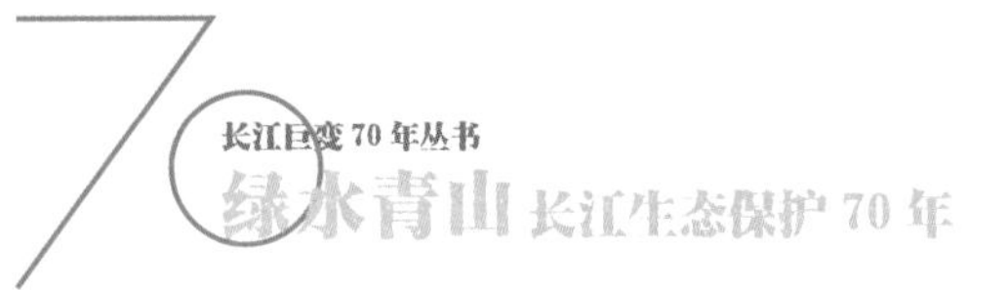

标号为SDJ 302—88。

同时，国家环境保护局也陆续发布了建设项目环境影响评价技术导则、总纲、地面水环境、生态、大气环境等多项导则、标准。这些规范标准的颁布实施，使我国水利水电工程环境影响评价工作逐步走向标准化和规范化。

20世纪80年代中后期，尤其是90年代以后，长江水资源保护科研所（以下简称“长江水保所”）承担了一批大型水利水电工程可行性研究阶段的环境影响评价。1991年，和中国科学院环境评价部一道，在多年研究和前期论证的基础上，联合编制完成《长江三峡水利枢纽环境影响报告书（175米方案）》，内容涵盖环境总体、环境子系统、环境组成及环境因子4个层次，包括24个环境要素、70个环境因子，在环境影响评价的广度和深度方面均达到国际先进水平。该报告书于1992年1月和2月相继通过了水利部的预审和国家环保总局的终审，为长江三峡工程建设提供了科学决策依据。其后，为了更好地服务三峡工程环境保护工作，长江水保所全过程参与了后续的环境保护设计、规划和环境监理。

南水北调中线工程是跨流域的大型调水工程，20世纪50年代起，长江水保局陆续对一些与环境有关的要素进行过大量分析研究，积累了丰富的成果。90年代初，长江水保局组织国内有关部门、高等院校、科研单位对20多项重要环境因子进行了研究，并于1995年编制完成环境影响报告书，同年获得批复。2002年，根据长江委工作安排，长江水保局承担南水北调中线工程环境影响复核报告书的编制任务，先后开展了丹江口库区水质，汉江中下游水文情势、水质，穿黄工程，冰期输水等研究，于2005年9月完成《南水北调中线一期工程环境影响复核报告书》，后通过国家环保总局审批。鉴于南水北调中线工程环境保护工作的重要性，项目组在后续的环境保护设计、相关规划和部分环境监理工作也实现了全过程参与。

自《环境影响评价法》施行后，在继续开展水工程建设项目环境影响评价的同时，长江委积极推进长江流域的规划环境影响评价工作，取得了长足的进步，组织长江水资源保护科学研究所陆续完成了《长江口综合整治开发规划》《金沙江干流综合规划》《长江流域防洪规划》等一批事关治江全局的重要规划的环境影响评价，其成果对完善流域及区域规划以及指导规划实施中的环境保护具有重要意义。

在流域综合规划环境影响评价方面，长江委陆续承担了岷江、雅砻江、嘉陵江、赤水河、湘江、沅江、资水、信江、抚河、赣江、洞庭湖区、通天河及江源区等20多个流域与区域的综合规划环境影响评价，取得了丰硕成果。

经过长达40年的发展，长江委的环境影响评价工作逐渐形成了体系，严格依据环境保护法律法规要求，遵循各项环境因子的环境影响评价技术导则、规范、标准，系统地开展着环境影响评价工作。评价方法也从初步的数学模型定量计算方法、定量定性结合、经验公式、类比分析等方法，逐步发展到与3S技术紧密结合的遥感和地理信息系统分析方法、图形叠置法、生态机理分析法，并与经典的数学模式法、物理模型法、类比调查法和专业判断法互相融合，提高了工作效率。在长江流域环境敏感区方面积累了大量宝贵资料，能有效识别环境制约因素，指导涉及各类生态敏感区的工程项目，从源头减轻环境影响，保护生态环境。

第二节　三峡工程环境影响研究与评价

长江三峡水利枢纽工程(以下简称“三峡工程”)是开发和治理长江的关键性工程，防洪、发电、航运等综合效益巨大，但工程建成后将部分改变长江水文情势，引起生态环境条件变化，可能产生新的生态与环境问题。对三峡工程进行环境影响评价，就是在分析流域和库区环境状况基础上，针对工程兴建对自然环境和社会环境影响进行科学研究，全面论证和综合评价，使工程的有利影响得到合理利用，不利影响在采取积极措施和对策后得到减免和改善，促进工程建设与流域环境保护和经济社会的持续、稳定、协调发展。

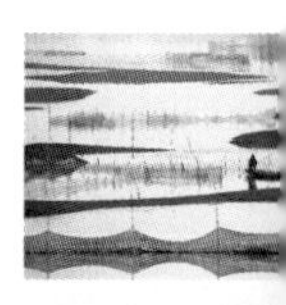

一、生态与环境影响的前期研究与评价

1. 初步研究阶段

从20世纪50年代至70年代末，长办在编制《三峡水利枢纽初步设计要点报告》时，组织中国科学院、有关高等院校、科研单位对长江三峡工程涉及有关的自然、社会环境进行了大规模考察。针对工程引起的一些环境问题，如回水影响、人类活动对径流的影响、小气候变化、库岸稳定、地震、泥沙、水生生物、水库淹没与移民、自然疫源性疾病及地方病等进行了调查研究，形成大量初步成果，并纳入《长江流域综合利用规划要点报告》。1958年6月，长江三峡工程第一次科研会议在湖北武汉召开，参加会议的有中国科学院、水利电力部及有关部、委局的设计科研单位、高等院校等单位的代表。会议制定的研究计划中与环境有关的有地质、地貌、水文、水库泥沙淤积、人群健康等方面的课题。1958年，为了解三峡建坝对人群健康和生活环境的影响，在国家科委的组织领导下，对三峡自然疫源和三峡水库疟疾流行病学等进行了调查研究。1959—1960年，湖北省三峡自然疫源调查队、宜昌地区卫生防疫站和秭归县卫生防疫站分别对坝区蚊虫和鼠类进行了实地调查。长办和南京大学气象系合作对三峡库区的小气候变异进行了初步探索。在水质监测方面，20世纪50年代以来一直保持

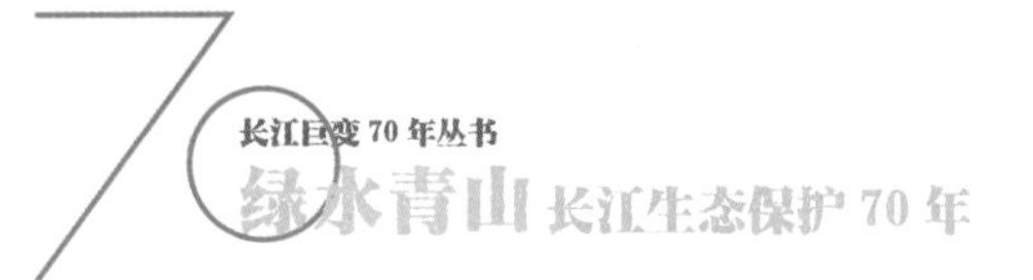

观测，特别是物理指标和常规水化学指标。1958 年 10 月，中国科学院水生生物研究所在三峡库区对浮游生物和底栖生物等的组成及生物量进行了较系统的调查。在泥沙研究方面，长办自 20 世纪 50 年代除进行悬移质泥沙常规测验外，还对推移质测验方法、仪器进行了实验研究和试制；1960 年起，在长江寸滩至宜昌河段主要水文站分别开展卵石、沙质推移质测验及其输移运动规律实验研究。

上述工作为三峡工程环境影响评价与研究提供了极具价值的基础资料。1976 年，成立后的长江水保局，组织了专门力量并与有关大专院校和科研单位协作，从事三峡工程对环境影响的科研和评价工作。1978 年 3 月，长江水保局受国务院环境保护领导小组办公室委托，在湖北武汉召开了长江水源保护科研规划会议。会议拟定了《长江水源保护科研规划纲要（初稿）》，其中将“大型水利工程对环境影响研究”列为重点课题。3 月，国务院环境保护领导小组办公室在北京主持召开了环境保护科研重点项目（即全国科技规划纲要重点项目第六十六项）规划落实会议。会议批准“长江水源保护的研究”列入第六十六项，由水利电力部科学技术委员会、环境保护办公室负责，长江水保局组织实施。1979 年，制定了《长江水源保护科研计划》，其中包括“大型水利工程兴建对环境影响的研究”。1979 年 10 月，在湖北武汉召开长江水源保护科研计划会议，来自 46 个科研单位、大专院校、地方环境保护办公室、监测站、卫生和水利部门的代表与会。会议落实了科研课题，签订了计划任务书，确定三峡工程环境影响评价的研究由长江水保局承担，协作单位有中国科学院水生生物研究所、动物研究所、地理研究所及武汉植物研究所、广州植物研究所、四川医学科学研究院寄生虫病防治研究所等科研单位，以及北京师范大学、上海师范大学、华中师范大学、西南师范大学、重庆师范学院、南京师范学院、武汉大学、西南农学院等高等院校，宜昌地区卫生局和重庆市、宜昌地区、万县地区、涪陵地区及所属县市卫生防治站，宜昌市环境保护监测站等。从 1979 年起，长江水保局开始收集国内外有关工程，特别是水利工程环境影响研究与评价的资料，进行了多学科的综合研究。选择同类型水库，水文条件和水利枢纽的功能、调节性能类似，工程地理位置较接近和具有一定运行经验的工程为类比工程进行类比分析。通过影响机制类比、数学模型类比、生境条件类比和生态习性类比等方法进行了全面分析研究。先后以丹江口、葛洲坝水利枢纽为类比工程，进行了水库下泄水温对农业的影响、水库兴建后土壤环境变化、水库兴建后水质变化等方面的研究并提出了相应的科研报告。20 世纪 80 年代初，美国垦务局三峡考察团来华就三峡工程进行了实地调查。该考察团成员之一、生态学专家 J.F.Labounty 博士认为三峡工程将可能显著改变环境现状。为了保护环境，尽力避免对环境的负面影响，需在三峡工程兴建前进行谨慎的环境评价，并就三峡工程环境影响评价的具体事宜提出建议。评价内容应该包括环境现状、兴建工程的可能影响、计划的改善措施、未能解决的问题和一系列比选方案等；提出成立一个多专业的综合专家组，包括领导、工程师、水生生物学家、野生生物学家、历史学家、考古学家、地质学家、社会学家和经济学家等。其主要目标是识别三峡工程潜在和可能的环境影响，建议专家组的工作范围扩大到整个长江流域。1980 年 12 月，长江水保局根据初步研究成果，编制了《三峡建坝的环境生态问题（200 米方案）》。这是我国第一个对三峡工程环境影响进行全面评价的报告。该报告对三峡水利枢纽建成后小气候变化、水温变化对下泄水温影响、水质影响、中下游河道水量变化、鱼类资源影响、人群健康影响等重点因子进行了分析评价。在重点因子选择的基础上，第一是对影响内容进行分类，如物理影响或生物影响，对库区的影响或对下游的影响；第二是评价产生影响的可能性；第三是评估影响的大小；第四是确定影响的时间性，属短期影响或长期影响等；第五是确定公众关心的问题及其程度。

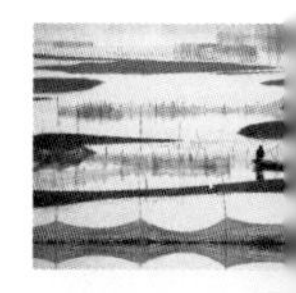

2. 全面环境调查与科研

1981—1985 年期间，长江水保局是对三峡工程库区进行了全面环境调查，并对有关问题开展科学研究。1982 年 2 月，水利部颁布《关于水利工程环境影响评价的若干规定（试行）》，并将“三峡水利枢纽对环境影响”列为附件。4 月，长江水保局在湖北武汉召开“大型水利工程兴建环境影响科研工作讨论会”，交流和讨论了三峡水库对环境影响的研究。1983 年 3 月，提出了《三峡工程可行性研究报告》第八章“三峡建坝对环境的影响（150 米方案）”等报告。1983 年 5 月，根据国务院决定，由国家计划委员会组织召开长江三峡水利枢纽工程可行性研究报告审查会。库区及环境保护组审查认为“现行可行性报告中提出的关于水库淹没和库区环境影响专题报告，有一定深度和广度”。三峡建坝对环境的影响分析是有证据的。三峡水利枢纽对生态环境（包括自然环境和社会环境）既有有利的一面（这是主要的），也有不利的一面，问题比较复杂。审查组建议进一步开展环境现状的调查；根据环境保护法规定，开展环境影响评价研究，编制环境影响报告书等。1984 年 4 月，国务院印发《国务院关于长江三峡工程可行性研究报告的批复》，要求“三峡工程按正常蓄水位 150 米、坝顶高程 175 米设计”，请水电部于 1984 年底前完成初步设计报审。长办据此进行三峡工程初步设计，长江水保局进一步开展了重点专题研究，陆续完成《三峡工程对水质影响的研究》《三峡工程对土壤环境的影响研究》《三峡工程对森林植被、珍稀植物及经济林的影响》《三峡工程对库区野生动物及珍稀动物的影响》《长江三峡水利枢纽兴建对人群健康影响的研究》《长江三峡工程对血吸虫病流行影响的研究》等专题报告。由于三峡工程环境影响的内容极其广泛，综合性强，涉及多学科领域，参

加此项工作的有中国科学院水生生物研究所、动物研究所、植物研究所，库区各县卫生防疫站、各环境监测站，以及沿江有关高等院校等众多单位，长办水文局、科学院、规划处、库区处、勘测总队、施工处也参加了部分工作或提供基本资料。

3. 正常蓄水位150米方案环境影响评价

长江水保局在上述专题报告和前期研究的基础上，提出了《三峡水利枢纽环境影响报告书（150米方案）》初稿。1984年11月，由长办主持，在湖北武汉召开了长江三峡工程环境影响评价顾问会扩大会。长江水保局汇报了报告书编制情况和主要内容。到会的顾问有刘建康、刘培桐、谢义炳、谢家泽、肖荣炜等著名专家学者。会议认为《三峡水利枢纽环境影响报告书》，在广度和深度上都比1983年5月由国家计委原则通过的《三峡水利枢纽可行性研究报告》第八章“三峡建坝对环境的影响（150米方案）”前进了一步，材料比较丰富。1985年7月，长办又在武汉召开了“三峡工程环境影响研讨会”，到会专家有刘建康、肖荣炜、蔡宏道以及顾问马世骏、侯学煜、章文才等，还有四川、湖北、湖南、江西、上海等省（市）水利、环境保护部门的代表等。长江水保局就三峡水利枢纽环境影响报告书内容作了汇报。与会专家和代表认为“报告书抓住了主要问题，有一定的深度和广度，所采用的系统分析方法是很好的”。会后，根据专家、学者和代表意见，于1985年7月提出了《三峡水利枢纽环境影响报告书（150米方案）》。

4. 三峡工程不同蓄水位方案对生态与环境影响的论证

1984年，国务院批准三峡工程150米方案后，重庆市及有些社会人士对正常蓄水 位方案提出不同意见，三峡工程筹备领导小组决定：一方面按150米方案进行施工准备，另一方面责成国家科学技术委员会组织正常蓄水位方案的论证。同年11月，国家科学技术委员会在四川成都召开三峡工程科研工作会议，决定生态与环境影响研究项目由城乡建设环境保护部和中国科学院负责。1985年4月，中国科学院、国家科委，经与国家环境保护局协商，确定了“长江三峡工程对生态与环境影响及其对策研究”项目，制定了12个二级课题，组织了中国科学院院内外35个单位于1985年开始工作。5月，受国家科委委托，国家环境保护局和中国科学院在成都召开了长江三峡工程对生态与环境影响论证会，对三峡工程不同蓄水位（150米和180米方案）对生态与环境影响进行了初步论证。长江水保局提出《三峡工程对环境的影响》和《三峡水利枢纽不同蓄水位对环境影响的评价（正常蓄水位150米及180米方案）》报告，中国科学院三峡工程生态与环境科研组提出《三峡工程不同蓄水位对生态与环境影响的初步论证报告》。会后根据部分专家与代表的发言编印了《长江三峡工程对生态与环境影响论证会发言专集》。1985年6—7月和1986年1月分别在北京、上海两地召开了工作会议，由国家科委主持，国家环境保护局和中国科学院及所属有关单位参加，聘请并成立长江三峡工程生态与环境专题专家组，组长为马世骏，到会专家有方子云、刘建康、刘培桐、孙鸿冰、陈吉余、张书农、侯学煜、席承藩、谢家泽、蔡宏道等，会议讨论和审议了《长江三峡工程生态与环境初步论证报告》。会后，长江水保局根据会议意见，在分析有关资料成果的基础上，修改提出了《三峡工程对生态与环境影响的初步论证报告》（正常蓄水位 150 米和 180 米方案）。为了使公众了解三峡工程以及三峡工程建设对生态环境的影响，于 1987 年出版了《长江三峡工程对生态与环境影响及对策研究论文集》《长江三峡工程生态与环境地图集》等专著。

二、重新论证阶段的生态与环境论证和科学研究

由于三峡工程正常蓄水位方案的调整，为进一步深入研究三峡工程的生态环境影响，1986 年 6 月，中共中央、国务院决定对三峡工程组织重新论证，并成立了“生态与环境”专家组。

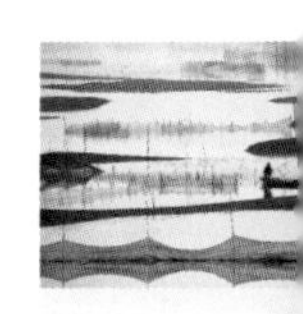

1. 环境影响的基础研究

在《三峡工程环境影响报告书（150 米方案）》的基础上，根据论证工作需要和进一步环境影响评价要求，长江水保局进一步开展研究，重点回答国内外关注的生态与环境问题。1986—1987 年先后完成《三峡水库移民安置区环境容量初步分析》《秭归县移民环境容量分析》《三峡工程对库区柑橘生产的影响》《三峡工程对中游平原湖区排涝排渍的影响》《三峡工程对鄱阳湖白鹤及珍稀候鸟栖息地的影响》《三峡建坝库区钉螺孳生及坝下钉螺向库区扩散问题的研究》《三峡工程不同蓄水位对河口生态环境影响》《三峡工程对生态环境影响的综合评价》等。1988 年，汇编出版了《长江三峡工程生态与环境影响文集》。这个阶段研究成果的特点是：①在工程的可行性研究、规划、设计、施工和运行等阶段都进行了环境监测和研究。②研究中采用多学科、多部门协调，对环境影响作出较全面的评价，提出可行的措施。③在评价中，采用可货币化的、定量的和定性的方法进行评价与研究。④对一些影响较大的环境因子应进行长期监测和重点研究。⑤采用多因子进行科学的综合评价。但在综合评价方法上尚有不同意见，需进一步探索。

1986 年，为了对三峡工程作出国际财经组织可接受的技术和经济可行性的评价，水利部和加拿大国际开发署聘请了由加拿大工程管理部门和工程咨询公司组成的加拿大国际工程管理处扬子江联营公司（CYJV）编制可行性研究报告，从技术上为中国政府的决策提供意见，并为获得国际组织贷款奠定基础。CYJV 按照国际通用的程序与方法，对三峡工程的可行性进行了与中国国内论证平行的、独立的论证研究。研究

的方案包括正常蓄水位150米、160米、170米和180米等方案，于1988年编制完成了《长江三峡工程可行性研究报告》。其中第八卷“环境”专门论证了环境问题，提出了在环境方面存在的问题、评价的结论和建议。

1986年1月、2月和8月，国家环境保护局三峡办分别就成立专家论证组、讨论专家组考察和听取考察汇报举行了会议。4月下旬，国家环境保护局邀请联合国环境规划署全球环境监测系统克劳先生、伯尔克女士，与国家环境保护局汪贞慧、长江水保局吴国平和方子云等共同商谈三峡环境影响评价的合作问题，随后到长江三峡考察。同年，国家科委决定“七五”国家重点科研项目“长江三峡工程重大科学技术研究”中75-16-06课题“三峡工程生态与环境影响和对策研究”由国家环境保护局和中国科学院共同主持开展研究。1988—1990年，由中国科学院主持，300多人参加了“七五”国家重点科技攻关课题“三峡工程对生态与环境影响及对策”的延续研究，于1991年1月完成并通过国家科委组织的专家评审。此课题共完成《三峡工程与生态环境》8本系列专著。以上进行的各项工作为三峡工程重新论证阶段的“生态与环境”专题论证奠定了坚实基础。

2. 生态与环境专题论证

1986年6月下旬，由水利电力部部长钱正英主持，在北京召开三峡工程论证领导小组第一次会议，研究贯彻执行中共中央、国务院《关于长江三峡工程论证工作有关问题的通知》，决定生态与环境专题为三峡工程可行性报告10个专题之一，专题主持人为水利电力部总工程师娄溥礼。根据会议精神，成立了生态与环境专题论证专家组及工作组。专家组顾问为侯学煜、黄秉维；组长马世骏，副组长严恺、孙鸿冰、高福晖。专家组共由55人组成，按任务与学科性质分综合组；库区陆生生态与环境地质论证组；水生生物、水沙情势与洪涝及河口生态环境组；库区移民环境容量与人群健康组。根据论证工作目标与计划开展了工作。

——第一次专家组会议。1986年9月上旬，在江苏南京召开了生态与环境专家组第一次会议。参加会议的有有关领导和专家组及工作组成员等。会议由专家组组长马世骏、副组长严恺、孙鸿冰主持。三峡工程论证领导小组成员、水利电力部总工程师娄溥礼、长办主任魏廷琤参加了会议。娄溥礼总工程师传达了中共中央15号文件及三峡工程论证领导小组会议精神。长江水保局、中国科学院介绍了前期科研情况。专家组认真讨论和研究了三峡工程对生态与环境影响已取得的成果和需要进一步论证的问题。会议通过了《长江三峡工程生态与环境专题论证工作纲要》和《工作计划》。与会专家表示，生态与环境专题论证是一项系统工程，一定要按中央的有关“决策民主化、科学化”的精神，互相协调，团结一致，为三峡工程论证作贡献。

——第二次专家组会议。1987 年 3 月中旬，在四川成都召开了生态与环境专家组第二次会议。参加会议的有专家组、工作组及有关代表。会议由专家组组长马世骏主持。专家组审议了半年来的科研与论证情况，从生态与环境的角度对三峡工程正常蓄水位的选择进行了讨论，原则上通过了《关于长江三峡工程正常蓄水位选择的建议》，其要点是：

①三峡工程对生态与环境的影响有利也有弊。主要有利影响是：水电为清洁能源，在一定范围内比火电减轻环境污染；对中下游平原的防洪方面非常有利；可以改善部分航道的航行条件；使局部水质得以改善；可以进一步调节库区温湿度小气候等。蓄水位越高，上述效益也相应增高。170 米和 180 米方案，相应比 150 米和 160 米方案的效益更大。同时，三峡工程对长江上、中、下游也有不同程度的不利影响。如库区泥沙淤积，库区雾情增加，上游土地淹没及洪水量加大；库区滑坡泥石流和诱发地震问题；库区农业生态的影响；中游河道冲刷，平原湖区的排涝排渍；物种资源的保护；水生生物和渔业以及陆生动植物的保护；对下游河口浸蚀与泥沙堆积、水质以及水产资源的变化；对人群健康以及文化景观的保护；库区城镇动迁和移民环境容量等问题。其中影响因素比较集中的是在库区。尤其在大坝蓄水后，必然使淹没土地和移民动迁带来的生态与环境影响、城乡建设与工矿企业发展所带来局部的生态与环境压力等问题更加突出。如果超过库区环境容量，势必产生严重的生态与环境问题。因此，移民环境容量是水位选择比较敏感的制约因素。从淹没土地和移民动迁所引起的生态与环境影响而言，水位愈低问题愈少，愈高则问题愈复杂，对生态与环境的压力也就愈大。但是，上述水位方案的分析，是按不考虑超蓄的情况而论的。如果 150 米和 160 米方案考虑超蓄（如到 172 米），则必须按超蓄的方案对待。有超蓄情况的 150 米和 160 米方案，从生态与环境而论，比没有超蓄情况的 170 米方案，问题更加复杂，对策的难度和所付出的代价也更大。

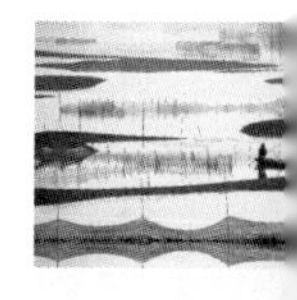

②从三峡库区沿江主要城乡淹没和移民动迁所引起的生态与环境问题看，必须采取特殊的移民政策和改变库区农业生产结构或整个库区的产业结构来适应这一重大变动。但是，就水位的选择综合分析而言，180 米方案遗留的可耕地显著减少，移民绝对数量明显增大，安置难度和生态与环境的不利影响都很大。可能还将影响重庆港的淤积，则更加不宜贸然采用。

③据三峡工程对生态与环境、经济与社会影响的分析和计算水位方案结果看，表示不利影响的负值则随坝高逐渐增大，但由 150 米到 170 米不利影响的负值增大速率变化较小，再向 180 米上升，则不利影响的负值增大速率较大，170 米与 150 米方案不利影响的负值差别不太大；表示有利影响的正值速率在 170 米明显增长，

出现峰值。

综上所述，就三峡工程对生态与环境影响而言，蓄水位愈低，影响愈小。因此，以选择最低方案为宜；如考虑到防洪、发电、航运等方面，则170米亦可作为考虑接受的方案，但生态与环境的补偿投资将比150米方案增加很多。水位的选择是个复杂的问题。选择正常蓄水位方案，应当根据工程经济效益、社会效益（尤其是防洪、发电、航运、泥沙、移民动迁）与生态环境效益三者统一的原则，全面权衡效益与影响，并进一步综合分析后再作出抉择为宜。

1987年3月，30多位专家到三峡库区进行了实地考察，对库区移民环境容量、土地利用和农业生产情况、城镇淹没和迁建规划情况进行了实地考察。

——第三次专家组会议。1987年8月上旬，在北京密云水库召开了生态与环境专家组第三次会议。参加会议的有水利电力部总工程师娄溥礼，中国长江三峡工程开发总公司代表及专家组、工作组成员。会议由专家组组长马世骏和副组长孙鸿冰、高福晖主持。这次会议对生态与环境专题论证报告（讨论稿）要点进行了讨论。经过一年多论证，在局地气候、环境地质、人群健康、生物、景观、施工等方面取得基本一致的意见。专家认为移民环境容量是工程决策中的敏感因素。目前库区土地资源破坏严重，环境质量很差，生态结构脆弱。在这一地区大量移民必然对生态环境带来较大冲击。为妥善安置移民，应对产业结构进行合理调整，国家给予足够投资和优惠政策，以促进本地区经济发展和生态环境改善。关于中下游平原湖区和河口生态环境的影响尚有不同意见，需进一步研究。根据第三次会议精神，工作组对生态环境专题报告再进行修改。

——三峡库区移民环境容量讨论会。1987年11月底，由移民专家组、生态与环境专家组联合主持召开三峡工程库区移民环境容量讨论会。参加会议的有三峡工程论证领导小组成员、有关专家组顾问和专家、工作组成员和四川省、湖北省库区各县（市）代表。会议对库区自然环境和社会环境现状、移民安置去向进行了讨论研究。专家、科研人员和县、市代表就移民环境容量广泛交换了意见，对移民环境容量的概念取得基本一致的共识。尽管对移民安置容量的估计尚有差距，但专家组认为，三峡库区有丰富自然资源，如国家给予一定投资，使经济发展得到“起动力”，并制定适合库区特点的环境保护对策，就可促进经济发展，增加移民环境容量，并使生态环境向良性循环发展。

——第四次专家组会议。1988年1月，生态与环境专家组在北京举行第四次会议，经过认真讨论修改，通过了《长江三峡工程生态环境及对策论证报告（审议稿）》。主要内容包括：流域与库区环境状况、工程对生态与环境的影响、移民环境容量分析、综合分析和对策、建议。论证报告的结论是：三峡工程对生态与环境的影响是广泛而深远的。鉴于各因素之间利弊交织，建议从流域全局出发进行如下的系统分析和综合评价：

①大坝兴建对生态与环境的有利影响主要在中游。水库可以有效地减轻长江洪水灾害对中游人口稠密、经济发达的平原湖区生态与环境的严重破坏，以及洪灾给人们心理造成的威胁。对中、下游血吸虫病防治有利。水电与火电相比，可减少对周围环境的污染。此外，还可以改善局地气候，减少洞庭湖淤积，有利于调节长江径流。

②大坝兴建对生态与环境的不利影响主要在库区。根据不利影响的性质和程度可分以下几类：一类是不可逆转的影响：水库蓄水后部分文物古迹、三峡自然景观和耕地被淹没。二类是影响严重或较大、但采取措施后可减轻的影响：水库淹没，城镇迁建，移民过程中产生的生态与环境问题；对白鳖豚等珍稀物种资源的影响；对上游库尾洪涝灾害的影响；滑坡、诱发地震等问题。三类是影响较小、采取有效措施后可减少危害的影响：对局地气候和一些水文因素的影响；对人群健康的影响；对陆生动物和植物的影响等。对水污染的影响暂时虽不严重，但如对当前各类污水不作处理即直排长江的情况继续放任下去，则是长江污染的潜在危险。

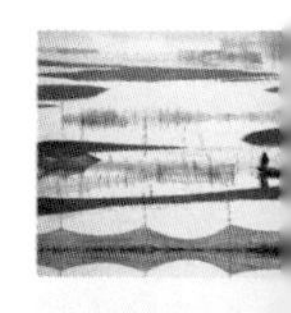

③潜在的或目前还难于预测、难于定量的影响。其中有对上游水生生物的长期影响；对区域的自然生态—社会经济系统的长远影响；对河口和邻近海域生态与环境的影响等问题。

三峡工程对生态与环境影响的诸多因素中，库区移民环境容量是工程决策中比较敏感的制约因素，需要认真对待，慎重处理。在当前工程论证决策和规划设计中提出以下建议：

①以建立和维护库区良好的生态环境为目标，在科学分析库区环境容量的基础上，作好移民安置规划。要搞好库区国土规划，将城乡建设、移民工程、资源开发与环境整治等纳入总体规划中，用系统工程的方法，把库区作为一个复合的自然—社会环境系统，制定一个多目标、多功能的综合开发方案；要根据库区后备土地资源、土地生产力和土地资源分布状况来确定移民区可能安置的农业人口数量；要因地制宜、发展柑橘、油桐和其他林业、牧业、渔业与副业，避免局部地区环境负荷过重而引起生态与环境的恶化；要根据库区资源条件合理规划城乡建设和工业布局，力争少占耕地、不破坏景观，不加重环境污染；在工程投资中，保护生态与环境的费用应予保证，避免加重库区土壤环境负担，恶化生态与环境。

②长江流域因植被破坏引起的水土流失是生态条件恶化的重要因素。必须从现在抓好规划，建立健全队伍，制定有效的政策和措施，把库区和上游的水土保持工作做好。

③要划出一定范围作为自然保护区和国家公园。重点保护自然、历史遗产，对建坝后将淹没的重要文化遗址进行搬迁。

④加强环境保护管理。实行开发性移民。建立健全环境保护管理机构，严格执行国家颁布的有关环境保护的各项法令法规，结合水库特点制定有关的地方环境保护条例，实行多功能水体的目标管理；尽快成立长江流域生态与环境定位观测站与监测系统，统一组织监测三峡工程兴建前后生态与环境各项因子的变化，积累资料，以利于作出科学预断和采取对策。

⑤水库工程设计要充分考虑生态与环境的要求。例如水库调度应考虑四大家鱼繁殖对涨水过程和水温的要求。在调水排沙时，应尽可能减缓库区泥沙淤积，不使坝下洲滩和河床急剧变化，以免直接影响珍稀动物白鳖豚的生存环境和中华鲟的繁殖环境。对中下游湖田、圩田的灌排，河口咸潮倒灌，在水库调度中也应尽量减免其不利影响。

⑥对一些尚有争议或者较长时期才能厘清影响的问题，需要做进一步深入细致的工作，以得出明确的结论。如对中游平原湖区渍害的影响，对河口的影响，需要进行专门的研究和探讨；又如大坝阻隔对水域生态、珍稀水生动物物种生存、沿海渔场和鱼类资源以及三峡工程对区域经济发展的长远影响等需要进一步研究。

⑦应对建坝带来的生态与环境的影响进行经济损益分析及风险评价。在综合论证、可行性研究、工程设计、施工、运用、管理阶段都必须考虑补偿经费，满足生态与环境方面的要求。所需资金应当纳入工程预算并予以落实。

——对生态与环境专题论证报告的审查意见。1988年2月底至3月初，由钱正英、陆佑楣、潘家铮主持召开了三峡工程论证领导小组第七次（扩大）会议，审议了生态与环境专题论证报告。审议具体意见是：三峡工程对生态与环境的影响及其对策，1985年，国家科学技术委员会曾组织专家进行论证，提出了《长江三峡工程对生态与环境影响的初步论证报告（正常蓄水位150米和180米方案）》。一年多来，中国科学院和长江水资源保护局又分别组织科研单位、高等院校、沿江省（市）等60多个单位进行有关课题的研究，提出大量成果。论证报告对三峡工程引起的生态系统结构、功能的变化及由此引起的生态系统的整体效应进行了全面评价。特别对于各项不利影响进行具体分析，提出积极的对策和建议。报告中正确地指出库区移民环境容量问题，是工程决策中比较敏感的制约因素，需要认真对待，慎重处理。这一意见得到移民专家组的极大重视，并进行大量工作，进一步调查复核环境容量，使移民安置有了更可靠的依据。审议中还讨论了以下问题：①论证报告中有利影响已指明，文字表述简单明了，认识上达到一致。②对中游平原渍害影响和对河口的影响尚未取得一致意见，应组织有关专家研究解决。③论证报告中对局地气候、水质、陆生生物、水生生物、环境地质、人群健康的影响及对自然景观和文物古迹的影响都作了恰当的阐述。三峡自然景观将有所改变，个别地段峡感有所减弱而将出现新的景观。总之，还没有从根本上影响三峡工程可行性的制约因素。

——对中游平原湖区与河口影响座谈会。受三峡工程论证领导小组委托，中国水利学会组织有关专家于1988年8月中旬在北京召开了“长江三峡工程对平原湖区影响座谈会”及“长江三峡工程对河口影响座谈会”。会议由理事长严恺主持，出席会议的有国家科学技术委员会、水利部、国家环境保护局、中国科学院南京土壤研究所、中国科学院水生生物研究所、长江流域规划办公室、长江水资源保护局、湖北省水利厅、江苏省水利厅、上海市水利局及有关科研单位、高等院校的代表。与会代表认为中游平原湖区渍涝灾害和土壤潜育化、沼泽化是本地区自然环境条件下，由长江径流、地下水、土壤性质及人类活动长期综合作用下形成的。由于长期围湖造田，生态环境较脆弱，亟待综合整治。该地区进行了大规模水利建设，排渍防涝控制地下水位、改造中低产田已有丰富的成功经验，只要措施得力，进行综合防治可以有效防止三峡工程修建后可能产生的一些不利影响。但由于这个问题不仅涉及三峡工程引起的水文变化，而且涉及土壤条件及人为影响等社会因素。因此，建议加强多学科、跨部门协作，开展深入研究，以发挥三峡工程更大效益。

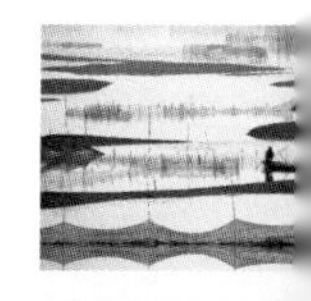

与会代表认为，长江三角洲是全国经济最发达地区之一，也是生态环境敏感地区。三峡工程对河口的影响一般具有长期的、渐变的特点，仅就工程兴建对河口地区土壤盐渍化和泥沙堆积影响而言，还不构成影响三峡工程决策的制约因素。由于其位置的重要性，应及早加强科学研究和监测，对不利影响提出可靠的防范措施和对策。

三、正常蓄水位175米方案环境影响报告书的编制与审批

1. 关于补报长江三峡水利枢纽环境影响报告

1991年8月30日，由国务委员宋健主持，研究并落实国务院三峡工程审查委员会审查报告中提出的补报长江三峡水利枢纽环境影响报告书的问题。参加会议的有全国政协副主席、水利部三峡工程论证领导小组组长钱正英和林业部、水利部、能源部、国家环境保护局、中国科学院、长江委、国务院三峡工程建设委员会办公室等有关部门的负责人及有关专家。长江委主任魏廷琤作了汇报。会议认为，虽然在可行性研究阶段对生态与环境问题已做了大量工作，国务院三峡工程审查委员会组织的生态与环境预审专家组及审查委员会都审定了可行性研究阶段的评价成果，但考虑到三峡工程的生态与环境评价具有极大的国内、国际影响，应该按有关法规和程序，补编环境评价报告书并进行审查。会议经过讨论，议定主要意见为：

一是按法定程序，尽快组织补编和审查环境评价报告书（以下简称报告书），长江委于1991年9月将环境评价工作大纲报国家环境保护局审批，年底根据审批的评价工作大纲，修改、补充现有的报告书，报国家环境保护局组织审查。于1992年2月将评审意见和通过的环境评价报告书报送党中央和国务院。

二是报告书的修改补充工作由长江委和中国科学院联合组织有关单位进行并共同署名。审查委员会成员必须是这方面的权威和专家，要民主、科学、严谨、负责地做好审查工作。报告书通过审查后，可出版英文单行本。

三是与三峡工程有关的生态与环境问题的评价及治理经费，应列入三峡工程投资或计入三峡工程运行成本。

会议形成了纪要，并依此开展有关环境影响报告书的有关工作。

2. 环境影响评价大纲编制与审批

根据有关规定，环境影响报告书的编制必须是经过国家环境保护局审查批准的具有评价资格的单位进行。为此，长江委和中国科学院将编报告书的任务，分别交由所属且具有甲级环境影响评价资格证书的长江水资源保护科学研究所和中国科学院环境评价部共同进行。1991年9月，按照审查委员会的要求，编写了《长江三峡水利枢纽环境影响评价工作大纲》。国家环境保护局于10月中旬在北京组织由42名专家组成的专家审查委员会和各部门代表对评价大纲进行了评审。专家评审认为，该大纲内容全面、重点突出、结构合理、评价依据充分；拟采用的评价方法和评价标准以及划定的评价范围，基本符合国家有关环境评价的技术规范和拟建工程所在区域的自然特点；大纲经补充修改后可作为开展评价工作和编制环境影响报告书的依据。

随后，国家环境保护局提出了《关于对长江三峡水利枢纽环境影响评价大纲审查意见的函》，“原则同意专家审查委员会的评审意见。大纲进行必要修改补充后，可以作为编制环境影响报告书的依据”。并指出编写报告书应注意立足于全流域，把重点因子评价和区域相结合，对流域各区段分别进行综合环境评价；要适当加强库区的评价，库区上游对工程本身有直接影响的有关问题，也要进行必要的分析和评价；在风险评价中要对溃坝所造成的环境影响范围及程度进行预测分析。三峡工程施工期长，要对施工阶段引起的局部生态破坏和环境污染进行评价，并提出相应的保护和防治措施等问题。三峡工程环境影响评价涉及多个领域，有些评价工作的周期较长，环境影响报告书上报后仍应在原工作基础上继续再做工作，其中包括移民及城镇搬迁对环境的冲击。要根据移民安置规划，对移民区环境的承受能力进行评价，并对各移民方案从环境保护角度进行比较。对水库淹没区进行污染源调查，并对淹没后水质将发生的变化进行预测。重庆市是位于三峡水库末端的重要工业城市，应着重评价三峡工程对重庆市造成的环境影响和重庆市排污对水库水质的影响等。

3. 报告书的编制

根据经审批的评价大纲及审查意见，中国科学院环境评价部和长江水保所在多年研究和专家论证的基础上，集中几十名有经验的，曾从事三峡工程环境研究和评价工作的专家、教授组成编写小组，并聘请中国科学院南京土壤所研究员席承藩、长江委总工程师王家柱为首席科学家，指导编制工作。在环境影响评价中除充分利用已有资料和成果外，在社会、经济环境现状等方面还采用了新的数据资料。本着严格执行国家和地方有关环境保护法规规定，坚持实事求是、严肃认真的科学态度，紧密结合三峡工程实际，既注重预测内容和科学性，又重视环境保护措施的实用性和可操作性，专家之间对某些问题在现阶段尚不能取得共识或者因问题较复杂，有待进一步深化研究的，报告中都作了充分反映。对有些属于工程下一阶段设计工作的内容，也提出了相应的建议和要求，使工程决策科学化、民主化；建立在可靠基础上，又不致在环境问题上有重大失误。

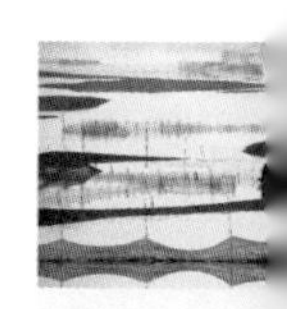

1991 年 12 月，完成了报告书（送审稿）的编制，并报水利部预审。报告书内容包括：前言、工程开发任务及方案选择、工程概况、环境背景、对自然环境的影响、对社会环境的影响、公众关心的一些环境问题、生态与环境监测和管理系统、环境保护经费、结论与对策建议等 11 部分。环境影响评价的主要内容包括：

（1）评价范围与评价系统

根据工程功能、特点及其引起长江水文情势变化和所在地区环境差异，评价范围包括：①三峡库区，自重庆到三斗坪，受回水影响淹没区及移民安置区。②中下游河段及附近地区，自三斗坪至江阴，包括洞庭湖、四湖和鄱阳湖湖区。③河口区，自江阴至河口及邻近海域。评价系统共分环境总体、环境子系统、环境组成及环境因子 4 个层次，包括 24 个环境组成（即环境要素）、70 个环境因子。评价项目为经过影响识别筛选的重要环境因子或公众关心的环境问题。

（2）工程主要环境效益

水库的防洪作用，可以减轻洪水灾害对人口稠密、经济相对发达的长江中下游平原湖区生态环境的严重破坏；减轻洪灾对人们心理造成的威胁和财产损失风险；水库防洪有利于中下游血吸虫病的防治。水库调节可减少洞庭湖淤积，延长湖泊寿命。水电是清洁能源，若以发电功能相当的火电站代替，年需标准煤 3200 万吨或原煤 4200 万吨，且火电站除排放大量热水、废渣影响环境外，每年还要排放约 10000 万吨二氧化碳，100 万 ~ 200 万吨二氧化硫，1 万吨一氧化碳，37 万吨氮氧化物和大量飘尘、降尘。水库还有利于饵料生物和鱼类生长，枯水期下泄流量增加，提高了坝下游河道

污水稀释能力，有利于改善水质，减轻污染，可削减长江河口区枯水期咸潮入侵，增强冲淡氯度能力，有利于提高上海市供水的水质。

（3）对自然环境影响

①局地气候。建库后对气温影响范围，垂直方向不超过海拔400米，两岸水平方向不超过2千米，年平均气温变化不超过0.2℃，冬季月平均气温可增高0.3 ~ 1.0℃，夏季月平均气温可降低0.9 ~ 1.2℃，极端最高气温可下降4.5℃，极端最低气温增高3℃左右。冬季气温升高，对喜温经济植物（如柑橘、油桐等）的生长和越冬有利，夏季气温降低，使河谷的高温危害减轻。年平均降水量增加约3毫米。库周辐射雾的水平范围和垂直范围增大10% ~ 20%，雾日约增加2天，对城市酸雾扩散和航运略为不利。平均风速将增加15% ~ 40%，因建库前库区平均风速为2米每秒左右，故建库后平均风速仍不大。但应加强天气预报，特别注意瞬时阵风对航运的影响。

②水质和水温。建库后水流速度减小，复氧和稀释扩散能力降低，岸边污染带加重，尤其是排污量大的重庆、万县等江段。建坝对氮、磷营养物有一定拦蓄作用，有利于提高水库水体的生物生产力。如农田径流污染增加，总磷污染将较严重，部分支流、库湾可能趋向富营养化。建库后航运发展，船舶流动源污染增加，应特别注意油污染问题。岸边污染加剧和水库运行数十年后城市取水口泥沙淤积，会对城市供水产生影响，应采取措施予以解决。水库运行后，枯水季节流量增加，有利于改善坝下游江段水质。建库后水库不会发生大范围的稳定水温分层现象。4—5月，部分支流河口及近坝段可能出现短时水温分层现象，但在4月下旬出流水温超过19℃，能够满足鱼类产卵所需的水温（18℃）要求。

③环境地质。建库后，存在水库诱发地震的可能性，但震级超过6级的可能性不大。岩层（特别是黏土层）受库水浸泡软化和水位起落影响，以及城镇迁建、移民安置活动，可能触发处于极限状态下的某些崩塌、滑落体，引起现有滑坡体复活或发生新的滑坡。滑坡对大坝安全不致造成大的威胁，碍航的可能性也大大降低。三峡水库封闭条件良好，不存在渗漏问题。

④水库淤积和坝下冲刷。三峡水库采用“蓄清排浑”运用方式，可长期保留有效库容。对于变动回水区和坝区的碍航问题，可采用水库优化调度、港口改造、河道整治和疏浚等措施得到基本解决并将影响减小到最低程度。水库运行初期，泥沙大部分淤积水库内，下泄水变清，大坝下游一定范围内河床冲刷水位下降，对荆江河段行洪有利，但将出现局部河床冲刷和坍岸，可能出现新的险工河段。坝下游河道，经数十年冲刷之后，将重新淤积，直至冲淤再次达到稳定。为减少三峡水库泥沙淤积和长江泥沙含量，应加快三峡地区及整个长江上游的防护林体系建设。

⑤陆生动植物。淹没区约有一半为农田，海拔 200 米以下无成片天然森林植物，残存的天然植被仅见于非宜农之陡坡带。明显受淹没影响的是经济林，主要是柑橘林，受淹园地 7347 公顷，受淹林地面积约 7273 公顷。水库蓄水后，农田和人类活动上移，以农田草灌为主的陆生脊椎动物生存环境受到影响，鼠类危害增加，水禽数量将会增加。

⑥水生生物。三峡水库独特的调度运行方式，在渔业利用上适宜以增殖资源为主，可采取人工放流鱼种和繁殖保护措施，促使鱼产量有所增加。水库形成将改变鱼类种类组成。库区河道涪陵以下原有的 8 个产卵场将消失，鱼类将移至库尾以上水域繁殖。由于坝下涨水过程显著变化，宜昌至城陵矶江段家鱼繁殖受到影响，繁殖规模减小。建库后，因下游河道冲刷，使白鳖豚部分栖息地改变。水库 10 月蓄水，下泄流量减少，航道变窄，中华鲟的繁殖产卵面积相应缩小；建坝后上游繁殖的白鲟和胭脂鱼不能漂流到坝下，在中、下游江段难以形成较大规模的繁殖群体，种群数量将逐渐减少；水库内长 600 千米江段流速变缓，底质和底栖生物变化，使上游特有鱼类适宜生境减少 1/4。对白鳖豚等珍稀、特有鱼类应建立保护区、保护江段，采取人工繁殖放流、水库优化调度等措施。

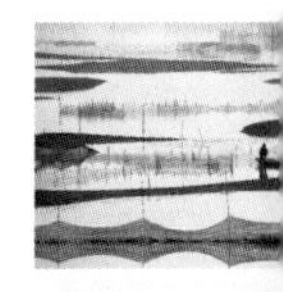

⑦中游平原湖区生态环境。三峡水库运用有利于减轻洞庭湖淤积，延长湖泊寿命，减轻该区洪涝灾害。鄱阳湖全湖淤积无明显变化。水库运行后，1—4 月下泄流量增加，江水位上升，对中游平原湖区土壤潜育化、沼泽化问题，要注意排涝除渍，控制地下水位，并需要继续加强观测研究，采取排涝除渍、调整农业生产结构和布局，改进耕作技术等措施，综合治理。水库 10 月份下泄流量减少，有利于汛后排涝。

⑧河口生态与环境。建库后的 50 年，输送到大通的泥沙总量平均每年减少约 1.4 亿吨，三角洲海岸侵蚀，险工段增多。水流挟沙能力增大，对减少河槽航道淤积 有利，但泥沙减少会降低水体自净能力。三峡水库将拦截部分营养物质，但中下游地区营养物质的补充量大，不会对河口及近海营养物质产生明显不利的影响。1—4 月，水库下泄流量增加有利于河口近海生物种群的繁殖和补充；10 月蓄水，河口区海淡水范围缩小，河口盐度增加，生物生产力降低，各类生物分布格局将有一定的改变。对于海淡水交汇区的鱼场位置也可能移动数千米至数十千米。

（4）对社会环境的影响

①移民。1992 年调查，库区直接受淹人口 84.62 万，淹没耕地面积 172 平方千米。土地淹没将使库区人地关系更趋紧张，部分粮食缺口需解决。开荒造地，破坏植被，可能引起新的水土流失。移民安置发展乡镇企业，可能造成新的环境污染。城镇搬迁，基础设施重建能促进城市繁荣。

②文物古迹与自然景观。受影响的有国家级文物 1 处，省级文物 5 处，以及一些

地市、县级文物。受完全淹没的有新石器时代文化遗址，夏、商至唐、宋时代古墓遗址等。部分淹没的有忠县石宝寨、秭归屈原纪念馆等。其他还有环境变化或不受影响的文物。由于水位、江宽、流速变化，自然景观相应变化，悬崖峭壁的峡谷感有所减弱，但中远景不受影响。

③人群健康。移民、施工活动中及建库后沟洼地增多，有利于桉蚊孳生，如不注意可能引起疟疾和乙型脑炎发病率的增加；淹没线以上鼠类密度上升，可能导致钩端螺旋体病和流行性出血热等疾病的增加。建坝与移民一般不会诱发自然疫源性疾病大流行。对局部地区的地方性氟病应给予注意。在移民安置时应注意健全移民安置区防疫保健系统，加强防治工作。

④施工环境影响。三峡工程施工量大，施工期长，对环境的影响主要有基坑排水、砂石骨料冲洗水、生活污水、含油质水对水质的影响；施工产生的粉尘、燃煤烟尘、燃油尾气对环境空气的影响以及噪声污染、弃渣和固体废物、施工引起的水土流失。

（5）对策措施

①结合三峡工程的总体开发，认真做好库区国土整治和利用规划。②搞好库区环境污染防治整体规划。③加强长江中上游林业建设，做好水土保持工作。④加强珍稀、濒危物种与资源保护。⑤加强文物保护和考古发掘工作。⑥优化水库调度，尽可能满足生态和环境保护与建设的要求。⑦三峡工程建成后，在发电收益中提取一定比例的经费，来建立三峡环境基金，用于生态和环境保护与建设。⑧继续开展三峡工程生态与环境科学研究与监测，建立健全三峡工程生态与环境监测网络。⑨建立健全三峡工程环境管理系统。⑩加强环境保护的宣传、教育，提高环境保护意识。

（6）评价结论

三峡工程对生态与环境的影响有利有弊，必须予以高度重视，只要对不利影响从政策上、工程措施上、监督管理上以及从科研和投资等方面采取得力措施并切实执行，使其影响减少到最低限度，生态与环境问题不致影响三峡工程的可行性。

4. 报告书的审批

（1）报告书预审会

1992 年 1 月，水利部在北京召开《长江三峡水利枢纽环境影响报告书》预审会。聘请了 55 位包括中国科学院院士在内的全国知名专家学者组成的预审专家委员会，其中生态环境专家 27 名，社会经济专家 8 名，水利、泥沙专家 9 名，医学专家 2 名，电力、气象、航运、文物、地质等专家 9 名。主任委员为张光斗学部委员，副主任委员为董礽辅研究员、孙鸿冰教授级高级工程师、姚榜义教授级高级工程师。专家们对报告书进行了认真讨论，并提出评审意见。随后，水利部以《关于报送〈长江三峡水利枢纽环境影响报告书〉及预审意见的函》，并将根据评审意见修改后的报告书一并报国家环境保护局审批。 预审专家委员会对编制单位有效地吸取多年来国内有关部门、科研机构、高等院校对长江流域和三峡工程的环境与生态研究成果，在短短的两个月时间里，写出了一份高水平、高质量的报告给予高度评价，认为报告书按照国家环境保护局审定的《工作大纲》进行编写，其指导思想和工作目标明确，选取的评价标准和评价模式恰当，评价内容全面，为三峡工程的决策提供了主要依据，是三峡工程可行性论证的一个重要组成部分。专家委员会同意报告书对三峡水利枢纽工程的生态与环境影响的分析和评价结论。原则同意报告书提出的作好库区移民整体规划等7项重点对策和建议，在三峡工程项目中列入环境补偿投资和关于发展投资的建议。对报告书存在的不同意见，建议进一步研究。并指出由于水利工程的生态与环境影响的损益分析难度较大，建议尽量采用定性分析的方法。

（2）报告书终审会

1992年2月中旬，国家环境保护局在北京组织召开了《长江三峡水利枢纽环境影响报告书》终审会。邀请了31位专家（其中中国科学院学部委员8人）和政府部门代表，对预审意见和报告书进行了认真审核。1992年2月17日，国家环境保护局以《关于长江三峡水利枢纽环境影响报告书审批意见的复函》提出的主要批复意见如下：原则同意报告书预审专家委员会的评审意见。具体有10条意见：①结合三峡工程的总体开发，认真做好库区国土规划，将城乡建设、移民安置、资源开发、水质保护、环境整治等纳入总体规划中，制定出一个经济效益、社会效益和环境效益相统一的综合开发方案。②合理安排库区周围的工业布局，优先选择无污染或少污染的产业。新建项目必须切实执行"三同时"制度，并且积极治理老污染，以确保库区总体水质符合国家《地面水环境质量标准》中的二类标准。③加强长江中、上游地区的防护林建设和水土保持。在库区，要根据土地承载能力来确定移民区可能安置的农业人口数量，严格控制人口增长。要因地制宜，宜农则农、宜林则林、宜牧则牧、宜副则副、宜渔则渔，积极发展第二和第三产业，不宜强调粮食自给的方针，要制定长江水生生物的保护规划，建立自然保护区和人工繁殖基地，加强物种保护。④三峡工程初步设计中的环境保护篇章，要单独进行审查。枢纽建设、城镇迁建、企业选址、移民安置等都要分别进行环境影响评价。所有建设工程，都要力争少占地，不加剧现有生态破坏，不加重环境污染，并注意保护景观。⑤三峡枢纽建设规模大、工期长，必须加强施工期的环境保护，认真落实规定的各项防治措施。施工后要及时修整环境。⑥进一步开展三峡工程环境影响和防治措施的研究，抓紧对库区现有污染源的调查，做好预测分析，提出合理的控制对策。对于目前认识尚不清楚和潜在的问题，要继续进行研

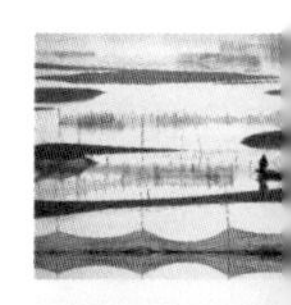

究。⑦依照《中华人民共和国文物保护法》，对库区的文物做进一步的调查和研究，做好考古发掘、文物保护、迁建、复制及展示工作。⑧建立生态与环境监测网络，对建库前后的库区及长江中、上游和河口地区的生态与环境实行全过程跟踪监测，及时预测预报。⑨报告书中已列出的对生态与环境不利影响的20余项补偿投资必须在三峡工程总投资中单独列项，并逐项落实。⑩考虑到目前难以预料的各类环境问题的研究和保护，有必要由国家安排专项基金或从三峡工程的发电收益中提取一定比例的经费，建立三峡环境基金。制定三峡库区的环境保护法规，设立三峡工程环境保护管理机构，以保证上述措施的落实和在建设、运行中的环境管理。

四、三峡工程的生态与环境保护工作

三峡工程决定兴建后，有关部门根据三峡工程生态与环境影响评价提出的对策、建议，开展了环境保护设计；施工区的环境保护；库区的生态与环境保护；重点问题的深化研究与环境保护宣传。

1. 三峡工程环境保护设计

长江委在完成可行性研究报告后，即开展环境保护初步设计。根据工程初步设计参数对有关环境影响进行了复核，对其主要不利影响提出保护措施，1992年，编制完成了《长江三峡水利枢纽初步设计报告（枢纽工程）第十一篇环境保护》。该篇共分九节：①概述。②水质保护。③物种资源及栖息地保护设计。④环境地质。⑤水库泥沙淤积和坝下游河道冲刷。⑥施工区环境保护。⑦重庆市环境影响问题。⑧生态与环境监测系统。⑨主要结论与建议。

（1）环境保护设计的主要内容

①水质保护。按国家风景旅游区的保护要求统筹开展三峡水库水资源保护工作。库区内禁止向水域排放含有汞、镉、砷、铬、铅、氰化物、黄磷等剧毒污染物、废渣，或直接埋入地下。禁止向库区水域排放油类、酸液、碱液或剧毒废水，或在水域内清洗装贮油类和有毒污染物的车辆和容器。库区内禁止向水域排放或倾倒尾矿、粉煤灰、工业废渣、垃圾、放射性废渣等固体废弃物。按水库水质功能区要求控制使用有机氯农药，推广高效低毒残毒农药；严格控制磷、氮入库量；在库区大力植树造林，禁止乱砍滥伐，保护植被，防止水土流失。做好库区水域船舶污染管理，严格按有关规定防止油类、污水、生活垃圾、粪便进入水体。水库内船只集中的港口、码头、应建立污水、固体废物处理设施。组建三峡生态与环境管理机构，组织协调库区各地水资源保护工作；制定水库水资源保护法规、条例和水资源保护规划。组建库区水质监测系统，组织协调水质监测事宜。

②物种保护。陆生植物：根据库区和库周的陆生植物现状，物种保护包括：自然保护区拟建宜昌天宝山森林公园、兴山龙门河亚热带常绿阔叶林自然保护区和巫山小三峡景观生态自然保护区。自然保护点有万县荷叶铁线蕨自然保护点、秭归疏花水柏枝自然保护点及宜昌莲沱川明参自然保护点。古大树种资源保护方面拟从库区5000株古大珍奇树中挑选出199株作为库区重点保护对象。水生生物：根据保护物种延续，不因水库兴建而中断以及改善水生动物栖息地要求，自然保护区方面，拟建立长江上游合江至屏山江段珍稀鱼类自然保护区、长江葛洲坝下游至枝江江段珍稀鱼类自然保护区、长江新螺江段白鳖豚自然保护区和长江口中华鲟和白鲟幼鱼保护区。半自然保护区拟建长江天鹅洲故道白鳖豚半自然保护区。人工繁殖放流站包括长江上游长江鲟人工繁殖放流站、长江上游胭脂鱼和白鲟人工繁殖放流站和长江中游珍稀鱼类人工繁殖放流站。

③环境地质。水库诱发地震：对地震进行监测，对现有地震监测站网给予补充、加强。库岸稳定：对崩塌、滑坡进行监测、预报、避让和整治。

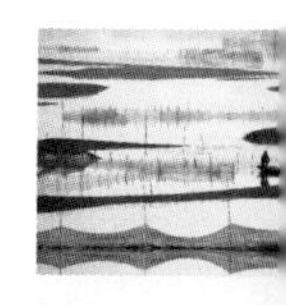

④泥沙问题。三峡水库采取“蓄清排浑”的方式运用，水库绝大部分的有效库容可以长期保留并发挥调节作用。泥沙淤积对坝区的航道和库尾变动回水区的航道和港口影响，应继续加强科学试验研究，用各种理论计算和实体模型试验，具体优化方案并予以实施。

⑤施工区环境保护。污水处理：砂石料冲洗水处理，设平流式沉淀池三座，两座设在长江边，一座设在黄柏河边（晓溪塔），处理设施按日处理3150立方米含泥废水设计。生活污水处理运用活性污泥法处理，左岸先建一个污水处理厂，按日处理生活污水0.5万立方米设计。油污水处理，采用流动式处理设施，用一艘排水量100吨的油水分离、水质分析船，处理含油污水。大气质量保护：拌和楼使用配备有旋风式除尘和布袋式除尘装置的机械；道路定时洒水，路旁绿化和栽种防尘乔木与灌木；燃煤锅炉烟尘通过安装烟尘净化器除尘；车辆要装尾气净化器达标排放。噪声防治：固定式噪声的防治除了搞好规划，还要尽可能保证噪声源远离保护区，必要时设置用石棉水泥或成型的聚苯乙烯夹板构筑的隔音装置；移动式噪声的防治，规划时应尽量使行车线路避开生活区和办公区。弃碴处理：平整或造地后恢复植被；弃渣不应影响景观，不占耕地，不影响航运和行洪。人群健康：包括三斗坪工区卫生清理、施工人群健康防护、设置公共卫生设施、设置工区卫生防疫机构。绿化：改善工区环境，进行绿化，近期绿化标准为人均5平方米绿地，按4万人计，至大坝竣工时完成；远期绿化标准为人均9平方米绿地，按4万～5万人计。

⑥重庆市环境影响问题。由长江委和重庆市就三峡工程对重庆生态环境影响共同

开展研究。

⑦生态与环境监测。明确监测任务对象。其生态与环境监测系统拟由多个子系统组成，包括水文泥沙子系统、水质子系统、气象子系统、大气质量子系统、生物子系统、环境地质子系统、土地资源子系统、人群健康子系统等。

（2）环境保护设计篇的审查

国务院三峡工程建设委员会聘请专家组，于1993年5月，在北京召开三峡工程初步设计审查会议，历时半个月，对长江委编制的《长江三峡水利枢纽初步设计报告（枢纽工程）》进行专家初审。其间，环境保护专家组对该报告中的环境保护部分进行审查。专家组认为该报告结构完整、资料丰富，覆盖了重点的环境因子和重点区域的环境保护问题，提出了建设生态与环境监测系统的规划，所采取的环境保护措施可行，估算的总经费和4个经费渠道基本合理，建议予以审查通过。其主要审查意见：①切实搞好施工区的环境保护，要求枢纽工程施工区的环境保护达到一流水平。②同意建立生态与环境监测网络，对三峡工程兴建前后库区及大坝下游相关地区的生态与环境实行全过程系统的跟踪监测，及时发现问题并提出减免不利影响的措施，预测不良趋势并及时发布警报。③在水质保护中，应对坝前漂浮物清除及支流回水末端的富营养化问题提出解决措施。④在物种资源与栖息地的保护方面，建议在尽可能的条件下，考虑高层次保护措施，如建立“基因库”和“谱系”，及时对川明参和被淹古大珍奇树木开展研究。⑤同意对环境地质问题的评价结论，应特别注意在移民安置区的选址中避开滑坡体，并在滑坡体的防治中增加生物措施。⑥同意该报告中关于水库泥沙淤积和中下游河道冲刷的评价结论。⑦建议补充对未来重庆港的油污染和有毒有害物质泄漏的对策开展研究的内容和资料。

专家组认为在近期内，必须抓紧做好以下几项工作：①加强环境管理是落实环境保护设计的关键。②建立三峡工程生态与环境监测系统已刻不容缓。③施工区的环境保护是当前另一项紧迫任务。④必要的资金是搞好环境保护的重要保证。⑤库区移民和城镇搬迁的环境问题，应根据环境影响报告书所列有关内容逐项进行设计，并同步实施。

2.《三峡工程环境保护补偿项目实施计划》

在《长江三峡水利枢纽初步设计报告（枢纽工程）环境保护篇》中，列有生态环境保护项目，根据三峡概算确定环境保护补偿项目费用为34900万元。为了在该设计报告的基础上，进一步明确补偿项目内容、目标、时序以及项目负责部门和资金流程，研究项目的研究目的、课题名称、内容、建议承担与协作单位，完成时间等便于操作的工作方案，以利三峡工程环境保护工作顺利有序地开展，受中国长江三峡工程开发总公司的委托，长江水保局于 1997 年 1 月至 1998 年 11 月编制了《长江三峡工程环境保护补偿项目实施计划》。编制该实施计划，主要遵循以下原则：①按照国家建设项目资金使用原则，环境保护补偿项目应限于该设计报告所规定的范围，经费不突破概算确定的限额。②三峡工程对生态与环境的影响在工程的不同阶段存在不同的问题。实施计划应针对工程不同阶段的生态环境特点、影响与问题、安排环境补偿项目。③三峡工程对生态与环境影响具有长期性和复杂性的特点，存在一些潜在和目前尚未被认识的生态环境影响问题，实施计划在安排上应留有余地。④补偿项目应利用各部委、各行业以往支援三峡工程建设的工作基础，结合今后支援三峡工程建设的计划，使补偿项目与支援三峡建设项目相结合，工作更有保证。⑤实施计划的编制目的是为了便于按计划的时序，逐项落实三峡工程环境补偿项目，实施计划应具有可操作性，以及管理监督机制。

长江水保局在以往工作的基础上，进行了补充调查研究，征求了有关部委的意见，于 1997 年 8 月完成《实施计划工作大纲（征求意见稿）》。中国长江三峡工程开发总公司环境与文物保护委员会于当月在武汉主持召开工作大纲评审会，参加会议的有国务院三峡工程建设委员会办公室技术与国际合作司、中国长江三峡工程开发总公司环境与文物保护委员会，以及水利部水政水资源司、农业部环能司、农业部渔业司、林业部计划司、机械部行业发展司、中国科学院资源环境科学与技术局、中国气象局气候司、国家地震局地震研究所、中国环境监测总站、长江委、长江水保局，及有关高等院校、科研单位的代表与专家。会议提出主要评审意见为：①该大纲内容全面，主体框架合理，编制原则和内容符合《长江三峡水利枢纽初步设计报告（枢纽工程）环境保护篇》和《三峡水利枢纽工程费用概算》的要求及国家有关规定和长江三峡工程的实际情况。经修改后，可作为编制《长江三峡工程环境保护补偿项目实施计划》的依据。②保护目标明确，主要措施基本可行，但应进一步明确项目内容。③严格按“补偿项目经费计划”执行，分年投资计划与完成时间应根据长江三峡工程实际情况编制。④实施计划的编制，应充分发挥各部门的作用，分工负责，相互协调，归口管理。⑤工作步骤可行，建议尽快编制实施计划，并付诸实施等。1998 年 10 月底，中国长江三峡工程开发总公司发文《关于〈长江三峡工程环境保护补偿项目实施计划工作大纲〉的复函》，批准工作大纲。11 月，长江水保局根据复函要求以及有关环境专家的意见，完成《长江三峡工程环境保护补偿项目实施计划（送审稿）》。内容包括水质保护、物种资源保护、水生生物保护、生态与环境监测、生态与环境研究等方面实施计划，还配套有补偿项目经费计划和环境补偿项目管理措施等。

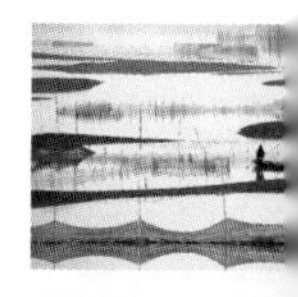

3.《三峡工程施工区环境保护实施规划》

三峡工程于1994年12月14日正式开工。为加强施工区环境保护，国务院三峡工程建设委员会办公室召开第四次专题会议。会议纪要指出：鉴于枢纽建设的施工准备工作已全面展开，加强施工区环境保护迫在眉睫。经会议议定由中国长江三峡工程开发总公司负责，组织设计单位，在已有工作成果的基础上，编制施工区环境保护实施规划，其深度应超过环境影响报告书的要求。1994年5月，根据会议要求，中国长江三峡工程开发总公司委托长江水保所负责编制《长江三峡工程施工区环境保护实施规划》。按照国务院三峡工程建设委员会办公室专题会议纪要和《关于委托编制〈施工区环境保护实施规划〉协议书》的要求，针对环境影响报告书中指出的施工对施工区生态与环境的主要影响，于1994年6月编制完成了《长江三峡工程施工区环境保护实施规划大纲（征求意见稿）》。国务院三峡工程建设委员会办公室于1994年6月底至7月初主持召开该大纲专家评审会。根据修改并审查同意后的大纲，同年8月提出《长江三峡工程施工区环境保护实施规划》。实施规划的主要内容包括：①水质保护初步实施规划。主要污染源预测分析：基坑排水、砂石料加工系统冲洗废水、生活污水、含油污水等的水质模型、影响分析。防治措施：基坑排水处理措施；砂石料加工系统废水处理措施；生活污水防治、含油污水防治、茅坪溪水质保护、生活饮用水源保护。规划实施进度。②大气保护初步实施规划。污染源预测分析：施工开挖产生的粉尘与扬尘，水泥与粉煤灰运输、拌和楼产生的扬尘、下岸溪制砂产生的粉尘、燃煤烟尘、燃油产生的污染物、车辆运输产生的扬尘。影响分析。保护措施：减少开挖产生大气污染、水泥粉煤灰防泄漏措施、拌和楼防尘、下岸溪干法制砂防尘、燃煤烟尘防治、燃油废气防治、车辆扬尘的降减和劳动保护。规划实施进度。③噪声防治初步实施规划。噪声源预测、噪声衰减预测方法、影响分析、防治措施等。④施工区绿化。包括目的和原则、施工区绿化初步规划、绿化植物的选择、办公生活区绿化、施工区干道绿化、施工迹地绿化、远期绿化、施工区绿化进度。⑤人群健康保护初步实施规划。包括卫生清理、施工人群健康保护措施、食品卫生管理与监督、公共卫生设施的布置和要求、卫生防疫、医疗急救。⑥公众关心的一些环境问题。施工弃渣与生活垃圾、虎牙滩中华鲟产卵场、电磁辐射问题。⑦施工区环境监测初步实施规划。包括水质监测、大气监测、噪声监测、水生生物观测、人群健康观测、监测规划实施办法与经费估算。⑧环境管理。⑨环境保护效益投资。

该实施规划的主要结论是：①三峡工程规模宏伟，具有工程量大、施工强度高、工期长、大型设备多、人员相对集中等特点。在工程施工期间，各种施工活动产生的废水、废气、噪声和固体废弃物将对施工区环境造成一定影响，其影响程度与分布状况随施工活动的时空分布而变化。大多数施工活动对环境的不利影响具有可逆性，随着工程的完建将逐渐消减。在15.28平方千米的前方工区，较大的污染源对环境产生的影响应引起高度重视。②根据施工总体布置中的功能区划，施工区环境保护的重点区域是左、右岸办公生活区及白庙子、鹰子嘴饮用水取水水域。经预测分析，对重点保护区域造成不利影响的主要污染源是砂石料加工系统所产生的冲洗废水、噪声及生活污水，应予以重点防治。对施工期内频繁过往施工江段的船舶漏油和洗舱水，以及施工弃渣和生活垃圾等污染现象，主要通过加强管理达到环境质量要求。在基坑、砂石料加工系统等主要污染源附近直接从事施工的操作人员，可采取劳动保护措施予以防护。③施工区环境管理采取中国长江三峡工程开发总公司与施工承包单位分级管理的体制。业主单位中国长江三峡工程开发总公司将对施工区的环境保护问题进行统一监督和管理。在工程建设项目承包中，有关环境保护措施要纳入合同内容，各施工承包单位按合同要求具体负责组织实施。④通过对施工区环境质量状况的调查、监测和现状分析，分别预测了工程施工活动对水环境、大气、声环境等的不利影响。以此制定施工区环境保护实施规划，落实各项措施，可达到预期的环境控制目标。

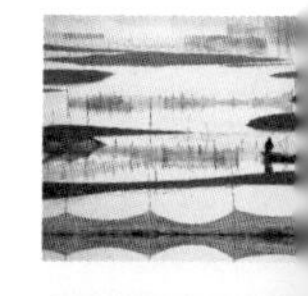

该实施规划由中国长江三峡工程开发总公司环境及文物保护委员会报送国家环境保护局。国家环境保护局经组织专家审查，对实施规划提出审查意见的复函。主要内容如下：①原则同意专家组评审意见。该实施规划包括了施工活动对施工区环境影响的分析及保护生态与环境的规划目标和措施，制定了环境监测和环境管理计划，细化了环境保护投资概算的阶段分配，基本达到了实施规划编制大纲的要求。只要认真落实该实施规划，三峡工程施工可以减免环境污染和生态破坏，保持一个较好的施工环境。②《长江三峡水利枢纽环境影响报告书》指出：葛洲坝建成后，在长江宜昌长航船厂至虎牙滩江段，形成了中华鲟新的产卵场。并建议在此江段禁止挖采砂石，以保护中华鲟。应维持经批准的环境影响报告书的意见。③施工的土石方挖填相结合，基本得到平衡。坝区施工队伍高峰期可达2万～2.5万人，生活垃圾数量较大，垃圾处理方案和堆放场必须抓紧时间予以落实。④坝区移民安置的环境保护应采取补救措施，搞好移民安置中的环境保护工作。⑤应继续强化公司内部管理及对承包单位的管理，加强与地方政府的配合，接受各级环保部门的监督检查，切实做好施工区的环境保护。

4. 三峡库区生态与环境保护

三峡工程移民达百万人，是工程建设的关键问题，一直受到党中央、国务院和有关省市各级政府部门的重视及全国各地的支持。三峡库区经济基础较薄弱，土地后备资源不足，生态环境问题较多。为妥善安置移民、保护生态环境，国务院三峡工程建

设委员会专设移民开发局，负责与地方政府配合协调。各有关部门也采取了各项措施，在安置移民的同时，加强生态环境保护，制定了规划，并逐步实施。

（1）《三峡地区经济发展规划纲要》

1996年3月，国家计划委员会发布了《关于三峡地区经济发展规划纲要》。其中“生态环境的保护与治理”的要点包括：①继续实施农业综合开发工程，扩大自然保护区，治理水土流失，改善农业生态环境。今后要继续实施“长防”（长江上中游防护林建设工程）、“长治”（长江上中游水土保持重点治理工程）和中低产田改造工程，并加大投资比重和治理范围。新建若干自然保护区，加强生态环境的建设和保护。水土流失治理要因地制宜，生物措施、工程措施和耕作措施相结合，提高防治效益。坚持不懈地治理坡耕地，搞好水利工程和农田基本建设，提高土地生产潜力。采取多种途径解决农村生活能源，开发小水电、沼气和其他燃料资源。营造沿江防护林、经济林，加强中幼林抚育，提高森林覆盖率。以小流域为单位建立水土保持生态农业区。②积极防治地质灾害，减少灾害损失。三峡地区地质灾害点多、面广，防治紧迫。要坚持“预防为主，防治并重，综合治理，突出重点”的方针。重点加强对地质灾害严重的城镇及三峡地区库岸崩塌、滑坡体的防治。要结合经济发展规划，对区域环境地质作进一步评价，提出综合治理方案。重灾点要建立国家级预警预报系统和群众性预报网络。对处于临危状态的危岩滑坡等，要采取必要的工程防护措施。新建城镇、工矿、重大水利工程及移民定居点，必须避开地质灾害地段。在工程建设中，要考虑地质环境的利用与保护，防止人为破坏地质环境，诱发地质灾害。地质灾害防治要与水土流失治理、水毁工程整治等相结合，巩固防治效果。中央有关部门和地方各级政府要特别注意城市地质灾害的防治。③防治环境污染，促进经济发展。三峡地区环境污染治理，要严格贯彻执行国家颁布的各项有关环境保护的法规。治理的重点是城市“三废”（废气、废水、废渣）污染，要突出城市环境综合整治，推广清洁生产，抓好重点工业污染的治理。大中城市要完成沿江污水截流、沿江干道环境综合整治、城市绿色屏障工程；搞好供排水系统与排污口整治，建设污水处理厂，确保污水排放达到国家规定的标准。重庆市地处库区上游，对三峡地区的环境影响重大，必须切实搞好环境保护规划，加强治理和管理，库腹地区沿江城镇，结合迁建、新建项目，建设污水处理工程，保护三峡水库腹地的水质。库首地区要重点保护好三峡坝前环境。环境污染防治要与产业结构调整、技术改造相结合，新建、改扩建项目严格把好“三同时”关，环境保护配套设施要达到相应的行业要求。在积极发展旅游业的同时，要加强旅游景观资源的开发与保护，防治旅游污染。

（2）《三峡库区移民安置区环境保护规划》

根据国家对三峡水库淹没处理及移民安置规划的要求，长江委在1991—1992年完成的库区21个县（市）淹没实物指标调查的基础上，于1995年，编制完成了三峡工程库区湖北省4县淹没处理及移民安置规划报告；1995年5月，通过了国务院三峡工程建设委员会移民开发局移民工程咨询中心主持的专家评估；同年底，送湖北省人民政府审批。1996年4月至5月批准执行。1997年编制完成了三峡工程库区重庆市16县（区）淹没处理及移民安置规划报告，通过三建委移民开发局移民工程咨询中心主持的专家评估；同年10月，重庆市人民政府批准执行。在编制分县（区）规划报告阶段，长江水保所作为三峡库区移民安置区环境保护规划编制的技术总负责单位，1995年编制了湖北省4县移民安置区环境保护规划报告。1997年，与四川省环境评估中心、重庆市环境监测科研所、电力工业部中南勘测设计研究院按分工分别编制完成了重庆市16个县（区）移民安置区环境保护规划，均纳入分县（区）移民安置规划总报告，通过国务院三峡工程建设委员会移民开发局移民工程咨询中心主持的专家评估，经湖北省和重庆市人民政府批准实施。三峡库区分县（区）移民安置区环境保护规划报告的编制，是在认真分析水库移民有关资料，区域自然、社会环境条件以及以往评价和科研成果后，针对各县（区）移民安置初步规划成果和移民安置区环境特点，确定以移民安置涉及的乡镇辖区为主要保护规划范围，内容包括移民安置区土地资源开发利用环境保护规划、城（集）镇迁建环境保护规划、工矿企业迁建与移民安置新建第二和第三产业污染防治措施、人群健康保护规划、移民安置区生态建设、生态与环境监测及环境管理规划等。移民安置区土地资源开发利用环境保护规划主要包括土地利用结构的调整、移民安置区的水土保持；城（集）镇迁建环境保护规划主要包括地表水环境保护、环境空气保护、噪声污染控制和固体废弃物处理等；工矿企业迁建与移民安置新建第二、第三产业污染防治措施重点是考虑"三废"处理问题；人群健康保护规划主要包括：迁建城镇的新址卫生清理、病媒生物的控制、对搬迁人口采取检疫及预防接种等保护措施；生态与环境监测主要包括：地表水监测、迁建城镇的环境空气与噪声监测、人群健康调查与监测、其他生态因子监测等；提出环境管理的主要任务；并对各县移民安置区的环境保护投资进行了匡算，对投资来源进行了简单分析。根据批准实施的20个县（区）移民安置区环境保护规划报告，三峡库区移民安置区环境保护规划总经费为119710.4万元，其中湖北省15864.0万元，重庆市103846.4万元。规划总经费中直接列入移民工程投资中的环境保护补助经费为29151.58万元，其中湖北省4296.51万元，重庆市24855.07万元。

（3）《三峡库区重庆市分县（区）移民安置区环境保护实施计划》

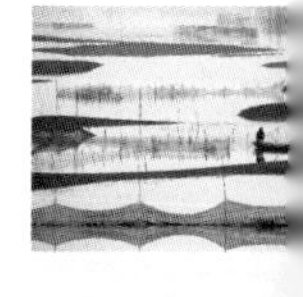

为了进一步落实和实施重庆市分县（区）移民安置区环境保护规划中所提出的环境保护措施，改善三峡库区的生态与环境，重庆市移民局于2000年4月下旬委托长江水保所编制长寿、开县、奉节3县移民安置区环境保护实施计划。在实施计划编制过程中，专业技术人员进行了多次现场查勘与调研，广泛听取了地方相关专业部门的意见，收集了新县城迁建、农村移民安置以及地方专业技术部门的大量基础资料。对县城的污废水处理和垃圾处理处置进行了多方案的比选，并与地方有关部门多次交换意见。在各县现场工作时间前后历时两个多月，提出实施计划讨论稿。并征求了地方政府和有关部门的意见，修改后又邀请环境工程和移民专家召开了咨询会。又经长江委技术委员会审查，最后修改完成3县移民安置区环境保护实施计划报告。《实施计划》重点研究解决了迁建城镇的水污染和固体废弃物污染问题、移民安置区的生态建设和人群健康保护等问题。拟定了3个县城的污废水处理采取分片集中处理，计划2010年前在3个县城建设5座二级污水处理厂；根据3个县城的垃圾成分现状调查和变化预测分析，结合国内外垃圾处置技术和三峡库区的实际情况，拟定3个县城在2003年各建设一座垃圾卫生填埋场；生态建设重点考虑，在大于25度以上坡耕地退耕还林，未利用地中对可利用地进行植树造林、封禁治理，以及农村移民安置区生态农业试点推广等。此外，实施计划还安排了移民安置区人群健康保护、生态与环境监测、环境管理与监理等。

5. 重点课题深化研究与环境保护宣传

（1）科学研究与考察

根据三峡工程建设环境保护要求，这些课题包括继续开展中国长江三峡工程开发总公司委托长江水保局等单位三峡库区水污染治理、移民环境规划、生态与环境监测等课题研究。

①三峡库区固体废弃物调查及其对水质影响的初步研究。课题主要对三峡库区固体废弃物及其对水质影响问题进行调查研究。经过调研、采样和浸出实验等工作，于1993年8月完成《三峡库区固体废弃物调查及其对水质影响的初步研究》。长江委技术委员会和专家组对该研究成果进行评审。认为报告的分析方法正确、结论合理，对三峡库区的生态环境保护规划和管理具有重要参考价值。

②三峡建库后不同下泄流量对长江干流中下游水质影响规律研究。根据三峡水库的建库位置、水文特征和各城市污染现状，从干流中下游沿岸15个城市江段中选取宜昌、武汉、安庆、南京等4座城市作为重点江段进行分析计算。通过对规划水平年2015年的污染负荷预测分析，利用二维差分模型，并用GQUSS-SEIDAL方法求解污染物在河流二维方向上的浓度分布，研究三峡建库后对中下游水质影响，提出改善水

质的对策措施，为水库优化调度提供了科学依据。该课题于1994年2月通过专家评审。

③三峡库区典型移民安置区环境规划研究。该研究针对三峡工程特点和移民安置规划要求，探讨移民安置区环境规划的理论体系、程序、内容与方法，为三峡工程移民环境保护提供技术支持。以湖北省秭归县为典型区，应用遥感图像及薄膜图像逐步套合综合分析法，按逻辑组合运算和加权运算的思路，运用数字图像分类技术，全面系统地研究移民安置区农业生态经济优化规划，水土保持，生物资源保护，城镇建设，环境保护，移民二、三产业开发环境污染防治，景观与文物，环境卫生等专项规划，库区环境监测与管理。在总体规划目标约束下，对专项规划进行优化以实现库区经济、社会与环境的协调持续发展。

④三峡库区 3GREIS（环境管理信息系统）研究。提出 3GREIS 设计的指导思想、系统目标、总体结构与界面设计、硬件软件资源分析、数据库的建立、系统的功能及各类应用模型。该课题成果在三峡库区移民安置区环保规划、环境管理中得到应用。于 1997 年由湖北省科委组织鉴定。

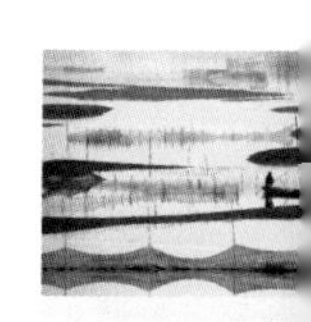

⑤三峡工程生态与环境监测系统规划研究。该研究主要是落实《长江三峡水利枢纽初步设计报告（枢纽工程）环境保护篇》关于“建立生态与环境监测网络，对建库前后库区及长江中下游和河口地区的生态与环境实行全过程跟踪监测，及时预测预报”的意见。为编制《长江三峡工程生态与环境监测系统实施规划》开展前期研究。研究内容包括：规划目的、原则和范围，监测系统设计、生态与环境监测规划、监测指标体系、信息系统、监测资料汇编、监测系统管理等。于 1994 年 2 月通过专家评审。

⑥人工生态与环境工程复合系统综合处理三峡库区城镇污水技术研究（1996—1999 年）。由长江水保所承担，中国科学院水生生物研究所、武汉水利电力大学、同济大学参加。研究内容包括三 峡库区环境与污染现状调查、厌氧水解——塔式生物滤池污水处理技术、污水磁化技术、污水处理资源化生态系统研究。研究表明：为保护库区水质，库区各城镇应根据环保规划尽快建设污水处理厂。厌氧水解——塔式生物滤池污水处理技术既可以作为一项单独的污水处理技术应用于库区，也可以与人工生态系统组合成复合系统应用于库区。利用库区地形高差，不仅运行管理简单，系统占地面积小，抗冲击负荷，污泥产量低，处理效果好，而且节约基建费用，大大降低运行费用。适用于三峡库区城镇的污水处理。

⑦新重庆发展战略研究。着眼于长江三峡库区和重庆发展战略。由重庆市政协和重庆大学联合组建新重庆发展战略研究组进行研究，并集中力量对“生态经济型发展战略”问题进行研究论证，提出了重庆市确立生态经济型发展战略思路的建议，上报中共重庆市委、市政府。1996 年 12 月下旬，召开了重庆市第八次环境保护会议，会

议提出“实施可持续发展战略，为把重庆市建设成山清水秀的生态经济区而奋斗”，要求进一步落实环境保护基本国策，把重庆建设成为经济蓬勃发展、生态良性循环、人民安居乐业的生态经济区。以“保护生命之水”为主题，开展了“重庆环保世纪行”新闻报道活动，大力呼吁保护长江母亲河，保护水资源，制止污染长江及其支流的行为。在国家环境保护局的倡导下，全国20多个省市开展了对三峡库区环境保护建设的对口支援活动，重庆市有21个区（市）县受到援助。

⑧三峡水库水污染控制研究。环境保护设计中曾做了大量的研究工作。自1996年起，国务院三峡工程建设委员会办公室与中国长江三峡工程开发总公司的有关部门专门立项，开展水库水污染控制的课题研究。长江委水文局负责库区水文水质同步实测及涪陵磷肥厂排污口污染带观测；重庆市环境保护科研所负责黄沙溪排污口污染带及嘉陵江汇流口污染带观测；中国水利水电科学研究院水力学所负责三峡水库水流水质数学模型研究；清华大学水利水电工程系负责主要城市排污口及重要支流汇流口附近混合区计算；四川联合大学高速水力学国家重点实验室负责库首三维流场、温度场及污染物浓度场分析计算；长江水保局负责水污染控制对策研究等。

1998年1月，国务院三峡工程建设委员会办公室和中国长江三峡工程 开发总公司在北京共同组织召开了三峡水库水污染控制研究课题阶段成果汇报会。与会专家认为，三峡工程水环境问题受到国内外广泛关注，水污染控制研究十分必要，也十分重要。在三峡库区开展一维长河段、嘉陵江汇流口及典型排污口污染带水文水质污染源同步实测是一项难度高、工作量大、前所未有的工作。长江委水文局及重庆环科所精心组织，各承担单位对数学模型的结构和基本模式进行初步比较，总体上起点较高。

⑨科学考察与调查研究。1996年4月，国务院三峡工程建设委员会办公室副主任、生态与环境保护协调小组组长魏廷琤等人就三峡工程生态与环境保护问题、水污染防治工程赴江苏、上海、江西、湖南、湖北等地进行了考察。通过考察调查研究，认为对三峡库区水污染防治，需制定一个综合整治规划，提出综合整治方案。对于污水合流排江工程，由于三峡建库后的水文情势不同于天然情况，需持谨慎态度。可借鉴镇江的经验，生活污水分散处理。提出要认真抓生态农业，走农业持续发展道路，借鉴有益经验，搞好水生生物和陆生植物保护。结合移民开发规划，制定实施计划逐步推广。

（2）环境保护宣传

三峡工程生态与环境保护问题受到国内外广泛关注。为增强人们对三峡工程的了解，提高生态环境保护意识，多年来开展了大量环境保护宣传，形式多种多样。

①《长江三峡水利枢纽环境影响报告书》简写本。三峡工程环境影响报告书内容丰富，篇幅较多。为了通俗易懂，正确宣传三峡工程对生态与环境影响，1996年由

中国科学院环境评价部、长江水资源保护科学研究所编写了《长江三峡水利枢纽环境影响报告书》简写本，同年由科学出版社出版发行。本书简要介绍长江流域和库区环境状况、三峡工程效益和对环境造成的影响。这些影响包括对库区水体及环境的影响，移民对环境的影响、对库区动物生存和人群健康的影响、对长江河口的影响、对水生生物的影响等，并提出了应采取长期监测、加强保护、预防和治理的措施。

②《长江三峡工程生态与环境问答》。该书由中国长江三峡工程开发总公司和长江委组织，长江水保局编写。科学出版社于1997年10月分别出版中、英文两种版本。全书共分三峡工程的作用、规模及水库特点，三峡工程生态与环境研究，物种资源，水库淹没与移民，自然景观与文物，水质，环境地质，水库泥沙淤积和坝下游河床冲刷，人群健康，中下游平原湖区生态与环境，汉江生态与环境影响，施工环境，公众关心的其他环境问题，环境监测与管理等，逐题进行了深入浅出的阐述和介绍。

③《三峡工程生态与环境画册》。画册由中国长江三峡工程开发总公司委托长江水保局编制。2000年8月由科学出版社出版。画册以大量精美的照片直观全面地介绍了三峡工程生态与环境保护情况。所展示的时空广阔，内容丰富，图文并茂，大量现场实拍资料从各个侧面保留了原有的生态与环境状况。在开篇中有孙中山先生早年提出的在三峡建坝的论述，党和国家领导人毛泽东、周恩来视察三峡，邓小平关心三峡，江泽民视察三峡坝址的珍贵照片，国内外专家考察三峡等历史资料；第二部分为生态与环境效益，用图、表、照片的形式展示了三峡工程的防洪、发电、航运、环境效益；第三部分为移民安置及生态与环境保护；第四部分为物种资源保护； 第五部分为自然景观与文物古迹；第六部分为水质保护；第七部分为环境地质；第八部分为水库泥沙；第九部分为施工区环境保护；第十部分为生态环境监测与管理。

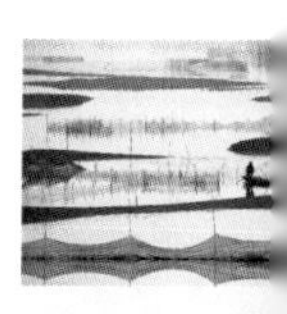

第三节　重点工程的环境影响评价

经过长达40余年的发展，我国环评工作逐渐形成了体系，从最初的没有导则、规范可循，到如今有涵盖各环境因子的环境影响评价技术导则，以及一系列的条例、法规，涉及公众参与、信息公开、敏感区审批要求等。评价方法也从最初简单的数学模型定量计算、定量定性结合、经验公式、类比分析等方法，逐步发展成为与3S技术紧密结合的遥感和地理信息系统分析方法、图形叠置法、生态机理分析法，并与传统的数学模式法、物理模型法、类比调查法和专业判断法互相融合，互相补充。在环境敏感区识别方面，从最初单纯的现场调查和部门走访，发展为先系统筛查，后部门走访，大大提高了识别的准确率和工作效率。

40多年来，在长江委的领导和支持下，长江水保所开展了大批重大水利水电工程环境影响评价和环境保护设计工作，涵盖了大型水利枢纽工程、水电站、引调水工程、防洪工程（堤防、分蓄洪区、安全区、安全台）等。此类重大枢纽工程一般来说规模巨大，影响范围广，对水文情势、水环境、水生生态、陆生生态、移民安置等环境要素产生深远影响，且经常涉及自然保护区、风景名胜区、种质资源保护区、集中式饮用水水源保护区等生态敏感区。大型调水工程是跨水系、跨区域的水资源配置工程，会对水源区、下游区、输水沿线、调蓄区域和受水区的水文情势、地表水、地下水、生态敏感区等产生影响，并对经济社会带来广泛影响。

长江委依据有关法律法规开展了大批重大工程环境影响评价和环境保护设计，如20世纪八九十年代相继完成了长江三峡，乌江彭水、构皮滩，清江隔河岩、高坝洲，赣江万安，嘉陵江亭子口，安徽大房郢，以及长江防洪系列工程等多项大型水利工程环境影响评价和环境保护设计工作。2000年以后，随着环评法的颁布以及环评工作逐步市场化，长江水保所陆续承接了金沙江乌东德、金沙，长江小南海，乌江构皮滩、白马，汉江孤山，四川小井沟，安徽下浒山，赣江井冈山，南水北调中线，鄂北地区水资源配置，引江济淮等数十个重要的大型水利水电工程环境影响评价，为工程决策和建设提供了重要技术支撑，也在水利水电工程环境影响评价领域积累了丰富的经验，并陆续将新技术应用到环评工作中，得到了水利系统和环保系统主管部门的认可和肯定，在业内拥有良好的业绩和口碑。以下重点对南水北调中线工程、乌东德水电站、洞庭湖防洪工程、引江济淮工程和湖北省鄂北地区水资源配置工程等的环境影响评价作简要介绍。

一、南水北调中线工程环境影响评价及环保设计

南水北调中线工程是我国跨流域调水工程。工程实施对缓解京津及华北地区水资源短缺，改善生态环境，促进国民经济持续稳定发展，发挥巨大效益。调水工程建成后，水文情势将会发生变化，加之工程施工、移民等多种因素的作用，对水源区、输水干渠沿线和受水区生态环境产生影响。工程规模巨大，涉及面广，对生态环境影响深远。在前期工作阶段、工程研究论证和建设实施阶段，长江委组织技术人员进行了大量生态与环境调查研究和评价工作，开展了南水北调中线一期工程规划阶段、可行性研究阶段和初步设计阶段的各项环境保护研究和论证工作，为该工程的决策和建设提供了重要的技术支撑。

1. 南水北调中线工程环境影响评价

南水北调中线工程属大型水利工程，根据《中华人民共和国环境保护法》和《建

设项目环境保护管理办法》等法规要求，应编制环境影响报告书。按照长江委的统一部署，长江水资源保护科学研究所总体负责中线工程环境影响评价工作。

1992年4月，长江委按照工作安排，在评价区域的环境现状调查和以往成果的基础上，编制了《南水北调中线工程环境影响评价工作大纲》。12月，国家环保总局在北京组织审查并通过了工作大纲。之后，编制单位按工作大纲所设专题、评价因子及组织分工，共确定27个专题，并组织33个单位分工合作，历时两年多，完成了对丹江口库区及汉江中下游水文情势的影响、丹江口水库水质影响预测及保护、对汉江中下游水质的影响、引水总干渠水质预测及保护、对环境地质的影响、对水生生物的影响、对陆生动物植物的影响、对地下水与土壤环境的影响、与供水区环境的相互影响、淹占土地与移民对环境的影响、施工对环境的影响评价、对丹江口库区泥沙淤积及汉江中下游河道冲淤影响、穿黄工程对环境的影响、对汉江中下游社会经济的影响、对供水区社会经济的影响、环境风险评价、环境经济损益分析、环保投资分析、环境方案比选、对河口生态环境的影响、对汉江中下游防洪的影响、对自然景观与文物古迹的影响、环境影响医学评价、对丹江口库区局地气候的影响、环境管理与监测、对汉江中下游航运的影响预测评价、环境影响综合评价等27个专题报告。1994年12月，长江水保局陆续组织召开了上述专题中涉及水质、水文情势、水生态等重要环境因子的8个重点专题评审会，即对汉江中下游水质的影响、丹江口水库水质影响预测及保护、对丹江口库区及汉江中下游水文情势的影响、对水生生物的影响、工程淹占土地与移民对环境的影响、引水总干渠水质预测及保护、施工对环境的影响、穿黄工程对环境的影响。各项专题报告经进一步修改，为环境影响报告书的编制奠定了坚实基础。

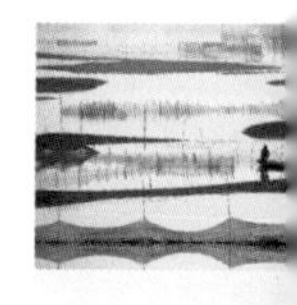

在各专题报告工作的基础上，1995年3月，长江委组织编制完成了《南水北调中线工程环境影响报告书》，评价范围涵盖库区及汉江上游区，汉江中下游及河口区，总干渠沿线及受水区。

1995年8月，水利部水利水电规划设计研究总院在北京召开了《南水北调中线工程环境影响报告书》预审会，国家环境保护局同年10月对报告书进行了终审。与会专家和代表对报告书编制质量和技术内容给予了高度评价，认为报告书基础数据较翔实，内容全面，对环境的有利及不利影响进行了深入客观的分析，提出的减免不利影响的对策措施基本可行，结论可信，同意该项目按现有方案建设。同时，对工程环境保护工作也提出以下要求：应重视汉江中下游因调水引起水文情势变化及丹江口水库淹没与移民安置带来的生态与环境问题；在工程施工期和运行期应进行跟踪调研和后评价，对汉江中下游的生态影响和库区及引水总干渠的水质应进行长期监测。下阶段环境保护设计中应重点论证：汉江中下游环境保护补偿措施，移民安置区生态与环境保护措施，丹江口库区和输水干渠水资源保护规划等。根据批复意见，进一步开展了后续各项工作。1995年，该报告书经国家环保总局批复。

2001年9月，根据国民经济发展新规划、受水区缺水现状及未来用水需求，长江委对南水北调中线工程规划进行了修订。依据国务院《建设项目环境保护管理条例》有关规定，建设项目环境影响报告书自批准之日起满五年，建设项目未开工建设的，其环境影响报告书应当报原审批机关重新审核。同时，工程方案、工程区社会经济、自然环境均发生一定变化，环境保护法规和环评技术导则对环境影响评价提出了更高的要求。2002年3月，长江委安排长江水保所编制《南水北调中线工程环境影响复核报告书》。

2002年4月，承担单位编制完成《南水北调中线工程环境影响复核评价大纲》；6月，国家环保总局环境工程评估中心主持召开复核大纲技术评审会，随后批复了该大纲。按照大纲工作安排和计划，承担单位组织中国环境科学研究院生态所、农业部长江水产所、水工程生态所、武汉大学、湖北省环境科学研究院、华北水利水电学院、湖北省社会科学院长江流域经济研究所、天津市环境影响评价中心、河北工业大学、天津市环境监测中心、长江流域水环境监测中心单位等开展了相关专题研究工作。共形成《南水北调中线一期工程对生态完整性与水生生态影响研究》《南水北调中线一期工程战略环境影响评价研究》《南水北调中线一期工程水库淹没与移民对生态环境影响及对策措施研究》《丹江口库区及上游水污染防治和水土保持规划》《丹江口水库水质预测与保护措施研究》《南水北调中线一期工程输水干线水质监测与管理信息系统研究》《南水北调中线一期工程对汉江中下游的生态环境影响研究》等7个专题报告。

2003年6月，水利部发文明确南水北调中线一期工程划分为17个单项，按单项工程分别立项并履行建设项目的审批程序，每个单项单独编制环境影响报告书。由长江水保所负责《南水北调中线单项工程环境影响报告书》的编制，适当兼顾总体环评报告书编制工作。在此期间，由长江水保局组织，承担单位及相关单位先后完成京石段应急供水工程（河北段及北京段）、黄河北至漳河南段工程、丹江口大坝加高工程、穿黄工程、兴隆水利枢纽工程、天津干线工程及漳河至古运河段等工程环境影响报告书，并经批复或审批。

2004年6月，国家环保总局以环评函〔2004〕59号文明确南水北调中线一期工程总体环评中分区、分省报告不再编制，为此，南水北调中线一期工程环境影响评价工作进行了相应调整和重新安排，转入以编制总体环评报告书为主的阶段。编制单位在大量前期工作的基础上，克服了工作周期短、工作量大、技术难度高等重重困难，集中大量技术人员，于2005年1月编制完成《南水北调中线一期工程环境影响复核报告书》。

南水北调中线一期工程属特大型调水工程，涉及丹江口库区、汉江中下游区和总干渠沿线及受水区，各影响区自然环境、社会环境各异。复核报告在前期大量工作的基础上，结合水利、环保部门的新要求、新规定，再次对工程影响区环境现状进行了调查，全面评价了工程建设对自然环境、社会环境和生态环境的有利与不利影响，并进行了战略环境影响评价。预测评价内容涉及水文情势、水环境、生态、移民环境、施工环境、水土流失、环境地质、社会经济、土地资源、冰期输水、河口生态环境、人群健康、景观与文物等诸多环境要素及因子。复核报告成为指导南水北调中线一期工程环境保护工作的重要技术文件。

由于该工程规模巨大，涉及范围广，是我国实施水资源配置“三纵四横”规划布局的重要组成部分，编制单位还对工程进行了战略环境影响评价，从宏观性、全局性、战略性角度对工程建设进行了分析，认为工程对推动经济发展，促进社会进步和改善生态环境，实现经济、社会和环境的协调与可持续发展具有重大战略意义。

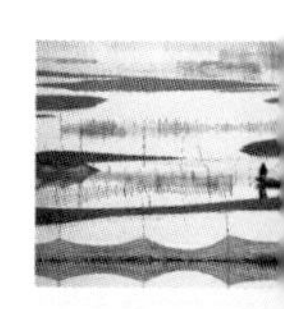

2006年7月，国家环保总局批复了复核报告。复核报告统筹考虑了工程区域的实际环境情况，又兼顾了受水区的水质和其他环境保护，融合了各级环境保护、水利主管部门的管理思想和具体要求，统筹水源区和受水区关系，为全面指导工程环境保护设计和措施实施工作提供了科学依据。在预测方法、内容方面有所创新和发展，报告书编制水平受到高度评价。

2. 南水北调中线工程环境保护设计

1995年，南水北调中线工程环境影响报告书获批后，工作重心均转移至初步设计。由于工程环境影响复杂，对于一些可能带来的环境影响和减缓措施国内外均没有可以借鉴的经验或案例，因此在环境保护初步设计开展的同时，针对污染控制、水质保护、水生态保护、汉江中下游影响及保护等重要问题开展了系列科研工作，共形成丹江口库区水质现状评价及变化趋势分析、神定河流域污染控制研究、老灌河流域污染控制研究、丹江口库区面源污染控制及水质保护管理研究、陶岔渠首鱼类防逃措施研究、丹江口库区及汉江下游鱼类资源保护研究、丹江口水库渔业发展与水质保护的关系研究、汉江中下游主要城市江段水体功能区划研究、丹江口水库下泄流量调节对汉江中下游水质影响研究、补偿工程对汉江中下游水质的影响及对策研究、南水北调中线工程主要施工弃土的环境保护措施研究、穿黄工程施工区环境保护设计研究、黑龙港东部平原土壤盐碱化防治措施研究、总干渠水质监测站网规划研究、总干渠水质保护管理研究、丹江口库区水质保护管理研究、陕西省汉江丹江流域地表水质量现状调查及

预测、陕西省汉江丹江流域水资源开发利用现状及规划研究、陕西省汉江丹江流域城镇及工业污染控制规划研究、陕西省汉江丹江干流水环境容量研究、陕西省汉江丹江流域水资源保护与区域经济协调发展研究、南水北调中线工程施工材料中化学添加剂对水质影响研究等22项成果。上述成果在1998年11月和1999年2月经评审验收。评审专家认为：科研成果为环保设计提供了科学依据，具有实用性和可操作性。部分成果国内外尚不多见，具有先进性、创新性，达到国内领先、国际先进水平。编制单位根据上述科研成果，陆续开展了中线工程的环境保护设计。

2006年，《南水北调中线一期工程环境影响复核报告书》获批后，对工程方案进行了相关优化调整。此外，由于陕西省对工程部分设计内容提出了相应要求和意见，为充分响应工程调整，协调各方关系，开展了第二轮中线工程的初步设计工作。至2010年，陆续完成多个重要单项工程、分段工程初步设计报告的环境保护设计，以及单独环境保护设计报告。

由于丹江口水库是中线工程的水源地，其各项环境保护措施尤其是水质保护，是整个工程的重中之重，是保障中线工程供水安全的第一道屏障。因此，丹江口水利枢纽后期续建工程环境保护初步设计对中线工程来说尤为重要。丹江口水库建设征地城集镇迁建环境保护初步设计和丹江口水库建设征地农村移民安置环境保护初步设计开创了水利工程移民安置区环境保护设计的先河，具有典型的示范意义。当丹江口水利枢纽大坝加高后，库容随之增大，库区淹没范围增加，会带来系列生态环境影响，按该环境保护设计方案实施，则可有效降低或减缓工程建设运行带来的不利影响，控制库区周边污染源，保障库区水质，保障中线工程供水水质，对于库区、枢纽区生态环境保护工作具有重要指导意义，也为一库清水北送提供了技术支撑。

二、乌东德水电站工程环境影响评价

乌东德水电站是金沙江下游河段规划建设的4个水电梯级——乌东德、白鹤滩、溪洛渡、向家坝中的第一个梯级。2007年8月，长江勘测设计规划研究院提出了《金沙江乌东德水电站预可行性研究报告》。2010年5月，水电水利规划设计总院主持召开《金沙江乌东德水电站预可行性研究报告》审查会议并通过了该报告。2012年，国务院在批复的《长江流域综合规划（2012—2030年）》中明确指出“维持1990年《简要报告》提出的金沙江下游河段4级开发方案，适当抬高乌东德水电站正常蓄水位至975米”。

乌东德水电站开发任务以发电为主，兼顾防洪，并促进地方经济社会发展和移民群众脱贫致富。2011年2月，长江水保所编制完成《金沙江乌东德水电站环境影响评价大纲》。2012 年 4 月，通过了中国水利水电建设工程咨询公司组织的咨询，随后与相关协作单位共同开展水环境、水生生态、陆生生态、地下水、局地气候、施工环境、移民环境等 11 个专题研究。从 2011 年至 2015 年，环评工作期间进行了多次环境现状调查和监测工作。此外，按照水利水电工程审批程序，先后编制了《乌东德水电站“三通一平”等工程环境影响报告书》《半角至新村公路环境影响报告书》《会东至河门口公路环境影响报告书》《河门口特大桥环境影响报告书》等前期相关工程的报告书。其中《乌东德水电站“三通一平”等工程环境影响报告书》在 2011 年 12 月通过了环保部环境工程评估中心组织的审查；2012 年 4 月，该报告书获环保部批复。《半角至新村公路环境影响报告书》《会东至河门口公路》和《河门口特大桥环境影响报告书》，由云南省和四川省环保厅分别批复。

乌东德库区河段属深山峡谷区，河谷深切，两岸陡峭，开发条件较好。但是受成昆铁路、攀枝花市和上游支流水电站限制，如何从生态环境方面比选其适宜正常蓄水位，是环评工作的重点和难点。报告书针对 950 米、960 米、965 米、970 米、975 米、980 米 6 个正常蓄水位开展了陆生生态、水生生态、社会环境等生态环境方面的分析比选工作。考虑到乌东德回水涉及攀枝花市钒钛产业园区，攀枝花钒钛产业园区是以钒钛为主导产业，化工、有色金属、电冶合金、钢铁机械制造等产业为支撑，多种产业协同发展的国家级开发区，废污水排放量较大，乌东德水库蓄水将对攀枝花钒钛园区江段取水排污产生一定影响。从水库回水不影响钒钛园区江段水环境角度出发，在以上 6 个水位方案基础上增加了正常蓄水位 963 米和 967 米方案对水环境的影响比较。考虑到攀枝花水环境影响并结合库尾保留一定流水生境的要求，报告书推荐乌东德水电站按 975 米正常蓄水位一次性建成，初期运行控制水位 965 米，初期运行后开展相关监测和研究，最终再确定正常运行水位。

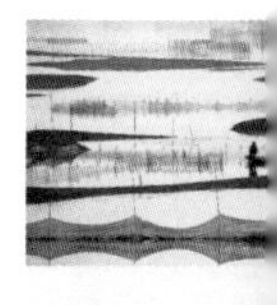

作为金沙江下游河段的第一个水电梯级，乌东德水电站的环境影响广受社会各界关注。2014 年，编制单位按照相关法律法规和技术导则要求，编制完成《金沙江乌东德水电站环境影响报告书》，报告书分析了环境背景特征和工程特点，基本涵盖了水电项目所有特征和所有敏感问题，如水环境方面的库区水质、低温水、坝下水质、攀枝花河段水质等，水生生态方面的水生生境，大坝阻隔，低温水影响，气体过饱和影响，鱼类“三场”，珍稀特有鱼类，生态敏感区涉及元谋省级风景名胜区和攀枝花市仁和区平地猕猴自然保护小区，以及位于坝址下游的长江上游珍稀特有鱼类国家级自然保护区等。由于乌东德工程环境影响复杂，工作难度大，水环境和水生生态方面的环境保护措施拟定在协调各方的基础上，重点提出了生活污染源治理、工业污染源治理、水环境监督管理，栖息地保护、鱼类增殖放流站、过鱼设施、优化水库调度等措施和水生生态监测、水生生态科研规划。

2014年10月和12月，环保部环境工程评估中心对《金沙江乌东德水电站工程移民安置环境影响评价专题报告》《金沙江乌东德水电站陆生生态影响评价专题报告》《金沙江乌东德水电站水生生态影响评价专题报告》进行了咨询。编制单位根据咨询意见进一步修改完善了报告书，2014年12月，环保部委托环境工程评估中心对报告书进行了技术审查。环保部于2015年3月批复了报告书。批复意见针对栖息地保护、过鱼设施、增殖放流站、生态调度、分层取水、水污染防治等提出了相应要求，在后续的环境保护设计中，上述要求均得到了落实。

三、洞庭湖防洪工程环境影响评价

洞庭湖汇集湘、资、沅、澧四水，并承接经松滋、太平、藕池三口分泄的长江洪水，其分流与调蓄作用对长江中游地区防洪起着十分重要的作用。湖南省20世纪90年代末相继开展了洞庭湖区堤防加固工程可行性研究和湘、资、沅、澧各水洪道整治和湖区24个蓄洪垸安全建设的可行性研究，长江委有关单位承担了洞庭湖区第二期治理规划堤防加固工程环境影响评价工作和湘江、资水和沅水洪道整治工程及江南陆城垸、钱粮湖垸、大通湖东垸、建设垸、君山农场、共双茶垸、民主垸、屈原农场和城西垸蓄滞洪区安全建设等大批重要工程环境影响评价工作。

根据水利部工作安排，长江委设计院从1999年9月启动洞庭湖区钱粮湖、共双茶、大通湖东垸等蓄洪工程项目。2003年，将《洞庭湖区钱粮湖、共双茶、大通湖东垸三垸蓄洪工程可行性研究报告》上报水利部。2005—2008年，长江委设计院相继完成了钱粮湖垸、大通湖东垸和共双茶垸围堤加固工程的可行性研究，长江水保所均编制了环境影响报告书，均获得了环境保护部批复。与此同时，根据《洞庭湖区综合治理近期规划报告》（1997年），长江委于2008年10月编制完成了《洞庭湖治理近期实施方案》，实施方案建议将钱粮湖围堤加固及安全建设项目，共双茶、大通湖东垸围堤加固工程，华容河、松滋河整治工程，湖北省荆南四河堤防加固一期工程，围堤湖、澧南、西官、城西垸、民主、屈原、九垸、建新、安澧、安昌等10个蓄洪垸围堤加固工程作为优先安排项目；安化、南汉、和康、集成安合、南鼎、君山、义和金鸡、北湖、六角山等9个蓄洪垸围堤加固工程，湖北省荆南四河堤防加固二期工程，共双茶、大通湖东垸安全建设等项目则列为根据投资可能安排项目。根据各项目实施时序，长江水保所陆续承担了上述项目的环评工作，相继编制完成《洞庭湖区钱粮湖、共双茶、大通湖东垸三垸蓄洪工程分洪闸工程环境影响报告书》《湖南洞庭湖区围堤湖等10个蓄洪垸堤防加固工程环境影响总报告》《湖南洞庭湖区安化等9个蓄洪垸堤防加固工程环境影响报告书》《洞庭湖区华容河综合治理工程环境影响报告书》，均获得了环保部批复。

洞庭湖区各类防洪工程环评在深入调查的基础上，认真协调防洪工程与湖区生态环境保护的关系。充分考虑到洞庭湖是国际重要湿地，湖区自然保护区较多，是重要的候鸟越冬地、栖息地，且江湖关系复杂的特点，将各类防洪工程的建设、运用对湖区生态环境保护的影响作为环评重要的工作内容，进行预测评价，提出了有针对性的环境保护、生态修复、恢复措施。

四、引江济淮工程环境影响评价

引江济淮工程沟通长江、淮河两大流域，穿越皖江城市带、合肥经济圈和中原经济区三大发展战略区，供水范围包括安徽省12市46个县市区，河南省2市9个县市区。规划2030年取水口断面引江水量33.03亿立方米，2040年取水口断面引江水量43亿立方米。2014年3月，引江济淮工程项目建议书阶段工作正式启动；2015年6月，《引江济淮工程可行性研究报告》编制完成。受安徽省水利水电勘测设计院委托，长江水保所承担了《引江济淮工程环境影响报告书》的编制工作。

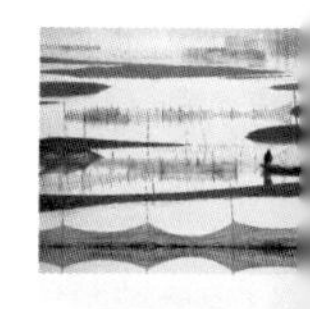

引江济淮工程涉及范围广，区域环境背景复杂，受工程实施直接或间接影响的生态敏感区有21个，且社会关注度很高。此外，受巢湖水质状况限制，其是否适宜作为调蓄水体；部分输水线路现状水质较差，如何保障输水水质；菜子湖线路穿越安庆沿江湿地省级自然保护区，工程调度运用对湿地水文节律的影响；调水对下游长江口区域水环境水生态的影响；菜子湖引江线路是钉螺分布区，调水是否会引起钉螺扩散等一系列问题，都是业内专家十分关注的问题。为此，环境影响评价期间开展了水文情势、污染源现状调查、钉螺扩散、地表水、地下水、湿地生态、陆生生态、长江下游及河口生态、水生生态、移民环境影响等数十个专题研究，汇集安徽省环科院、河海大学、合肥工业大学、华中农业大学、华中师范大学、上海海洋大学、安徽省血吸虫病防治研究所、安徽农业大学、中国水产科学研究院淡水渔业研究中心等多家单位，为报告书编制工作提供了技术支撑。

引江济淮工程菜子湖线路穿越安庆沿江湿地省级自然保护区菜子湖片区。菜子湖重要水鸟主要集中分布于团结大圩—双兴村等4个集中分布区，其水鸟种群数量约占菜子湖区总种群数量的65%，约占白头鹤种群数量的80%，具有典型保护意义。可研阶段最初提出的水位调控方案是在以充分利用菜子湖线路输水的前提下提出的，冬候鸟越冬期菜子湖水位控制在8.6 ~ 9.6米，遇枯水年冬候鸟越冬期水位一般维持在9.6米，对菜子湖湿地生态影响较大。评价单位从保护候鸟重要栖息生境角度出发，对菜子湖控制水位提出了调整意见，从9.6米方案降到最终的7.5米方案，菜子湖线路承担的输水量也从最初的70%左右，降低到50%左右。此外，该报告书还提出了菜子湖水位控制方案、适应性调度方案、湿地恢复、科学研究、航运管理和保护、施工期保护等相关保护措施，以切实保护湿地越冬候鸟及其栖息地。报告书在编制期间对过巢湖4个引水方案进行了环境比选论证，认为大合分方案（从兆河闸上引水）济淮水质最有保障，江水直接入湖方案（从派河口引水）济淮水质风险最大，小合分方案（从白石天河口引水）济淮水质部分时段存在一定风险，小小合分方案（从杭埠河口引水）济淮水质部分时段存在较大风险，环境比选结果与工程可研推荐的大合分方案（从兆河闸上引水）一致，并重点对该推荐方案的环境影响进行了预测分析。

2015年8月，编制完成《引江济淮工程环境影响报告书》，同月，水规总院在北京召开了报告书预审会。经进一步修改完善，2016年2月，提出《引江济淮工程环境影响报告书》。2016年6月，环保部批复了该报告书。环保部对报告书的编制质量给予了充分肯定，该批复意见对水环境保护、航运污染控制、水生生态保护、湿地生态保护、水源区下游影响减缓措施，环境风险防控以及施工期环境保护措施等方面提出了相关要求。根据有关方面意见，为减少占地和投资，工程过巢湖方案由原来的大合分变更为小合分。2016年9月，编制完成《引江济淮工程巢湖段输水方案调整环境影响补充报告》。10月，环保部批复了该补充报告。同意补充报告提出的工程方案调整及拟采取的环境保护措施。此后，编制单位又继续承担了引江济淮工程后续的环境保护设计工作，将报告书和补充报告批文的相关要求和意见进行了落实和进一步的优化设计。初步设计重点针对水环境、水生生态、湿地生态、施工期环境保护、环境监测等方面开展了深入设计，其中输水沿线截导污工程、鱼类增殖放流站和菜子湖湿地生态修复分别进行了专项设计工作。

五、鄂北地区水资源配置工程环境影响评价

鄂北地区水资源配置工程以丹江口水库为水源，以清泉沟输水隧洞进口为起点，线路自西北向东南穿越鄂北岗地，终点为大悟县城附近的王家冲水库。工程建设任务是以城乡生活、工业供水和唐东地区农业供水为主，通过退还被城市挤占的农业灌溉和生态用水量，改善该地区农业灌溉和生态环境用水条件。工程多年平均总引水量13.98亿立方米，其中已运行的唐西引丹灌区多年平均引水量6.28亿立方米，鄂北受水区渠首多年平均引水量7.70亿立方米。线路总长度269.34千米，鄂北总干渠渠首设计流量38立方米每秒。2014年11月，国家发展改革委批复该工程项目建议书。

2012年8月，湖北省启动鄂北地区水资源配置工程相关工作，受工程主设单位

湖北省水利水电勘测规划设计研究院委托，长江水保所承担此项工程的环境影响评价工作。项目组提前参与了规划方案编制和研究工作，并提出规划方案在环境保护方面的原则和要求，如引水规模须不影响南水北调和汉江中下游生态用水，输水线路布置应尽量避开沿线各类环境敏感区等。2013 年 6 月和 2014 年 11 月水利部和环保部分别对《湖北省鄂北地区水资源配置工程规划环境影响报告书》进行了技术审查。根据工程规划环评两次审查会的要求，编制人员在环评工作中，从环境保护角度对工程规划方案进一步优化。其中根据水利部水规总院意见，重点从减轻汉江中下游不利影响角度优化引水过程，满足黄家港、仙桃等典型断面的生态流量要求；根据环保部审查意见，进一步减少枯水期引水量、优化受水区产业结构和水资源配置方面优化方案。

在《湖北省鄂北地区水资源配置工程环境影响报告书》编制期间，承担单位在前期规划环评工作的基础上，委托华中农业大学、环保部南京环科所、华中师范大学、中国地质大学、湖北省环境科学研究院等单位，分别开展了工程对汉江中下游水生生态、水环境、湿地生态、输水工程建设对陆生生态、地下水环境、中华山国家级森林公园的影响、受水区水污染防治规划、受水区限制排污方案等12个相关专题研究工作，并组成联合调查小组对工程进行了多次综合踏勘与资料收集。汉江是南水北调水源地，其水资源合理开发利用与保护要求较高，如何协调南水北调、引汉济渭、汉江下游生态用水和鄂北调水的关系，分析南水北调、引汉济渭、汉江中下游规划梯级以及引江济汉等工程实施后对汉江中下游水文情势的累积影响，是鄂北调水环评工作的重点和技术关键。在环评工作期间设置了多个情景进行模拟，对累积影响进行了深入分析，提出水资源保护、生态保护、社会环境保护等各项对策措施，保障调水水质是发挥工程效益的关键，报告书提出了完善的水环境保护措施。主要有：对汉江沿岸各污水处理厂提标改造，集合各污水处理厂的规模、处理工艺水平以及现状存在的问题，并综合考虑污水处理厂出水受纳水体所处河段位置，提出各污水处理厂提标改造补偿标准。此外，在面源治理措施方面，提出在汉江中下游流域建立农业生态示范区，控制面源污染，合理施用化肥农药，加强城市雨水径流污染管理，并加强汉江沿岸城市垃圾、农村粪便及养殖业污染源的管理。

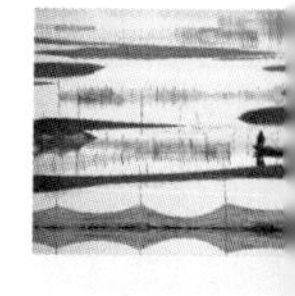

2015 年 6 月，编制完成《湖北省鄂北地区水资源配置工程环境影响报告书》；7 月，环保部委托环境工程评估中心在北京主持召开了报告书技术评估会；同月，环保部批复了报告书。在评估和批复过程中，主管部门和专家对报告书编制质量给予了充分肯定。该报告书是指导工程设计、实施过程中环境保护工作的重要技术文件。

报告书经批复后，承担单位又承担了项目环境保护初步设计工作，在初设阶段将

环保部批复意见要求进行了进一步落实和细化，尤其是针对汉江中下游、输水沿线和受水区水环境。

第四节 规划环境影响评价

长江流域幅员广阔，20世纪50年代以来，为指导和安排水利建设，长江委组织编制了长江流域综合利用规划及部分干、支流规划及专业规划。80年代中期至90年代，长江水保局负责部分规划报告环境影响评价篇章的编写，可视为最早的规划环评。当时我国规划环评尚未起步，规划环评评什么、怎么评，都是在摸索中根据流域规划的特点，结合工作人员对水利环保的认识，逐渐成熟并形成体系。

随着规划环评工作的逐渐深入，1992年11月，水利部和能源部联合发布《江河流域规划环境影响评价规范》（SL 45—92）；2003年8月，国家环境保护总局发布《规划环境影响评价技术导则（试行）》（HJ/T 130—2003）；2006年10月，水利部发布《江河流域规划环境影响评价规范（修订版）》（SL 45—2006）；2014年3月，环保部与水利部联合发布《关于进一步加强水利规划环境影响评价工作的通知》（环发〔2014〕43号文），对水利规划的环境影响评价以文件形式进行了明确规定；2014年6月，环保部发布《规划环境影响评价技术导则总纲》（HJ 130—2014）。根据相关法律法规和技术标准要求，长江水保局按照长江委统一安排，在开展流域内重要支流和区域综合规划编制的同时，同步开展规划环境影响评价工作，并始终坚持规划与环评互动，体现二者的相互协调与促进，探索了评价方法、评价深度与广度，积累了经验，锻炼了队伍，同时也历尽了艰辛。

一、目的明确，意义深远

与分析某单一工程环境影响的建设项目环评相比，规划环评需要解决规划带来的系列和系统影响，其影响范围在地域、空间、时间上远远超过建设项目环评，具有战略性、前瞻性、早期介入性、广泛性、宏观性、综合性、累积性、不确定性等特点。

流域综合规划的实施可促进流域水资源治理开发、综合利用，实现水资源优化配置和可持续利用，促进经济社会的可持续发展。综合规划实施也可能带来生态环境累积影响，如大坝阻隔鱼类洄游通道、水文情势改变、水体纳污能力变化、低温水下泄和移民拆迁安置影响等。流域规划环境影响具有累积性、延续性和潜在性，对流域环境的影响是递增的，叠加起来有可能接近、达到或突破流域环境容量，影响到整体环境质量。

随着长江流域水资源的开发利用程度越来越高，各项流域规划工作也迅速发展，对规划环评也更加重视，要求越来越高，内容也不断深入完善。长江水保局在组织开展的流域规划环评中，目的明确，十分重视前瞻性、宏观性、战略性影响。为从源头预防环境污染和生态破坏，促进经济、社会和环境的全面协调可持续发展，依据国家及地方现行法律法规、环境保护政策以及流域环境保护的要求，分析规划与相关法律、法规、政策及其他规划等的符合性与协调性，分析规划的环境合理性；评价规划实施对流域水资源、水环境、生态环境和环境敏感区的影响；提出规划方案优化、调整建议。规划环评工作贯穿规划编制始末，在规划区域社会环境、自然环境、生态环境现状调查基础上，以现状和零方案分析为背景，以实施可持续发展战略为目标，分析与评价规划与上层规划的符合性及与相关规划的协调性、规划的环境合理性及环境制约性因素，充分考虑所拟规划可能涉及的环境问题，客观评价规划实施对区域环境的综合效益和不利影响，重点关注环境敏感区与环境限制因素，提出规划方案优化完善意见与建议。为预防规划实施后可能造成的不良环境影响，规划环评中十分重视提高规划的科学性、指导性，对促进流域经济、社会和环境协调发展具有重要的作用，意义深远。

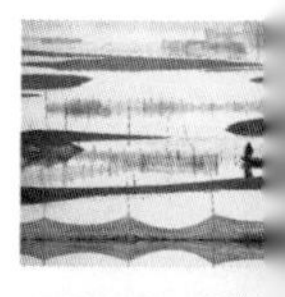

二、内容全面，遵守约束

长江流域各项综合规划涉及范围较广，规划内容丰富、类型复杂、生态敏感区多。在规划环评中对涉及生态敏感区的规划项目，十分重视规划与法律法规、各层规划之间的矛盾与冲突。各流域综合规划环评均实现了早期介入，在规划报告中明确了环境保护目标，在遵守法律法规、生态红线、功能区划约束的前提条件下，全面开展了相关规划协调性分析。对于开发利用程度较低、生态环境较为脆弱的河流，技术人员基于生态环境承载力对开发规模进行合理控制，对重点工程及环境影响较为显著的工程进行重点分析，并根据规划方案提出相应的环境影响减缓措施，从源头避免或减轻规划实施的生态环境影响。对于开发利用程度较高的长江重要支流，规划环评对流域开发情况进行了回顾分析，归纳总结流域开发存在的生态环境问题，提出规划调整的意见和建议，以理顺、规范已实施工程和规划工程，使规划实施的同时生态环境得到有效保护。在各项流域规划环境影响评价过程中，积极配合和完善了规划编制工作，对流域综合利用与保护和流域经济社会可持续发展具有重要的指导意义和作用。

三、典型规划环境影响评价

1. 长江口综合治理规划环境影响评价

《长江口综合整治开发规划环境影响报告书》是我国水利行业的第一本规划环评报告书。当时，在规划环评尚处于没有指导性的文件、规范、导则的阶段，编写人员凭借多年的工作经验，在探索中初步形成了区域规划环境影响评价的工作思路、评价原则、环境保护目标识别、评价要素、评价内容、评价技术方法等体系，为此后有关部门制定规划环境影响评价的技术标准提供了重要参考，是水利行业规划环评的里程碑。

长江口地处横贯东西的长江产业密集带与东部沿海经济带两条主轴线的交会点，地区区位优势明显，是我国最大的工商业和港口城市——上海市所在地，也是我国经济发展速度最快、经济内在素质最高的地区之一。长江口河道宽阔、洲滩众多、水流动力条件复杂，河道冲淤多变，河势变化频繁。复杂多变的自然条件和不稳定的河势成为制约区域国民经济协调可持续发展的重要因素。因此，一直以来长江口综合整治受到社会各界的高度关注。虽然几十年来长江口的规划与研究工作一直没有间断，取得了许多研究成果，但在1998年、1999年大水后，长江口的河势出现了较大幅度的调整，长江口深水航道治理工程、三峡工程及南水北调工程等逐步实施，长江口的水、沙条件发生一定程度变化。长江口地区沿岸经济社会高速发展对航运发展、淡水资源利用、岸线资源及滩涂资源开发等提出了新的要求，原有规划已不能充分适应长江口自然条件的变化及经济社会发展要求，许多问题需要深入研究。

2001年，按照国家发改委部署，决定对《长江口综合开发整治规划要点报告》（1997年版本）进行修订，具体工作由长江委负责。2004年9月，规划编制完成并通过了水利部组织的审查；2005年8月，中咨公司对规划报告进行了咨询。会后，水利部办公厅征求了国家环保总局意见，国家环保总局在其复函中指出该规划报批须编制规划环境影响报告书。长江水保所根据上级部门工作安排承担了该项任务。

长江口自然演变规律的复杂性和区域经济社会不断发展，决定了长江口的综合治理是一个长期的、不断认识的过程，河口的治理规划也是一个动态的、不断深化的过程。规划报告在修订阶段，编制单位即提出应将生态与环境保护作为重要组成部分。因此，修订的规划报告中，在规划的指导思想、编制原则中贯彻了环境保护和生态建设的要求，且率先在规划目标中确定了相应的环境目标。在规划编制的研究中，对于总体方案、专业规划方案的比选，科研所实现了早期介入，把环境条件作为方案比选重要的关键限制因素，进行方案的综合比选论证，筛选不利环境影响最小的方案反馈至规划，作为规划的推荐方案，放弃存在重要性环境制约因素的方案。对于滩涂开发利用，编制单位提出把湿地保护作为重要限制条件，尽量做到湿地保护与滩涂开发利用的协调统一。

长江口规划环评在工作期间，在规划目标制定、规划方案比选、方案确定等规划的重要环节实现了与规划的全面和全程互动，是规划环评在环境保护方面指导规划的典型案例，也是后续系列综合规划环评的重要参考案例和工作基础。《长江口综合整治开发规划环境影响报告书》为后续长江流域重要支流及区域综合规划环境影响评价积累了经验，奠定了坚实的基础。该报告书获得了环保部和水利部的一致认可，具有典型的示范作用，环保部环境工程评估中心将此报告书作为经典案例收入环评工程师培训教材。2007 年 1 月，国家环保总局环境影响评价管理司与水利部水资源管理司在北京共同主持召开了长江口综合整治开发规划环境影响报告书审查会，审查通过了该报告书并出具了审查意见。

2. 长江流域综合规划环境影响评价

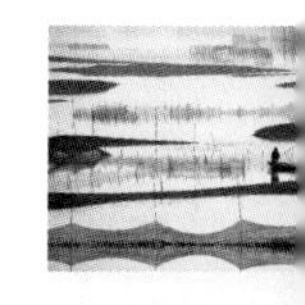

长江流域综合规划是流域管理的重要依据。由于规划范围广，环境敏感区众多，制约规划方案的环境因素较多，规划环评难度大。在协调规划方案与制约因素期间，需要精准把握各类环境敏感区的不同要求和制约条件，各方协调工作量巨大。长江流域综合规划环境影响评价实现了早期介入，并与规划实现了多轮互动，使规划方案充分遵守了环境约束，从源头减免了规划实施的环境影响，也为之后开展的各流域综合规划环评篇章和规划环评报告书的编制打下了坚实基础。

随着长江流域和全国经济社会的发展，长江的治理开发，使流域水情工情、河流生态系统发生了新的变化，对长江水资源开发利用与保护提出了新的要求。为了处理好经济社会发展与水资源开发利用、水利建设与生态环境保护的关系，长江委于 2003 年着手安排规划修订工作。2007 年 8 月，水利部以水规计〔2007〕341 号文批复了《长江流域综合规划修编任务书》。按照《环评法》规定，该任务书明确了修编内容包含环境影响篇章，并设置长江流域生态环境敏感区保护研究专题。在修编过程中，率先把环境目标纳入规划目标中，开创了规划环评的先河。

《长江流域综合规划》修编工作自 2005 年开始，历时 7 年，编制单位付出了大量的人力物力和心血。由于长江流域范围广，环境背景复杂，且流域内生态敏感区众多，背景调查工作艰巨。项目组派出多个工作组，分赴长江不同省份、区域进行调查，获取了大量珍贵的第一手资料。在对资料进行整理、吸收后，结合规划内容，开展了环境现状分析，规划与发展战略、法律法规、相关规划的协调性分析，针对规划方案进行了环境合理性分析，并根据近期工程特性和环境背景提出了其制约因素。环境影

响分析部分重点针对可持续发展、水文水资源、生态环境、土地资源和社会环境等五大部分进行分析，并根据影响情况提出了相应的对策措施。由于综合规划影响范围广，规划实施时间和空间跨度长，规划环评篇章提出，为了进一步评估综合规划实施所带来的长期性的环境影响，应对规划实施过程中可能存在的敏感或重大环境问题应开展跟踪监测与评价，并为规划实施过程中的方案优化调整提供决策依据。

经规划环评综合分析，在综合规划实施带来显著综合效益的同时，也将改变河流水文情势，造成水库泥沙淤积及河床冲淤变化；降低部分水体对污染物的稀释扩散能力，导致局部水体富营养化和岸边水污染；减少部分耕地、林地；将产生河流生境改变和大坝阻隔，水库水温分层，对水生态系统尤其是鱼类生存繁殖带来不利影响；干支流控制性水利水电工程和梯级开发后，对河流自然生态系统将产生叠加累积影响；部分规划梯级涉及国家级自然保护区及国家级风景名胜区等敏感区域。在采取有效的避免、补偿和减缓措施后，可预防或减轻不利影响。此外，从环境保护角度出发，规划环评还提出了规划实施阶段进行跟踪监测、开展赤潮防治研究、开展联合调度研究等下一步工作要求。

3. 赤水河流域综合规划

赤水河是长江干流上游右岸的一级支流，是一条生态河、美景河、美酒河和英雄河，具有重要的生态保护价值。流域内分布有茅台集团、郎酒集团等名酒企业，以及长江上游珍稀特有鱼类国家级自然保护区、画稿溪国家级自然保护区、赤水桫椤国家级自然保护区、习水中亚热带常绿阔叶林国家级自然保护区、古蔺黄荆自然保护区等生态敏感区。其中赤水河河源至赤水河河口长444.5千米江段均为长江上游珍稀特有鱼类国家级自然保护区范围。由于流域生态敏感区较多，赤水河流域整体开发程度较低，是长江上游一级支流中少有的、自然流淌的生态河流。鉴于赤水河生态环境良好，且具有重要的保护价值，以保护为主线贯穿了规划环评工作始末。

赤水河发源于云南省镇雄县赤水源镇银厂村，古称赤虺河，因水赤红而名。河流由西向东流至镇雄县大湾镇与西南之雨河汇合后称洛甸河、纳威信河、铜车河后始称赤水河，到仁怀市茅台镇转向西北，至合江县城东汇入长江。河口多年平均流速284米每秒。

2009年，长江委按照水利部部署开展赤水河流域综合规划工作，长江水保所负责赤水河流域综合规划环境影响评价报告书编制。编写人员对流域环境质量现状、环境功能、环境敏感点分布以及区域国民经济、能源、旅游、林业等各项规划、经济社会情况进行了详细调查。2013年，水利部水规总院组织对规划和规划环评进行了审查。

不同于一般流域综合规划，赤水河流域规划中“保护优先”的原则在规划目标中得到充分体现，吸收了资源与环境可持续发展的理念，拟定水资源开发利用需在保护当地生态与环境，不损害河流自然功能的前提下有序进行，规划实施对流域生态环境保护以有利影响为主。

为了保护长江上游珍稀特有鱼类自然保护区生态环境，规划环评对位于保护区内的相关规划提出了优化调整建议。赤水河流域具有重要的生态保护价值，同时，流域经济社会发展又相对落后，威信、镇雄、大方、习水、叙永、古蔺等6县均为国家级贫困县。为了协调赤水河开发治理中存在的矛盾和问题，规划环评在生态补偿方面做了大胆尝试，提出了建立生态补偿长效机制的建议，并提出建立与完善流域内水资源管理的市场化调节机制、公众参与机制、执法监督机制，从而使流域的生态环境在得到有效保护的同时，加快地区经济发展，为流域经济的可持续发展提供制度保障。

针对赤水河流域环境现状和规划方案，规划环评提出，进一步研究和制定赤水河流域生态长效补偿机制及相关法律法规，尽快开展水生生物资源监测，将污染物排放量控制在水功能区限制排污总量范围内，以实现流域水环境良性发展，水功能持续发挥，水资源与生物资源协调发展。

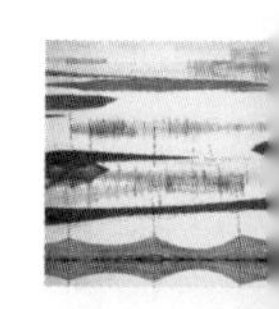

4. 洞庭湖区综合规划环境影响评价

洞庭湖区是指荆江河段以南，湘、资、沅、澧四水尾闾控制站以下，高程在50米以下跨湘、鄂两省的广大平原、湖泊水网区，湖区总面积20109平方千米，涉及湖南、湖北两省7个地级市。长江委于2011年10月提出《洞庭湖区综合规划报告》。2012年4月，长江水保所编制完成《洞庭湖区综合规划环境影响报告书》。2014年4月，国家发改委印发了《洞庭湖生态经济区规划》，为使两个规划协调一致，对洞庭湖区综合规划和规划环评分别进行了补充与完善。

洞庭湖区河网密布，江湖关系复杂，湖区分布有多个生态环境敏感区，加之综合规划内容较多，且部分涉及水系控制，改变既有分流比，影响湖区湿地生态、敏感区及江湖关系等系列问题，使规划环评难度大幅增加。针对规划方案，结合洞庭湖区环境背景和湖区环境演变回顾分析，编写人员针对水文情势、水资源配置、水环境、湖区富营养化趋势、候鸟、珍稀保护水生动物、湿地生态、环境敏感区等进行了重点分析，并对规划方案、目标和发展定位、布局、规模、实施时序等的环境合理性进行了系统分析，从环境保护角度提出了规划方案的优化调整建议和环境影响减缓措施。报告书提出了四点建议：①规划报告中包含的规划项目众多，环境影响比较复杂，部分规划项目由于设计深度难以具体甄别其对环境敏感区的影响，因此在规划项目实施阶段应严格执行建设项目环境影响评价的要求；②“三口水系”现状水质较差，平原水库建设对局部水环境影响较为显著，项目实施应逐步推进，落实“先治污、后建库”

的原则，防止水污染事件发生；③增加“三口水系”非汛期水量对局部区域水文情势影响较为显著，下一步项目实施时应对河湖连通工程对水文情势及水环境的影响单独设专题进行研究；④洞庭湖最小生态水位主要依据历史水文资料，由此推算出的最小湖泊水位与洞庭湖区水生态客观需求会存在差异，应就这一课题进一步开展研究，同时对保障生态水位的方案提出建议。

洞庭湖区江湖关系及水系复杂，人口密集，区域开发利用程度高，湖区整体营养化状态处于轻度富营养化至中度富营养化，水生态逐步衰退，湿地功能弱化，钉螺未得到有效控制，且湖区生态敏感区众多。规划环评从保护湖区生态敏感区、改善区域生态环境角度出发对规划提出了意见和建议，并从环境自身出发提出了相应环境影响减缓措施，可有效减缓规划实施对湖区的影响，促进区域生态环境改善。

5. 赣江流域综合规划环境影响评价

赣江是鄱阳湖水系第一大河流，纵贯江西省，亦为长江八大支流之一。赣江流域开发较早，从20世纪50年代开始，有关部门就开展了大量调查、研究、查勘和规划设计工作，编制完成了多项规划报告并付诸实施。90年代先后建成了万安、南车等水利枢纽工程，赣东大堤全线进行了除险加固，已建堤防累计长度达2737千米，流域内现已建成各类供水设施共约52.7万座（处），水电装机1642.41兆瓦，有效灌溉面积1237.05万亩。由于赣江开发程度较高，规划环评重点针对流域已建工程进行了系统回顾，厘清了流域开发状况和存在问题，结合现状情况和现行环境保护要求对规划方案提出了优化调整建议。回顾分析是赣江流域综合规划环评的一个突出特点。

赣江干流全长796千米，流域总面积8.18万平方千米。随着流域经济社会快速发展、人口增长和城市化水平的提高，对防洪减灾、水资源综合利用与水生态环境保护的要求越来越高，原有规划难以有效地指导流域综合治理和水资源的开发、利用、保护与管理工作，迫切需要依法对原有流域规划进行修编与调整。2011年6月，规划修编工作启动，长江水保所作为技术牵头单位，负责规划环评工作。2014年，编制完成了《赣江流域综合规划环境影响报告书》，由水利部水规总院组织审查。

修编的综合规划提出了赣江流域治理开发与保护的要求、目标和总体规划方案，拟定了干流重要节点和主要支流的控制性指标，编制了水资源评价与配置方案，提出了流域防洪、灌溉、供水、治涝、水资源与水生态环境保护、河道整治与岸线利用、航运、水力发电、水土保持、流域水利管理与信息化建设等规划。规划环评编制过程中，结合流域现状开发程度较高的特点，项目组对已建工程进行了系统归纳，针对水资源水环境、水生生态、陆生生态、社会环境等环境要素进行了回顾评价，再结合规划方案环境影响预测分析、生态制约性因素辨析，提出了梯级联合生态调度及河流生态用水保障、优化部分支流水电开发方案、调整五洋梯级实施时序、优化井冈冲二级水电站选址、限制赣江小水电开发规模、近期实施农村自来水工程等优化与调整建议。经过规划环评，可确保规划实施的不利环境影响得到有效舒缓，促进赣江流域经济、社会、环境全面协调可持续发展。

四、其他重要支流综合规划

近年来，我国的环保理念实现了从“末端治理”“生产过程中控制”到“源头防治”的转变，加强规划环评可从决策源头上防止环境污染和生态破坏。不同于其他行业规划，流域综合规划的实施在促进经济社会可持续发展的同时，也可能带来一系列生态与环境影响。如水力发电规划中的梯级电站和防洪灌溉规划中的水利枢纽。由于改变了河道的天然状态，对水环境、水生生态等将产生显著影响。从流域角度来说，大坝阻隔、水体纳污能力、低温水、水文情势改变等部分影响具有累积性、延续性和潜在性。规划环评是从微观到宏观的拓展，超越了单一建设项目环评的局限性，从流域角度分析评价各种累积性和潜在性影响，可为下层规划或单个建设项目环境影响评价提出要求与建议。

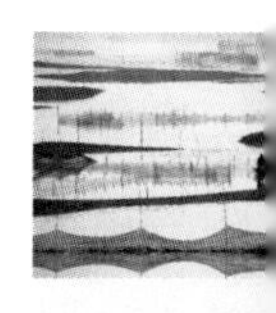

2005 年，《长江流域综合规划修编》以来，按照长江委工作安排，长江水保局陆续组织开展了 20 多条河流或区域的流域综合规划环境影响评价工作。由于各流域综合规划涉及范围较广，规划内容、类型多，生态敏感区多，仅环境现状背景调查工作量就相当巨大。规划环评编制期间，现状调查力求涵盖重点区域和重点河段。流域综合规划通常涉及地方实际需求和利益，在规划项目上，尤其是涉及生态敏感区的规划项目，需有效解决规划与法律法规、各层规划之间的矛盾与冲突，同时充分响应地方实际需求。经过本轮重要支流规划环评工作，进一步理顺、规范了已实施工程和规划工程，使重要支流规划实施的同时生态环境得到有效保护，对流域水资源保护和流域经济社会可持续发展发挥了重要的指导意义和作用，在此暂不一一赘述。

第六章

科研强力支撑

长江委在水资源保护事业的发展过程中，经历了从无到有、从创建到逐步完善的发展历程。70年来，坚持开拓创新，在水资源和生态环境保护标准规范、科学研究理论体系建设以及三峡工程、南水北调等国家重点工程建设环境保护方面取得了丰硕成果,为长江流域水资源和生态环境保护以及管理职能的落实提供了坚实的技术支撑。

长江委在不断开拓、自主创新的同时，积极开展学术交流与国际合作，勇于吸收国际水资源保护管理前沿技术，先后与美国、加拿大、德国、荷兰、澳大利亚、日本、波兰等一些国际知名同行机构建立并长期保持良好的合作交流关系。通过对外技术交流与合作，创新了水资源保护和生态建设管理理念，提升了监测方法及监测技术，促进了科学研究技术和手段的进步与更新，提升了科研人员的业务能力，拓宽了国际视野。

第一节　技术标准建设

新中国成立以来，我国在水环境与生态环境保护与建设的技术标准化建设方面取得了很大成就，但20世纪80年代以前的技术标准极为有限，改革开放以后，国家充分重视技术标准体系建设，这既是改革开放的重大需求，也是对外交流与国际接轨的重要方面。经过40多年来的建设，我国已基本形成了适合本国特色的技术标准体系，这个标准体系可分为国家标准、行业标准和地方标准三个大类，当然还有相当数量的国际标准，这里不予涉及。根据国家标准化委员会官网的统计，截至2019年6月，国家现行有效强制性国家标准（GB）1983项；现行有效推荐性国家标准（GB/T）34842项，这些标准均可在线阅读或下载。其中有关生态环境保护的标准也基本形成了体系，本章节将有选择地作一些介绍。

一、国家标准

1981年，我国首次发布实施《地面水环境质量标准》，1988年进行第一次修订，标准号为GB 3838—88；1999年进行第二次修订，并与《景观娱乐用水水质标准》（GB

12941—91）合并，标号改为 GBZB 1—1999，名称改为《地表水环境质量标准》；后又对 GB 3838—88 进行修订。2002 年，国家标准化委员会和国家技术监督局联合发布《地表水环境质量标准》（GB 3838—2002），这是我国进行地表水水质评价、管理和考核使用最多的标准,是地表水保护、使用与监督管理的重要依据,一直执行至今。

在水环境与生态环境保护方面，国家出台了一系列技术标准，这些技术标准在实践中不断修订与完善，与行业和地方标准一起形成了适合我国国情的水环境与生态环境保护标准体系。如《制定地方水污染物排放标准的原则与方法》(GB 3839—83)、《渔业水质标准》（GB 11607—89）、《污水综合排放标准》（GB 8978—1996）、《自然保护区类型与级别划分原则》（GB/T 14529— 93）、《再生水回用于景观水体的水质标准》（GB 1556.2—1995）、《生活饮用水卫生标准》（GB 5749—2006）、《农业灌溉水质标准》（GB 5048—92）、《农村生活饮用水量卫生标准》（GB 11730—89）等。此外，还有按照工业分类发布实施的水污染物或污染物排放标准，为控制我国工业水污染物排放奠定了技术基础，基本形成了我国工业水污染物排放的标准化体系。

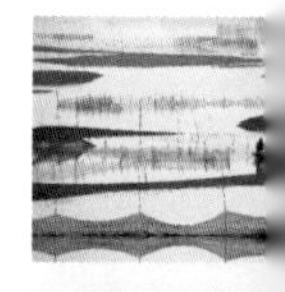

长江委在行业标准化建设方面，负责或参与起草了一系列技术标准，有些是国家标准，甚至是国际标准。据不完全统计，在水环境和生态环境保护方面，由长江委有关单位主持编写的国家标准主要有《水利水电工程环境影响评价规范》（SDJ 302—88，长江水保局主编）、《环境影响评价技术导则——水利水电工程》（HJ/T 88—2003，长江水保局主编）、《水域纳污能力计算规程》（GB/T 25173—2010，长江水保局主编）、《水功能区划分标准》（GB/T 50594—2010，长江水保局第二主编）、《水环境监测规范》（SL 219—2013，长江水保局主编）、《水资源保护规划编制规程》（SL 613—2013，长江水保局第二主编）、《入河排污量统计技术规程》(SL 662—2014，长江水保局主编)、《水利建设项目环境影响后评价导则》（SL/Z 705—2015，长江水保局第二主编）、《内陆水域浮游植物监测技术规程》（SL 733—2016，长江流域水环境监测中心主编）、《水土保持工程调查与勘测标准》（GB/T 51297—2018，长江勘测规划设计研究院第二主编）等多项国家、行业有关规范及技术导则，为我国水资源和生态环境保护与建设提供了重要的技术支撑。

二、行业标准

我国的水环境与生态环境保护技术标准涉及部门较多，不同时期由于机构改革等因素，制定并出台的标准很多，但主要集中在环境保护和水利、农业等部门。据不完全统计，水利部发布实施的行业标准有 800 多项，关于水环境与生态环境保护的标准有 80 多项，其中有 10 多项为国家标准；环境保护部门先后发布实施的水环境和污染物排放标准有100多项，且很多为国家标准；其他国家相关部门发布的标准未统计在内。如有需要，可以查询相关网站，在此不再赘述。

三、地方标准

70年来，长江流域内各地在水环境与生态环境保护的实践中，根据其特点编制并发布实施了一批地方技术标准，基本形成了自己的技术标准体系。地方标准作为国家和行业标准的有效补充，按照国家有关规定，这些地方标准均应严于国家和行业标准。由于资料所限，在此仅略举一二。如浙江省环境保护行政主管部门于2001年发布实施了《浙江省造纸工业（废纸类）水污染物排放标准》（浙 DHJB1—2001），代替国家《造纸工业水污染物排放标准》（GWPBZ—1999）中废纸造纸部分。江苏省环境保护行政主管部门于2000年编制并发布实施的《扬州市区水污染物排放标准》（DB/3200Z 007—88），该标准是对原1988年版的修订。

四、相关标准介绍

长江水资源和生态环境保护所依据标准很多，以下只就由长江委相关部门主持的部分标准作简要介绍，从中可以了解这些技术标准的演变和起草时的基本考虑。

1.《水环境监测规范》

20世纪80年代，长江委在监测站网规划与管理、监测技术应用与培训、资料整汇编等的规范化方面取得了突破性成果。参与制定了我国水利行业的《水质监测暂行办法》，由水利电力部水文局于1982年印发施行。此后，经过修订，更名为《水质监测规范》（SD 127—84），由水利电力部在1984年批准施行。该规范分为总则、水质站网、采样、测定项目与方法、实验室分析质量控制、污染源调查、资料整汇编与刊印等7章。其中水质站的分类与站网布设、采样断面、垂线与采样点布设的原则、方法与技术要求等一直沿用至今。

随着经济社会的快速发展，为了保护生态环境，国家出台了一系列关于环境保护和自然资源保护方面的法律法规，同时公众对水资源保护的认识也有了提高，水污染防治和水资源保护工作也进入了一个新的阶段。《水质监测规范》已不能满足水利行业开展水环境监测工作的需要。1993年，水利部水文局组织长江流域水环境监测中心、水利部水文司环资处、松辽流域水环境监测中心等单位对其进行修订，由长江流域水环境监测中心主持。该标准于1998年7月由水利部发布，9月1日起施行。这次修订对规范结构进行了较大调整，并更名为《水环境监测规范》，扩大了适用范围；将原水质监测改为地表水监测，新增了地下水、大气降水、水体沉降物、生物监测以及水污染监测部分，补充了相应的内容；原实验室分析质量控制部分增加了有关计量认证的要求，提出了适用于日常分析的质量控制允许差指标；对原污染源调查部分进行了较大修改，新增了入河排污口监测与调查、水污染事故调查和水污染动态监测内容；取消了原规范中资料刊印和有关监测管理方面的内容。该规范分为总则、监测站网、地表水监测、地下水监测、大气降水监测、水体沉降物监测、水生生物监测、水污染监测与调查、实验室质量控制、数据处理与资料整编等 10 章。随着时间的推移，该版本已不能满足现实的需求，2007 年，水利部水文局组织长江流域水环境监测中心、松辽流域水资源保护局、安徽省水文局等单位对其进行了修订，由长江流域水环境监测中心主编。该标准于 2013 年 12 月由水利部发布，2014 年 3 月起实施。这次修订和补充了监测站网有关技术内容与要求；新增了监测站网规划、建设和管理；修订和补充了地表水和地下水监测有关技术内容与要求；新增了地表水和地下水水功能区监测要求；原水生生物监测修改为水生态调查与监测；新增了水生态调查与监测有关技术内容与要求；原水污染监测与调查修改为入河排污口调查与监测和应急监测；修订和补充了入河排污口监测与调查、水污染动态监测有关技术内容与要求；新增了应急监测、移动与自动监测有关技术内容与要求；原实验室控制，改为实验室质量保证与质量控制；修订和补充了有关技术内容与要求；新增了质量保证有关技术内容与要求；修订和补充了数据处理与资料整汇编有关技术内容和要求；新增了电子记录、数据报送、资料刊印与数据库的技术内容与要求。这次修订后分类覆盖范围更广，体现了技术的先进性与规范的可操作性。

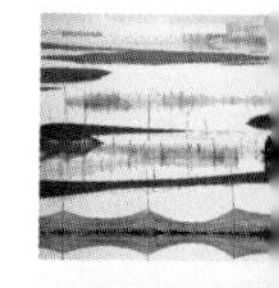

《水环境监测规范》（SL 219—2013）发布实施后，水利系统各级水环境监测机构及广大水质监测工作者以多种形式表达了希望编制单位能够提供相关的辅导教材，以帮助正确理解和执行规范的建议。2015 年，主编单位流域监测中心约请《水环境监测规范》（SL 219—2013）主要起草专家撰写了《〈水环境监测规范〉（SL 219—2013）释义》一书。该书的出版，能帮助广大从业者更好地理解、更严格地执行监测标准和技术规范，保证科学监测、诚信监测，真正让水环境、水生态监测成果成为水资源保护与管理最广泛采用和认可的权威数据。

各种规程、规范是开展水质监测工作的指导书，也是水质监测工作者多年工作经验积累的结晶。长期以来，在水质监测领域，长江委还先后参与了《水质数据库表结构与标识符规定》（SL 325—2005）、《气相色谱法测定水中酚类化合物》（SL 463—2009）、《气相色谱法测定水中酞酸酯类化合物》（SL 464—2009）、《高效液相色谱法测定水中多环芳烃类化合物》（SL 465—2009）等行业标准的编制。

2.《水资源保护工作手册》

随着水资源保护队伍的不断壮大，水资源保护从业人员对于系统理论知识的需求越来越迫切。为满足广大从业人员的需要，梳理水资源保护理论体系，长江委组织有关专家，由长江水保局主编，历时三年编著完成《水资源保护工作手册》，于1988年7月由科学出版社出版。该手册全面反映和系统介绍了当时国内外在水资源保护方面的先进理论、技术以及最新成果。

该手册是我国第一部水资源保护方面的工具书，曾获全国“优秀图书奖”和“金钥匙”奖。时任国际水资源协会主席的彼特·J.雷诺兹先生对此书十分重视与关注，特为此书撰写了序言。该手册共约250万字，分上、下两篇。上篇包括水资源及其保护、规划的方法，水质污染的监测、评价，水资源工程环境影响评价以及河流、湖泊污染防治和管理经验等十章；下篇为国内外有关法规与标准，收集了国内有关法规、条例、政策、标准及排放系数等；国外有关水质标准和污染物排放标准、国际有关宣言和大纲等，内容涵盖美国、英国、日本、韩国、德国、加拿大、法国、前苏联、澳大利亚、意大利、瑞士、瑞典、波兰、新加坡等国家的综合用水、生活用水、工业用水、农业用水、水产用水、废水排放等标准。该书内容系统全面、取材实用，反映了国内外在水资源保护方面的先进技术与最新成果，为推动我国水资源保护工作起到了积极作用，至今仍是我国水资源保护领域的重要参考书，影响十分深远。

3.《水利水电工程环境影响评价规范》

长江委在水工程环境影响评价研究方面的工作始于对三峡工程生态环境影响的前期研究。1978年，在武汉召开的长江水资源保护科研现场会议上确定的《长江水资源保护科研规划纲要》，其中就有大型水利工程对环境影响的研究，后被国家纳入重要科研项目，其主要内容为三峡水利枢纽对环境影响的研究、葛洲坝水利枢纽对环境影响的研究、水库水质结构研究及南水北调中线工程对环境影响的研究等。在长江委制定的1981—1990年十年规划中，也将大型水利工程环境影响评价作为主要内容之一。这一时期，长江委在水工程建设项目环境影响评价方面取得了显著的成绩，特别是在三峡工程对生态环境影响的研究方面，组织相关技术人员在收集国内外有关水利工程开发建设对环境影响的研究与评价资料的基础上，针对不同蓄水位方案，在三峡工程水库淹没、水文情势、库岸稳定、地震、泥沙、水质、水生生物、人群健康影响及对策等诸多方面进行了系统研究。从评价方法、因子筛选、研究手段、基本原则等方面探索形成了一套研究和评价体系。三峡工程生态环境影响研究论证与评价在为三峡工程的决策提供科学依据的同时，也为我国水利工程建设项目的环境影响评价规范化建设积累了丰富的经验。

为了贯彻落实建设项目环境影响评价制度，规范我国建设项目环境影响评价工作，1984 年，原水利电力部水利水电勘测规划设计院委托成都勘测设计院牵头，长江水保局、中南勘测设计院、葛洲坝水电工程学院参加，编制了《水利水电工程环境影响评价规范》（SDJ 302—88），明确了水利水电工程在可行性研究阶段必须进行环境影响评价，并对环境影响评价的主要内容、范围、程序等进行了规范，主要内容包括总则、环境状况调查、环境影响识别、预测和评价、综合评价和结论等。该规范于 1988 年 12 月经水利部和能源部批准颁布试行。

2001 年，长江水保局在《水利水电工程环境影响评价规范》（SDJ 302—88）的基础上，主持起草了《环境影响评价技术导则水利水电工程》（HJ/T 88—2003），对原标准的结构进行了调整，按水利水电工程类型确定环境影响评价内容，增加了对策措施、环境监测与管理、环境保护投资估算与环境影响经济效益分析、公众参与的技术内容，以及水利水电工程对生态评价、流域环境影响分析内容。该标准于 2003 年 1 月由国家环保总局和水利部共同发布，2003 年 4 月 1 日起实施，该导则对规范我国水利水电建设项目的环境影响评价工作发挥了重要作用。

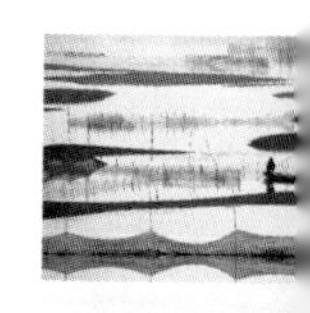

4.《水利建设项目环境影响后评价导则》

水利建设项目环境影响后评价的主要工作内容是分析工程项目建成并经一段时间运行后对环境的实际影响情况与预测评价成果的差异，对工程建成后的环境质量进行再评价，检测环境影响预测成果和环保设计的合理性。水利工程后评价始于 1993 年，成型于 2015 年。2015 年 3 月，水利部发布《水利建设项目环境影响后评价导则》（SL/Z 705—2015），该导则由水利部水利水电规划设计总院与长江水保局共同编制。该标准明确了水利建设项目环境影响后评价导则的编制目的、适用范围和后评价工作的评价依据；规定了项目环境状况调查和环境保护过程评价的主要内容和技术要求；规定了项目环境影响、环境保护措施及运行效果评价的内容和技术要求，为进一步加强工程环境管理，充分发挥水利水电工程对环境的有利影响，降低不利影响，促进生态的良性循环发挥了重要作用。

5.《水域纳污能力计算规程》

《水法》明确规定，实行水功能区划和排污总量控制制度。随着各省（自治区、直辖市）人民政府相继批准实施各自的水功能区划，在我国已初步建立了以水功能区为单元进行监督管理的水资源保护制度。由于不同的水功能区有着不同的水质管理目标，因此必须对不同水域的纳污能力进行计算，从而实现对污染物的总量控制。由于此前我国并没有统一的水域纳污能力计算标准，因此各地区各部门计算的结果往往发生冲突。出台全国统一的水域纳污能力计算标准十分必要。

为了规范其计算程序和技术要求，受水利部委托，长江水保局于2003年开始承担《水域纳污能力计算规程》的起草工作。在总结以往工作经验的基础上，归纳并提出了水域纳污能力计算的基本程序和方法，即数学模型计算法和污染负荷计算法。数学模型计算法有成熟的水质模型作基础，并在全国水资源综合规划和流域水资源保护规划中得到应用，是计算水域纳污能力的基本方法，适用于所有水功能区的水域纳污能力计算，也适用于未划分水功能区的水域纳污能力计算。污染负荷法主要考虑水功能区管理的现状，适用于现状水质较好、用水矛盾不突出的水功能区；需要改善水质的保护区，可采用数学模型法计算水域纳污能力。对"开发利用区和缓冲区"水域纳污能力主要采用数学模型计算法。该规程不仅适用于已划定水功能区的地表水域，未划水功能区的水域也可参照执行。

该规程首次统一了全国水域纳污能力的计算程序、方法与要求，水利部作为水利行业标准于2006年10月发布，12月1日起施行。该标准主要技术内容包括总则和术语，适用范围和基本程序，设计水文条件及计算方法，数学模型计算法的计算条件、模型、参数和方法，污染负荷计算法的计算条件和方法，合理性分析与检验等共7章22节和1个附录，为我国开展水功能区管理、实行排污总量控制、防治水污染、保护水资源奠定了技术基础。

2010年，《水域纳污能力计算规程》上升为国家标准，标号为GB/T 25173—2010，由国家质量监督检验检疫总局和国家标准化管理委员会共同发布实施。

6.《水功能区划分标准》

《水法》第三十二条规定了以水功能区划为基础的水资源保护基本任务，包括制定水功能区划、核定该水域的纳污能力、提出限制排污总量意见、建立水功能区达标评价和综合监管制度等。水功能区划是水资源保护体系的重要内容，是最严格水资源管理制度之一，有效提升水功能区水质达标状况是维持或恢复河湖健康、保障水资源可持续利用的主线。

为了加强水功能区管理，规范水功能区划分标准，长江水保局和水利部水利水电规划设计总院共同编制了《水功能区划分标准》，由住房和城乡建设部批准作为国家标准于2010年11月发布，10月1日起施行。主编单位总结了《中国水功能区划》在全国试行6年的应用成果和实践经验，结合全国各省（自治区、直辖市）批复的各辖区水功能区划实施情况，认真研究分析了我国水功能区划中遇到的新情况和应用实践中出现的新问题，在广泛征求意见的基础上编制完成。该标准适用于中华人民共和国境内江河、湖泊、水库、运河、渠道等地标水体的水功能区划分，共7章和3个附录，包括总则、术语、分级分类系统和指标、划分程序、划分方法、成果编写要求等，

3个附录包括水功能区划分报告编写提纲、水功能区登记表和水功能区划图编制规定等。该标准的发布施行标志着我国水功能区划分的技术体系已经形成，这在我国诸多功能区划技术标准建设中少见。

7.《入河排污量统计技术规程》

要实现《水法》中涉及的入河排污口管理、水功能区管理、饮用水源地保护、水资源保护规划等目标，准确掌握入河排污量是前提。但我国当前处在经济社会的高速发展时期，入河排污量（包括污水量和污染物质量）处在动态的变化过程中，全面了解和掌握入河排污量有一定困难。为了掌握长江流域入河排污量情况，长江委组织于20世纪70年代就开始开展污染源研究，并向国家有关部门递交了《长江水源污染现状》报告；90年代开始对长江干流中下游河段的入河排污口设置进行审查，并对长江江段限制纳污总量进行了研究，同时向国家环保部门提出了全国第一个限制排污总量意见——三峡库区水域纳污能力及限制排污总量意见；进入21世纪，2003年、2010年和2017年，长江委组织在长江流域多次开展了入河排污口普查登记工作，初步掌握了长江流域主要入河排污口和入河排污量的基本资料。入河排污口普查登记主要针对点源而言，由于排污量的动态特性，对入河排污口的几次普查登记还不能满足流域机构对入河排污口进行监督管理的工作要求，也不能建立对入河排污口的长效监督管理机制。为全面及时掌握流域或区域范围内入河排污量的动态信息，需要建立更全面的入河排污量统计制度。

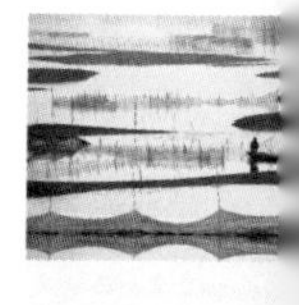

入河排污量的统计涉及管理、污染治理、统计等诸多技术问题，也有很多技术方法。为规范入河排污量统计，建立健全入河排污量统计的技术方法和统计体系，受水利部委托，长江水保局于2009年开始承担《入河排污量统计技术规程》的编制工作，编制完成经审查后，水利部于2014年4月发布，7月22日起施行。该规程共9章和1个附录。主要包括范围、规范性引用文件、术语和定义、入河排污量统计基本要求、入河排污量统计、入河排污口基本数据核查、入河排污量统计数据合理性检验、入河排污量统计程序、入河排污量统计质量保障等，为各级水行政主管部门和流域机构对管辖区域的入河排污量统计提供了技术保障。

8.《水资源保护规划编制规程》

长江流域水资源保护规划经过几十年的探索、实践、认识、总结、再实践，初步在规划思路、技术、目标、内容、体系方面达成了共识，规划技术趋于成熟。2010年，水利部为规范规划的编制工作，委托长江水保局与水规总院共同承担《水资源保护规划编制规程》的起草工作。主编单位在总结水资源保护规划编制工作实践的基础上，根据水资源保护的新形势和新要求，编制完成《水资源保护规划编制规程》，由水利部作为水利行业标准于2013年8月发布，11月8日起施行。

该规程的主要内容包括水资源保护的调查与评价、水功能区复核与划分、规划目标与总体布局、水域纳污能力与污染物入河量控制方案、入河排污口布局与整治、水源涵养及水源地保护、水生态保护与修复、面源控制与内源治理、地下水水资源保护、水资源保护监测、综合管理10多个方面，对水资源保护规划所涉及的内容进行了全面梳理，规范了水资源保护规划编制的内容、深度要求、技术方法，统一了规划的基本原则、技术要求，用于指导并规范其后的全国和流域（区域）水资源保护规划的编制，保证了水资源保护规划编制的水平和质量。

为了系统地总结以往水资源保护规划、评价、管理及科学研究的系列成果，在吸收国内外有关理论研究和技术经验的基础上，长江水保局编著了《水资源保护规划理论与实践》，于2014年12月由中国水利水电出版社出版。该书从理论方法、实践案例、法规标准依据3个方面，对水资源保护规划中涉及的基础理论、现状调查与评价方法、水功能区划分、污染物排放量与入河量预测、水质模型与纳污能力计算、污染物入河控制量方案、入河排污口布局与整治方法、饮用水水源地保护规划、水生态保护与修复、面源控制与内源治理、水资源保护监测、地下水资源保护、综合管理及信息系统建设等诸多内容进行了系统总结和研究，并收集了8个水资源保护规划典型案例，从水功能区区划、水功能区调整、水域纳污能力计算、污染源及主要污染物预测、集中式饮用水源地保护、水生态保护与修复、水源地监测、水资源保护规划措施拟定等8个方面对编制水资源保护规划在实际工作中可能涉及的部分进行了提炼与总结，为全面、合理、科学地编制水资源保护规划，为国家对水资源保护科学决策和水资源统一管理提供了基础理论和技术支持。

9.《内陆水域浮游植物监测技术规程》

2012年，长江出版社出版了《中国内陆水域常见藻类图谱》。该书由水利部水文局和长江流域水环境监测中心共同编著，以图文并茂的形式介绍了我国常见的淡水藻类，共收入包括蓝藻门、隐藻门、甲藻门、金藻门、黄藻门、硅藻门、裸藻门和绿藻门在内的8门118属藻类的图片及简介。编写中遵循简易、实用、符合实际的原则，使《中国内陆水域常见藻类图谱》具有以下特点：一是所列的藻类各属大部分来自藻类试点监测的工作实践，对实际工作的开展具有较强的指导意义；二是所选的藻类图片多为各种显微镜成像的彩色图片，同时还收录了部分变形、褪色或残缺的图片，最大限度地接近观测者视野中看到的藻类原始形态，便于初学者参考和比较；三是对各属的特征及环境意义作了深入浅出、简单明了的描述，对分类要点也作了提示，便于读者阅读后开展工作；四是该书的分类检索按大门类列出分属检索表，同时检索表和

图一起排列，便于查找。该书对开展全国藻类监测试点工作起到了很好的技术支持作用，也为后续《内陆水域浮游植物监测技术规程》的编制奠定了重要的基础。

2013年，《内陆水域浮游植物监测技术规程》标准制定工作启动，该项目由水利部水文局主持，长江流域水环境监测中心主编。该标准规定了浮游藻类的采集、处理、保存及分析工作，适用于中华人民共和国境内的江河、湖泊、水库等内陆水域的浮游藻类监测，主要技术内容包括监测断面（垂线、点）布设及要求、样品采集、处理及保存、藻类分析、结果处理等，由水利部于2016年1月作为水利行业标准发布，4月正式施行。该标准的颁布施行，对规范淡水浮游植物监测样品采集、分析、数据处理及成果表达，保障浮游植物监测数据的准确性、精确性、完整性和可比性，促进浮游植物监测的常态化和规范化，使水环境与水资源管理更为科学和规范意义重大。

第二节　科学研究硕果累累

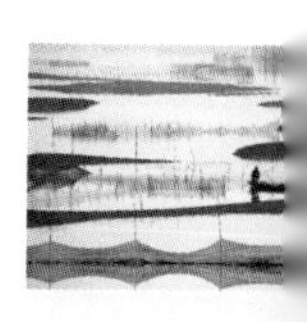

长江流域生态保护工作主要体现在水资源保护和水土保持两个方面。长江委历来注重科学研究，70年来，在水利部的领导下，在长江委的统一组织与协调下，长江水保局等有关单位先后承担了国家“七五”“八五”“九五”科技攻关、国家自然科学基金、国家“863”科技攻关项目、国家基础科学研究计划（“973”项目）、国家重点研发计划、水利部科技创新项目、水利部行业公益科研项目等一系列科研计划，长江流域的水资源保护科学研究从最初的水环境研究发展到水功能区管理研究，以及水生态保护与修复的多学科、多领域的系统保护研究。并在水化学特征、污染物迁移转化规律、水质监测方法、水质数学模型、水域纳污能力及污染物总量控制技术、区域生态补偿、水工程环境影响评价、河湖健康管理与评估、水安全保障、饮用水水源地保护、水生态保护与修复、长江水资源保护生态带建设与技术等方面，取得了一系列成果，为长江流域水资源与生态环境保护以及管理职能的落实提供了重要的技术支撑。

特别是长江水保所成立以来，在长江委和长江水保局的领导和组织下，立足长江水资源保护事业，面向国家水利水电和国民经济建设相关领域，广泛参与了丹江口、三峡、乌东德、南水北调等大中型水利水电工程建设和流域生态环境保护的研究工作。几十年来，几代水保人艰苦创业，开拓进取，学科专业不断拓展。围绕水环境保护及立法、水化学特征、污染物迁移转化规律、水质监测方法、水质数学模型、水域纳污能力及污染物总量控制技术、区域及流域生态补偿、河流健康管理等方面，开展了大量的水资源保护基础理论、综合管理、监测技术以及应用技术等研究，为长江流域水资源保护以及管理职能的落实提供了坚实的技术支撑。

一、水资源保护基础研究

新中国成立以来，长江水资源保护工作经历从无到有、从创建到逐步完善的发展历程，概括起来，可以分为水资源保护萌芽时期、水资源保护蓬勃兴起与快速发展时期和水资源保护法制化新时期等三个时期。

第一个阶段为水资源保护萌芽时期（20世纪50年代至70年代初期）。当时水资源保护主要开展了一些基础性的水化学监测工作，以掌握长江干流和主要支流的水化学特征及变化规律为目的。早在1956年，长办就在所属的寸滩、北碚、宜昌、白渡滩、黄家港、新店铺、郭滩等水文测站开始天然水化学成分的监测分析工作；1965年以后，根据水利电力部水文局《水化学成分测验规范》的规定，长办对连续5年以上的水化学资料进行了综合分析，结果表明长江干支流天然水化学成分的年内、年际及沿程变化都较稳定。

伴随我国经济社会的发展，排入长江的废污水量逐步增多，局部地区的水污染有所显现。为此，长办于1973年2月开始对黄柏河、大江左岸（大堆子上游）和右岸（长航船厂）、宜昌市东山水厂等三处的水质进行了监测与调查。同年5月，考虑到长江水污染的态势和水利电力部关于防止水源污染的指示，长办发文要求渡口、李家湾、寸滩、宜昌、陆水、汉口、南咀、丹江口、襄阳、大通等断面增加酚、氰、汞、砷、铬等分析内容，由此拉开了长江水质污染监测的序幕。另外，从1972年起至其后的5年间，长办还参加了卫生部组织开展的河流水质调查，每年枯水期和汛期对长江干流主要城市江段各进行一次水质调查监测。

同期除了开展水质监测工作以外，长办还重点围绕长江三峡工程的生态环境问题组织开展了调查研究。长办组织专门力量，与中国科学院、有关高等院校和科研单位等协作，对三峡工程涉及的有关自然、社会环境进行了大规模考察，就工程引起的一些环境问题如回水影响、人类活动对径流的影响、小气候变化、库岸稳定、地震、泥沙、水生生物、水库淹没与移民、自然疫源性疾病及地方病等进行了调查研究，提出了大量初步成果，并编入《长江流域综合利用规划要点报告》（1959年）。

第二阶段为水资源保护蓬勃兴起与快速发展时期（20世纪70年代中后期至21世纪初期）。当时我国的工作重心转移到经济建设上，伴随经济发展的需要和环境保护认识与意识的提高，水污染问题与水资源保护受到重视。为加强长江水资源保护，国务院环境保护领导小组和水利电力部于1976年1月批准了长办关于设立长江水源保护局的报告，同年5月长江水源保护局正式成立，由时任长办主任的林一山兼任局长。在其后40余年的发展历程中，长江水资源保护机构随着国家机构体制改革而多次更名和改变管理体制，工作层面的深度和广度也都发生了深刻的变化。1983年5月，长江水源保护局实行水利电力部、城乡建设环境保护部双重领导且以水利电力部为主的管理体制，并明确了六项管理职责；1984年6月，更名为“水利电力部、城乡建设环境保护部长江水资源保护局”；1991年3月，由水利部、国家环境保护局联合发文，更名为“水利部、国家环境保护局长江流域水资源保护局”。长江水资源保护机构的设立与发展极大地推动了流域水资源保护工作的进程，从早期以水质监测为主的“站岗放哨”逐步发展到全方位地开展水资源保护工作。在机构成立初期，长江水保局着手开展了长江干流和主要支流水系的水质监测站网规划与建设以及流域水污染调查。1977年1月，组织召开了第一次长江水系水质监测站网座谈会，提出了《长江水系水质监测站网和监测工作规划意见》。

作为一项积极推进的新工作，为加强长江水资源保护，长办于1978年2月向国务院环境保护领导小组办公室、水利电力部申报建立长江水源保护科学研究所（长江水资源保护科学研究所的前身）和长江水质监测中心站（长江流域水环境监测中心的前身），同年5月获得批复。长江水源保护科学研究所是我国第一个流域水资源保护科研机构，在建所初期设立了规划管理、环境评价、化学分析等多个研究方向。1978年8月，长江水源保护科学研究所和长江水质监测中心站正式开展工作，由此以流域机构为先导的长江水资源保护科研事业开始起步。1980年，为了减少编制和建设投资，实行了局、科研所、监测中心“三位一体”的管理体制。

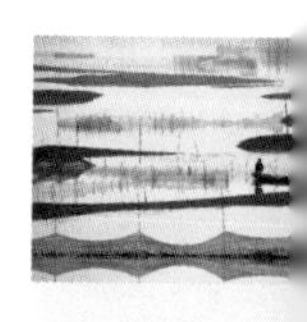

1978年3月，尚在科研机构申报之时，长江水保局受水利电力部和国务院环境保护领导小组办公室的委托，邀请中国科学院及地方有关单位在武汉召开了长江水源保护科研规划会议，初步拟定了科研规划纲要，确立了4个重点研究内容，包括长江水质监测系统研究、长江水体中污染物迁移转化规律研究、长江污染综合防治研究和大型水利工程环境影响研究。1979年7月，又进一步明确提出了近期长江水源保护科研的主要内容，新增了长江水源保护法规研究。在其后若干年里，长江水资源保护科学研究所围绕上述重点研究内容逐步开展了较为深入的研究，并取得了丰硕的研究成果。以三峡工程环境影响研究为例，自1979年起，长江水保局与国内20多个科研院所和大专院校协作，完成了一系列专题研究成果，如“三峡水库移民安置区环境容量初步分析”“三峡工程对长江中游平原湖区排涝排渍影响”“三峡工程对鄱阳湖白鹤及珍稀候鸟栖息地的影响”“三峡工程不同蓄水位对河口生态环境影响”等，为其后进一步的环境影响评价打下了坚实的基础。在此时期，长江水资源保护科学研究所还参与承担了国家“六五”攻关和“七五”攻关项目，取得了一批科研成果，同时也培养和提高了科研能力。

从20世纪80年代中期到21世纪初期，随着水资源保护体系的不断完善和流域水资源保护工作的全面推进，围绕关键性技术问题和结合生产任务，在长江水保局的领导下，长江水资源保护科学研究所组织开展了大量的科学研究，在水资源保护政策法规、水资源保护规划、水环境监测技术、水工程环境影响评价等诸多方面均取得了显著成绩，水资源保护科研能力不断增强，并逐步形成以生产带科研、以科研促生产的良性机制。在此时期，特别是以三峡工程、南水北调中线工程等重大水工程立项与开工建设为契机，组织完成了一大批专题研究成果；根据流域水资源保护规划与管理的需求，积极开展了新技术、新方法的研究，率先提出的水功能区两级分区原理及技术方法，为全国水功能区的划分提供了技术基础，为新《水法》建立水功能区管理制度提供了重要支撑；在水资源保护政策法规的前期研究方面，承担完成的“水法修改——水资源保护专题研究”成果对《水法》的修订起到了重要的参考作用。

第三个阶段为步入法制化新时期（21世纪初期至今）。2002年8月，我国颁布了新修订的《中华人民共和国水法》，强化了水资源统一管理和流域管理的体制，明确了水功能区管理、入河排污口管理等水资源保护制度，给流域水资源保护工作带来了新的发展机遇与挑战。伴随新《水法》的颁布实施，长江水资源保护步入了法制化新时期。同年，长江委“三定”方案明确长江水保局为其所属行使水资源保护行政管理职能的单列机构。根据国家机构改革精神，2003年初，长江水保局改变了原来局、科研所、监测中心“三位一体”的管理体制，实行政事分开、层级管理；同时调整了原上海局的机构和职责，并于2006年6月增设了丹江口局。机构改革后，长江水保局主要履行流域水资源保护行政管理职责，科研所、监测中心则作为该局行使水行政职能的技术支撑单位。从2002年至今，长江水资源保护体系逐步完善，各项工作内容日趋丰富，水行政管理能力不断增强。2019年国家机构调整，将长江流域水资源保护局并入生态环境部，改名为生态环境部长江流域生态环境监督管理局，监测中心作为支撑单位同时并入生态环境部，科研所留在长江委。同期，长江委组建了新的水资源节约与保护局，在委内行使原长江流域水资源保护局的部分职责。

结合新时期流域水资源保护与管理的新要求，长江水保局积极推动水质监测工作由常规监测为主逐步向以省界水体、水功能区监督性监测为主转变。到2009年，长江流域（片）省界监测断面由1998年的35个增加到72个。流域重点水功能区的水质监测也从2006年初开始启动，覆盖了200多个缓冲区、饮用水源区等。为了适应监督管理的需要，水质监测内容也由常规项目向微量有毒有机物、底质与水生生物拓展，监测手段逐步从固定监测向固定监测、移动监测和自动监测相结合的方向转变。依托于2000年建造的“长江水环监2000”监测船，水资源保护局每年定期和不定期地组织对长江干流和主要支流、大型湖库等水质进行监测和巡测，及时发现水环境问题；在三峡水库蓄水期间，还对库区水质、水生生物、底质等进行了动态监测，较全面地掌握了三峡水库蓄水前后水环境变化的情况。

为切实加强流域水资源保护，按照水利部和长江委的统一部署，从规划入手妥善处理好水资源开发利用与保护的关系，长江水保局陆续开展了《长江片水资源保护规划》《汉江流域综合规划》《西南诸河流域综合规划》《嘉陵江流域综合规划》《金沙江干流综合规划》等一批流域综合规划的水资源保护专项规划的编制工作，提出了一大批水资源保护规划成果，并在此基础上逐渐形成了较为完整的水资源保护规划体系。

进入21世纪，国家对环境保护的重视程度进一步提高，为预防因规划和建设项目实施后对生态环境造成不良影响，在2002年10月颁布了《中华人民共和国环境影响评价法》，并积极推进了规划环境影响评价工作。长江水保局在战略环境影响评价方面取得了长足的进步，在《长江口综合整治开发规划》《长江流域综合规划（2009年修订）》以及重要支流流域和区域等综合规划编制过程中，将环境目标作为规划目标之一，使环评的早期介入和规划与环评的互动贯穿于规划的编制过程中。与此同时，针对流域水环境突出问题和水资源保护监督管理的需要，长江水保局开展了流域性政策法规、水资源保护管理系统、三峡库区和丹江口库区及上游水质保护与生态修复、流域非点源污染模拟与控制、湖泊富营养化防治、湿地保护与利用、河口生态保护等关键技术的研究，取得了丰硕的研究成果。

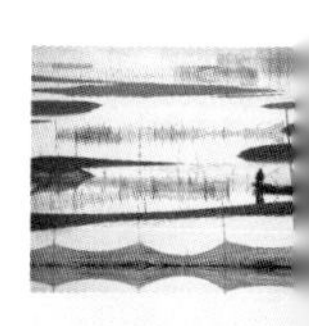

结合管理职责，长江水保局加强了流域水功能区管理、入河排污口管理、水污染事故应急响应、饮用水水源地保护和水资源保护信息发布等方面的工作，使流域水资源保护管理水平得到了重大提升。在此期间，规范了入河排污口设置审批管理，建立了取水许可水质审查的内部审查程序，并定期编制和发布了《长江流域及西南诸河水资源公报（水质部分）》《长江水资源质量公报》《长江流域及西南诸河水功能区水质通报》《长江省界水体水环境质量状况通报》等，这些资料为长江水资源保护科学研究提供了重要的基础支撑。

经过近70年的发展，长江委水资源保护科研机构专业逐步齐全，科研队伍不断壮大，涉及水文水资源、环境规划与管理、环境工程、环境化学、环境法、环境监测、生态学、水产学、气象学、环境医学等20多个专业，并培养了一批水资源和水生态保护等专业的硕士和博士。

二、水资源保护制度研究

流域水资源保护制度体系是进行水资源保护活动的法律依据和基础。长江委从建委之初就十分关注流域管理的制度与立法工作。长江水资源保护管理的研究在1978年就列入了《长江水资源保护科学综合规划纲要》，并在1979年列入国家重要科研项目，主要内容包括研究并制定《长江水资源保护管理暂行条例》、长江干流江段污染物排放标准及长江水质预断评价方法研究等。

在长江委的领导下，长江水保局还先后负责了入河排污口管理办法、水功能区管理办法、水资源保护等立法研究工作，并参与了《水法》修订工作，在水资源保护立法编制工作中积累了丰富的经验。

早在1978年，长江水保局根据国务院环境保护领导小组和水利电力部环境保护办公室的指示精神，对长江流域污染源（含入河排污口）进行了一次普查，编写了《长江水源污染状况报告》。1992—1993年，会同长江委水文局等单位对长江干流沿岸入江排污口及排污情况又进行了调查，并于1994年编写了《长江干流入江排污口调查评价报告》。1997年，组织流域内各省（自治区、直辖市）水利部门开展了城市排污量调查和干流城市排污口调查，这次调查为地方水利部门开展排污口设置审批和取水许可水质管理工作积累了第一手资料。2002年，新《水法》颁布实施后，长江委从2003年开始开展了入河排污口普查登记工作。为推进此项工作，在流域范围内统一了工作要求与组织形式，并开展了培训和技术指导。2004年，长江水保局对流域内省级水行政主管部门、省会城市水行政主管部门及沿长江干流重要城市水行政主管部门的相关管理人员进行了入河排污口登记培训。2005年，基本完成流域入河排污口登记任务，取得了9000多个入河排污口设置单位的入河排污口、废污水排放量、污染物质量等大量基础资料，为各级水行政主管部门开展入河排污口管理工作提供了重要数据。在此基础上，于2005年汇总完成了干流排污口登记与调查资料整理和总报告的编制，并于2006年组织开发了入河排污口信息系统，进一步完善流域排污口统计制度。这次长江流域及西南诸河入河排污口登记工作有关程序与方法以及相关技术文件为水利部制定《入河排污口监督管理办法》提供了实践基础。2017年3月，长江委联合太湖流域管理局对长江经济带11省市及长江流域非经济带8省区规模以上入河排污口开展了为期一个月的现场核查和省区自查，初步确定了长江流域（片）（不含太湖流域）6092个规模以上入河排污口的名录，为今后进一步加强长江入河排污口监督管理提供了科学依据和技术支撑。

1997年，长江水保局与中南政法大学合作开展了长江水资源保护立法可行性论证研究，完成了《长江水资源保护办法》立法可行性总报告及 4 个专题报告，对解决立法的理论基础、立法模式选择、制度设计、管理体制构建等重点、难点问题进行了研究，为长江水资源保护立法提供了理论支持。

1999 年 9 月，水利部根据《水法》修订任务的要求，要求长江委进行水资源保护专题研究。为此，长江水保局组织有关单位在全国 31 个省（自治区、直辖市）全面进行了调查，并对 15 个省进行了典型调查，翻译、收集国内外相关法规、研究成果及资料近百万字，进行了国内外水资源保护法规的比较研究以及水资源与国内类似资源保护立法的比较研究，就水资源保护立法的目的、原则、制度等进行了全面、系统的研究，并在《水法》的修订过程中，提出了建设性的建议。主要体现在根据水资源保护专题研究成果，充实了水资源保护的相关条款。提出的水功能区制度、纳污总量管理限排制度、入河排污口监督管理制度及饮用水源地保护区划分制度等 10 多项建议全部纳入《水法》，形成了水资源保护的基本制度框架，为水资源保护的立法提供了重要支撑。2002 年 3 月，有关人员编著的《水资源保护及其立法》出版发行，成为全国人大审议《水法（修订案）》的参考资料之一。

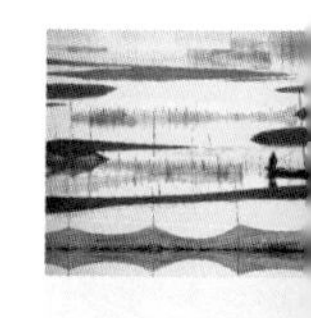

同时，长江委还积极协助地方开展水资源保护立法工作。2015 年，贵州省水利厅委托长江水保所开展贵州省水资源保护条例立法调研与论证研究。为有效开展工作，成立了专门的立法工作小组，先后赴湖北省水利厅、湖北省环保厅、武汉市水务局、江苏省水利厅、太湖流域水资源保护局开展了调研，同时在贵州省环保厅等省直机关和遵义市等地方政府开展了调研，为条例的起草工作积累了大量资料。工作组在现有法律框架下，以当前贵州省水资源保护工作面临的问题为导向，在充分调研国内外水资源保护相关法律、法规的基础上，以制度设计为重点，对水资源保护规划、取用水管理、地表水保护、地下水保护、水生态保护与修复、监测与监控及法律责任的规范进行了研究，提出了《贵州省水资源保护条例》，并通过了贵州省法制办和省人大环资委等审议。2016 年 11 月，贵州省第十二届人大常委会第二十五次会议审议通过，2017 年 1 月 1 日起施行；2018 年 11 月 29 日，贵州省第十三届人大常委会第七次会议审议通过第一次修正，并发布实施。

该条例是我国第一部省级水资源保护专门法规，突出保护优先、预防为主的原则，把水资源保护放在优先位置予以考虑，从水资源保护规划的编制与执行、饮用水水源地保护、严格水资源用水总量控制和用水定额管理等方面强调了加强水资源保护等相关工作。

该研究成果已在贵州省水资源保护立法工作中得到了实际应用，为贵州省水资源保护管理提供了强有力的法制保障和严格的制度措施；该成果还被借鉴用于《南京市

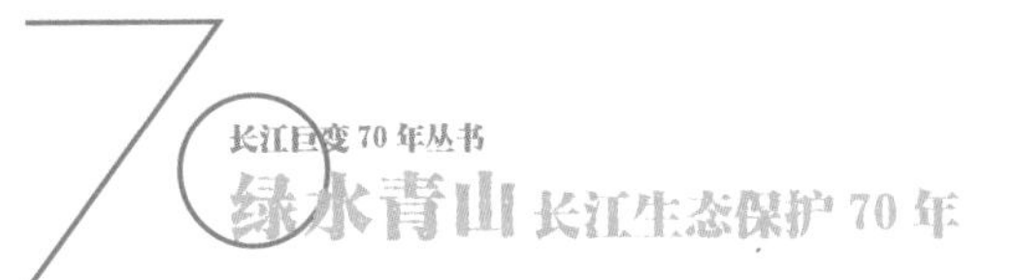

水资源保护条例》（2018）、《重庆市水资源管理条例（修订草案）》、《长江流域（片）水资源保护规划》、汉江流域加快实施最严格水资源管理制度试点中，为我国地方水资源保护立法提供了有效借鉴。

在水功能区管理方面，也取得诸多成果。2000年开始，在水利部的部署下，长江委组织流域内各省（自治区、直辖市）开展长江片水功能区划。2002年2月，长江片水功能区划成果通过了水利部组织的审查，其内容汇入了《中国水功能区划》，由水利部颁布试行。为了加强水功能区监督管理，2003年，水利部颁布了《水功能区管理办法》，对水功能区从区划、成果报批、管理事项等作了明确规定。2017年，水利部对《水功能区管理办法》进行了修订，并更名为《水功能区监督管理办法》，该办法于2017年2月发布实施。水功能区划的实施标志着我国水资源保护和合理开发利用工作进入新的发展阶段。自2002年始，长江委陆续对流域内各省（自治区、直辖市）的水功能区划成果进行了审查，各省级水行政主管部门向当地省级人民政府进行了水功能区划的报批。早在2007年7月，长江片20个省（自治区、直辖市）全部完成了水功能区划并由当地省级人民政府批准实施，为全面实现以水功能区管理为核心的水资源保护管理奠定了坚实的基础。

三、水资源保护理论研究

20世纪70年代，水资源保护作为一项新兴事业，许多基础及理论关键技术需要研究和突破。为此，长江水保局组织有关科研力量，相继开展了污染物迁移转化规律、水质数学模型、水功能区划理论、水域纳污能力及污染物总量控制技术、区域生态补偿等研究，逐渐形成了适合长江流域特色的水资源保护基础理论体系，取得了一批高质量的成果。

1. 污染物迁移转化规律研究

典型污染物迁移转化规律及污染毒性研究，是水污染机理研究中的基础。早在1980年，长江委就根据国务院环境保护领导小组办公室印发的《关于下达1980年环境保护重点科研项目的通知》要求，组织长江水保局等单位，结合长江水文、水力学特点，利用“长清”号水质监测船，多次在长江干流武汉、上海等江段进行了现场模拟试验，应用水质数学模型，探讨主要污染物质在水体中的稀释自净规律，进行了水中污染物时空分布特性研究，完成了武钢工业港氰化物在长江岸边污染带稀释自净规律的初步研究、长江黄石江段污染物入江后稀释扩散规律研究、排污口污染物稀释规律研究等。20世纪90年代，长江委、黄委与美国地质调查局共同开展的沉降物化学研究，比较系统地开展了江河沉积物背景值调查及沉降物对有毒有机物、重金属的污染化学行为及生物转移研究。为了进一步掌握长江干流主要污染源和污染状况，2003年、2010年、2017年长江委组织人员在长江流域全面开展入河排污口普查工作。这些研究工作的开展，从宏观上掌握了长江重点江段污染源与污染状况、主要污染物及水质污染的一般规律，为水质监测技术规程和规范、水环境标准和水污染评价及控制提供了技术支持。

在此期间，污染物迁移转化理论应用于长江武汉江段污染防治规划，长江干流九江—南京段水资源保护规划，长江上游（重庆部分）水污染整治规划，湘江、黄浦江、汉江流域等水污染防治规划取得较好效果。其中，比较典型的应用是“长江武汉江段污染防治规划研究”，该研究是水利电力部“长江干流污染物稀释自净规律及武汉江段污染防治规划的研究”的课题任务之一。该研究结论显示：重点削减中游区段的化学需氧量和下游区段的酚和氰化物，控制江段上游的铜，对解决武汉江段污染问题具有重要作用。长江武汉江段的设计流量和入江负荷量是确定治理规模的两个控制条件，规划中采用保证率90%最枯水月平均流量作为设计标准，保证程度较高。该江段控制排放量大小，除与河道、流量、河床特征等自然因素直接有关外，尚与选择达标的检验点位置有关。江段的污染防治规划与城市污染治理和上游江段治理均有直接关系，如武汉市完成东湖、黄孝河、墨水湖等治理工程后，入江污染负荷将有所降低，但未达到江段本身规划目标，尚需针对影响较大的污染源提出一定要求。有些污染物来自上游，则需通过上游江段治理才能解决，因此，在规划中应相互配合协调。从更广的意义上说，江段污染防治规划应是城市规划的一个组成部分，应作出统一安排。对江段污染源提出了初步治理意见，但要实现规划目标，还必须同时进行其他污染源的治理（包括面源污染）以及对新污染源严加控制。因此，应严格执行“谁污染谁治理”和“三同时”的原则，遵循以防为主、防治结合的方针。建议在江段上游（包括汉江段上游）不宜再安排有污染环境的工厂企业。规划从分析江段污染现状入手，建立水质模型，对主要污染物迁移转化规律进行了研究，根据环境目标和污染负荷预测，确定控制污水排放量，提出治理对策意见，为武汉市总体规划提供依据。

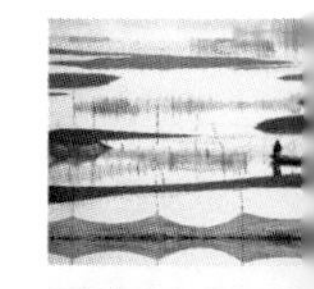

2. 流域典型区域生态补偿机制研究

生态补偿是以保护生态环境、促进人与自然和谐为目的，根据生态系统服务价值、生态保护成本、发展机会成本，综合运用行政和市场手段，调整生态环境保护和建设相关各方之间利益关系的环境经济政策。党的十八届四中全会审议通过的《中共中央关于全面推进依法治国若干重大问题的决定》，明确提出实行生态补偿制度。2016年发布的《国民经济和社会发展第十三个五年规划纲要》再次突出了生态补偿的重要地位，要求加大对重点生态功能区的转移支付力度，建立健全区域流域横向生态补偿机制；加快建立多元化生态补偿机制，完善财政支持与生态保护成效挂钩机制，这对流域生态补偿机制建设具有重要意义。

基于水生态的流域性和系统性，长江水保局组织相继开展了典型区域与水有关的生态补偿试点研究，分别提出了丹江口水库和三峡库区生态补偿的初步框架。2009年，以流域为单元，选择赤水河，提出了以保障水质安全为核心的生态补偿模式方案；同时，参加欧盟流域水资源保护项目，以仁怀市境内白酒产业水源需求为核心，梳理了水源保护的补偿关系。在理论研究的同时，调查和整理了流域内生态补偿试点较为成功的区域，如红枫湖水库、株树桥水库，梳理了典型饮用水水源地生态补偿模式运行经验。

（1）赤水河流域生态补偿机制

为了协调和妥善处理长江上游保护与开发之间的关系，保护长江上游珍稀特有鱼类，国务院办公厅于2005年4月批准实施“长江上游珍稀特有鱼类国家级自然保护区”，将赤水河一并纳入该自然保护区，干流禁止建设梯级电站，流域水资源开发利用受到限制。

赤水河流域大多是欠发达地区，这些地区实施生态环境保护建设的任务大，无力承担修复和建设流域生态环境的大量资金，生态环境保护日益困难。随着全面建设小康社会目标的推进，长期要求该地区无偿奉献，抑制经济发展，既不公平，也难以持久。为保护赤水河流域长江上游珍稀特有鱼类的生态环境，以及茅台、郎酒等酒业生产环境和水源要求，长江水保所根据赤水河流域经济社会和生态环境状况及保护存在的问题，以生态学理论、经济学理论、资源价值理论和法学理论为基础，遵循“可持续发展、责权利相统一、公平合理、政府主导市场参与、保护者得到补偿”等原则，系统分析了赤水河生态系统水供应、气体调节、土壤保持、环境净化、水源涵养、生物多样性维持、物质生产、文化娱乐价值等生态服务关系，构建了赤水河流域生态补偿机制和生态保障制度，提出了流域生态环境保护与经济和谐发展的生态补偿要素、补偿对象、补偿方式、补偿标准，并明确了流域生态补偿机制实施的保障制度和措施。

（2）与水有关的生态补偿试点研究

从生态补偿的客体以及补偿要素的公共属性分析，流域生态补偿体系可以划分为4个类型：限制与禁止开发区的补偿、重要水生态修复治理区的补偿、矿产资源的补偿和水能开发区的补偿。研究人员围绕每一类生态补偿区域的主要生态服务价值，基于生态水文过程中水质、水量、水生态和水能的变化，通过经济活动对水体生态服务功能的损益分析，确定了补偿主体和补偿对象，判断了生态服务功能损益关系，制定补偿标准，设计补偿方式，重点围绕三峡库区、丹江口库区分析了限制开发区生态补偿关系与补偿模式。

三峡库区和丹江口库区作为限制开发区的典型，其本身的生态服务价值较高，提出政府将是生态补偿关系的主要参与者的建议；梳理了国家、各级政府在生态补偿关系中的贡献，从国家生态安全、社会稳定、区域协调发展等角度，提出合理构建财政补贴、政策倾斜、项目实施、税费改革和人才技术投入等补偿方式以及保障机制的建议。

（3）株树桥水源地生态补偿建设试点研究

生态补偿制度是水源地管理与保护的重要抓手，但目前长江流域水源地生态补偿机制还不完善，生态补偿措施的推进和落实还存在诸多障碍，基于此，按照相关预算要求，在长江委的部署下，长江水保所开展了“长江流域水源地生态补偿试点建设”项目，2016 年设立的研究区域为湖南株树桥水库和陆水水库。项目从补偿标准、补偿经费使用、激励监督机制等方面对株树桥水库和陆水水库进行了总结，并提出了水库型水源地生态补偿机制的基本框架，分别针对株树桥水库和陆水水库的特点，构建了株树桥水库生态补偿总体方案和陆水水库生态补偿总体方案。研究提出以水源地保护条例为法律依据，将水源地、上游汇水区和下游用水区作为水源地生态补偿范围，通过水价调控增强水源地生态补偿的市场参与度，增强行政考核制度，在法律、运行管理、评估考核与多方协商等方面，探讨了生态补偿运行保障机制。

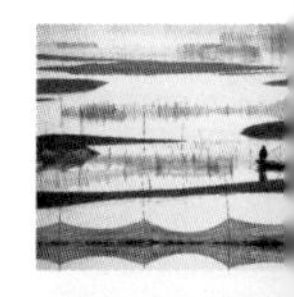

3. 水功能区划理论体系研究

随着我国经济社会的高速发展和城市化进程的不断加快，水资源短缺和水污染矛盾愈加尖锐，已经越来越成为制约国民经济可持续发展的重要因素。然而，在水资源保护及管理中，由于江河湖库水域没有明确的功能划分要求，造成了用水、排污布局不尽合理，开发利用与保护的关系不协调，水域保护目标不明确，水资源保护管理的依据不充分，地区间、行业间用水矛盾难以解决等问题。

长江水保局在 20 世纪 80 年代初提出水体功能区的概念，经过 10 余年的探索、规划与实践，到 1998 年基本上形成了水功能区划分的理论与技术思路。2000 年，率先提出了水功能区两级分级分类的原理及技术方法，为全国水功能区划提供了技术依据，也为《水法》修订建立水功能区管理制度等提供了有力的技术支撑。以水功能区划为核心内容的水资源保护理论技术及应用成果荣获 2004 年度国家科技进步奖二等奖。

该研究科学构建了水功能区划的框架体系，遵循“可持续发展、统筹兼顾、突出重点、便于管理、实用可行以及水质水量并重”的原则，开创性地提出水功能区的一级区划和二级区划。一级区划从宏观上调整水资源开发利用与保护的关系，协调地区间的关系，同时考虑持续发展的需求；二级区划主要确定水域功能类型及功能排序，

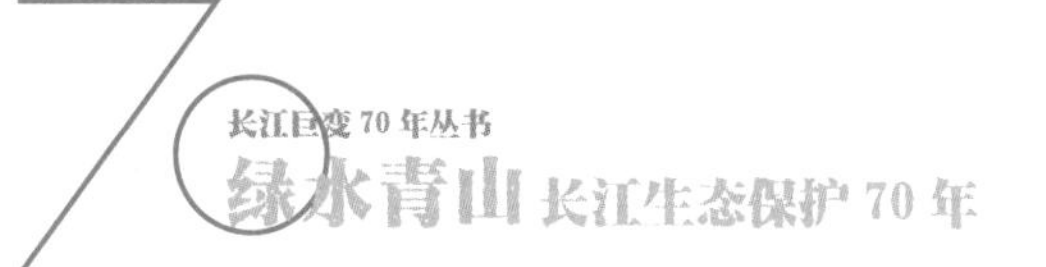

协调国民经济各用水部门之间的关系。

水功能区划具有如下特点：一是突出了水资源以流域为单元的整体性特征。规划客观反映了水资源的自然和社会属性（流域内地表水和地下水之间的相互转化，上下游、左右岸、干支流之间相互影响），专门制定了以流域为单元对水资源进行宏观调控和指导的一级区划，客观地解决了水资源开发、利用、治理和保护的关系，协调处理地区间用水矛盾及发展对水的需求。二是较好地处理了各种关系，强调区划的可实施性。通过调配各种功能区的比例，调整处理好四种关系（开发利用与治理保护的关系、不同地区间的关系、不同行业间的关系、近期开发利用与远期开发利用的关系），并充分尊重各行业和地方政府的意见，实现同部门规划和地方规划的协调，以提高功能区划的可实施性。三是区划成果直观明了，使用十分方便。区划成果包括区划成果报告、区划登记表和区划图。成果报告介绍了各功能区的概括，区划表依次登记了各功能区的主要内容，区划图则让人对功能区划一目了然。水功能区统一的12位数字编码和电子地图的使用，使区划成果的查阅和使用变得十分便捷。

该成果被水利部确定为重点推广项目，已应用于全国、流域级、省（自治区、直辖市）级及地（市）级水功能区划与水资源保护规划与管理之中，解决了关键性科学和技术问题，成为新时期水资源保护规划的基础和水资源保护管理的依据。

2002年10月，修订施行的《水法》明确了水功能区的法律地位。2003年，水利部颁布了《水功能区管理办法》，明确了对水功能区的具体管理规定。同时，各省（自治区、直辖市）积极推进水功能区划工作，2001年10月至2008年8月，全国31个省（自治区、直辖市）人民政府先后批复并实施了本辖区的水功能区划。2010年5月，国务院批复了《太湖流域水功能区划》（国函〔2010〕39号）。同年11月，住房和城乡建设部和国家质量监督检验检疫总局联合发布的《水功能区划分标准》（GB/T 50594—2010）正式施行。2011年12月，国务院批复了《全国重要江河湖泊水功能区划（2011—2030年）》（国函〔2011〕167号）。为落实国务院批复的《中共中央办公厅　国务院办公厅关于全面推行河长制的意见》等文件要求，全面加强水功能区监督管理，有效保护水资源，保障水资源的可持续利用，推进生态文明建设，水利部对《水功能区管理办法》进行了修订。长江水保局参与了以上所有区划、办法、标准的编制工作。

经过10多年的实践和探索，水功能区划体系已基本形成，在水资源保护和管理工作中发挥了重要作用，成为核定水域纳污能力、制定相关规划的重要基础和主要依据，对水资源保护的科学理论体系形成、科学技术发展、技术标准制定以及推动水利行业科技进步、改善水环境、保证经济社会可持续发展等都具有重要意义。水功能区划不仅是现阶段水资源保护规划的基础，且将成为今后水资源保护监督管理的出发点和落脚点，是水资源有效保护和管理的一个新的里程碑。

四、水资源保护关键技术研究

几十年来，长江委组织开展的水资源保护关键技术主要包括水质监测技术与方法、水生态监测技术与方法等，并在水工程环境影响评价、河湖健康管理与评估、水安全保障、饮用水水源地保护、水生态保护与修复、长江水资源保护生态带建设与技术研究方面进行了深入探索与研究，形成了比较完善的技术体系，这些方法技术均纳入水利行业标准，为我国水环境和水生态监测以及水资源保护规划等提供了重要的技术支撑。

1. 水资源保护监测体系研究

几十年以来，在长江委的统一部署下，长江水保局积极组织开展水环境监测技术、标准和评价方法研究，进行流域监测技术推广、培训与交流，指导流域水环境监测技术工作，广泛开展了常规监测技术研究、水生态监测技术研究、监测技术示范应用等各类监测技术研究及应用推广工作，为水利行业监测工作作出了重要贡献。

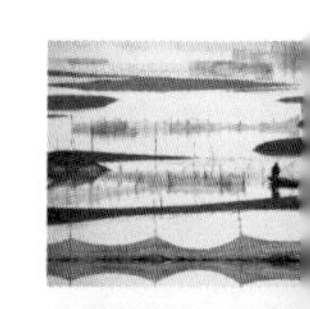

（1）常规监测技术、方法研究

为了统一长江水质监测的采样技术和分析方法，使监测资料具有代表性、可比性和科学性，流域监测中心先后组织网内单位，在长江干流一些江段、重要支流、湖库及下游的河网地区进行了断面、测线、测点布设、测次分布、水样保存、样品预处理、水质分析方法、主要工业污染物排污系数等系统性的研究，取得了大量的研究成果，为后续水质监测工作的发展奠定了理论和技术基础。

随着监测技术水平和手段的不断提高，污染物标准分析方法的建立和完善，水质监测项目也在不断扩展，除了固定断面的常规采样分析之外，还开展了研究性监测，以及污染事故跟踪巡回监测等工作；监测对象也由单纯的水质逐步扩展到水生生物和底质，监测项目和监测频次均不断增加。

2002 年 6 月，《地表水环境质量标准》（GB 3838—2002）实施，该标准要求采样后澄清 30 分钟（所得水样称为澄清样），然后取未沉降部分进行分析测定，而之前的 GB 3838—88 则要求水样采集后混匀（所得水样称为浑样）进行分析测定，由于某些污染物会随悬浮物沉降，导致 GB 3838—2002 实施前后水质参数监测值的可比性和衔接出现问题，并进一步影响到对地表水环境质量演变的分析和水环境保护决策的制定。因此，流域监测中心组织技术力量，开展了水样不同处理方式对水质参数监测值的影响研究，以三峡水库为对象，深入研究了水样不同处理方式（原样、澄清、过滤）对水质参数监测值的影响，并取得了丰硕成果：一是弄清了水样不同处理方式对水质参数监测值的影响和制约因素；二是建立了水样不同处理方式下水质参数监测值之间的关系，弄清了水质参数所代表的污染物在水、固两相间及粗颗粒物和细颗粒物间的分配及其影响因素；三是解决了地表水环境质量修订所导致的一项技术难题，即修订前后水质监测数据的可比性和衔接问题。

在水环境监测中，高密度布点监测是全面获取水质信息、及时发现局部水体污染的重要技术手段。2004年，流域监测中心与清华大学开始合作进行船载高密度快速水质自动监测系统研究，该系统以“水环监2000”监测船为载体，将高密度流动式自动采样站、多种水质自动监测设备、数据采集与处理系统、全球卫星定位系统、3G无线通信系统进行集成，解决了移动过程中水环境信息自动采集与监测结果远程实时传输等关键技术难题，实现了监测船航行过程中水样自动采集，水质快速分析，监测数据远程实时传输等功能。实际应用证明，该系统在航速30千米每小时时仍可快速获取具有精确时间和空间定位的水质监测数据。项目组在武汉至重庆江段进行了多次系统实验，并对船载高密度快速水质自动监测系统进行了优化升级，为长江干流河段水质快速检测提供了技术支撑。

（2）水生态监测技术研究

我国现行的水环境监测指标多集中在《地表水环境质量标准》（GB 3838—2002）规定的109项指标之内，而已知污染物的种类远远多于水质监测的指标范围，严峻的水污染的形势对水环境监测、预警及保护提出了更高的要求。同时，我国在水生态监测方面的研究起步较晚，于是在实践中进行了大胆尝试，2005年，水利部开展水生态系统保护与修复的试点城市，初步探索水生态监测；2008年，水利部水文局启动了太湖、巢湖等藻类监测试点工作。

在推动水生态监测工作中，长江流域始终走在相关流域机构的前列。自90年代末启动并延续至今的“三峡工程生态与环境监测系统水文水质同步监测重点站监测”项目，其监测参数包含了浮游生物、底栖动物、鱼类、着生藻类、水文、水质等，成为真正意义上的水生态监测。在应对频繁发生的藻类危害水事件中，水利部于2008年启动了全国易发藻类水华的大型湖泊、水库、城市河湖等重点水域的藻类监测试点工作，并委托流域监测中心开展藻类监测技术培训。通过培训，开展了大量藻类监测技术研究工作，初步建立了江河湖库藻类监测网络，实现了藻类监测常态化。2010—2011年，作为项目技术负责单位，流域监测中心开展了西部（7省）典型湖库藻类生态调研，掌握了西部典型湖库的水环境及藻类分布特点，填补了西部部分湖库无藻类本底资料的空白，为做好区域的水资源保护和管理提供了参考依据。在三峡工程建设过程中以及正式运行后，流域监测中心全面监测了长江干支流重点站浮游植物、底栖动物等的变化及演替规律。同时，对丹江口水库库区及主要入库支流水质项目、水生生物等进行了监测，1995—2015 年，藻类监测数据就达 7 万多组，并以此评估了水源区水环境生态风险和水资源脆弱性。

诚然，单一的藻类监测尚不能满足水生态监测要求，生物综合毒性监测利用指示生物在污染物的胁迫下所发生的生理生化、运动行为变化进行监测，反映了水体对生物的伤害程度。长江流域在生物综合毒性监测及预警方面开展了大量的研究及应用工作。流域监测中心以国家科技支撑项目、水利行业公益性科研项目等作为依托，系统地筛选了适合于长江流域生物综合毒性测试的发光菌、藻类、溞类及鱼类，研究了不同指示生物在污染物胁迫下的生理或运动行为变化规律，找出了不同指示生物对典型污染物的响应规律及报警阈值。在对不同指示生物对不同毒物的灵敏度、预警时间、测试范围等参数进行对比的基础上，首次提出了多源生物联合预警概念及技术框架，并研制出了生物综合毒性分级预警技术体系。

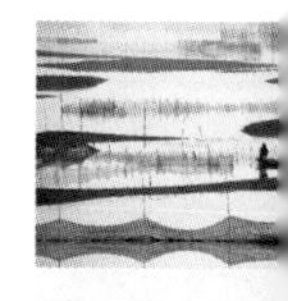

此外，长江委还组织开展了水利部公益研究项目“长江流域水生态环境监测技术初步研究”，提出了长江流域生态环境监测指标体系和优先监测指标，对我国优先控制的有毒有害有机污染物提出了适宜的监测介质，并提出了以物理化学指标和生物指标为主、以水文和形态指标为辅的水质评价方法。

（3）多源生物联合预警技术

生物综合毒性测试是利用生物在污染物的胁迫下行为或生理变化来测试水质的一种手段，常用的指示生物有鱼类、溞类、藻类、发光菌等。由于指示生物本身的生理差异性及其对污染物的选择性响应，利用单一指示生物进行生物毒性测试时，往往难以全面地评估污染物的毒性。这就需要将多种指示生物进行联合预警。通过将不同营养级的生物优化组合后进行急性毒性测试，可以解决常规化学监测指标少、测试时间长、不能反映不同污染物的相互作用等问题，实现对水体综合毒性的有效监测预警，有力地保障水质安全。目前国外基于单一指示生物的综合毒性水质监测预警技术已比较成熟，应用也较为广泛，但是利用多种指示生物进行联合预警的研究不多，在国内更是处于起步阶段。

流域监测中心自 2010 年以来，在水利部和长江委的支持下，开展了多种生物联合监测预警技术的跟踪和研究工作，先后引进荷兰的发光菌毒性测试技术，德国 BBE 的藻类毒性测试技术与溞类毒性测试技术，以及新加坡的鱼类毒性测试技术，并在技术引进的基础上，开展了系统的适应性研究，自主开展消化、吸收和技术集成。目前研究了费氏弧菌及鳆鱼杆菌发光菌在不同阶段的发光特征及对不同污染物的响应规律，优化了发光菌的毒性测试条件；研究了三种绿藻的生理生化特性，以及在污染物的胁迫下的响应规律，优化了藻类毒性测试指标；系统完成了大型溞及斑马鱼在在水质变化前后行为方式及相关特征的解析，找出了大型溞及斑马鱼在污染物胁迫下的行为运动学变化规律，并将行为运动学指标变化用于水质的生物毒性测试；筛选了适合丹江口水库生物毒性监测与预警的指示生物费氏弧菌、蛋白核小球藻、大型溞及斑马鱼；系统研究了四种指示生物对重金属、有机物、除草剂及杀虫剂的响应阈值。根据不同指示生物的响应特点及范围，首次提出了多源生物联合预警技术体系及框架。

提出的多源生物联合预警技术能将预警时间由传统的 24 ~ 96 小时缩短为 0.25 ~ 4 小时，对污染物的测试范围显著增大，大大降低了运行成本。多源生物联合预警技术也使得测试灵敏度显著提高，预警限值普遍提高了 1 ~ 3 个数量级。实验表明，多源生物联合预警技术能及时快速地预警丹江口库区常见的 17 种典型污染物。该技术已在丹江口水库台子山站进行了示范应用，为丹江口水库的水质安全预警提供了有力的技术支撑。

（4）水生态环境监测技术初步研究

2009—2012 年，长江委组织开展了水利部公益研究项目“长江流域水生态环境监测技术初步研究”课题，流域监测中心承担此项工作。该专项研究旨在解决我国及长江流域在水环境监测和评价方面所存在的诸多问题，从科学的角度为水生态环境监测和评价工作提供技术指南，推动水生态、水环境监测和评价学科发展，为国家和地区制定水生态环境监测和评价领域的标准和规范提供参考。

该课题研究分析了长江流域水环境和水生态特点，理清了长江流域水环境污染、水生态特征及长江流域水生态环境监测及评价领域所存在的主要问题。基于长江流域主要水污染特征和污染物的生态环境影响，提出了长江流域水生态环境监测指标体系和优先监测指标；根据辛醇—水分配系数的大小，对我国优先控制的有毒有害有机污染物监测分析提出了适宜的监测介质；提出了针对不同水体类型的水生生物指标选取原则；建立了将水生态指标纳入后的长江流域水生态环境评价方法，提出了以评价单元作为最基本水质评价单位的概念；提出了以物理化学指标和生物指标为主，以水文和形态指标为辅的新型水质评价方法。借助于评价单元这一监测和评价载体，新型评价方法既体现了水质、水量和水生态的统一，又体现了各类指标特点和作用的区别，避免了水质类别和实际功能的脱节。提出了按所污染水体规模来评估污染物影响程度的方法。在流域和区域水质评价中，对于污染物的影响程度，在原有的超标因子——超标倍数的基础上，提出了按污染物所污染河长（河流）或面积（湖泊）来表示其影响程度的方法，为水污染控制决策部门提供了更为科学、更为直接的依据。

2. 水域纳污能力核算及水环境容量计算研究

自 1996 年起，国务院三峡工程建设委员会办公室委托清华大学、长江委等单位开展三峡水库水污染控制研究工作，取得了一系列成果。

2003 年 5 月，长江委开展了三峡水库纳污能力核算工作，并于 2004 年 8 月编制完成了《三峡库区水域纳污能力及限制排污总量意见》报告。该成果以已划定并颁布实施的三峡库区水功能区为基础，依据不同水功能区水质目标，计算了三峡水库在蓄水前和蓄水后不同蓄水位下各功能区的纳污能力，并提出了三峡水库 135 米、156 米、175 米蓄水位方案的限制排污总量意见。

从 2005 年开始，长江委结合全国水资源综合规划，会同长江干流各省（自治区、直辖市）水行政主管部门核定重点水功能区水域纳污能力，提出限制排污总量意见。2007 年，初步提出了《丹江口水库水域纳污能力核算研究及限制排污总量意见》《长江干流水域纳污能力核算研究及限制排污总量意见》等成果。与此同时，各省（自治区、直辖市）水行政主管部门也结合水资源综合规划开展了辖区内水功能区水域纳污能力核算工作。

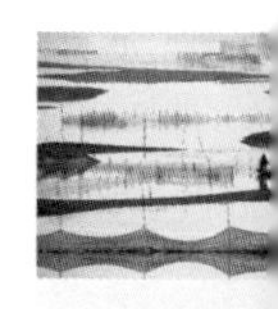

2009 年，长江委承担了国家水体污染控制与治理科技重大专项“三峡水库主要污染物总量控制方案与综合防治技术集成研究”的专题之一“三峡水库水质安全保障分区方案研究及主要污染物水环境容量计算”。该项目的主要研究成果对积极推进三峡库区水资源优化配置和水质安全保护提供了技术支撑，其中“三峡库区水质安全保障分区成果”对三峡库区水功能区划的调整与完善提供了技术支撑，“三峡库区主要污染物水环境容量计算”成果已经应用于《三峡库区水资源保护规划》，为库区的污染防治和监督管理作出了重要贡献。

2010 年，长江水保局承担水利部行业公益科研项目“长江中下游干流纳污总量控制研究”，以长江中下游干流水功能区为研究区域，综合运用多种研究方法，开展了纳污总量控制综合研究，在动态纳污能力计算、污染物指标选取、入河排污口优化设置方法等关键技术上有所突破，在构建水功能区监控、评价、考核指标体系的过程中，统筹考虑了水量、水质、水生态要素，对实现水功能区科学管理尤为关键。

3. 长江流域重要河湖健康评估试点

自 2010 年水利部启动全国重要河湖健康评估工作以来，长江委按照水利部工作部署，建立了长江流域河湖健康评估的管理模式，成立了长江流域河湖健康评估领导小组和技术小组，并积极协商长江流域相关省区完成了两期试点工作。一期试点工作（2010—2012 年）选择了汉江中下游、丹江口水库进行健康评估工作，二期试点评估（2013—2017 年）选择了鄱阳湖和洞庭湖进行健康评估工作。两期试点工作涵盖了河流、湖泊和水库三种不同的类型。

在长江流域河湖健康评估工作过程中，针对河流、水库和湖泊不同水域分别提出河湖健康评估的技术思路，主要从水文水资源、水质、物理形态、水生生物和社会服务功能5个方面对试点评估对象开展了全面评价，从生态水文节律响应关系，水文过程、水质过程、水生态过程的相关关系，诊断评估对象的健康问题，探求影响其健康状况的因素。

（1）汉江中下游河湖健康评估试点

在参考水利部《河流健康评估指标、标准与方法（试点工作用）》的基础上，综合考虑了汉江中下游河流自然社会特征，综合分析各类评估指标与河流健康状况之间的关系及影响程度，从水文水资源、物理结构、水质、水生物以及社会功能5个方面构建河流健康评价指标体系，并确定了各指标的权重。汉江中下游河流健康评价指标标准情况见表6-1。

汉江中下游河流健康评估采用主成分分析方法和分级指标评分法，逐级加权，综合评分，将河流健康分为5级，即理想状况、健康、亚健康、不健康、病态。以2011年为基准年，汉江中下游河流健康状况总体为健康水平。受水资源开发利用的影响，水系连通受阻，河流水文节律变化较大；局部江段耗氧有机污染，氮磷浓度均有增加趋势，“水华”现象值得重视。

表6-1　　汉江中下游河流健康评价指标标准一览表

亚层（权重）	准则层（权重）	指标层	评价标准				
			1	2	3	4	5
生态完整性（0.7）	水文水资源（0.2）	流量过程变异程度	0.05~0.1	0.1~0.3	0.3~1.5	1.5~3.5	＞3.5
		生态流量保障程度	200%~50%	50%~40%	40%~30%	30%~10%	＜10%
	物理结构（0.2）	河岸带状况	优	良	一般	差	极差
		河流连通阻隔状况	无阻隔	较阻隔	一般阻隔	很阻隔	完全阻隔
	水质（0.3）水生生物（0.3）	溶解氧	7.5~6	6~5	5~3	3~2	＜2
		耗氧有机物	优	良	一般	差	极差
		重金属	优	良	一般	差	极差
		底栖动物完整性	＞3.49	2.62~3.49	1.74~2.62	0.87~1.74	＜0.87
		鱼类种类变化	1~0.85	0.85~0.75	0.75~0.6	0.6~0.5	＜0.5
社会服务功能（0.3）	—	水功能区达标率	优	良	一般	差	极差
		水资源开发利用率	优	良	一般	差	极差
		防洪工程达标率	95%	90%	85%	70%	50%
		公众满意度	优	良	一般	差	极差

（2）丹江口水库健康评估

综合考虑丹江口水库作为人工水域的特点，以其社会服务功能为主要管理目标，综合分析各类评估指标与河流健康状况之间的关系及影响程度，从水文水资源、物理结构、水质、水生生物以及社会功能 5 个方面构建河流健康评价指标体系，并确定各指标的权重。丹江口水库健康评价指标标准情况见表 6–2。

表 6–2　　丹江口水库健康评价指标标准一览表

亚层（权重）	准则层（权重）	指标层	评价标准				
			1	2	3	4	5
生态完整性（0.5）	水文水资源（0.2）	正常蓄水位满足程度	0.05~0.1	0.1~0.3	0.3~1.5	1.5~3.5	＞ 3.5
		入库流量过程变异程度	200%~50%	50%~40%	40%~30%	30%~10%	＜ 10%
	物理结构（0.2）	库滨带状况	优	良	一般	差	极差
		水系连通状况	无阻隔	较阻隔	一般阻隔	很阻隔	完全阻隔
	水质（0.4）	溶解氧水质状况	7.5~6	6~5	5~3	3~2	＜ 2
		耗氧有机污染状况	优	良	一般	差	极差
		重金属污染状况	优	良	一般	差	极差
		有机有毒物健康风险	优	良	一般	差	极差
		水体营养状况	贫营养	中营养	轻度富营养	中度富营养	重度富营养
	水生生物（0.2）	鱼类种类变化指数	＞ 3.49	3.49~2.62	2.62~1.74	1.74~0.87	＜ 0.87
		浮游植物数量（万个每升）	40	100	200	500	100
		浮游动物生物损失指数	1~0.85	0.85~0.75	0.75~0.6	0.6~0.5	＜ 0.5
社会服务功能（0.5）	—	供水能力与用水效率	优	良	一般	差	极差
		发电效率状况	优	良	一般	差	极差
		防洪指标	95%	90%	85%	70%	50%
		公众满意度指标	优	良	一般	差	极差

以 2011 年为基准年，丹江口水库属于健康状况，接近理想状态。由于入库河流受水电开发的影响较为深远，影响丹江口库区上游水系连通状况；且水库部分支流回水区多为轻度富营养化和中度富营养化水平。

（3）湖泊健康评估——鄱阳湖与洞庭湖

综合考虑通江湖泊自然特征以及湿地保护条例，以湿地生物多样性保护为主要管理目标，在原有评价框架下，从区域尺度上，选择遥感分析手段，增加湿地评价指标，见表 6–3。

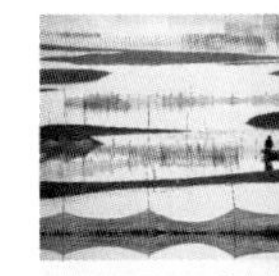

表 6–3　　通江湖泊健康评价指标标准一览表

亚层（权重）	准则层（权重）	指标层	权重	评价标准				
				1	2	3	4	5
生态完整性（0.7）	水文水资源（0.3）	最低生态水位满足程度	0.6	0.05~0.1	0.1~0.3	0.3~1.5	1.5~3.5	＞3.5
		入湖流量变异程度	0.4	200%~50%	50%~40%	40%~30%	30%~10%	＜10%
	物理结构（0.1）	湖滨带状况	0.5	优	良	一般	差	极差
		湖泊萎缩状况	0.2	优	良	一般	差	极差
		湖泊水系连通状况	0.3	无阻隔	较阻隔	一般阻隔	很阻隔	完全阻隔
	水质（0.2）	基本水化学要素达标指数	0.2	7.5~6	6~5	5~3	3~2	＜2
		富营养化物质达标指数	0.4	优	良	一般	差	极差
		有毒物质达标指数	0.4	优	良	一般	差	极差
	水生生物（0.3）	浮游生物完整性	0.5	＞3.49	3.49~2.62	2.62~1.74	1.74~0.87	＜0.87
		底栖生物完整性	0.5	40	100	200	500	100
	湿地（0.1）	湿地生态系统健康指数	1	1~0.8	0.8~0.6	0.6~0.4	0.4~0.2	＜0.2
社会服务功能（0.3）	—	水资源利用	0.3	优	良	一般	差	极差
		防洪指标	0.4	优	良	一般	差	极差
		血吸虫病控制	0.3	优	良	一般	差	极差

以 2014 年为基准年，鄱阳湖总体为健康水平，但接近亚健康。鄱阳湖水文水资源状况为亚健康，水位变化对鄱阳湖生态环境的影响较大，近年来，鄱阳湖水位特别是枯季水位下降较为明显，应引起足够重视。总氮、总磷和氨氮是影响鄱阳湖水功能区水质达标的关键因子，主要威胁水体营养水平；湖区生态系统脆弱，生物多样性有降低的趋势；近 20 年来，鄱阳湖湿地生态健康基本呈缓慢退化趋势。

以 2015 年为基准年，洞庭湖总体为健康水平，但接近亚健康。支流及湖湾与洞庭湖主体阻隔明显；水质主要控制因子是总氮和总磷。部分湖区如东洞庭湖湘江及湘江入湖区底泥污染风险值得关注。

4. 水质预测模型应用及预警预报

水质模拟、预测、预警、预报工作成为目前长江流域水资源保护管理技术中应用最频繁、成果最丰富的领域。长江委与国内外相关单位合作，逐步建立了覆盖长江干流和主要支流的一维水质预测预报模型，构建了三峡水库、丹江口水库、巢湖及重要河段平面二维水质模拟预测模型，在乌东德库区开展了三维水质模拟预测工作，积累了模型基础数据和基本参数近 30 万个，建成的水质数学模型近百个。

根据国家水资源监控能力建设整体规划，长江委先后与武汉大学、南京水利科学研究院合作开发完成了三峡库区突发事故水质预警系统、长江口突发水污染事故模拟预警平台、汉江中下游水质预测预报模型，长江干流一维水质预测预报模型，并陆续集成至长江流域水资源监控中心平台。该中心平台建立了长江中下游宜昌—长江口整体一维水量水质预测模型、长江口平面二维水动力水质数学模型和长江口水环境管理系统，为长江干流宜昌以下江段应对突发水污染事故、实现应急预测分析、研究制定应急方案提供了强有力的技术支撑。同时，长江委独立完成的“河网水动力水质模型参数自动反演软件”“河网水动力和悬浮物数值模拟软件”“河流衰减型污染物模拟软件”“采用自适应网络技术的植被作用下的浅水型湖泊水流水质模拟软件”“基于格子玻尔兹曼方法的二维浅水水动力模拟软件”等多项工作获得国家版权局授予的软件著作权登记证书。

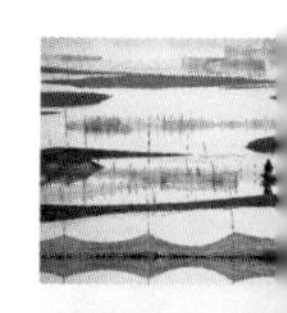

5. 水资源保护技术应用与示范

随着经济社会的发展和水污染的加剧，人们逐渐认识到水资源保护和水质安全的重要性。长江委在水质安全保障、水生态保护与修复、水资源保护技术示范及推广等方面开展了诸多研究工作。

（1）水质安全保障技术研究

在长江委的支持下，长江水保局围绕三峡库区、南水北调中线水源地等重点区域开展了水质安全保障技术研究。“三峡水库水体中氮磷影响研究”项目对三峡水库的氮磷贡献率、氮磷赋存形态和富营养化敏感时空范围等方面，作了全面的调查分析和量化研究，为三峡库区的富营养化控制提供了决策参考，成果获 2005 年度湖北省科技进步二等奖。于 2004 年开展的“河流‘水华’综合控制技术研究”项目通过引进吸收再创新，建立了河流富营养化模拟实验室，利用富营养化模拟反应器开展室内模拟实验，首次成功分离出汉江“水华”硅藻，在其发生机理研究上取得了重要进展，确定了汉江“水华”发生影响因子的预警阈值，提出了汉江中下游水力控藻方案和汉江“水华”预警预报系统方案，为汉江流域富营养化综合控制和管理提供了科学的决策依据。

2005 年，长江委承担的“BST 非点源污染控制技术”项目引进关键设备与技术，通过消化和吸收，建立了国内首个 BST 环境诊断实验室，使非点源污染源的鉴别准确率达到 80% 以上；通过自主研发，创新性地提出了适合我国的 BST 测试配方，建立了丹江口库区胡家山小流域 BST 已知源数据库；建立了非点源污染控制转化为点

源污染控制方法，填补了国内非点源污染追踪方面的空白。研究成果已在丹江口库区和松花江那金河流域水资源保护和水污染防治工作中得到了应用，取得了明显的环境效益和社会效益。以此技术为基础，开展了基于流域养分平衡的农业面源污染研究，编著了《丹江口水库库滨带生态环境特征与保护对策》，已由长江出版社出版。

2003—2006年开展的“城市湖泊水质改善的水力调度优化技术”研究，摒弃了以引水释污的传统思路，提出了以改善水系连通、增强湖泊自净能力为主要目标的生态调水的技术与方法，并结合示范工程，构建连通沟渠、重建水体生态系统，达到改善湖网水质、恢复生态系统功能与提升景观功能的目的，形成湖网水体修复的成套技术。项目提出的生态引调水与生态修复有机结合的湖网水体修复联动体系，考虑了水体生态环境、水流影响、底泥扰动与外源控制等因素，规避洪涝、血吸虫病、泥沙输入、污染迁移、湖泊底泥释放等生态风险，为江（河）湖生态引调水与生态修复提供了技术依据。其核心技术已在武汉市六湖连通工程、水利部生态修复试点项目——武昌“大东湖”生态水网控制规划和生态水网构建工程等项目的研究及管理中得到了应用。

2009年，长江委承担了水利部行业公益科研项目“丹江口水库水质安全保障技术研究”。项目基于丹江口水库库湾及支流水体污染来源分析和水污染诊断，在现有湖库生态修复技术的基础上，针对重度、中度和轻度污染支流，从污染物的源—迁移—汇过程，提出了重污染河流污染治理的行业废水减毒减排—污水处理厂稳定达标—水质标准衔接—前置库处理关键技术、中污染河流的塘—生态型水廊道—湿地污染控制关键技术以及陆源污染控制的河（库）岸带植被重建和恢复关键技术，建立了丹江口库区健康生态系统综合修复技术体系。该技术体系已用于指导丹江口水库不达标河流治理工作（一河一策）的实施。

长江委完成的现代水利科技创新项目“长江流域水资源开发利用与生态环境保护关系研究”，全面识别了长江流域的主要生态环境敏感区域，首次研究提出了长江流域水资源开发利用的生态环境限制条件、汉江中下游实施生态调度方案、长江流域生态环境信息库的建立方案等；全面开展并完成了长江流域生态与环境敏感区保护研究，提出了流域生态与环境敏感区系统研究的专项成果，并在长江流域综合规划修编等规划中得以应用。该成果获2009年度大禹水利科技一等奖。

此外，在长江委和长江水保局的领导和支持下，长江水资源保护科学研究所以水安全保障研究、水源地安全保障研究为工作重点，相继开展了丹江口水库、陆水水库、三峡库区等水源地安全保障达标建设方案与工程技术体系研究，并深入开展水源地应急管理方案研究，为重点区域及饮用水水源区水质安全保障提供了科学依据。

——丹江口水库水质安全保障技术研究。该项目以丹江口水库库周典型流域胡家山小流域为示范研究对象，依据面源污染的成因，以及污染物的时空分布和迁移转化规律，提出了农业面源污染源头控制和面源污染输移途径调控与生态阻截技术模式，集成了一套“水源涵养—生态农业—生态村落—生态沟渠—景观水塘”为主体框架的丹江口库区面源污染防治体系。

项目以库区生态环境保护为主线，以水质安全为目标，以流域水综合管理为核心，以污染控制与生态修复为重点，提出了涵盖“诊断评估、污染控制、调控修复、水质保障、监控预警、综合管理、政策保障”等关键技术，具体包括环境污染控制（入库污染负荷削减）工程、污染水体治理（不达标河流治理）工程、生态保护与修复（生态建设与功能强化）工程等工程措施和水质长效监测预警系统、流域综合管理与政策保障措施等非工程措施。该体系已运用于《丹江口库区及上游水污染防治与水土保持“十二五”规划》。

——长江流域水资源开发利用与生态环境保护关系研究。我国实行的环境影响评价政策可以降低单项工程对环境可能产生的负面影响，而众多水资源开发项目建成运用后，从全流域生态系统完整性、生物多样性的角度分析，其叠加产生的综合影响问题日益突出。主要源于水资源开发利用的规划目标中未包含生态环境目标、水资源的综合调度未考虑生态调度的要求、流域水资源缺乏统一的管理和保护等，影响长江流域水资源的进一步开发利用和国民经济的可持续发展。长江水保局组织相关单位，围绕长江流域水资源开发与生态环境保护，按照“在保护中促进开发、在开发中落实保护”的原则，按重点水系（金沙江、岷江等）、重点区域（洞庭湖、鄱阳湖、长江口等）、重点工程（三峡工程、南水北调中线工程等）及流域整体开展了研究，探讨水资源开发利用对生态环境的影响及保护措施，以揭示长江流域水资源开发利用与生态环境保护之间的关系，提出维护健康长江的保障对策。

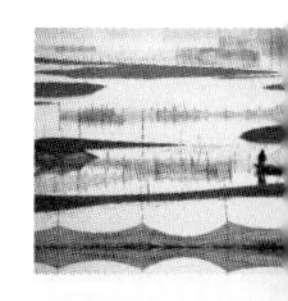

项目采用遥感技术等多种手段，辨析了长江流域存在的重要生境与生态敏感区，分析了重点水系和区域水资源开发利用的制约因素，绘制了长江流域生态敏感区（自然保护区、风景名胜区、地质公园、森林公园、世界文化遗产、鱼类产卵场、长江口鱼类及水生动物洄游线路）和保护植物（珍稀濒危植物、国家重点保护植物）分布图；系统辨析了长江流域金沙江水系、岷江水系、洞庭湖区、鄱阳湖区、长江口以及流域性的其他重大生态环境问题，提出了典型湿地及水体生态修复措施、梯级枢纽和调水工程兼顾生态环境的综合调度措施；针对流域存在的重大生态环境问题及水资源利用的制约因素，提出了长江流域健康水域生态指标体系及其预警和管理系统框架。

此项工作是对长江流域水资源开发状况与水生态环境保护状况的首次系统调查和分析评价，研究成果已应用到长江流域综合规划、鄱阳湖综合治理规划、洞庭湖综

合治理规划、长江干流采砂规划等的修订中，为流域水资源保护政策、规划的制定和编制提供了科学依据，为水资源开发利用中生态保护管理提供了重要的技术支撑。

——长江流域重要饮用水水源地达标建设与示范。根据《全国重要饮用水水源地安全保障达标建设目标要求（试行）》，提出全国重要饮用水水源达标建设的总体目标：水量保证、水质合格、监控完备、制度健全。长江水保局以保障水源地水质合格为目标，2013年启动了“长江流域重要饮用水水源地达标建设示范”项目，项目以陆水水库水源地为示范对象，并编制完成了《陆水水源地安全保障达标建设示范建议方案》，总体布局了陆水水库水源地安全保障达标建设工程措施和非工程措施。2014年，实施了饮用水水源地标识牌、警示牌和陆水自备水厂取水口隔离防护工程，渤海湾、橘岛的生态修复工程。2015年，采用沉淀氧化塘，生态壅水坝，潜流人工湿地和表流人工湿地组合工程技术，对污染严重的入库排污口——泉门社区入库排污口进行了规范化整治。

（2）水生态保护与修复研究

随着我国人口的快速增长和经济社会的高速发展，生态系统尤其是水生态系统承受着的压力越来越大，出现了水源枯竭、水体污染和富营养化等问题，河道断流、湿地萎缩、地下水超采、绿洲退化等现象也在很多地方发生。开展水生态系统保护与修复工作是贯彻落实《水法》，实现人与自然和谐相处的重要内容，是各级水行政主管部门的重要职责。长江水保局从开展水生态系统保护的指导思想、工作原则、工作内容到技术标准、评估管理办法，基本建立了新的水生态系统保护工作体系，形成了水生态系统保护工作的新格局。

“十五”期间，长江水保局承担了国家“十五”重大科技专项——“武汉市汉阳地区城市面源污染控制技术与工程示范”项目，通过技术研发和系统集成，建成了桃花岛面源控制示范工程，重点研究城市面源从源到汇的污染控制关键技术，通过雨水处理、人工湿地设计等技术手段，为城市新建小区面源污染处理提供了示范。申请了“一种新型的小区雨水处理利用技术”“一种适用于城市社区的景观型中水处理湿地系统”等发明专利。

“十一五”承担的国家科技支撑计划课题“南水北调中线丹江口水库库区生态环境综合整治技术开发”项目，基于对水源地生态环境状况的全面评价，构建了整体、系统的水质保护、水土保持与生态建设等多目标结合的技术体系，达到多尺度综合治理生态环境的目的；基于流域生态功能分区，研究提出了以坡面水土调控为基础、以沟塘水系利用为纽带、以岸带生态系统为屏障的立体生态控制新模式；针对水库消落带生态修复这个世界性难题，基于丹江口库区现有库滨带植物种质资源的筛选与群落特征分析，构建了适用于新库滨带不同立地条件的植物群落结构，能适应当地气候、土壤等立地条件。以该项目为基础申报的“南水北调中线水源地水土流失与面源污染生态阻控技术研究”，获2013年度大禹水利科技二等奖。

（3）水资源保护技术示范及推广

近年来，随着生态文明建设和构建和谐社会的发展战略，以及最严格水资源管理制度的实施，长江水保局结合管理职能，提出了长江流域水资源保护工程技术体系，初步建成武汉桃花岛面源治理及生态修复试验基地和丹江口水源地生态环境整治试验基地。各示范工程概况如下：

武汉市桃花岛面源治理及生态修复试验基地。该基地位于武汉汉阳桃花岛，占地约140亩，以水生态修复试验和生物栽培试验为主，生物栽培试验基地近1000平方米，设有现场实验分析室。

丹江口水源地生态环境整治试验基地及野外工作站。该基地位于丹江口库区玉龙池小流域和胡家山流域，建设有60公顷的退化生态系统恢复试验基地及示范区、10公顷的库周溪沟湿地生态修复示范区和10公顷的面源污染生态控制技术试验示范区等核心试验区，可开展面污染源鉴别试验。试验区内初步建立了一个约240平方米的野外台站，还建设了一个流域卡口站，配有自计水位仪、流速仪、自动观测气象站等设备。

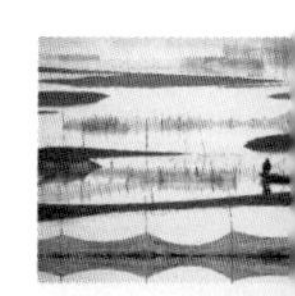

库滨带植被恢复示范工程。在丹江口水库大坝左岸羊山库湾建设了库滨带植被恢复示范工程，面积22000平方米，配置6种适生植物群落，构筑了库滨带1.5千米。

库湾水体富营养化控制生态循环示范工程。示范区内集成了“风车动力提水—两级生态塘组合处理—梯级跌水曝气净化—三级透水坝拦滤”的库湾生态水循环成套技术，示范面积50000平方米。

库滨带植物种质资源圃示范工程。在丹江口水库大坝左岸松涛库湾建设了库滨带植物种植资源圃示范工程，收集适合丹江口库滨带的植物50余种，示范面积4000平方米。

7. 监测技术示范应用

（1）移动式水质自动监测系统在丹江口水库的应用示范

2010—2011年，由流域监测中心承担的水利部科技推广项目“移动式水质自动监测系统在丹江口水库的应用示范”，采用移动水质监测车，在丹江口水库的部分重要敏感水域，开展应用性监测工作，在监测过程中对部分参数进行了在线监测与实验室监测的比对工作，并分析了移动在线监测系统的技术可行性与运行稳定性，在丹江口水库建立示范点，形成技术示范成果，在全国水利系统各级水环境监测机构开展了水环境质量关键技术示范及推广工作。

移动式水质自动监测系统能够较好地弥补现有的以人工监测为主的水资源监测

模式时效性不足、自动化程度差的缺陷，也能克服固定式自动监测站难以根据实际情况调整监测点位的缺点，可对重要供水水源地、调水重要控制断面、省界水体水质状况、入河排污口状况进行实时在线监控，在遇到突发水污染事件时，可以对污染团进行跟踪监测，提供及时、准确、可靠的水质监测动态信息。该技术的推广应用丰富了水环境监测技术手段，对长江流域水质移动在线监测技术水平的提高，及水质异常和水污染事件发生时的应急监测能力的提高起到了推动作用。

（2）南水北调中线工程水质传感网的多载体检测与自适应组网技术研究与示范

2011—2014年，流域监测中心牵头承担国家科技支撑计划课题——“南水北调中线工程水质传感网的多载体检测与自适应组网技术研究与示范”，2015年，该课题通过了科技部验收。课题面向南水北调中线工程丹江口水库及沿线水质保障重大需求，从多载体水质测试技术、动态组网及传输技术角度出发，构建了实时监测传输、及时预警与快速反应的地空立体式监控预警体系，对保障丹江口水库及沿线水质安全具有重要意义。

该课题研究了南水北调中线工程水源区、输水总干渠沿线监测站网优化布控技术，确定了水环境监测能力建设方案。研发和集成多载体水质监测传感器，发展固定监测台站、浮标、智能监测车（船）、水下仿生机器人、卫星遥感等多目标、多尺度的水质智能感知节点，研发感知节点及自适应组网技术，建立立体水质监测传感网络；实时在线感知获取与快速传输水质信息，优化和构建中线工程水质信息智能化感知系统。还在固定台站监测技术、浮标监测技术及机器人监测技术方面取得了突破，建立了适合于丹江口水源区的遥感监测模型；筛选出了适合于丹江口水源区的生物毒性预警指示生物，明晰了指示生物对典型污染物响应规律，首次提出了“多源生物联合预警”技术体系框架；完成了固定监测台站、浮标、智能监测车（船）、水下仿生机器人、生物综合毒性、卫星遥感等多目标、多尺度的水质智能感知节点的动态组网，建立了南水北调中线工程立体水质监测传感网络。

（3）有毒污染物多指标快速检测仪器在污染事件应急监测中的应用研究

2012—2017年，流域监测中心承担了国家重大科学仪器设备开发专项“水中有毒污染物多指标快速检测仪器”子课题“有毒污染物多指标快速检测仪器在污染事件应急监测中的应用研究”。

该课题运用流域监测中心先进的实验室仪器测试条件和高水平的测试技术，开展了典型污染物的实验室测试比对试验，验证了“便携式水中有毒污染物多指标快速检测仪”和“船载式水中有毒污染物多指标快速检测仪”，具有较好的灵敏度、稳定性和可靠性。在三峡库区等典型水域开展了应急模拟监测，实施对典型有机污染物、重金属和生物毒素三类常见水环境污染事故污染物的现场检测实验，验证上述仪器能够满足不同特征水域的水污染应急监测需要，具有良好的适应性和便携性。结果表明，该仪器运行稳定，结果可靠，具有良好的环境适应性和便携性，弥补了当前应急监测仪器设备缺乏、监测时效性差、采样设施和条件不满足监测要求等应急监测中存在的短板，能够有效提升各监测机构对突发性水环境污染事故的快速响应能力，以满足新形势下突发水污染事件应急工作的要求。

此外，结合比对试验和野外应用的实验结果，初步建立了仪器在水污染事故应急监测等领域的方法体系，并编制完成了仪器的测试方法和操作规程，规范了使用免疫分析技术开展水污染事故应急监测的方法和操作过程，为保障应急监测的时效性和准确性提供了有力的技术支撑。同时，该课题的实施将对“水中有毒污染物多指标快速检测仪”在水环境污染事故应急监测中的应用提供标准方法，有力地促进检测仪器的实用化，对检测仪器的开发和产业化具有重要的推动作用。

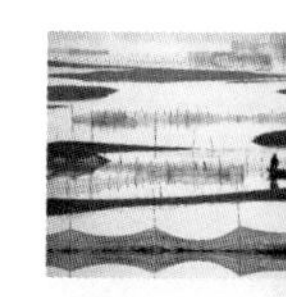

第三节　国际合作与交流

长江委成立伊始，就十分重视国际合作与交流。在不同时期，结合长江水资源与生态环境保护的状况和特点，认真贯彻落实外事方针政策，围绕可持续发展水利和新时期水资源保护中心任务开展对外交流，充分发挥外事工作的先导和桥梁作用，通过“走出去，引进来”，开展了多项国际合作项目，促进了国际合作与交流的发展。

一、重点合作项目

70年来，长江委围绕水资源保护中心工作，与加拿大、美国、日本、意大利、荷兰、新加坡等国家先后开展了沉降物化学研究、水生生物环境诊断技术、长江流域富营养化机理与控制技术合作研究项目、武汉城市水环境综合生物监测项目等一批国际合作重点项目，借助国外先进经验和优势力量，推动了长江水资源保护科学研究的发展。

1. 三峡工程可行性研究

三峡工程是世界上最大的水利水电工程，也是一项宏伟的生态与环境工程。规模宏大的三峡工程对生态与环境的影响及如何采取保护措施，是国内外公众关注的热点。长江委围绕三峡工程对生态与环境的影响及保护课题进行了大量的调查研究工作。1986—1989 年，长江委与加拿大 CYJV 环保组联合开展了三峡工程可行性研究工作。1986 年 9 月，加拿大 CYJV 专家在重庆、宜昌和三峡坝址等地参观考察并与长江委专家座谈，详细了解了三峡环境方面的有关资料；11 月，加拿大 CYJV 环保组 5 人

来华工作，与长江委技术人员分专业在武汉讨论研究三峡工程环境影响评价中水质、水生、植物、动物、地貌、自然景观和土壤等方面的工作，并赴上海进行河口生态状况调查。1987 年 1—6 月，长江委选派两名技术骨干赴加拿大协助加方编写国际通用的三峡工程可行性研究报告。这些合作研究工作的开展，为后续开展三峡工程环境影响评价工作奠定了重要的基础。

为充分展现这一功在当代、利及千秋的宏伟工程的生态与环境问题以及工程所采取的环境保护措施，长江委组织编制了《三峡工程生态与环境》画册（中英文版）、《长江三峡工程生态与环境问答》（中英文版）等，由科学出版社出版发行，为国内外关心三峡工程的人士提供参考。

2. 水中沉降物化学研究

“水中沉降物化学研究”是美国地质调查局水资源处与水利部水文水资源司联合主持的合作交流项目。长江流域水环境监测中心与水利部水环境监测评价研究中心、黄河流域水环境监测中心于 1992—1998 年共同完成了该项目研究。项目针对泥沙的水化学行为进行研究，对世界河流特别是多沙河流极具指导性。项目子课题主要包括：长江水体沉降物化学研究；高含沙河流金属污染行为与监测技术研究；黄河水中有毒有机物的类型及分布研究；沉降物对水中有毒有机物污染化学行为影响研究；河流沉降物对水生生态系统影响及对有毒重金属的生物学转移和有效性影响研究；全国主要江河沉积物背景值调查。在合作研究中，为保证双方研究结果的准确性和可比性，同时选择武汉江段两个断面分别用中美双方采样器和采样方法进行现场对照比测，结果表明双方的采样结论具有较好的一致性。交流期间，中美双方还举行了河流沉降物化学研讨会，就双方的阶段性研究成果进行了学术交流。

该项目的创新点主要体现在：对硝基氯苯在多泥沙河流中的溶解性、分配机理以及挥发行为的研究；悬浮泥沙对重金属毒性、河流生态效应以及生物多样性影响的研究；不同含沙量对重金属及水化学特征值的影响研究等。项目针对沉降物对水质及水生生物的影响和多泥沙河流所面临的环境监测技术开展研究，为行业技术标准、规程、规范的编制以及多泥沙河流水环境监测、评价和污染控制有关标准的制定提供了重要的科学依据。该项目成果获河南省 2000 年科技进步二等奖。

3. 水生生物环境诊断技术研究

1998 年，长江水保局与日本 NUS 株式会社合作，引进水生生物环境诊断（aquatic organisms environment diagnostics，AOD）技术，并成功地运用到中国的水资源保护项目中。水生生物环境诊断技术将冷冻浓缩和生物测试有机地结合起来，能够检测水体中痕量毒物和低毒性水体的质量，是一种通过水生生物毒性试验来判断水体环境质量状况的技术。该技术先后在长江重庆至武汉段、南水北调中线工程丹江口水库库区、武汉墨水湖和马沧湖、深圳河治理工程水质等不同水域成功进行了AOD测试，取得了较好的成果，可为水资源保护与管理、水资源保护规划、水功能区划、水环境质量评价、排污监督与控制等提供技术支持与科学依据。该项技术由长江委和湖北省对外贸易经济合作厅推荐，参加了2000年10月第二届中国国际高新技术成果交易会。

4. 长江流域富营养化机理与控制技术合作研究项目

2003年7月，长江水保局与日本国立环境研究所在上海签订了长江流域富营养化机理与控制技术合作研究项目的实施协议书。目的是通过对流域水体富营养化问题进行系统的探讨和研究，提出切实可行的防治措施，从而改善水环境，实现水资源的可持续利用。工作内容主要包括水体富营养化机理研究与"水华"污染控制技术研究。合作协议签署后，日方赠送了一台太阳能驱动的水质监测仪，安装"水环境2000"号监测船上，在三峡库区及汉江分别设置自动监测实验室，对浊度、叶绿素a和水温等三项水质参数实施在线监测。合作研究坚持以我方为主的原则，日方提供监测设备，我方人员完成采样、监测的现场实施。2005年，3位科研人员赴日本国立环境研究所进行为期90天的培训，系统学习水体富营养化防治与控制技术、水体富营养化在线监测技术及GIS系统在水体富营养化管理中的应用，为长江流域富营养化机理与控制技术合作研究项目的实施奠定了基础。

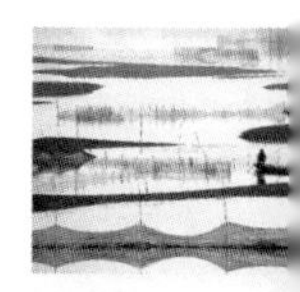

5. 武汉城市水环境综合生物监测项目

2006年6月，长江水保局与意大利都灵大学、英国可持续发展联合会合作申请了欧盟技术援助基金项目"武汉城市水环境综合生物监测"，旨在为武汉地区水质生物监控提供持续创新的支持，为建立综合生物监测体系提供技术支撑。项目于2007年4月启动，分五个阶段实施。项目以武汉长江、汉江江段为研究对象，采用EBI、副溶血性弧菌、大型蚤、水芹、大肠菌群、肠球菌细菌等生物监测指标，从饮水安全和人群健康角度建立了适合于武汉市（包括长江、汉江和有关湖泊）的生物监测指标体系。

该项目于2007年6月中旬在武汉召开启动会议，2008年9月召开终期技术研讨会，并印制《生物监测技术教材》《生物监测最佳方法指导手册》等，对项目成果进行了总结和推广。通过此次合作，有关技术人员掌握了生物监测方面的相应技术，提升了流域监测中心在生物监测技术方面的实验技能，对生物监测技术的研究和发展起到了良好的推动作用。

6. 汉江水质监测与决策支持综合系统项目可行性研究

2007年，长江委联合美国麦普生物技术有限公司向美国贸易开发署申请的TDA赠款项目"支持长江流域水资源保护体系建设项目——汉江非点源监测与决策支持综合系统项目可行性研究”获得中美两国商务部的批复，8月，由长江委和美国贸易发展署签订了项目协议书。其主要工作内容是在汉江流域丹江口库区，通过建立流域非点源污染的自动测定和模拟系统，开展水质自动监测和决策支持综合系统的试点研究，将美国的流域点源和非点源污染测定和污染控制，以及水环境模拟和水资源保护管理方面的成熟技术，引入中国的环境保护项目市场，提高中国流域水资源保护规划的水平，促进中国的江河湖库水域功能区划管理和水体污染物总量控制政策的实施。

7. 流域绿水管理及其在中国的应用示范研究

绿水管理是世界土壤信息中心开发的通过生态补偿方法改善环境的一种管理机制。2012年，长江委与世界土壤信息中心等单位联合向荷兰水伙伴（Partners Voor Water）申报项目“流域绿水管理及其在中国的应用示范研究”，拟在长江流域丹江口库区开展绿水管理示范研究。2012年6月，该项目获得荷兰水伙伴批复，项目周期为18个月。项目实施期间，中荷双方先后举办了3次技术交流与培训，重点学习了绿水管理的理念，以及绿水信贷计算模型，培养了一批技术骨干；双方通过访问交流，共同探讨了生态补偿机制在中国的示范研究，为绿水管理的国际推广奠定了一定的实践经验，使两国科研工作者在该领域加深了了解和交流。

项目成果应用于丹江口库区典型入库流域，采取绿水管理的措施，并对其产生的水资源保护效益进行量化与评估，探索了南水北调中线工程生态补偿机制，对中线水源区的水土资源保护和水质安全保障具有重要的意义。

8. 基于鱼类行为的生物监测预警技术

基于鱼类行为的生物监测预警技术首先由新加坡公用事业局提出理念并开展初步机理研究，新加坡叡克科技有限公司获得技术转让授权，进行产品开发及市场推广。产品研发过程中，叡克科技有限公司发现已测试的毒物范围较窄，测试鱼的种类也仅限于热带鱼，难以适应大范围推广的需要，同时，要评估产品的适应性、耐受性、稳定性等综合性能，需要用户对产品进行长期测试并反馈意见。2012年，流域监测中心和该公司协商达成初步合作意向，签署了合作协议，共同研究基于鱼类行为的生物监测预警机理及适应性，并将其纳入水利部和新加坡环境水资源部签署的水资源领域合作框架，为双方的深入合作奠定了良好的基础。

2012年，双方多次派员互访，就基于鱼类行为的生物监测预警技术进行了深入交流与讨论，流域监测中心利用叡克科技有限公司赠送的鱼类生物毒性在线监测仪（FAMS）进行了10多种污染物毒性研究，掌握了不同浓度下鱼类生理及行为变化规律，采集了接近3TB的鱼类行为视频，为鱼类在污染物胁迫下的行为模式解析提供了坚实的基础，同时测试了仪器的稳定性、耐受性、对环境的适应能力等，提出FAMS仪器升级改善建议30余条，推动了FAMS仪器的升级改进。目前，FAMS系统已安装在丹江口库区的台子山水质自动监测站。

二、主要交流成果

70年来，长江委始终贯彻落实“走出去，引进来”的方针政策，先后安排水资源保护与监测的200多位专家和技术骨干走出国门，参加交流、培训、国际会议等活动；邀请和接待百余次世界各地的政府官员、专家学者来访，进行学术讲座和交流；与世界土壤信息中心、新加坡公用事业局、澳大利亚河流研究所、波兰华沙地区水资源管理局等国外同行机构签订了多项水资源保护有关的项目合作协议书，成果颇丰。不仅促进了水资源保护管理理念的提升、水资源保护科学研究的发展、监测方法及监测技术的更新，也培养了一批业务骨干，提高了国际影响力。

1. 促进了水资源保护管理理念的提升

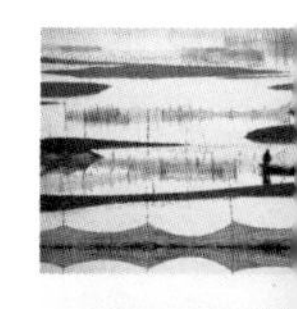

水资源保护关系到广大人民群众的身体健康和切身利益，关系到社会稳定和经济发展。一系列水资源问题促使人们从更深层次上开始思考水资源短缺和保护问题。长江委先后组织派员参加了水资源管理与立法、流域水资源管理机制、流域水资源与保护技术交流、生态补偿机制培训、流域水资源绿水管理长江示范工程等出访团组，赴希腊、德国、法国、美国、澳大利亚、瑞典、荷兰等10多个国家，学习和了解国外水资源保护管理方面的经验，促进了水资源保护管理理念的提升。

（1）水资源保护规划研究方面

水资源保护规划是水资源保护管理的基础和依据。进入21世纪后，长江流域乃至全国经济社会发生了巨大变化，对水资源开发、利用、治理和保护提出了新的要求，有必要开展新一轮水资源保护规划编制工作，并要求在流域综合规划中将其列为主要内容之一。

水资源保护规划是建立在多学科基础上的工作。为了提高规划的科学性和规划的工作效率，长江委在重视水资源保护规划基础理论与方法研究的同时，还注重吸收国外的规划思路和方法，研究学习国外有关水生态保护与修复、面源和内源控制、水资源远程监控和水资源保护监督管理等领域的新科技、新技术，先后派员赴荷兰、丹麦、法国、德国、希腊、美国等国家参加“河流恢复技术和河道管理”“生态生物监测相互标准及监测系统培训”“流域水资源配置与综合规划”“流域非点源污染控制模型培训”等，吸收借鉴国外的技术和经验，为水资源保护规划的编制提供了参考。

2008年，长江水保局派员赴美国参加“流域非点源污染控制模型培训”，学习并掌握了流域非点源污染模拟控制技术（BASINS模型）及日最大负荷管理控制技术

（TMDLs），并应用于长江流域水功能区划和水域纳污能力核算研究工作中，丰富了我国江河湖库水功能区管理和水体污染物总量控制政策的内容，也为水功能区的水质目标管理和水资源保护规划的实施提供了依据。

2009年，有关专家在赴丹麦的考察中，了解到《欧登塞河流域试点——流域管理规划实践》是以欧盟的《水框架指令》为指导和准则建立的一个完整的、可操作的流域综合管理规划，从侧面上反映了欧盟水资源综合管理的最新成果和经验，对完善和改进我国的水资源管理与保护，以及贯彻落实最严格水资源管理制度都是很好的借鉴。经协商，长江水保局取得了该报告的翻译版权，并将此报告翻译出版，作为中丹合作项目能力建设的成果之一。2011年4月，《欧登塞河流域试点——流域管理规划实践》中文版在中欧水资源交流平台高层对话会上举行了首发式，为我国流域水资源保护管理和规划提供了一种可供借鉴的范本。

通过考察、合作与交流，结合长江流域的具体实践与管理需求，逐步形成了具有鲜明特色的长江流域水资源保护规划思路和理念，着重体现在三个方面：①保护应纳入规划目标；②规划内容应统筹考虑水质、水量和水生态，并构建水资源保护工程和非工程措施体系；③环境影响评价应考虑战略问题。

（2）生态补偿机制研究方面

随着经济社会的发展，全球范围内的水资源短缺和水质恶化问题日益突出。为了改善水资源匮乏以及严重的污染问题，生态补偿作为一种面向市场经济的流域水资源保护管理手段，成为应对生态环境问题的重要措施。2011年的中央一号文件和同年7月召开的中央水利工作会议，均提出要建立水生态补偿机制。长江水保局按照水利部规计司的总体部署，在长江委的领导下，承担了长江流域与水有关的生态补偿机制典型案例研究。为了借鉴国外相关经验，派员赴瑞典、荷兰、肯尼亚等国家参加“生态补偿机制培训”“流域水资源绿水管理长江示范工程团”等，通过交流、培训、实地考察等方式，学习了解国外生态补偿方面的做法和经验。

2011年8月，派员赴瑞典、荷兰参加“生态补偿机制培训团”，系统学习了生态补偿理论，通过对欧盟生态补偿典型案例的考察分析，进一步增强了对生态补偿概念的理解；将中国与欧盟在生态补偿理论研究与实践方面进行比较，明确了生态补偿在中国的实践与探索方向；并结合长江流域实际，开展跨省河流的生态补偿的研究，把生态补偿理论应用于赤水河流域综合规划。2011年11月，组织“流域水资源绿水管理长江示范工程考察团”前往世界土壤信息中心位于肯尼亚Tana河流域的绿水管理项目示范区，实地考察绿水管理在肯尼亚的实施成效。考察团回国后，根据肯尼亚实施绿水管理的经验，结合长江流域的实际情况，进一步修改完善了项目申报材料《流域绿水管理及其在中国的应用示范研究》，确定丹江口库区为绿水管理中国项目示范点。

2. 促进了水资源保护科学研究的发展

科学研究是水资源保护的重要技术支撑。围绕科技支撑管理的核心目标，长江委在不断开拓、自主创新的同时，也同步积极开展学术交流与国际合作，通过考察、培训、参加国际学术研讨会等形式，先后多次派遣技术人员前往国外相关机构学习水资源保护前沿技术，了解新理念，引进适合我国国情的新技术和新手段，通过申报水利部“948”项目、国家科技支撑课题等方式，消化、吸收、推广应用这些新技术、新手段，鼓励科技创新，在实际工作中锻炼科研人员，通过“长江基地”计划积极培养水资源保护事业后备军，为水资源保护科学研究储备人才。

（1）通过项目考察增加了学科设置，加强了专业人才培养

2008 年至今，长江水资源保护科学研究所组织承担了国家重大基础研究项目（“973”计划）、水利部“948”项目、“十一五”科技支撑等国家重大科技课题，为寻求解决科研项目中存在的关键技术问题，配合水利部并组织长江委等有关单位选派技术人员前往多个国家和地区开展技术考察和调研活动，接受非点源污染技术、生态修复技术、SWAT 模型、WEAP 模型等技术和方法的培训，培训锻炼了一批科研人才，壮大了科研实力。

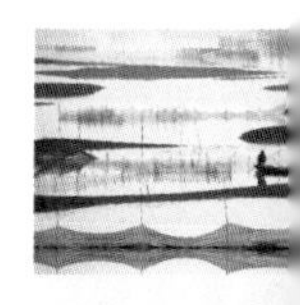

（2）通过项目合作引进了国外核心技术和资金支持

近年来，通过项目合作，先后引进了 BST 细菌源追踪技术、TMDLs 非点源污染控制技术、绿水管理技术等，为“十一五”科技支撑等国家重大科技课题等提供了强有力的技术支持。

细菌源追踪（BST）技术是 90 年代中期发展起来的崭新的环保和生物高新技术，已经在美国不少州的水源管理和水质监控方面实施应用，是一种能把非点源污染监测转化为点源污染监测的技术。通过水利部“948”项目引进 BST 非点源污染控制技术，并先后选派 2 名业务骨干赴美国开展技术培训，掌握了 BST 技术理论、技术要求、采样步骤、操作方法、数据分析等核心技术。同时还邀请了细菌源追踪技术的开拓者 Charles Hagedorn 博士和美国麦普生物技术公司傅有彤博士开展学术交流和技术指导，以确保项目成功引进并在国内顺利实施。通过技术引进、交流和培训，有关人员成功掌握了一套符合我国国情的细菌源追踪技术，能够准确、快速地监测和处理农业粪便等引起的非点源污染，填补了水体非点源污染控制的国内空白，并建成全国第一个非点源污染诊断评估实验室。该项目组已在丹江口库区胡家山小流域试点成功。此后，又与美国麦普生物技术公司合作，申请到了美国贸易和发展署 TDA 项目“支持长江

流域水资源保护体系建设项目——汉江水质监测与决策支持综合系统项目可行性研究”，获得美国贸易发展署赠款53.27万美元，用于非点源污染控制技术的研究工作。此外，与世界土壤信息中心等单位联合申报的项目“流域绿水管理及其在中国的应用示范研究”获得荷兰水伙伴19.3万欧元资金资助。这些项目的开展，在引进国外技术和经验的同时，也极大地缓解了科研经费的不足。

3. 促进了监测方法及监测技术的更新

水质监测是水资源保护的耳目和哨兵，保障人民群众饮水安全，维护河流生命健康，长江水保局多次派员赴美国、德国、丹麦等国家开展“有机物及生物检测技术培训”“水质检测新技术培训”“水生态监测网络建设与遥感技术交流”“水生态监测技术培训”等培训、交流活动，借鉴国外有益经验并结合长江流域的实际情况，探索水质的综合诊断技术与指示性生物，进一步拓宽了水质监测内容和方式，更好地支撑流域水资源保护与管理工作。

（1）通过项目培训掌握了水生态监测技术

水生态监测能够反映水生态系统的变化规律和发展趋势，较好地弥补以化学参数为主的、现有自动监测系统存在的监测手段单一、预警效率不高等方面的不足，是水资源监测中需重点拓展的方向和领域。国内关于水生态监测技术和方法的研究与实践相对较少，与国际水平仍存在一定的差距。欧美发达国家在该项技术的研究方面起步较早，相关技术体系和设施设备已比较成熟，且已应用于实际监测工作中并发挥重要作用。

2011年，长江水保局选派3名水质监测技术骨干前往德国莱茵兰—普法尔茨洲联邦环境署（RPFEA）所属Worms水质监测站进行为期两周的水生态监测技术培训。这次培训是在前期技术考察与交流团成员与德国方面开展充分的沟通和了解的基础上，以引进技术为目的，进行了针对性强、目的明确的实操培训。培训人员系统学习了基于藻类和溞类为指示生物毒性仪操作流程培训，并顺利通过了德方组织的培训考核，掌握了如何利用藻类和水溞作为指示生物进行水质预警的水生态监测方法。同时，培训人员还学到许多德国在实际运用该技术过程中积累的宝贵经验。如监测站点一般布设在潜在点源污染下游；指示生物选择孤雌生殖生物，尽量减小指示生物间的个体差异；针对监测站点潜在污染物做毒性试验，摸索生物响应特征，合理赋予不同监测指标权重等。

（2）通过引进设备提高了水生态监测能力

为了更好地履行水资源保护与管理职责，满足水资源管理要求日益提高的需要，长江水保局在充分调查研究的基础上，引进了一批技术先进、性能稳定且符合流域管理实际需要的水生态监测设备，其中包括从德国BBE公司引进的藻类和溞类生物毒性在线监测仪，从新加坡引进的鱼类生物毒性在线监测系统等。目前，藻类、溞类和鱼类生物毒性在线监测系统已安装在丹江口库区的台子山水质自动监测站。该系统投入使用以来，运行状况良好，提供的实时在线监测数据相比传统的理化监测数据，对于水环境状态的评价具有更现实的意义。

通过进一步地消化和吸收，科研技术人员掌握了水质生物预警技术原理和方法，开展了生物综合毒性在线测试及预警技术研究，首次提出了多源生物联合预警概念，通过发光菌、藻类、溞类、鱼类四种指示生物，构建了多源生物联合预警体系，能及时快速地预警丹江口库区 17 种常见典型污染物，在响应速度、测试范围、灵敏度、准确性方面均有显著提高，为丹江口水源区的水资源保护工作提供了强有力的技术支撑。

4. 通过技术培训，培养了一批业务骨干

科技以人为本，人才资源已成为最重要的战略资源。长江水保局历来重视人才培养工作，通过中欧流域管理项目、国外知名大学、同行机构、仪器供应商等渠道，开展了流域环境管理模型系统、水质检测新技术、水质监测与水生态保护、流域面源污染物负载监测与管理、生态补偿机制、水质模型开发、水污染监控系统平台建设等领域的短期或中长期培训。

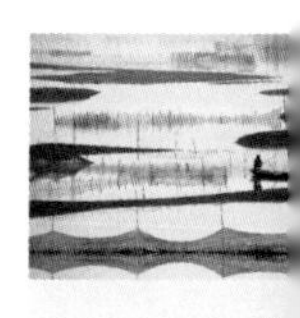

这些培训项目的开展，有利于及时更新和掌握国外技术和管理理念，拓宽年轻一代水保人的工作思路，为开展水资源保护监测及科研工作引入了新的工作方式；通过系统学习前沿关键技术，有利于解决在研课题的技术难点，保障在研项目成果质量；不仅提高了技术人员的业务能力和干部素质，也为干部职工提供了更多的培训教育机会。出国人员在国外能够接受严格的实际操作与应用培训，回国后即可以迅速地开展相关研究工作，成为工作中的主力军，更是国际合作的中坚力量。

5. 通过会议和交流，提高了国际影响力

参加高规格的国际学术研讨会有利于更好、更便捷地了解本行业、本专业的前沿技术发展状况和水平，对推动水资源保护工作意义重大。

长江委多次派员参加“世界水资源大会”“水资源及可再生能源开发国际研讨会”“国际大坝委员会年会”“新加坡国际水周”等国际会议，提交了多篇论文，并在会上作了交流发言。此外，在丹麦、挪威参加了“大型地下水利工程与环境保护研究”，在台湾地区参加了“海峡两岸学术交流”，在澳大利亚、新西兰参加了“水资源开发及生态修复合作与交流”，在丹麦参加了“流域面源污染物负载监测与管理培训”。在美国参加“水体污染应急监控系统平台建设培训”期间，出访人员多次就国内水资源保护现状及对策、水环境监测、水资源保护研究等议题与国外同行进行交流探讨，增进相互了解，不仅提高了长江委的科技实力，还扩大了其国际影响力。

图书在版编目(CIP)数据

绿水青山：长江生态保护70年/穆宏强等编著.
—武汉：长江出版社，2019.12
(长江巨变70年丛书)
ISBN 978-7-5492-6702-6

Ⅰ.①绿… Ⅱ.①穆… Ⅲ.①长江－生态环境保护－
成就 Ⅳ.①X321.25

中国版本图书馆CIP数据核字(2019)第219089号

绿水青山：长江生态保护70年　　穆宏强 等编著

出版策划：赵冕 郭利娜
责任编辑：张蔓
装帧设计：刘斯佳
出版发行：长江出版社
地　　址：武汉市解放大道1863号　　邮　　编：430010
网　　址：http://www.cjpress.com.cn
电　　话：(027)82926557(总编室)
　　　　　(027)82926806(市场营销部)
经　　销：各地新华书店
印　　刷：武汉市金港彩印有限公司
规　　格：797mm×1092mm　1/16　24.5印张 8页彩页　495千字
版　　次：2019年12月第1版　2020年8月第1次印刷
ISBN 978-7-5492-6702-6
定　　价：128.00元